高等职业教育电子信息类系列教材

传感器与检测技术

（第四版）

俞志根　于洪永　主　编
王林泓　左希庆　副主编

科　学　出　版　社
北　京

内 容 简 介

本书以理论够用为原则，突出传感器应用能力培养，结合各校使用反馈，删除了第三版中的压阻式传感器与压力测量、超声波传感器与位移测量和光纤传感器与转速测量这3个任务，增加了检测流量用典型传感器单元。与第三版教材相比，本书传感器结构与检测理论性进一步降低，适用性更广，重在培养学生选择和维护各种传感器的能力，使其应用性得到进一步加强，更符合高职教育培养技术应用型人才的需要，也更加符合高职教育重职业技能培养的教育目标。全书分6个单元，共16个学习任务，单元1分别学习电阻应变片、电容式和压电式这3种典型压力传感器的结构原理及其应用；单元2分别学习电位器式、数字式和电感式位移传感器的结构原理和应用特性；单元3分别学习磁电式和光电式测速传感器的结构原理及其选用方法；单元4分别学习热电阻/热敏电阻、热电偶、红外辐射和数字式4种测温方法中的常用传感器；单元5分别学习气敏传感器和湿敏传感器的性能特点和选用方法；单元6分别学习节流式和转子流量传感器的性能特点和应用维护方法。

本书适用于应用电子、工业自动化、机电一体化、机器人技术、汽车检测与维修及检测技术应用等电子信息类和自动化类专业，也可作为相关专业工程技术人员的参考书。

图书在版编目(CIP)数据

传感器与检测技术/俞志根，于洪永主编. —4版.—北京：科学出版社，2023.7

（“十四五”职业教育国家规划教材）

ISBN 978-7-03-063403-0

Ⅰ.①传… Ⅱ.①俞… ②于… Ⅲ.①传感器-检测-高等职业教育-教材 Ⅳ.①TP212

中国版本图书馆CIP数据核字(2019)第254804号

责任编辑：孙露露 王会明/责任校对：王万红

责任印制：吕春珉/封面设计：子时文化

科学出版社 出版

北京东黄城根北街16号

邮政编码：100717

http://www.sciencep.com

三河市骏杰印刷有限公司 印刷

科学出版社发行 各地新华书店经销

*

2007年7月第一版 2023年8月第四版增订版

2010年7月第二版 2023年12月第二十九次印刷

2015年6月第三版 开本：787×1092 1/16

2019年11月第四版 印张：16 1/4

字数：366 000

定价：53.00元

（如有印装质量问题，我社负责调换〈骏杰〉）

销售部电话 010-62136230 编辑部电话 010-62135763-2010

前　言

本书以习近平新时代中国特色社会主义思想为指导，紧紧围绕“培养什么人，怎样培养人，为谁培养人”这一根本问题，根据“十四五”职业教育国家规划教材申报要求，在原第三版的基础上，结合近几年使用学校的反馈意见和“努力培养造就更多大师、战略科学家、一流科技领军人才和创新团队、青年科技人才、卓越工程师、大国工匠、高技能人才”等新要求，对全书内容进行了重构，在每个单元的培养目标中增加了融入思政元素的素质目标，并增设“思政园地”板块，以思政案例的形式落实课程思政，并在思政案例中融入“加快构建新发展格局，着力推动高质量”以及“实施科教兴国战略，强化现代化建设人才支撑”等精神，提升立德树人效果。在教材内容的安排上，坚持“职普融通、产教融合、科教融汇”原则，积极融入传感器技术发展最新成果，积极融入自动化、电子信息等行业新技术、新工艺和新方法，努力做到与生产实际融通、与职业岗位技能要求融通；整体内容上增加了检测流量用典型传感器单元，使内容更加全面，更好地适用于电子信息和自动化类专业高技能人才培养的需要。

本书由力与压力、位移、速度、温度、有害气体及流量检测共 6 个教学单元 16 个任务组成。单元 1 安排了 3 个任务，分别是电阻应变片、电容式和压电式 3 种典型压力传感器的结构原理及其应用；单元 2 安排了 3 个任务，分别是电位器式、数字式和电感式 3 种位移传感器的结构原理和应用特性；单元 3 安排了 2 个任务，分别是磁电式和光电式 2 种测速传感器的结构原理及其选用方法；单元 4 安排了 4 个任务，分别是热电阻与热敏电阻、热电偶、红外辐射和数字式 4 种测温方法中的常用传感器；单元 5 安排了 2 个任务，分别是气敏传感器和湿敏传感器的性能特点和选用方法；单元 6 安排了 2 个任务，分别是节流式和转子式 2 种流量传感器的性能特点和应用维护方法。另外，每个任务后面均安排了一定的习题，用以检验学生灵活运用所学理论知识的能力，使学生能充分发挥自己的主观能动性，调动其学习积极性。为加强职业技能的培养，每个任务中均有相关的传感器应用电路设计与制作训练或传感器使用与维护技能训练，使学生学会使用与维护各种传感器，掌握调试检测电路的技能，为将来从事传感器生产制造、高端装备操作维护等职业岗位打下扎实的职业技能基础。本书与第三版教材相比理论性进一步降低，适用性更广，思政元素覆盖更全面，重点培养学生选择和维护各种传感器的能力，使其应用能力得到进一步加强，职业素养得到更全面培育，更符合高等职业教育“为党育人、为国育才”的总要求，有利于培养爱党爱国、爱岗敬业的高技能人才。本书主要适用于应用电子技术、工业自动化、检测技术应用、机电一体化技术等电子信息类和自动化类专业。

本书主要针对高等职业院校学生的特点和高等职业教育的特色进行编写，充分考虑各工科专业的不同需求，具有以下特点：

（1）本书在编写理念上遵循“自信自强、守正创新，踔厉奋发、勇毅前行”这一思政主线，精选传感器技术发展历程、传感器领域科学家事迹、大国工匠、安全生产与绿色发展等思政案例，着力培养学生胸怀祖国、服务人民的爱国精神，勇攀高峰、敢为人先的创新精神，追求真理、严谨治学的求真务实精神，淡泊名利、潜心研究的无私奉献精神，一丝不苟、精益求精的大国工匠精神。

（2）本书由校企“双元”联合开发，着重强调与传感器应用及生产企业共同开发教材，参与本书编写的除了教学经验丰富的教授外，还有实践经验丰富的企业生产一线技术专家。

（3）本书在内容选择上强化了产教融合与课程思政新要求，在重视对学生技术和技能培养的同时，强化学生职业道德素质和价值观教育。全书内容按照校企合作、产教融合的人才培养模式安排，包括 6 个单元 16 个任务。每个单元都增设了“素质目标”和“思政园地”板块，安排具有典型意义的思政案例。每个任务都融合一定的课程思政内容，选取与传感器应用密切相关的典型产品的设计制作过程作为学习任务，并在每个任务的最后安排拓展学习内容，以更好地培养学生的职业迁移能力和可持续发展能力。学习任务既重视设计能力的培养，又重视动手能力的培养，突出了高等职业教育职业性和高等性并重的培养要求。

（4）本书在编排体例上打破了原来的章节形式，采用大项目引导下的具体任务这一新模式，使得本书的结构更加新颖，更符合产教融合模式下以工作过程为导向的教学新模式和新方法。

（5）本书层次分明，语言简洁，配有微课视频、教学课件、授课计划、课程整体设计、课后思考题参考答案、测试参考试卷等整套教学资源，微课视频可扫描书中二维码观看，其他教学资源可到科学出版社网站（www.abook.cn）下载或联系编辑邮箱（360603935@qq.com）索取，方便教师教学与学生自学。

本书由湖州职业技术学院俞志根和山东职业学院于洪永担任主编，由重庆电子工程职业学院王林泓和湖州职业技术学院左希庆担任副主编，参与本书编写的还有重庆电子工程职业学院彭华、邵有为，四川工商职业技术学院桂连彬，部分企业参与了本书任务的选取与设计。在本书的编写过程中，得到了校内外广大同行专家的大力支持和批评指正，在此向他们表示衷心的感谢。

由于时间仓促，加上作者水平有限，书中难免存在一些疏漏，欢迎广大读者批评指正。

目　　录

单 元 1

检测力及压力用典型传感器

力及压力是生产过程自动化控制系统中最常见的被控量之一，也是工业产品最常见的生产工艺参数之一。测量力及压力主要是为了了解生产设备的受力状况及其运行的安全状况，进而确保工业生产的安全，以实现生产过程的自动、安全和高效。在航天、航空、电力、水利、石油化工、机械、军工、医疗、纺织、汽车、煤炭、地震监测等几乎所有行业中需要进行自动控制的场合，都有力及压力量检测方面的需求。用于力及压力量检测的传感器非常多，传统的有电位器式、电感式、电容式等，现代的有光栅式、光电式、光纤式等，不下几十类上千种。本单元选取最典型的几种力及压力传感器，分3个学习任务进行介绍，使同学们了解和掌握力及压力量检测的常用方法和典型传感器的选用。

知识目标 ☞

1. 掌握工业生产中力及压力测量常用的检测方法；
2. 掌握应变式、电容式、压电式等典型的力及压力检测传感器的结构原理；
3. 了解力及压力检测电路的工作原理；
4. 熟悉各种力及压力检测电路的设计方法和各种器件的选用方法。

技能目标 ☞

1. 培养对力与压力传感器及各种电路器件的选用能力；
2. 培养对力及压力测量电路的设计制作能力；
3. 培养对电子产品的整体设计能力；
4. 培养对检测系统的设计与维护能力。

素质目标 ☞

1. 培育弘扬科学家精神；
2. 培育团队合作精神；
3. 树立服务意识。

任务 1.1 应变式力传感器与力及压力测量

【任务描述】

应变式力传感器是利用被测量的变化引起应变片形状的改变，从而导致其电阻值改变这一物理现象来实现力的电测，是测量构件受力、重量计量和进行受力控制的主要传感器之一，技术十分成熟，已经在工业生产和过程控制中得到了非常广泛的应用。本任务主要学习应变式力传感器的结构原理、选型方法及其测量电路分析等内容。

【任务分析】

本任务主要包括三部分：一是基础知识部分，主要学习应变式力传感器的结构原理和类型及其应用场合，基本应用电路分析和使用性能等内容；二是任务实施部分，主要训练学生应变式传感器选型应用和测量控制电路设计等能力；三是拓展学习部分，主要讨论应变式力传感器在其他领域的应用情况，以及它的最新发展状况，以拓宽学生的知识面。

1.1.1 基础知识：应变式力传感器结构原理及其测量电路

传感器的定义（视频）

电阻式传感器的工作原理（视频）

电阻应变片是利用电阻应变效应原理制成的、应用最为广泛的电阻式力传感器，主要用于机械量的检测，如力、压力等物理量的检测。

1. 电阻应变效应

导体或半导体材料在外力作用下产生机械变形时，它的电阻值也会发生相应的变化，这一物理现象称为电阻应变效应。

根据电阻的定义式 $R=\rho\dfrac{l}{A}$，当有变化量 $\Delta\rho$、Δl、ΔA 时，其相对变化率为

$$\frac{\Delta R}{R}=\frac{\Delta\rho}{\rho}+\frac{\Delta l}{l}-\frac{\Delta A}{A} \tag{1.1.1}$$

对于直径为 d 的圆柱形电阻丝，因为 $A=\pi d^2/4$；故

$$\Delta A=A_1-A=\pi[(d-\Delta d)^2-d^2]/4=2\Delta d/d(\text{略去高阶无穷小})$$

再引进力学中的泊松比 $\mu=-\dfrac{\Delta d}{d}/\dfrac{\Delta l}{l}$，故$\dfrac{\Delta A}{A}=-2\mu\varepsilon$，最后得

$$\frac{\Delta R}{R}=\frac{\Delta l}{l}(1+2\mu)+\frac{\Delta\rho}{\rho}=\left(1+2\mu+\frac{\Delta\rho/\rho}{\Delta l/l}\right)\frac{\Delta l}{l}=K_0\varepsilon \tag{1.1.2}$$

式中，ε 为电阻应变片的线应变；K_0 为应变灵敏系数；$(1+2\mu)$ 是由几何尺寸改变引起的，金属导体以此为主；$\dfrac{\Delta\rho/\rho}{\Delta l/l}$表示是由材料的电阻率随应变所引起的变化，半导体材料以此为主。

2. 电阻应变片的类型及常用材料

*注意：电阻应变片是电阻式传感器中最主要的一种，在工程测量中有着十分重要的应用，也是这一学习任务的重点内容。要通过各种途径全面了解电阻应变片所用的材

料及其性能特点，掌握常用的粘贴技术和方法，学会根据使用要求选择应变片材料。

1）电阻应变片的类型

根据应变片的材质，电阻应变片可以分为金属电阻应变片和半导体应变片两大类。

（1）金属电阻应变片。此类应变片的结构形式有丝式、箔式和薄膜式三种。

① 丝式应变片。如图 1.1.1（a）所示，它是将金属丝按图示形状弯曲后用黏合剂贴在衬底上，基底可分为纸基、胶基和纸浸胶基等。电阻丝两端焊有引出线，使用时只要将应变片贴于弹性体上就可构成应变式传感器。它结构简单，价格低，强度高，但允许通过的电流较小，测量精度较低，适用于测量要求不是很高的场合。

② 箔式应变片。该类应变片的敏感栅通过光刻、腐蚀等工艺制成。箔栅厚度一般为 0.003～0.01mm，它的结构如图 1.1.1（b）所示。箔式应变片与丝式应变片比较，其优点是导体截面面积大，散热性好，允许通过较大的电流。由于它很薄，因此具有较好的绕性，可以根据需要制成任意形状，灵敏度较高。

③ 薄膜式应变片。它是采用真空蒸镀或溅射式阴极扩散等方法，在薄的基底材料上制成一层金属电阻材料薄膜以形成应变片。这种应变片有较高的灵敏度，允许电流密度大，工作温度范围较广。

（2）半导体应变片。半导体应变片是利用半导体材料的压阻效应制成的一种纯电阻元件。对一块半导体材料的某一轴向施加一定的载荷而产生应力时，它的电阻率会发生变化，这种物理现象称为半导体的压阻效应。半导体应变片有体型、薄膜型和扩散型三种。

① 体型半导体应变片。这是一种将半导体材料硅或锗晶体按一定方向切割成的片状小条，经腐蚀压焊粘贴在基片上形成的应变片，其结构如图 1.1.2 所示。

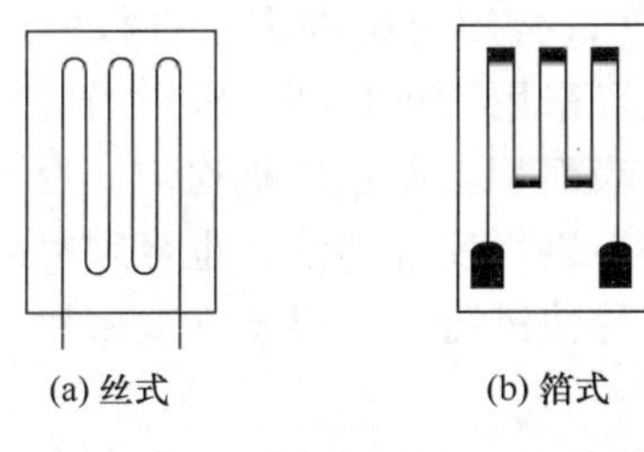

图 1.1.1 金属电阻应变片结构

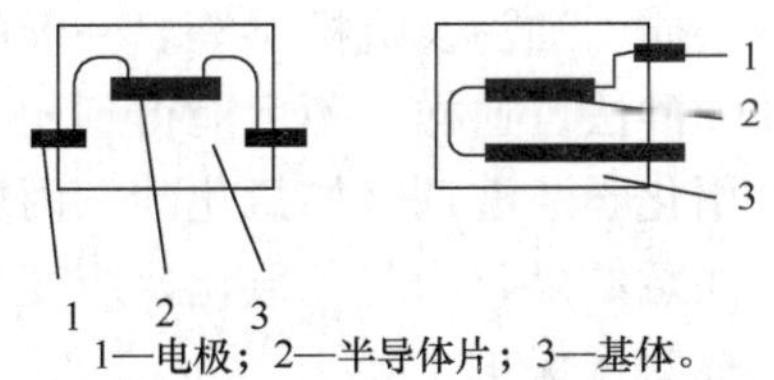

图 1.1.2 体型半导体应变片结构

② 薄膜型半导体应变片。这种应变片是利用真空沉积技术将半导体材料沉积在带有绝缘层的试件上制成的，其结构如图 1.1.3 所示。

③ 扩散型半导体应变片。将 P 型杂质扩散到 N 型硅单晶基底上，形成一层极薄的 P 型导电层，再通过超声波和热压焊法接上引出线就可形成扩散型半导体应变片。图 1.1.4 所示为扩散型半导体应变片示意图，这是一种应用很广的半导体应变片。

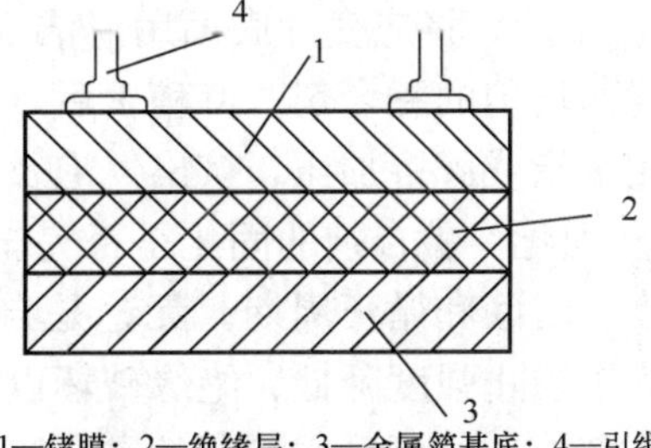

图 1.1.3 薄膜型半导体应变片结构

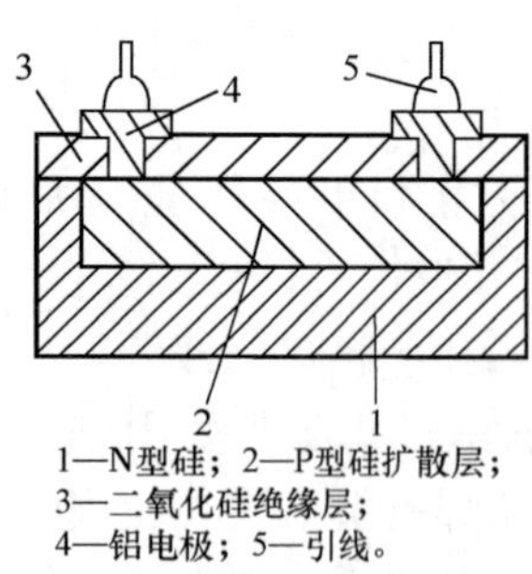

图 1.1.4 扩散型半导体应变片示意图

2）电阻应变片的常用材料及粘贴技术

（1）常用材料。

① 4YC3。4YC3 是 Fe-Cr-Al 系 550℃高温应变电阻合金，其电阻率高，电阻温度系数低，热稳定性好，主要用于工作温度低于 550℃的电阻应变片。

② 4YC4。4YC4 是 Fe-Cr-Al 系 750℃高温应变电阻合金，其电阻率高，电阻温度系数低，尤其是在 600℃以上有较好的热输入和重现性低的零漂。4YC4 主要用作工作温度低于 750℃的电阻应变片，用于大型汽轮机、航空、原子反应堆等领域中静态和准静态测量。

③ 4YC8。4YC8 铜镍锰钴合金精密箔材，专用于高精度箔式电阻应变片，其温度自补偿性能及其他技术指标符合《电阻应变片》标准规定的 A 级产品质量要求。箔材平均热输出系数 $\alpha_t < 1\mu\varepsilon/℃$，用它制成箔式应变片可以在钛合金、普通钢、不锈钢、铝合金、镁合金等多种材料制成的试件上达到良好的温度自补偿效果。国产 4YC8 合金箔材优于国外同类产品，技术性能达到国外先进水平。

④ 4YC9。4YC9 是 Ni-Mo 系 500℃自补偿应变电阻合金，它的 ρ 值高，电阻温度系数小，热输出、热稳定性好，适用于制作工作在温度低于 500℃的自补偿电阻应变片。

（2）电阻应变片的粘贴工艺步骤。

① 应变片的检查与选择。首先要对采用的应变片进行外观检查，观察应变片的敏感栅是否整齐、均匀，是否有锈斑以及短路和折弯等现象。其次要对选用的应变片的阻值进行测量，阻值选取合适将对传感器的平衡调整带来方便。

② 试件的表面处理。为了获得良好的黏合强度，必须对试件表面进行处理，清除试件表面杂质、油污及疏松层等。一般的处理办法可采用砂纸打磨，较好的处理方法是采用无油喷砂法。这样，不但能得到比抛光更大的表面积，而且质量均匀。为了表面的清洁，可用化学清洗剂（如氯化碳、丙酮、甲苯等）进行反复清洗，也可采用超声波清洗。值得注意的是，为避免氧化，应变片的粘贴应尽快进行。如果不立刻贴片，可涂上一层凡士林暂作保护。

③ 底层处理。为了保证应变片能牢固地贴在试件上，并具有足够的绝缘电阻，改善胶接性能，可在粘贴位置涂上一层底胶。

④ 贴片。将应变片底面用清洁剂清洗干净，然后在试件表面和应变片底面各涂上一层薄而均匀的黏合剂。待稍干后，将应变片对准划线位置迅速贴上，然后盖一层玻璃纸，用手指或胶锟加压，挤出气泡及多余的胶水，保证胶层尽可能薄且均匀。

⑤ 固化。黏合剂的固化是否完全，直接影响到胶的物理机械性能。关键是要掌握好温度、时间和循环周期。无论是自然干燥还是加热固化，都要严格按照工艺规范进行。为了防止强度降低、绝缘破坏以及电化腐蚀，在固化后的应变片上应涂上防潮保护层，防潮层一般可采用稀释的黏合胶。

⑥ 粘贴质量检查。首先是从外观上检查粘贴位置是否正确，黏合层是否有气泡、漏粘、破损等。然后是测量应变片敏感栅是否有断路或短路现象以及测量敏感栅的绝缘

电阻。

⑦ 引线焊接与组桥连线。检查合格后即可焊接引出导线，引线应适当加以固定。应变片之间通过粗细合适的漆包线连接组成桥路。连接长度应尽量一致，且不宜过多。

3. 电阻应变片的型号及选用

*注意：这是本学习任务的第二个重点，教师应结合应变片实物讲解清楚它的型号编排规则，并结合工程实践讨论应变片的选用原则，使学生更好地理解和掌握应变片的选用知识。

1）电阻应变片型号的编排规则

电阻应变片型号的编排规则如下：类别、基底材料种类、标准电阻值、敏感栅长度、敏感栅结构形式、极限工作温度、自补偿代号（温度和蠕变补偿）及接线方式。例如，B F 350-3 AA 80（23）N6-X 的含义如下。

① B 表示应变片类别（B：箔式；T：特殊用途；Z：专用，特指卡玛箔）。

② F 表示基底材料种类（B：玻璃纤维增强合成树脂；F：改性酚醛；A：聚酰亚胺；E：酚醛-缩醛；Q：纸浸胶；J：聚氨酯）。

③ 350 表示应变片标准电阻值（Ω）。

④ 3 表示敏感栅长度（mm）。

⑤ AA 表示敏感栅结构形式。

⑥ 80 表示极限工作温度（℃）。

⑦ 23 表示温度自补偿或弹性模量自补偿代号（9：用于钛合金；11：用于合金钢、马氏体不锈钢和沉淀硬化型不锈钢；16：用于奥氏体不锈钢和铜基材料；23：用于铝合金；27：用于镁合金）。

⑧ N6 表示蠕变自补偿标号（蠕变标号：T8，T6，T4，T2，T0，T1，T3，T5，N2，N4，N6，N8，N0，N1，N3，N5，N7，N9）。

⑨ X 表示接线方式（X：标准引线焊接方式；D：点焊点；C：焊端敞开式；U：完全敞开式，焊引线；F：完全敞开式，不焊引线；X**：特殊要求焊圆引线，**表示引线长度；BX**：特殊要求焊扁引线，**表示引线长度；Q**：焊接漆包线，**表示引线长度；G**：焊接高温引线，**表示引线长度）。

2）电阻应变片的自动补偿及其选用

（1）温度补偿及选用。应变片安装在具有某一线膨胀系数的试件上，试件可以自由膨胀并不受外力作用，在缓慢升（或降）温的均匀温度场内，由温度变化引起的指示应变称为热输出。热输出是由应变片敏感栅材料的电阻温度系数和敏感栅材料与被测试件材料之间线膨胀系数的差异共同作用、叠加的结果，可表示为

$$\xi_t = [(\alpha_t/K) + \beta_e - \beta_g]\Delta t \tag{1.1.3}$$

式中，α_t、β_g 分别为应变片敏感栅材料的电阻温度系数（1/℃）和线膨胀系数（1/℃）；K 为应变片的灵敏系数；β_e 为试件的线膨胀系数（1/℃）；Δt 为偏离参考温度的温度变化量（℃）。

热输出是静态应变测量中最大的误差源，而且应变片的热输出分散随着热输出值的

增大而增大。当测试环境存在温度梯度或瞬变时，这种差异就更大。因此，理想的情况是应变片的热输出值超过零，满足这一要求的应变片称为温度自补偿应变片。

通过调整合金成分配比，改变冷轧成形压缩率以及适当的热处理，可以使敏感栅材料的内部晶体结构重新组合，改变其电阻温度系数，从而使应变片的热输出超过零，实现对弹性元件的温度自补偿。

一般应从以下 4 个方面进行选择。

① 目前，应变片常用的温度自补偿系数有 9、11、16、23、27。其中，“9”用于钛合金；“11”用于合金铜、马氏体不锈钢和沉淀硬化型不锈钢；“16”用于奥氏体不锈钢和铜基材料；“23”用于铝合金；“27”用于镁合金。

② 当温度自补偿应变片与试件材料匹配时，在补偿温度范围内，热输出误差较小。

③ 当温度自补偿应变片所要求使用材料的线膨胀系数与试件材料有微小差异时，应选用两片或四片应变片组成半桥或全桥，以消除热输出带来的影响。

④ 采用 1/4 桥路进行应力测量时，除安装在试件表面的工作应变片外，还应在与测试材料相同的补偿块上安装相同批次的应变片作为补偿片，并与工作片处于相同的环境条件下，这两片应变片分别接在惠斯通电桥的相邻桥臂，以消除热输出的影响。

（2）蠕变自补偿及选用。传感器弹性元件因其材料的滞弹性效应而存在固有微蠕变特性，表现为传感器的输出随时间增加而增加（正蠕变）。电阻应变片的基底和贴片用黏结剂具有一定的黏弹性，使应变片的输出随时间的增加而减少；而敏感栅材料存在滞弹性效应使应变片输出随时间的增加而增加，叠加后的结果是应变片在承受固定载荷时呈现或正或负的蠕变特性，其方向和数值可以通过改变敏感栅结构设计、调整基底材料配比及关键工艺参数加以调节。在弹性体确定后选择蠕变与弹性体固有蠕变数值相等但方向相反的应变片，就能对弹性体本身的不完善性进行补偿。同理，对传感器制造过程中其他因素引入的蠕变误差也可以用此方法进行调整，并把传感器的综合蠕变数值控制在最小范围内，这就是应变片蠕变补偿的基本原理。一般应从以下 4 个方面进行选择。

① 首次使用时，可选用一种或两种蠕变相差较大（不同蠕变标号）的应变片粘贴在弹性体上，根据实测的综合蠕变大小和方向最终确定与传感器相匹配的蠕变标号。

② 对弹性体材料、结构相同的传感器来说，量程越小，蠕变越正，应选择蠕变越负的应变片。

③ 不同弹性体材料具有不同的蠕变特性，应选用不同蠕变标号的应变片。

④ 传感器的系统蠕变除与弹性体、应变片、黏结剂等主要因素有关外，还受密封结构形式、防护胶、生产工艺参数等影响，但这种误差的量值和方向是可预知的，选择蠕变标号时应一同考虑。

（3）弹性模量自补偿及选用。材料的弹性模量一般随着环境温度的升高而下降。根据胡克定律 $\varepsilon=\delta/E$，在载荷不变的情况下，随着温度的升高构件的变形量将增大，因而应变片所测量的应变 ε 也随之增加。这时，如果应变片的灵敏系数 K 能随温度升高而适当降低，根据 $R/R=K\varepsilon$，将会是应变片的输出不随温度改变，从而实现弹性模量补偿。这类应变片就称为弹性模量自补偿应变片。

弹性模量自补偿应变片能起到普通应变片和弹性模量补偿电阻器的共同作用，将自动消除传感器因弹性模量随温度变化所造成的测量误差。如果弹性模量自补偿应变片与弹性体材料良好匹配，则传感器温度灵敏度漂移可优于 0.001%FS。它与目前常用的串联弹性模量补偿电阻器降低拱桥电压的方法相比，具有补偿精度高、稳定性好、灵敏度高、传感器制造工艺简单、成本低等优点。但单纯弹性模量自补偿应变片存在以下问题：应变片热输出值较大，致使传感器输出电阻温度系数超差，零点温度漂移较大。一般应从以下三个方面进行选择。

① 弹性模量自补偿应变片必须与弹性体材料相匹配，才能取得比较满意的补偿效果。选用时，一般应根据至少 5 套传感器的实测数据选择所匹配的应变片。

② 这种应变片对大多数结构材料不具有温度自补偿能力，热输出系数比一般温度自补偿应变片略大，热输出分散指标较小，因此推荐用于内部温度梯度较小的传感器。

③ 其焊接性比普通应变片稍差，应选用配套助焊剂。焊接时要细心，并彻底清洗。

一般地，被测量是非常微弱的，必须用专门的电路来测量这种微弱的变化，最常用的电路就是各种电桥电路，主要有直流电桥和交流电桥。

4. 直流测量电桥分析

＊注意：直流测量电桥的分析是本学习任务的第三个学习重点，因为电桥是最常用的测量电路，也是信号处理的基础。学习时要弄清楚电桥的三种工作方式，不同方式有不同的输出结果，要掌握它们的基本原理，并能合理地进行选择。

图 1.1.5 所示为最常用的电阻电桥，由 4 个电阻组成桥臂，一个对角接电源，另一个作为输出。

1）桥路形式

如图 1.1.5 所示，电桥各臂的电阻分别为 R_1、R_2、R_3、R_4。U 为电桥的直流电源电压。当四臂电阻 $R_1=R_2=R_3=R_4=R$ 时，称为等臂电桥；当 $R_1=R_2=R$，$R_3=R_4=R'$（$R\neq R'$）时，称为输出对称电桥；当 $R_1=R_4=R$，$R_2=R_3=R'$（$R\neq R'$）时，称为电源对称电桥。

2）工作方式

电桥有以下几种工作方式。

① 单臂工作。电桥中只有一个臂接入被测量，其他三个臂采用固定电阻。

② 双臂工作。如果电桥有两个臂接入被测量，另两个为固定电阻，就称为双臂工作电桥，又称为半桥形式。

③ 全桥方式。如果 4 个桥臂都接入被测量，则称为全桥形式。

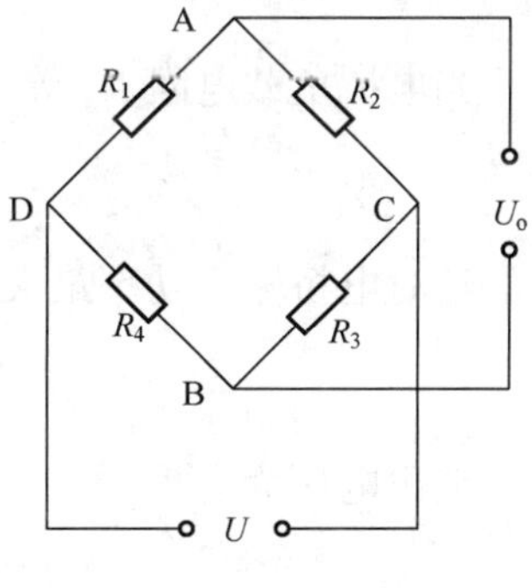

图 1.1.5　电桥电路

3）输出方式

电桥的输出方式有电流型和电压型两种，主要根据负载情况而定。

（1）电流输出型。当电桥的输出信号较大，输出端又接入电阻值较小的负载（如检流计或光线示波器）进行测量时，电桥将以电流形式输出，如图 1.1.6（a）所示，负载电阻为 R_g，由图可得

$$U_{CA}=\frac{R_2}{R_1+R_2}U;\quad U_{CB}=\frac{R_3}{R_3+R_4}U$$

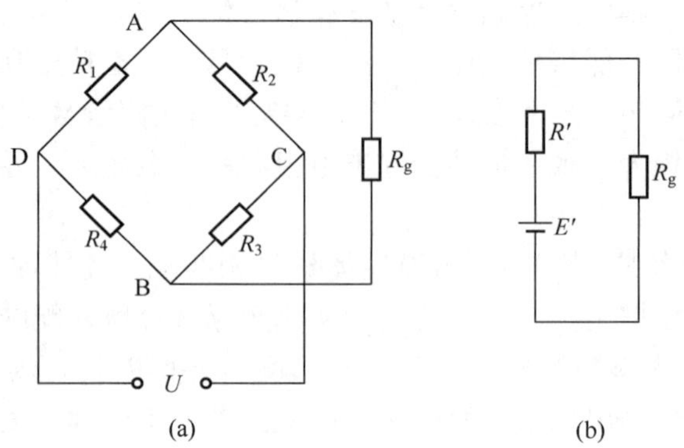

图 1.1.6 电流输出型

所以电桥输出端的开路电压 U_{AB} 为

$$U_{AB}=U_{CB}-U_{CA}=\frac{R_1R_3-R_2R_4}{(R_1+R_2)(R_3+R_4)}U \tag{1.1.4}$$

应用有源端口网络定理，电流输出电桥可以简化成如图 1.1.6（b）所示的电路。图中 E' 相当于电桥输出端开路电压 U_{AB}，R' 为网络的入端电阻。

$$R'=\frac{R_1R_2}{R_1+R_2}+\frac{R_3R_4}{R_3+R_4} \tag{1.1.5}$$

由图 1.1.6（b）可以知道，流过负载 R_g 的电流为

$$I_g=\frac{U_{AB}}{R'+R_g}=U\frac{R_1R_3-R_2R_4}{R_g(R_1+R_2)(R_3+R_4)+R_1R_2(R_3+R_4)+R_3R_4(R_1+R_2)} \tag{1.1.6}$$

当 $I_g=0$ 时，电桥平衡。故电桥平衡条件为

$$R_1R_3=R_2R_4 \text{ 或 } \frac{R_1}{R_2}=\frac{R_4}{R_3}$$

当电桥负载电阻 R_g 等于电桥输出电阻时，即阻抗匹配时，有

$$R_g=R'=\frac{R_1R_2}{R_1+R_2}+\frac{R_3R_4}{R_3+R_4}$$

这时电桥输出功率最大，电桥输出电流为

$$I_g=\frac{U}{2}\frac{R_1R_3-R_2R_4}{R_1R_2(R_3+R_4)+R_3R_4(R_1+R_2)} \tag{1.1.7}$$

输出电压为

$$U_g=I_gR_g=\frac{U}{2}\frac{R_1R_3-R_2R_4}{(R_1+R_2)(R_3+R_4)} \tag{1.1.8}$$

当桥臂 R_1 为与被测量有关的可变电阻，且有电阻增量 ΔR 时，略去分母中的 ΔR 项，则对于输出对称电桥，$R_1=R_2=R$，$R_3=R_4=R'$（$R\neq R'$），有

$$\Delta I_g=\frac{U}{4}\frac{1}{R+R'}\left(\frac{\Delta R}{R}\right) \tag{1.1.9}$$

对于电源对称电桥，$R_1=R_4=R$，$R_2=R_3=R'$（$R\neq R'$），有

$$\Delta I_g=\frac{U}{4}\frac{1}{R+R'}\left(\frac{\Delta R}{R}\right)$$

对于等臂电桥，$R_1=R_2=R_3=R_4=R$，有

$$\Delta I_g = \frac{U}{8R}\left(\frac{\Delta R}{R}\right)$$

由以上结果可以看出，三种形式的电桥，当 $\Delta R \ll R$ 时，其输出电流都与应变片的电阻变化率（即应变）成正比，它们之间呈线性关系。

(2) 电压输出型。当电桥输出端接有放大器时，由于放大器的输入阻抗很高，所以可以认为电桥的负载电阻为无穷大，这时电桥以电压的形式输出。输出电压即为电桥输出端的开路电压，其表达式为

$$U_o = \frac{R_1R_3 - R_2R_4}{(R_1+R_2)(R_3+R_4)}U \tag{1.1.10}$$

设电桥为单臂工作状态，即 R_1 为应变片，其余桥臂均为固定电阻。当 R_1 感受被测量产生的电阻增量 ΔR_1 时，由初始平衡条件 $R_1R_3=R_2R_4$ 得 $\frac{R_1}{R_2}=\frac{R_4}{R_3}$，代入式（1.1.10），则电桥由于 ΔR_1 产生不平衡引起的输出电压为

$$U_o = \frac{\Delta R \times R'}{2R \times 2R'}U = \frac{U}{4}\left(\frac{\Delta R}{R}\right) \tag{1.1.11}$$

对于输出对称电桥，此时 $R_1=R_2=R$，$R_3=R_4=R'$，当 R_1 的电阻产生变化 $\Delta R_1=\Delta R$，根据式（1.1.11）可得到输出电压为

$$U_o = U\frac{RR}{(R+R)^2}\left(\frac{\Delta R}{R}\right) = \frac{U}{4}\left(\frac{\Delta R}{R}\right) \tag{1.1.12}$$

对于电源对称电桥，$R_1=R_4=R$，$R_2=R_3=R'$。当 R_1 产生电阻增量 $\Delta R_1=\Delta R$ 时，由式（1.1.11）得

$$U_o = U\frac{RR'}{(R+R')^2}\left(\frac{\Delta R}{R}\right) \tag{1.1.13}$$

对于等臂电桥 $R_1 - R_2 - R_3 - R_4 - R$，当 R_1 的电阻增量 $\Delta R_1 - \Delta R$ 时，由式（1.1.11）可得输出电压为

$$U_o = U\frac{RR}{(R+R)^2}\left(\frac{\Delta R}{R}\right) = \frac{U}{4}\left(\frac{\Delta R}{R}\right) \tag{1.1.14}$$

由上面三种结果可以看出，当桥臂应变片的电阻发生变化时，电桥的输出电压也随着变化。当 $\Delta R \ll R$ 时，电桥的输出电压与应变成线性关系。还可以看出，在桥臂电阻产生相同变化的情况下，等臂电桥以及输出对称电桥的输出电压要比电源对称电桥的输出电压大，即它们的灵敏度要高。因此，在使用中多采用等臂电桥或输出对称电桥。

在实际使用中，为了进一步提高灵敏度，常采用等臂电桥，4 个被测信号接成两个差动对称的全桥工作形式，如图 1.1.7 所示。

由图 1.1.7 可见，$R_1=R+\Delta R$，$R_2=R-\Delta R$，$R_3=R+\Delta R$，$R_4=R-\Delta R$。将上述条件代入式（1.1.10）得

$$U_o = 4\left[\frac{U}{4}\left(\frac{\Delta R}{R}\right)\right] = U\left(\frac{\Delta R}{R}\right) \tag{1.1.15}$$

由式（1.1.15）可以看出，由于充分利用了双差动作用，它的输出电压为单臂工作时的 4 倍，所以大大提高了测量的灵敏度。

5. 交流测量电桥分析

交流电桥通常是采用正弦交流电压供电，在频率较高的情况下需要考虑分布电感和分布电容的影响，主要用于随时间变化的被测量。

1）平衡条件

设交流电桥的电源电压为

$$u = U_{\mathrm{m}} \sin\omega t$$

式中，U_{m} 为电源电压的幅值；ω 为电源电压的角频率，$\omega=2\pi f$，f 为电源电压的频率，一般取被测量最高频率的 5～10 倍。

在测量中，电桥的桥臂由可变电阻或固定无感精密电阻组成。由于分布电容的影响（分布电感的影响很小，可不予考虑），当 4 个桥臂均为可变电阻时电桥如图 1.1.8 所示。

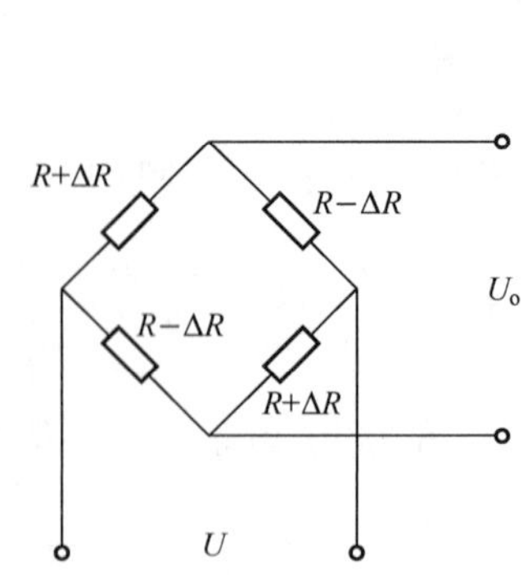

图 1.1.7　等臂电桥全桥工作形式

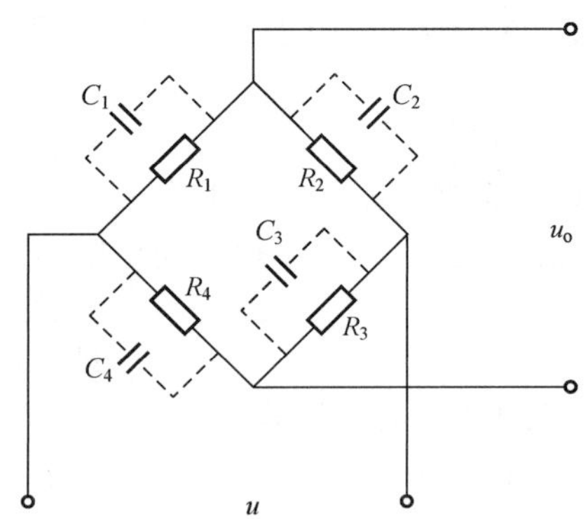

图 1.1.8　交流电桥

此时交流电桥的输出电压为

$$u_{\mathrm{o}} = \frac{Z_1 Z_3 - Z_2 Z_4}{(Z_1+Z_2)(Z_3+Z_4)} u = \frac{Z_1 Z_3 - Z_2 Z_4}{(Z_1+Z_2)(Z_3+Z_4)} U_{\mathrm{m}} \sin\omega t \tag{1.1.16}$$

式中

$$Z_1 = \frac{1}{\dfrac{1}{R_1} + \mathrm{j}\omega C_1};\quad Z_2 = \frac{1}{\dfrac{1}{R_2} + \mathrm{j}\omega C_2};\quad Z_3 = \frac{1}{\dfrac{1}{R_3} + \mathrm{j}\omega C_3};\quad Z_4 = \frac{1}{\dfrac{1}{R_4} + \mathrm{j}\omega C_4}$$

电桥平衡的条件为

$$Z_1 Z_3 = Z_2 Z_4 \tag{1.1.17}$$

2）输出电压

由于电桥电源是交流电压，因此它的输出电压也是交流电压，电压的幅值和被测量的大小成正比。因此，可以通过电桥输出电压的幅值来测量被测量的大小，但无法通过输出电压来判断被测量的变化方向。

例如，一个单臂工作的等臂电桥，即 $Z_1=Z_2=Z_3=Z_4=Z$，工作时，$Z_1'=Z+\Delta Z$，当 $\Delta Z \ll Z$ 时，忽略分母中 ΔZ 的影响，根据式（1.1.16）可以得到

$$u_{\mathrm{o}} = \frac{1}{4}\frac{\Delta Z}{Z} u = \frac{1}{4}\frac{\Delta Z}{Z} U_{\mathrm{m}} \sin\omega t \tag{1.1.18}$$

对于双臂工作的等臂电桥，即 $Z_1=Z_2=Z_3=Z_4=Z$，工作时，$Z_1'=Z+\Delta Z$，$Z_2'=Z-\Delta Z$时，根据式（1.1.16）得

$$u_o=\frac{1}{2}\frac{\Delta Z}{Z}u=\frac{1}{2}\frac{\Delta Z}{Z}U_m\sin\omega t \tag{1.1.19}$$

式（1.1.19）与式（1.1.18）比较，灵敏度提高了一倍，即双臂比单臂工作效率提高一倍。

总之，电桥电路可用于许多传感器的测量电路，是一种最基本的测量电路。

1.1.2　任务实施：电子秤称重测量电路的设计与制作

电阻应变片广泛地应用在称重测量电路中。现以称量范围为 0～2000g、精度要求±0.5g为例，介绍称重测量电路的设计与制作。电路由应变电桥、信号放大和模数转换二部分组成。被称重物的质量通过应变片转换成电阻变化量，由测量电桥变成电压信号输出到放大器，再由模数转换芯片变成数字电压信号，可将数字电压显示出来，电压的大小与重物质量成一定的线性关系，经过标定就可成为电子秤测量电路。

1）电阻应变电桥的设计

可选用 4 片 BHF350-3AA（高精密）或 BX120-3AA（精密）电阻应变片来组成测量电桥，电路原理如图 1.1.19 所示。这种应变片的型号含义如图 1.1.10 所示。基本性能：灵敏系数为（2.06～2.12）±0.1%；应变幅度常态标称电阻为 350±0.5%；机械滞后 0.5%；绝缘电阻为 50 000MΩ；蠕变（室温下 1h）为 1με；疲劳寿命室温下为 10^7（循环次数）。

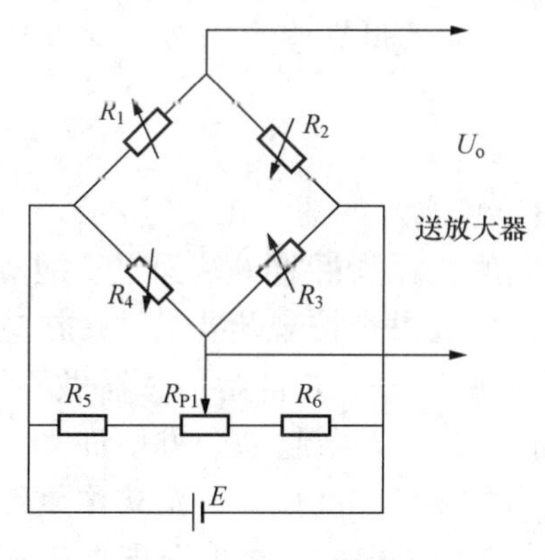

图 1.1.9　应变电桥

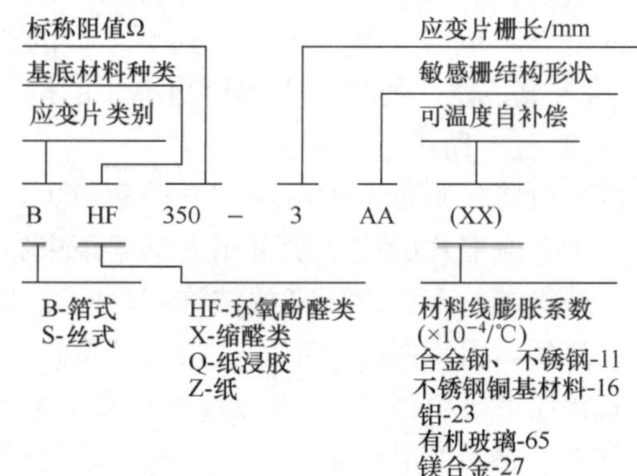

图 1.1.10　应变片的型号含义

电桥电路中必须有调零电位器，这样才能在称重时进行零点调整，调零电位器要用精密电位器，须有足够的精度和灵敏度，如 3361 型精密电位器。上述电桥中 R_5、R_6 和 R_{P1}组成调零电路，R_5、R_6 的作用是防止产生单向偏置电压。R_1～R_4 为应变电阻，具体制作时要注意应变片的应变方向，相邻应变片的应变方向要相反。另外，要想得到较好的称重效果，最好接入温度补偿应变片，以消除环境温度的影响。测量电桥的电源由稳压电源 E 供给，稳压电源可由电池或整流桥通过三端稳压器件进行稳压。物体的质量不同，电桥不平衡程度就不同，输出电压大小就不同。输出电压进入放大器进行放大。

2）信号放大电路的设计

由于应变电桥的输出非常微弱，不能直接驱动 A/D 转换器或其他二次仪表，必须进行放大，故需要选择一款合适的放大器。放大器的类型很多，现在主要用高精度的仪表放大芯片。本设计选用由 LM358 构成的高性能仪表放大器，电路结构如图 1.1.11 所示，其放大倍数为

$$A_{vf} = 1 + \frac{2R_8}{R_7} \tag{1.1.20}$$

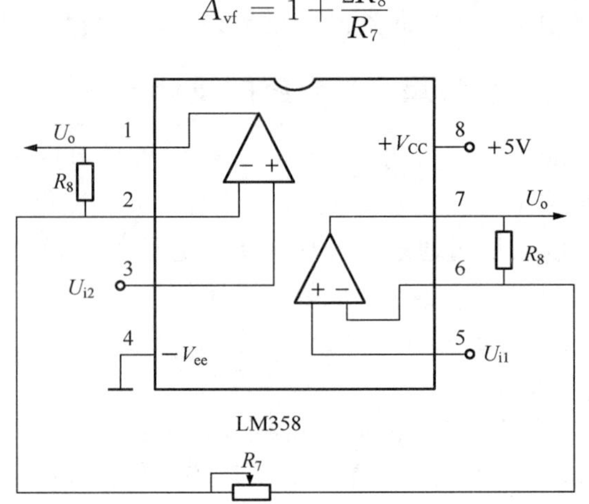

图 1.1.11 由 LM358 构成的仪表放大器

可通过调节 R_8 和 R_7 的比值方便地改变放大倍数，如 R_8 和 R_7 分别选用 100kΩ 和 1kΩ 的金属膜精密电阻，就可得到 201 倍的放大倍数。为了调节放大倍数，本设计中 R_7 用精密电位器，便于放大器输出电压的调节。

3）测量电路组装与调试

（1）组装。测量电路由应变电桥和放大电路两部分组成，如图 1.1.12 所示。应变电桥中 4 个应变片的应变梁可用废钢锯条来做，用砂轮磨去锯齿后将一端固定于钢架或木架，悬空端粘上托盘用来放被称物，应变片需用专门的胶黏剂按规范要求粘贴在应变梁上。注意，引出线要焊牢固，表面要覆盖一层塑料薄膜保护。如自制传感器做不好，也可直接用称重范围为 0～2000g 的应变式称重传感器。这样，做起来会方便许多。应变式称重传感器产品非常多，常用的有悬臂梁结构式，如 KCT605E 平行梁式称重传感器，也可用其他类型的应变式称重传感器。放大器由 LM358 构成，按电路图接入相应电阻即可，电源可与应变电桥相同。放大器的输出可接入电压表头，所得电压与被称重质量成正比，通过下面的电路调试就能确定电压与称重物质量的关系。

（2）调试。首先在无负载时调整 R_{P1}，使放大器输出为零；再调整 R_{P2}（R_{P2} 为放大器中的电阻 R_7），使秤体承担满量程重量（本电路选满量程为 2kg）时放大器输出 2.000V。然后，准确测量 R_{P2} 电阻值，并用固定精密电阻予以代替。

1.1.3 拓展学习：应变式力传感器的其他应用

电阻应变片除可测量试件应力之外，还可制造成各种应变式传感器用于测量力、荷重、扭矩、加速度、位移、压力等多种物理量。

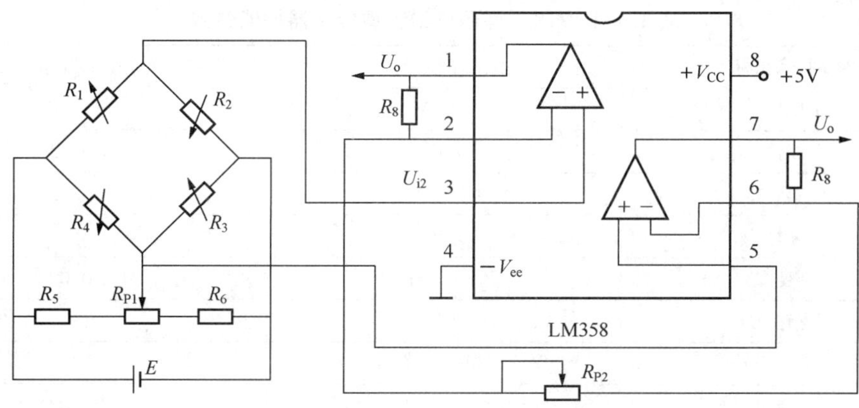

图 1.1.12　电子秤测量电路

1. 应变式测力与荷重传感器

传感器由弹性元件、应变片和外壳所组成。弹性元件是传感器的基础，把被测量转换成应变量的变化；弹性元件上的应变片是传感器的核心，它把应变量变换成电阻量的变化。

传感器弹性元件的结构形式多种多样，根据被测量大小不同，常见的有柱式、悬臂梁式和环式等。图 1.1.13 所示为 GX-1 型悬臂梁称重传感器的结构外形，其结构尺寸如图 1.1.14 所示，性能参数见表 1.1.1，结构尺寸见表 1.1.2。

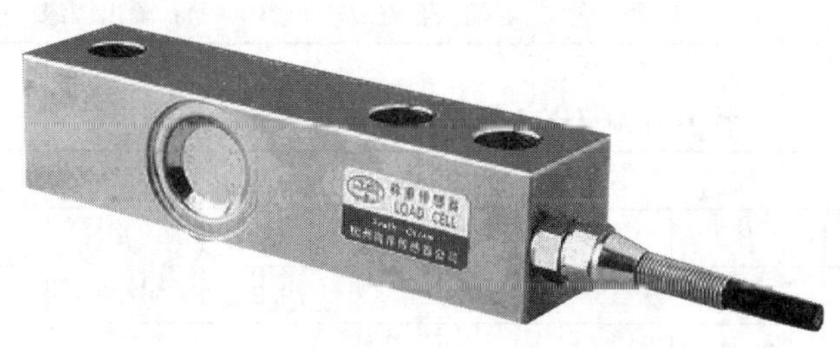

图 1.1.13　GX-1 型悬臂梁称重传感器

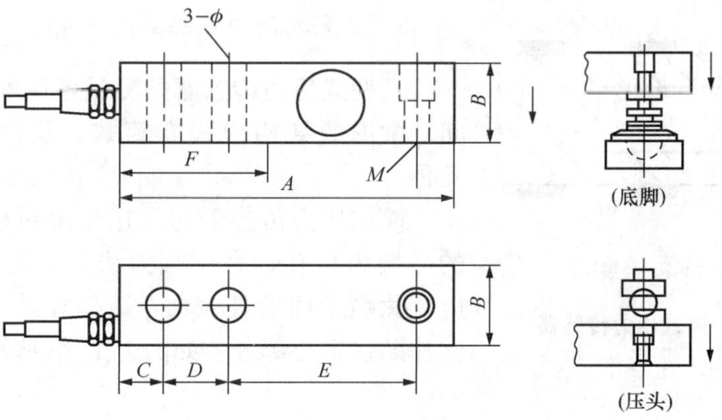

图 1.1.14　GX-1 型悬臂梁称重传感器结构尺寸

表 1.1.1 GX-1 型悬臂梁称重传感器性能参数

主要技术指标	单位	技术指标
灵敏度	mV/V	3±0.01
非线性	%FS	±0.02
滞后	%FS	±0.02
重复性	%FS	0.021
蠕变	%FS/30min	±0.02
零点输出	%FS	±1
零点温度系数	%FS/10℃	±0.02
额定输出温度系数	%FS/10℃	±0.02
输入电阻	Ω	385±5
输出电阻	Ω	350±3
绝缘电阻	MΩ	≥5000
供桥电压	V	10［直流/交流（DC/AC)］ MAX：15（DC/AC)
温度补偿范围	℃	−10～+50
允许温度范围	℃	−20～+60
允许过负荷	%FS	150
连接电缆	mm	ϕ5×3000（6000）
连接方式	输入：红（+）黑（−）；输出：绿（+）白（−）	

表 1.1.2 GX-1 型悬臂梁称重传感器结构尺寸

量程/kg	尺寸/mm							螺纹公制/mm
	A	*B*	*C*	*D*	*E*	*F*	*Φ*	
0.05～2	130.0	32.0	15.7	25.4	76.2	57.0	13.5	M12×1.75
2.5～5	171.5	38.0	19.1	38.1	95.3	76.0	20.0	M18×1.5
7.5～10	222.5	50.8	25.4	50.8	123.8	102.0	27.0	M24×2

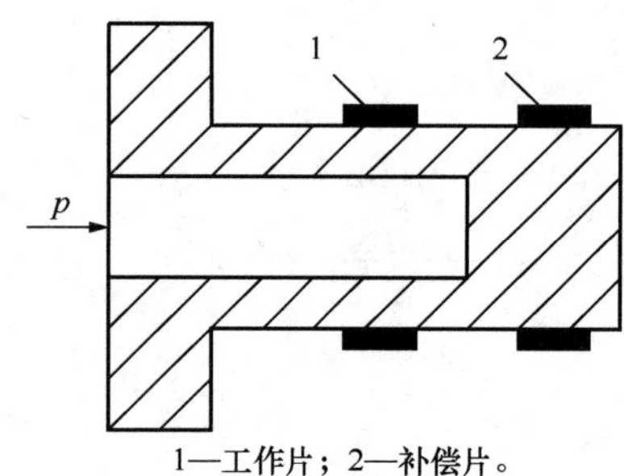

1—工作片；2—补偿片。

图 1.1.15 筒式压力传感器

2. 应变式压力传感器

应变式压力传感器的测量范围在 10^4～10^7 Pa 之间。常见的结构形式有筒式、膜片式和组合式等几种。

筒式压力传感器通常用于测量较大的压力。它的一端为盲孔，另一端为法兰，与被测系统连接。应变片贴于筒的外表面，工作片贴于空心部分，补偿片贴在实心部分，如图 1.1.15 所示。

思考题

1. 金属电阻应变片与半导体材料的电阻应变效应有什么不同?

2. 直流测量电桥和交流测量电桥有什么区别?

3. 采用阻值为120Ω、灵敏度系数 $K=2.0$ 的金属电阻应变片和阻值为120Ω的固定电阻组成电桥，供桥电压为4V，并假定负载电阻无穷大。当应变片上的应变分别为1和1000时，试求单臂、双臂和全桥工作时的输出电压，并比较三种情况下的灵敏度。

4. 采用阻值 $R=120\Omega$、灵敏度系数 $K=2.0$ 的金属电阻应变片与阻值 $R=120\Omega$ 的固定电阻组成电桥，供桥电压为10V。当应变片应变为1000时，若要使输出电压大于10mV，则可采用何种工作方式（设输出阻抗为无穷大)?

5. 图1.1.16所示为一直流电桥，其供电电源电动势 $E=3\text{V}$，$R_3=R_4=100\Omega$，R_1 和 R_2（$R_1=R_2=50\Omega$）为同型号的电阻应变片，灵敏度系数 $K=2.0$。两只应变片分别粘贴于等强度梁同一截面的正反两面。设等强度梁在受力后产生的应变为5000，试求此时电桥输出端电压 U_o。

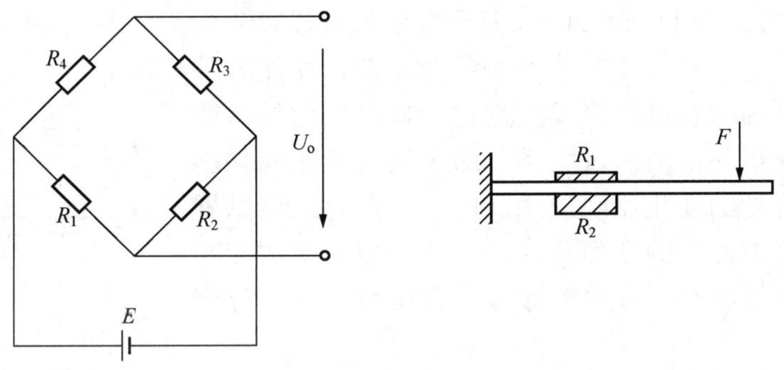

图1.1.16 直流电桥

任务1.2 电容式力及压力传感器与力及压力测量

【任务描述】

电容式力及压力传感器是利用被测量的变化引起电容量的变化这一物理现象来实现力或者压力测量的，是测量力或压力和进行受力控制的主要传感器之一，技术已经十分成熟，在质量计量、工业生产和过程控制中得到了十分广泛的应用。本任务主要学习电容式传感器的结构原理、选型方法及测量电路分析等内容。

【任务分析】

本任务主要包括三部分，一是基础知识部分，主要学习电容式力及压力传感器的结构原理和类型及其应用场合，以及电容式力及压力传感器基本应用电路分析和使用性能等内容；二是任务实施部分，通过典型的电容式力及压力传感器测量电路或控制电路的设计与制作，训练和培养学生对电容式力及压力传感器选型应用和测量控制电路设计等能力；三是拓展学习部分，主要讨论电容式力及压力传感器在其他领域的应用情况，以及它的最新发展状况，以拓宽学生的知识面。

1.2.1 基础知识：电容式力及压力传感器的结构原理及其测量电路

电容式传感器（视频）

电容式传感器是把被测量转换为电容量变化的一种传感器。它具有结构简单、灵敏度高、动态响应特性好、适应性强、抗过载能力大及价格低廉等优点，因此可以用来测量压力、力、位移、振动、液位等参数。但电容式传感器存在着一定的泄漏电阻和非线性，因此具有一定的局限性。但随着电子技术的不断发展，特别是集成电路的广泛应用，这些缺点也将不断被克服。

1. 电容式传感器的基本原理及性能特点

电容式传感器的基本工作原理可以用图 1.2.1 所示的平板电容器来说明。设两极板相互覆盖的有效面积为 $A(\mathrm{m}^2)$，两极板间的距离为 $d(\mathrm{m})$，极板间介质的介电常数为$\varepsilon(\mathrm{F/m})$，在忽略板极边缘影响的条件下，平板电容器的电容量 $C(\mathrm{F})$ 为

$$C=\varepsilon A/d \tag{1.2.1}$$

由式（1.2.1）可以看出，ε，A，d 三个参数都直接影响着电容量 C 的大小。如果保持其中两个参数不变，而使另外一个参数改变，则电容量就将发生变化。如果变化的参数与被测量之间存在一定的函数关系，那么被测量的变化就可以直接由电容量的变化反映出来。所以，电容式传感器可以分为改变极板面积的变面积式、改变极板距离的变间隙式和改变介电常数的变介电常数式三种类型。下面分别进行介绍。

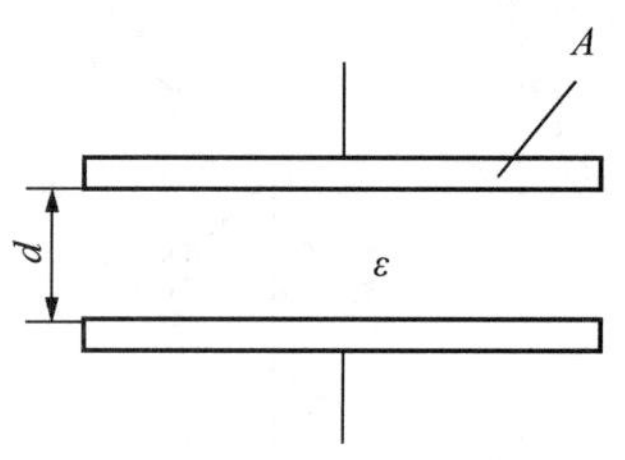

图 1.2.1 平板电容器

1）变面积式电容传感器

*注意：这是本任务的一个重点和难点内容，同学们要注重理解电容式传感器电容灵敏度的推导，另外，更要注意其与电压灵敏度的区别。

图 1.2.2 所示是一直线位移型电容式传感器的示意图。

当动极板移动 Δx 后，覆盖面积就发生变化，电容量也随之改变，其值为

$$C=\varepsilon b(a-\Delta x)/d=C_0-\varepsilon b\cdot\Delta x/d \tag{1.2.2}$$

电容因位移而产生的变化量为

$$\Delta C=C-C_0=-\frac{\varepsilon b}{d}\Delta x=-C_0\frac{\Delta x}{a}$$

其灵敏度为

$$K=\frac{\Delta C}{\Delta x}=-\frac{\varepsilon b}{d}$$

可见，增加 b 或减小 d 均可提高传感器的灵敏度。

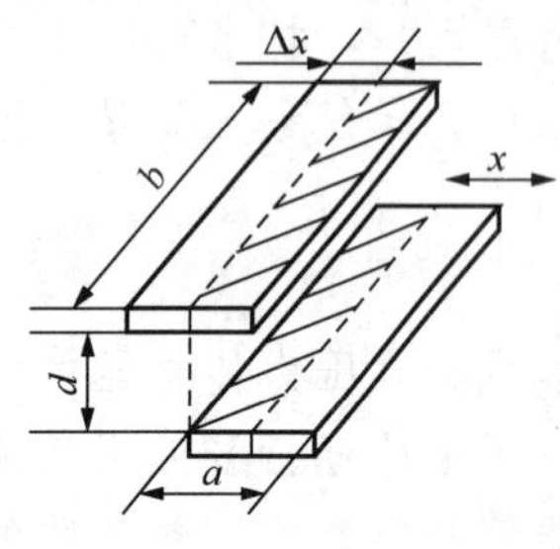

图 1.2.2 直线位移型电容式传感器

图 1.2.3 是此类传感器的几种派生形式。图 1.2.3（a）是角位移型电容式传感器。当动片有一角位移 θ 时，两极板间覆盖面积就发生变化，从而导致电容量的变化，此时电容值为

$$C=\frac{\varepsilon A\left(1-\frac{\theta}{\pi}\right)}{d}=C_0\left(1-\frac{\theta}{\pi}\right) \tag{1.2.3}$$

图 1.2.3（b）中极板采用了锯齿板，其目的是为了增加遮盖面积，提高灵敏度。当锯齿板的齿数为 n 个，移动 Δx 后，其电容量为

$$C=\frac{n\varepsilon b(a-\Delta x)}{d}=n\left(C_0-\frac{\varepsilon b}{d}\Delta x\right) \tag{1.2.4}$$

$$\Delta C=C-nC_0=-n\frac{\varepsilon b}{d}\Delta x$$

其灵敏度为

$$K=\frac{\Delta C}{\Delta x}=-n\frac{\varepsilon b}{d}$$

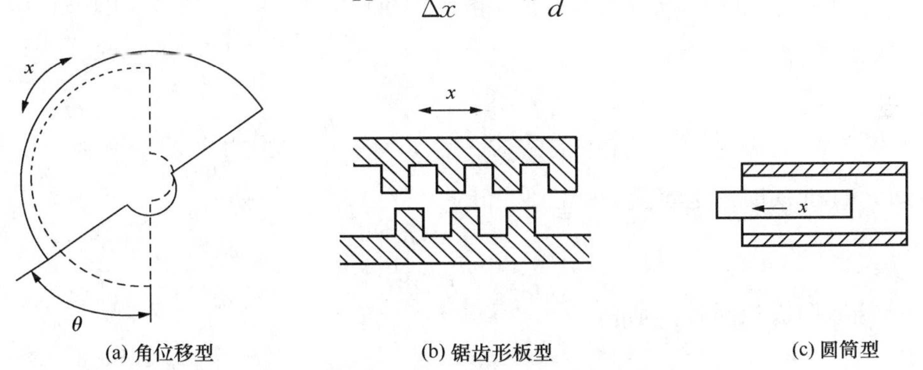

(a) 角位移型　(b) 锯齿形板型　(c) 圆筒型

图 1.2.3　变面积式电容传感器的派生型

由前面的分析可得出结论，变面积式电容传感器的灵敏度为常数，即输出与输入呈线性关系。

2）变间隙式电容传感器

图 1.2.4 所示为变间隙式电容传感器的原理图。图中 1 为固定极板，2 为与被测对象相连的活动极板。当活动极板因被测参数的改变而引起移动时，两极板间的距离 d 发生变化，从而改变了两极板之间的电容量 C。

设极板面积为 A，其静态电容量为 $C=\frac{\varepsilon A}{d}$，当活动极板移动 x 后，其电容量为

$$C=\frac{\varepsilon A}{d-x}=C_0\frac{1+\frac{x}{d}}{1-\frac{x^2}{d^2}} \tag{1.2.5}$$

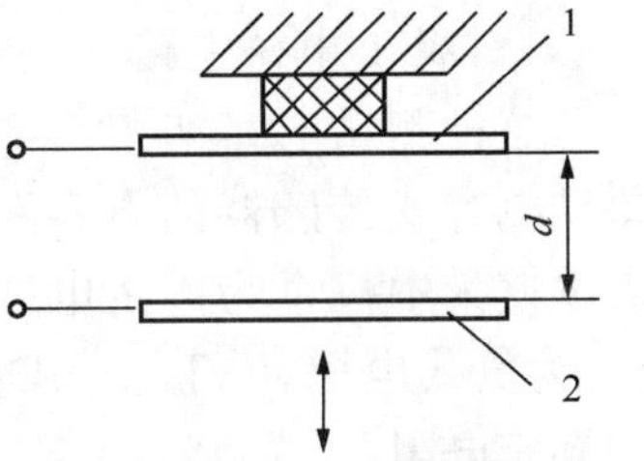

当 $x\ll d$ 时，$1-\frac{x^2}{d^2}\approx 1$，则

$$C=C_0\left(1+\frac{x}{d}\right) \tag{1.2.6}$$

1　d　2

1—固定极板；2—活动极板。

图 1.2.4　变间隙式电容传感器

由式（1.2.5）可以看出，电容量 C 与 x 不是线性关系，只有当 $x\ll d$ 时，才可认为是最近似线形关系。同时还可以看出，要提高灵敏度，应减小起始间隙 d。但当 d 过小

时，又容易引起击穿，同时加工精度要求也高了。为此，一般是在极板间放置云母、塑料膜等介电常数高的物质来改善这种情况。在实际应用中，为了提高灵敏度，减小非线性，可采用差动式结构。

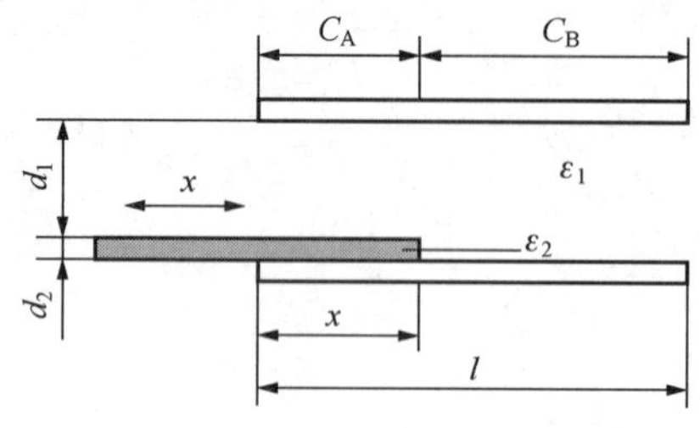

图 1.2.5 介质面积变化的电容式传感器

3）变介电常数式电容传感器

当电容式传感器中的电介质改变时，其介电常数发生变化，从而引起电容量发生变化。此类传感器的结构形式有很多多种，图 1.2.5 所示为介质面积变化的电容式传感器。这种传感器可用来测量物位或液位，也可测量位移。

由图中可以看出，此时传感器的电容量为

$$C = C_A + C_B$$

其中

$$C_A = \frac{bx}{d_1/\varepsilon_1 + d_2/\varepsilon_2}; \quad C_B = \frac{b(l-x)}{(d_1+d_2)/\varepsilon_1}$$

设极板间无 ε_2 介质时的电容量为

$$C_0 = \frac{\varepsilon_1 bl}{d_1 + d_2}$$

当 ε_2 介质插入两极板间时，则有

$$C = C_A + C_B = \frac{bx}{\frac{d_1}{\varepsilon_1} + \frac{d_2}{\varepsilon_2}} + \frac{b(l-x)}{\frac{d_1+d_2}{\varepsilon_1}} = C_0\left(1 + \frac{x}{l}\frac{1-\frac{\varepsilon_1}{\varepsilon_2}}{\frac{d_1}{d_2}+\frac{\varepsilon_1}{\varepsilon_2}}\right) \tag{1.2.7}$$

式（1.2.7）表明，电容量 C 与位移 x 呈线性关系。

2. 电容式传感器的常用测量电路

用于电容式传感器的测量电路很多，常见的电路有普通交流电桥、紧耦合电感臂电桥、变压器电桥、双 T 电桥电路、运算放大器测量电路、脉冲调制电路、调频电路。前面的几种属交流电桥电路类型，在前面已介绍过，在此主要介绍后 4 种电路。

1）双 T 电桥电路

这种测量电路如图 1.2.6 所示。图中 C_1、C_2 为差动电容式传感器的电容，对于单电容工作的情况，可以使其中一个为固定电容，另一个为传感器电容。R_L 为负载电阻，VD_1、VD_2 为理想二极管，R_1、R_2 为固定电阻。

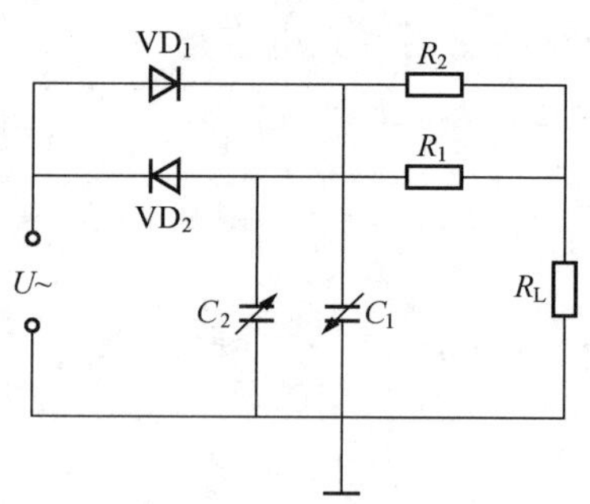

图 1.2.6 双 T 电桥电路

电路的工作原理如下：当电源电压 U 为正半周时，VD_1 导通，VD_2 截止，于是 C_1 充电；当电源为负半周时，VD_1 截止，VD_2 导通，这时电容 C_2 充电，而电容 C_1 则放电。电容 C_1 的放电回路由图中可以看出，一路通过 R_1、R_L，另一路通过 R_1、R_2、VD_2，

这时流过 R_L 的电流为 i_1。

到了下一个正半周，VD_1 导通，VD_2 截止，C_1 又被充电，而 C_2 则要放电。放电回路一路通过 R_L、R_2，另一路通过 VD_1、R_1、R_2，这时流过 R_L 的电流为 i_2。

如果选择特性相同的二极管，用 $R_1=R_2$，$C_1=C_2$，则流过 R_L 的电流 i_1 和 i_2 的平均值大小相等，方向相反，在一个周期内渡过负载电阻 R_L 的平均电流为零，R_L 上无电压输出。若 C_1 或 C_2 变化时，在负载电阻 R_L 上产生的平均电流将不为零，因而有信号输出。此时输出电压值为

$$\bar{u}_o \approx \frac{R(R+2R_L)}{(R+R_L)^2}R_L Uf(C_1-C_2) \tag{1.2.8}$$

当 $R_1=R_2=R$，R_L 为已知时，则

$$K=\frac{R(R+2R_L)}{(R+R_L)^2}R_L$$

这是一个常数，故式（1.2.8）又可写成

$$\bar{u}_o \approx KUf(C_1-C_2) \tag{1.2.9}$$

双 T 电桥电路具有以下特点。

① 信号源、负载、传感器电容和平衡电容有一个公共的接地点。

② 二极管 VD_1 和 VD_2 工作在伏安特性的线性段。

③ 输出电压较高。

④ 电路的灵敏度与电源频率有关，因此电源频率需要稳定。

⑤ 可以用作动态测量。

2）运算放大器测量电路

电路的原理图如图 1.2.7 所示。电容式传感器跨接在高增益运算放大器的输入端与输出端之间。运算放大器的输入阻抗很高，因此可认为它是一个理想运算放大器，其输出电压为

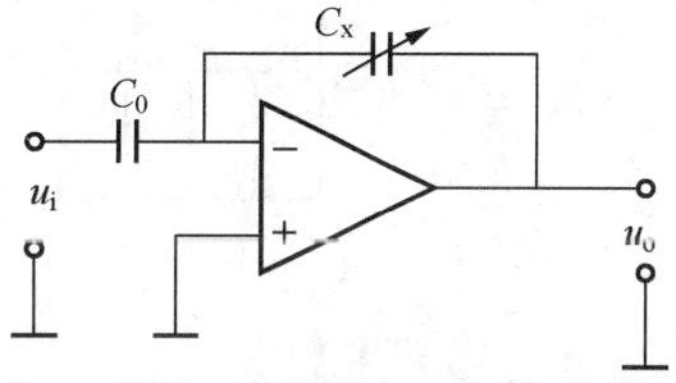

图 1.2.7 运算放大器测量电路

$$u_o=-u_i\frac{C_0}{C_x}$$

以 $C_x=\frac{\varepsilon A}{d}$ 代入上式，则有

$$u_o=-u_i\frac{C_0}{\varepsilon A}d \tag{1.2.10}$$

式中，u_o 为运算放大器输出电压；u_i 为信号源电压；C_x 为传感器容量；C_0 为固定电容器。

由式（1.2.10）可以看出，输出电压 u_o 与动极片机械位移 d 呈线性关系。

3）脉冲调制电路

图 1.2.8 所示为差动脉冲宽度调制电路。这种电路根据差动电容式传感器电容 C_1 和 C_2 的大小控制直流电压的通断，所得方波与 C_1 和 C_2 有确定的函数关系。线路的输出端就是双稳态触发器的两个输出端。

当双稳态触发器的 Q 端输出高电平时，则通过 R_1 对 C_1 充电。直到 M 点的电位等于参考电压 u_r 时，比较器 N_1 产生一个脉冲，使双稳态触发器翻转，Q 端（A）为低电

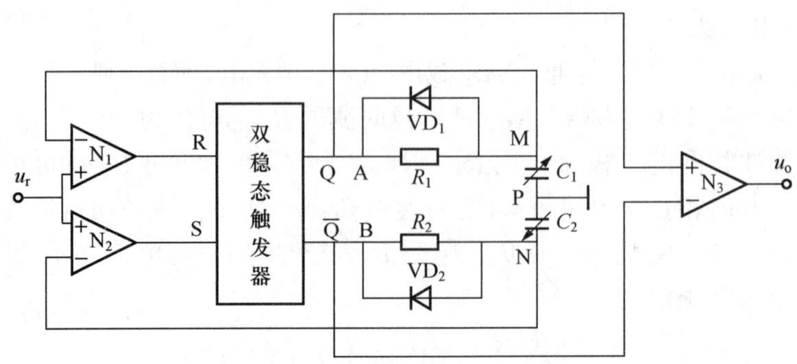

图 1.2.8　差动脉冲宽度调制电路

平，$\overline{Q}$端（B）为高电平。这时二极管 VD_1 导通，C_1 放电至零，而同时$\overline{Q}$端通过 R_2 为 C_2 充电。当 N 点电位等于参考电压 u_r 时，比较器 N_2 产生一个脉冲，使双稳态触发器又翻转一次。这时 Q 端高平，C_1 处于充电状态，同时二极管 VD_2 导通，电容 C_2 放电至零。以上过程周而复始，在双稳态触发器的两个输出端产生一宽度受 C_1、C_2 调制的脉冲方波。图 1.2.9 为电路上各点的电压波形。

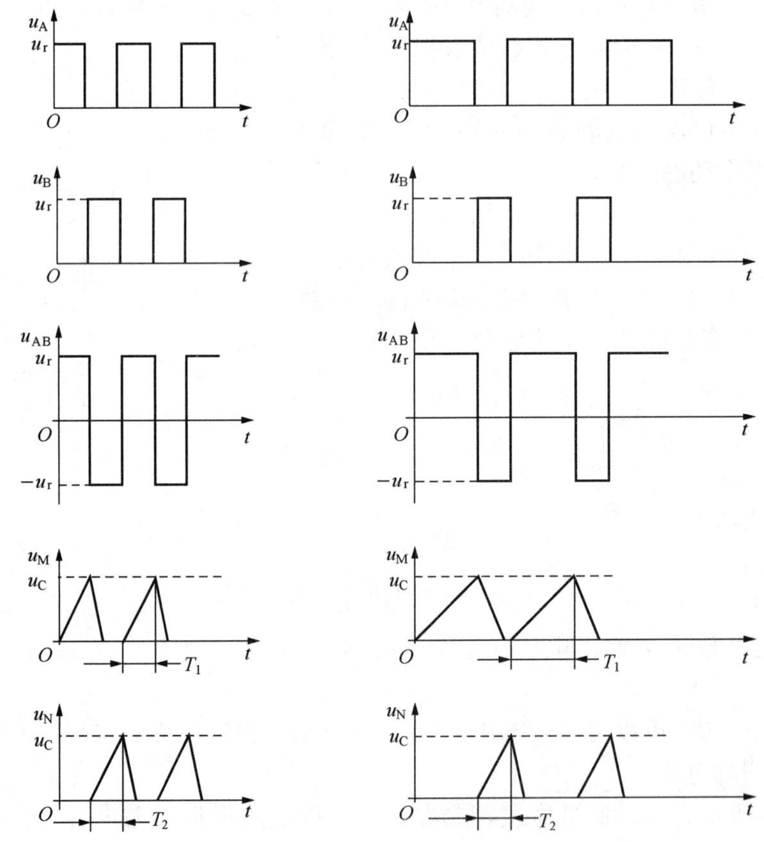

图 1.2.9　电压波形图

由图 1.2.9 可看出，当 $C_1=C_2$ 时，两个电容的充电时间常数相等，两个输出脉冲的宽度相等，输出电压的平均值为零。当差动电容传感器处于工作状态，即 $C_1 \neq C_2$

时，两个电容的充电时间常数发生变化，T_1 正比于 C_1，而 T_2 正比于 C_2，这时输出电压的平均值不等于零。输出电压为

$$u_o = \frac{T_1}{T_1 + T_2}u_r - \frac{T_2}{T_1 + T_2}u_r = \frac{T_1 - T_2}{T_1 + T_2}u_r \tag{1.2.11}$$

当电阻 $R_1 = R_2 = R$ 时，则有

$$u_o = \frac{C_1 - C_2}{C_1 + C_2}u_r \tag{1.2.12}$$

可见，输出电压与电容变化呈线性关系。

4）调频电路

这种测量电路是把电容式传感器与一个电感元件配合成一个振荡器谐振电路。当电容传感器工作时，电容量发生变化，导致振荡频率产生相应的变化。再通过鉴频电路将频率的变化转换为振幅的变化，经放大器放大后即可显示，这种方法称为调频法。图 1.2.10就是调频-鉴频电路原理图。

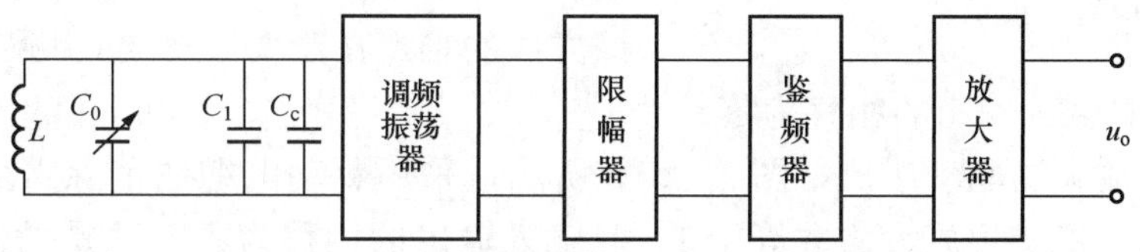

图 1.2.10　调频-鉴频电路原理图

调频振荡器的振荡频率由下式决定

$$f = \frac{1}{2\pi\sqrt{LC}}$$

式中，L 为振荡回路电感；C 为振荡回路总电容。

振荡回路的总电容一般包括传感器 $C_0 \pm \Delta C$，谐振回路中的固定电容 C_1 和传感器电缆分布电容 C_c。以变间隙式电容器为例，如果没有被测信号，则 $\Delta d = 0$，$\Delta C = 0$，这时 $C = C_1 + C_0 + C_c$，所以振荡器的频率为

$$f_0 = \frac{1}{2\pi\sqrt{L(C_1 + C_0 + C_c)}} \tag{1.2.13}$$

f_0 一般应选在兆赫兹（MHz）以上。

当传感器工作时，$\Delta d \neq 0$，则 $\Delta C \neq 0$，振荡频率也相应改变 Δf，则有

$$f_0 \mp \Delta f = \frac{1}{2\pi\sqrt{L(C_1 + C_0 + C_c + \Delta C)}} \tag{1.2.14}$$

振荡器输出的高频电压将是一个受被测信号调制的调制波，其频率由式（1.2.14）决定。

5）消除电容式传感器寄生电容的方法

（1）增加初始电容值。采用增加初始电容值的方法可以使寄生电容相对电容式传感器的电容量减小。可采用减小极片或极筒间的间距，如平板式间距可减小为 0.2mm，圆筒式间距可减小为 0.15mm，以增加工作面积或工作长度来增加原始电容值，但此种方法要受到加工和装配工艺、精度、示值范围、击穿电压等限制，一般电容变化值在

10^{-3}～10^{3}pF 之间。

（2）集成法。将传感器与电子线路的前置级装在一个壳体内，省去传感器至前置级的电缆，这样，寄生电容大为减小而且固定不变，使仪器工作稳定。但这种做法因电子元器件的存在而不能在高温或环境恶劣的地方使用。也可利用集成工艺，把传感器和调理电路集成于同一芯片，构成集成电容传感器。

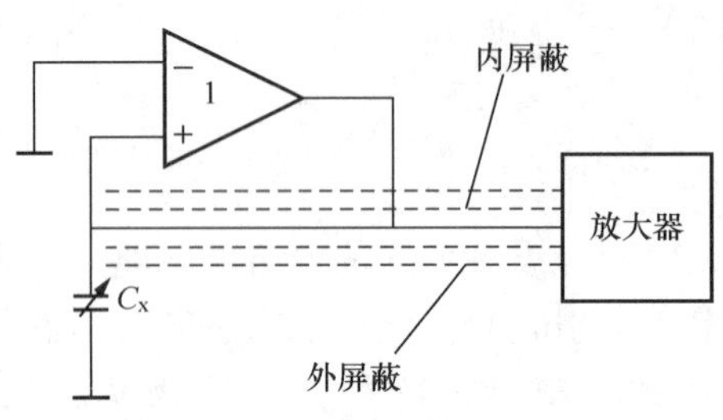

图 1.2.11　驱动电缆消除寄生电容原理示意图

（3）采用“驱动电缆”技术。如图 1.2.11 所示，在电容传感器和放大器之间采用双层屏蔽电缆，并接入增益为 1 的驱动放大器，这种接法使得内屏蔽与芯线等电位，消除了芯线对内屏蔽的容性漏电，克服了寄生电容的影响，而内外层之间的电容变成了驱动放大器的负载。因此，驱动放大器是一个输入阻抗很高，具有容性负载，放大倍数为 1 的同相放大器。该方法的难点在于要在很宽的频带上实现放大倍数等于 1，且输入输出的相移为零。

（4）运算放大器驱动法。如图 1.2.12 所示，采用驱动电缆法消除寄生电容，要在很宽的频带上严格实现放大倍数等于 1，且输入输出的相移为零，这是设计的难点。而采用运算放大器驱动法可有效地解决这一难题。

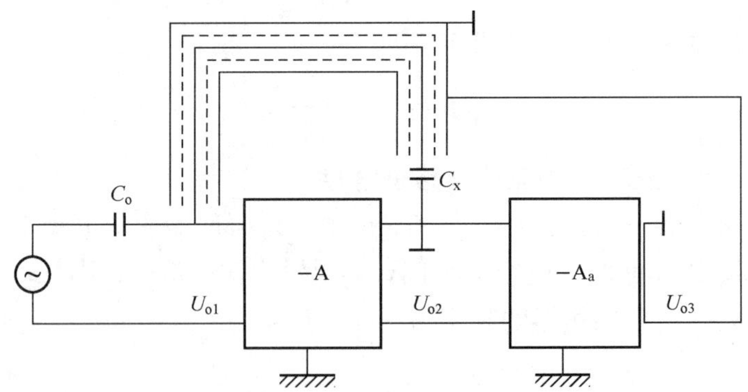

图 1.2.12　运算放大器驱动消除寄生电容原理示意图

图中，（$-A_a$）为驱动电缆放大器，其输入是（−A）放大器的输出，（$-A_a$）放大器的输入电容为（−A）放大器的负载，因此无附加电容和 C_x 并联，传感器电容 C_x 两端的电压为

$$U_{cx}=U_{o1}-U_{o2}=U_{o1}-(-AU_{o1})=(1+A)U_{o1} \tag{1.2.15}$$

放大器（$-A_a$）的输出电压为

$$-U_{o3}=-A_aU_{o2}=AA_aU_{o1} \tag{1.2.16}$$

为实现电缆芯线和内层屏蔽等电位，应使 $U_{cx}=U_{o3}$；于是可以得到 $(1+A)U_{o1}=AA_aU_{o1}$，即

$$A_a=1+(1/A) \tag{1.2.17}$$

运算放大器驱动法无任何附加电容，特别适用于传感器电容很小的检测电路。

（5）整体屏蔽法。以差动电容传感器为例，说明整体屏蔽法。如图 1.2.13 所示，C_{x1}、C_{x2}为差动电容，U 为电源，A 为放大器。整体屏蔽法是把整个电桥（包含电源电缆等）一起屏蔽起来，设计的关键点在于接地点的合理设置。采用把接地点放在两个平衡电阻 R_1 与 R_2 之间，与整体屏蔽共地。这样，传感器公用极板与屏蔽之间的寄生电容 C_1 与测量放大器的输入阻抗并联，从而可把 C_1 视作放大器的输入电容。由于放大器的输入阻抗应具有极大值，C_1 的并联也不希望存在，但它只是影响灵敏度而已。另外的两个寄生电容 C_3、C_4 并联在桥臂 R_1、R_2 上，会影响电桥的初始平衡和整体灵敏度，并不影响电桥的正常工作。因此，寄生参数对传感器电容的影响基本消除。

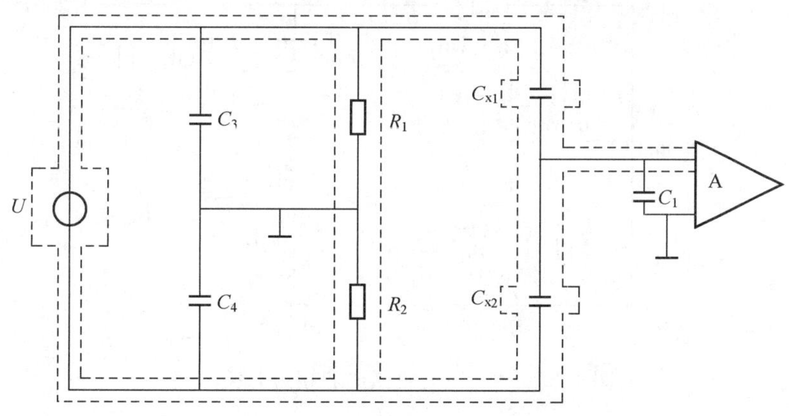

图 1.2.13 整体屏蔽消除寄生电容原理示意图

1.2.2 任务实施：电容式接近开关电路的设计与制作

电容式传感器测量电路较难进行设计制作。为了训练学生的动手能力，加深对电容式传感器的理解，可安排学生进行电容式接近开关电路的制作。因为电容式接近开关是电容式传感器应用最广的一种常见传感器，也是较容易制作的电容式测量控制电路。这里介绍两种电容式接近开关电路，一种是采用分立元件设计的；另一种是用集成电路设计的。可根据实际条件选择一种电路进行搭建试验，让学生进行体验。

1. 采用分立元件设计的电容式接近开关电路

电容式接近开关电路通常由一个射频振荡电路和一个探测器组成。图 1.2.14 是用分立元件制作的电容式接近开关电路原理图。

在图 1.2.14 中，三极管 VT_1 与周围元件构成一个射频振荡电路；金属感应电极片连在 VT_1 的集电极作为探测器。在没有其他导体接近感应电极片时，VT_1 组成的振荡电路正常振荡，此时 VT_1 发射极输出的射频电压信号经 VD_1、VD_2 检波后成为直流控制信号。该信号使开关管 VT_2 导通，继电器得电吸合，接通被控电路的电源：当有导体接近感应电极片时，由于任何靠近感应电极片的导体都会感应出电极片和“地”之间的电容，而电容的增加就会降低振荡器的正反馈量直至振荡器停止振荡，如果振荡器停振，射频检波电路就不再输出直流控制信号，此时开关管 VT_2 就会截止，使继电器失电断开，而且继电器断开后需要松开开关 S 再闭合后，电路才能进入下一次振荡状态，否则继电器就一直断开。

C_0 是灵敏度调节电容，调节它的大小可以调整振荡器起振、停振的临界值，从而来调节控制器所控制物体的远近、大小等参数。在图 1.2.14 中，电感 L 可以使用电感量为 2～5mH 的任何色码电感，如果电感量大于 4mH，就需要适当地增大 C_0 的值，以使电路能顺利起振，其他元件参数如图 1.2.14 所示。

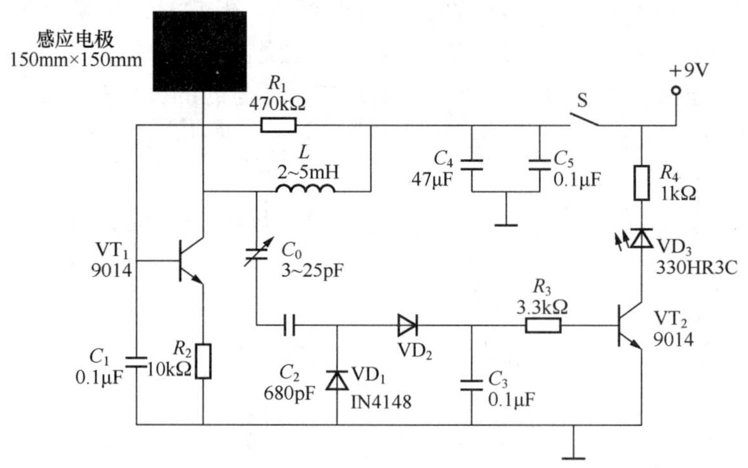

图 1.2.14 分立元件式电容接近开关电路

2. 采用集成电路设计的电容感应式开关电路

图 1.2.15 所示电路中，主要由一个 4-2 输入“与非”门集成电路 CD4093 组成。R_1、C_1 及 CD4093 的一个与非门（引脚 1～3，IC_1）构成 400Hz 方波振荡器，振荡器输出的方波分成两路：一路直接送入另一个与非门电路（引脚 4～6，IC_2）；另一路经电容 C_2 送入一个与非门（引脚 8～10，IC_3）的一个输入端。由于 IC_2 接成非门的形式，所以它的输入、输出端电位相差 180°，IC_2 输出的信号经 C_3、C_4 耦合至 IC_3 的另一个输入端。

由于 IC_3 两个输入端的电平相同。相位相反，因此只要 IC_1 正常振荡，IC_3 的两个输入端中至少有一个为低电平，故 IC_3 输出端为稳定的高电平，由于 C_6 的作用，VT 截止。但是如取消 IC_3 任何一个输入端的输入信号或使该信号幅度降到低于门电路的输入阈值电平时，IC_3 就会输出方波信号。

当有导体接近感应电极片时，就会使由 C_2 耦合到 IC_3 输入端引脚 9 的部分信号被分流到地，若被分流后的信号幅度低于与非门输入端的阈值电平，IC_3 就会输出方波信号，该信号经 VD_1、VD_2 整流后就会使开关管 VT 导通，接通继电器的电源使之吸合。

电容 C_4 是灵敏度调节电容，若需要该电路以最大灵敏度工作时，可以先调节 C_4 使继电器刚好吸合，再调节 C_4 使继电器刚好断开，然后用高频蜡或绝缘漆把 C_4 封牢。

图 1.2.15 电路所用元件都是普通元件，由于 CD4093 为 CMOS 集成电路，很容易被电烙铁所带的静电击穿，所以在制作时，最好先焊一个集成电路插座，待电路经检查无误后再把 CD4093 插入插座。感应电极片可以用金属易拉罐剪制。其余器件参数见图 1.2.15。

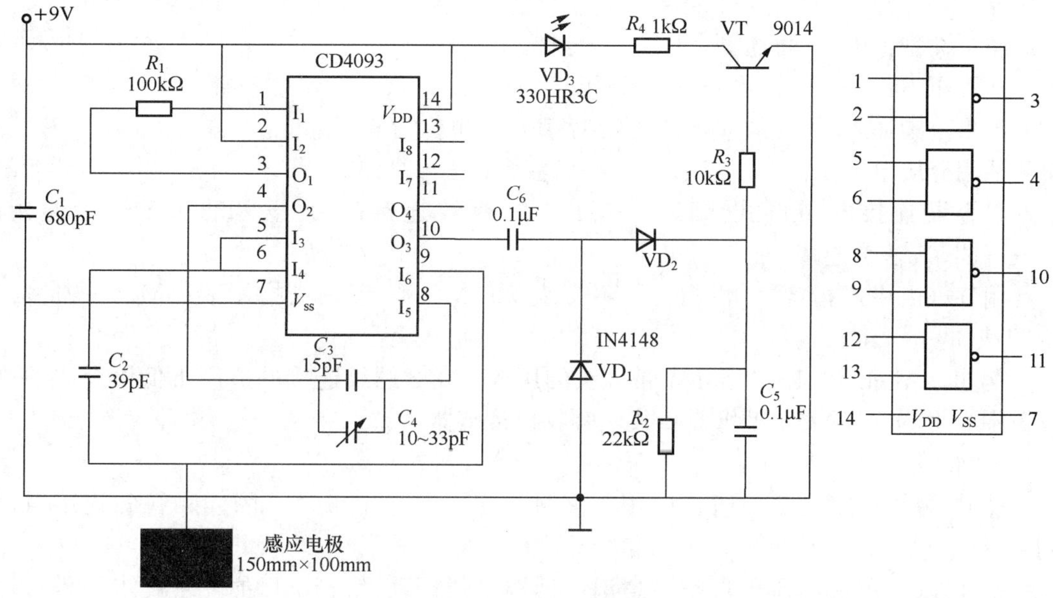

图 1.2.15　集成电路式电容开关电路

1.2.3　拓展学习：电容式力及压力传感器的其他应用

*注意：这是本任务的第二个重点内容，要注重电容式传感器在工程实践中的具体应用状况，注意了解电容式传感器的常用类型和选型规则，了解主要的生产厂商，为合理选用积累知识。

电容式传感器在各种物理量的测量和控制中有着十分广泛的应用，这里仅介绍其在物位测控、压力测量及位移测量等方面的应用情况。

1. 在物位测控中的应用

在石油、化工、电力、食品、水处理、冶金、水泥等的生产过程中，有许多的液位、料位需要测量，但是一些高压、真空、高温、低温、密封罐内的酸、碱、盐等强腐蚀液体、强振动等的液位、料位测量，却是许多种类的物、液位计望尘莫及的。

LP—5000 系列电容式物位变送器有多种结构，可以使用于导电、绝缘的液体或固体颗粒的工作介质中。该产品不但适用于普通的液体、固体颗粒的容器、槽、筒仓或料斗的远距离连续料位测量，而且以其能耐受恶劣的使用环境、高可靠等特点，可以应用于其他物、液位计工作困难的高压、真空、高温、低温、强腐蚀液体、强振动等环境的液位、料位测量。

1）型号说明

传感器类型：

AJ——PTFE 绝缘棒式传感器；AL——裸露棒式传感器；BJ——PTFE 绝缘同轴接地管式传感器；BL——裸露同轴接地管式传感器；CJ——PTFE 绝缘缆式传感器；CL——裸露缆式传感器；DJ——PTFE 绝缘 H 型棒式传感器；DL——裸露 H 型棒式

传感器。

防爆类型：P——普通型；I——安全型。

适用压力：N——常压；C——高压。

测量范围：＊＊＊用具体阿拉伯数字表示，单位为mm。

适用介质温度：L——低温；T——常温；H——高温。

与容器连接安装形式：27——M27×2螺纹连接；33——M33×2螺纹连接；65——DN65法兰连接。

附件（由用户指定）：没有——不带表头；M_1——带现场指示表；M_3——带$3^{1/2}$ LCD表。

例如，AL-I-100-L-27表示不带表头的用M27×2螺纹连接的适用于低温介质的测量范围为100mm的安全型裸露棒式电容物位传感器。

2）特点

① 与物料密度无关，适合应用于多种导电、非导电液体、固体颗粒的连续料位测量。

② 可以使用在高压、真空、高温、低温、强振动及应用于强腐蚀液体等恶劣环境中。

③ 体积小巧，结构简单，动态性能好，灵敏度和分辨率高。

④ 两线制输出功耗小，使用简便。

⑤ 工作时无可动部件，工作可靠。

⑥ 价格低廉，经济耐用。

3）主要技术指标

输入范围：10～2000pF。

输出信号：4～20mA DC。

精度：1%，0.5%。

供电电源：24V DC。

工作环境温度：－20～70℃。

工作介质温度：－20～70℃；高温型可至200℃。

温度影响：满量程的1%/50℃。

工作介质压力：4MPa。

连接方式：螺纹连接：M27×2、M33×2；法兰连接：DN65；或按用户要求。

阻尼调节范围：0.2～5s。

外壳防护等级：IP65。

2. 在压力测量中的应用

1）CCPS32陶瓷电容压力传感器

（1）概述。CCPS32传感器是E＋H公司采用陶瓷材料经特殊工艺精制而成的干式陶瓷电容压力传感器。陶瓷是一种公认的高弹性、抗腐蚀、抗磨损、抗冲击和振动的材料。陶瓷的热稳定特性可以使它的工作温度范围高达－40～125℃，而且具有测量的高精度、高稳定性。其最大特点是：量程可以小到500Pa，抗过载能力可达量程的200

倍，彻底解决了其他类型传感器没有小量程及在小量程时过载能力差的缺点，它除具有一般传感器的量程外，其最具特色的是它的正负表压功能，如±1kPa、±10kPa等。

CCPS32干式陶瓷电容厚膜压力传感器的高输出、广量程，特别适合制造高性能的工业控制用压力变送器。大圆形膜片表面平整、易安装，是欧美E+H、ABB、SIEMENS、H&B、VEGA等公司压力变送器生产的首选传感器。

（2）工作原理。抗腐蚀的干式陶瓷电容压力传感器没有液体传递，过程压力直接作用在陶瓷膜片的前表面，衬底电极与膜片电极之间构成一测压电容，电容量随压力大小而改变，电容的变化值经激光微调，传感器专用信号调理电路ASIC放大输出高达4000mV的直流电压，内置的温度传感器不断测量介质的温度并进行温度补偿，从而实现压力测量。过载时，膜片贴到陶瓷衬底上而不会损坏。当压力恢复到正常时，其性能不受任何影响。彻底解决了低量程过载能力差的缺点，是扩散硅传感器的升级换代产品。标准化的高输出具有极强的抗干扰能力，配专用线路板可进行大的量程迁移（10∶1）。传感器具有很高的温度稳定性和时间稳定性，自带温度补偿−20～80℃，并可以和绝大多数介质直接接触。

CCPS32陶瓷传感器由于没有液体的传递作用，无任何填充液，不会产生工艺污染，因此在食品、医药等行业有着广泛的应用，加之是干式陶瓷膜片，故不受安装方向的影响，以其作为敏感元件生产的压力变送器被广泛地应用在各种测量压力的场合。

（3）特点。这种传感器的特点是：采用了坚固的陶瓷电容敏感膜片；自带放大电路，输出为0.5～4.5V；平整的大圆形膜片，易安装；具有卓越的抗腐蚀、抗磨损性能，高精度、高稳定性，宽的工作温度范围，响应迅速，无迟滞，可进行无源标定等。

（4）技术参数。

供电电源：5V DC。

量程范围：2.5kPa～7MPa。

响应时间：<1ms。

综合误差（包括线性、迟滞、重复性）：（0.1～0.2）%FS。

零点输出：500mV±100mV。

满量程输出：4500mV±100mV；温度特性（温补范围为−20～80℃）：±0.01%FS/℃。

稳定性：<0.1%FS/年。

供电电流：<2mA。

工作温度：−40～125℃。

抗绝缘性：>2kV。

外形尺寸：32.4mm×5.25mm×7.12mm。

2）FB0802陶瓷电容压力变送器

（1）概述。FB0802陶瓷电容压力变送器采用具有国际先进水平的陶瓷电容传感器，配合高精度电子元件，经严格的工艺过程装配而成。它采用无中介液的干式压力测量技术。充分发挥了陶瓷传感器的技术优势，使压力变送器具有优异的技术性能。它抗过载和抗冲击能力强，稳定性高，并有很高的测量精度。FB0802陶瓷电容压力变送器具有多种型号，多种量程，多种过程连接形式及材料，可广泛用于石油、化工、电力、冶金、制药、食品等许多工业领域，可适应工业测量的各种场合及介质，是传统压力表及传统压力变送器的理想升级换代产品，是工业自动化领域理想的压力测量仪表。

（2）工作原理。被测介质的压力直接作用于传感器的陶瓷膜片上，使膜片产生与介质压力成正比的微小位移，正常工作状态下，膜片最大位移不大于 0.025mm，电子线路检测这一位移量后，即把这一位移量转换成对应于这一压力的标准工业测量信号。超压时膜片直接贴到坚固的陶瓷基体上，由于膜片与基体间隙只有 0.1mm，因此过载时膜片的最大位移只能是 0.1mm，所以从结构上保证了膜片不会产生过大变形，由于膜片采用高性能的工业陶瓷，因而使传感器具有很强的抗冲击及抗过载能力。

（3）特点。这种变送器的特点是：抗过载和抗冲击能力强，过压可达量程的数倍至百倍；精度高，重复性好稳定性高，优于 0.1%FS/年；温度漂移小，由于取消了测量元件的中介液，因而使传感器获得了很高的测量精度，且受温度影响小；抗干扰能力强，可防水、防尘、防振、防爆、防腐；安装简便，产品结构合理，体积小，重量轻，可直接任意位置安装。

（4）技术参数。

测量范围：表压为 0～2.5kPa～7MPa；绝压为 0～2.5kPa～7MPa；负压为－100～100kPa。

输出：直流 4～20mA。

电源：15～30V DC。

负载特性：直流 4～20mA，二线制负载 $R\leqslant 50\Omega$（电压 12V）。

温度范围：环境温度为－20～＋70℃；标准介质温度为－20～＋80℃。

外壳防护：优于 IP65。

防爆类型：隔爆型 dⅡCT4；本安型 iaⅡCT6 应外配安全栅。

（5）型号规则。

FB0802——工业型陶瓷电容压力变送器。

测量范围：A——0～5～20kPa；B——0～20～70kPa；C——0～70～350kPa；D——0～200～700kPa；E——0～700kPa～3.5MPa；F——0～2.0～7.0MPa。

输出信号：E-DC 4～20mA，9——特殊要求。

精度等级：2%～0.2%；3%～0.5%。

螺纹连接：R——标准型 M20×1.5 外螺纹；O——按用户提供尺寸加工。

选项：I——本安型；D——隔爆型；M1——模拟指示表头；M3——31/2 模拟指示表头；G——表压测量；A——绝压测量；F——负压测量；S——散热器及过程连接件；Y——用户约定。

例如，FB0802-A-E-I-G 表示测量范围 0～10kPa、输出 DC 4～20mA、本安型表压测量用的工业型陶瓷电容压力变送器。

3. 在位移测量中的应用

TR230/TR250/TR2100 型容栅测微传感器介绍如下。

1）工作原理

容栅测量系统是一种无差调节的闭环控制系统，它的基本测量部分是一个差动电容器，其作用是利用电容的电荷耦合方式将机械位移量转换为电信号的相应变化量，将该电信号送入电子电路后，再经过一系列变换和运算后显示出机械位移量的大小。该传感器具有测量范围大、精度高、使用方便的特点。

2）外型尺寸

如图 1.2.16 所示，TR2 型容栅测微传感器的具体结构尺寸如下。

TR230 型的 $L_0=31$mm，$L=194$mm；TR250 型的 $L_0=51$mm，$L=251$mm；TR2100 型的 $L_0=102$mm，$L=403$mm。

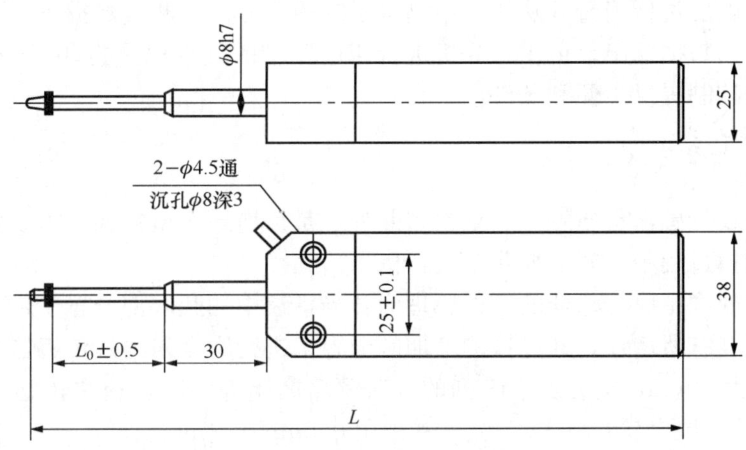

图 1.2.16　TR2 型容栅测微传感器结构示意图

3）技术指标

测量范围：0～30mm/0～50mm/0～100mm。

分辨率：0.01mm，0.005mm。

测力：≤2.5N。

最大移动速度：1.5m/s。

工作温度：10～40℃。

存储温度：0～55℃。

4）特点

(1) 由于传感器采用等节距的栅形结构，使测量的精度不直接与长度有关，故非常适宜于大位移测量。

(2) 测量速度快。分辨率为 0.001mm 时，测量速度可达 0.35m/s；分辨率为 0.01mm 时，测量速度可达 1.5m/s。分辨率为 0.001mm 的光栅和感应同步器数显测量装置，测量速度一般应在 0.2m/s 左右。其他可测大位移的传感器在测量速度上也很少能达到容栅类传感器的水平。

(3) 传感器的结构简单，易于与集成电路制成一体，易进行机械设计。传感器机械部分主要由两组极板组成，结构小巧，使得测量系统的结构简单，成本低廉。这一优点也是其他类型的位移测量系统所不能比拟的。

(4) 对使用环境要求不高。能抗电、磁场的干扰；采用适当的防护措施后，能防油污、防尘，对空气湿度不敏感，适合于在车间生产现场使用。这也是容栅测量系统的一个很突出的优势。

（5）能耗少。这是由于传感器本身的介质损耗和静电引力都很小的缘故。电路采用大规模的CMOS集成电路，使电路能在低功耗下工作。一颗扣式氧化银电池就可使其连续工作一年时间。这一优点使得在通用精密量具上实现数显，并使之成为具有很大发展前途的产品。

（6）功能多，运用方便。容栅测量系统的电子线路经过几度改进，使其系统逐渐完善，现在的电路具有任意点置零、公英制转换、值保持、最大值/最小值寻找、测量速度过快及电路电压过低报警等功能，使测量系统使用方便，测量数据正确可靠。

（7）串行码数据输出，可供计算机进行相应要求的处理以及打印机进行数据记录，这对产品质量控制提供了便利条件。

4. 电容式指纹传感器

电容式指纹传感器有单触型和划擦型两种，是目前最新型的固态指纹传感器，它们都是通过在触摸过程中电容的变化来进行信息采集。

这两类电容式指纹传感器的工作原理为：当指纹中的凸起部分置于传感电容像素电极上时，电容会有所增加，通过检测增加的电容来进行数据采集。传感器中的像素点为 $45\mu m^2$，间隔为 $50\mu m$，电容像素阵列的分辨率略高于500dpi。这类传感器基于一种标准的单-多晶硅三层金属CMOS工艺，并采用 $0.5\mu m$ 工艺进行设计。

金属互连的第三层构成电容像素层，由氮化钛制成并覆盖着一层氮化硅，厚度仅为7000Å。这种硬金属电极与抗磨涂敷层组合形成的传感器十分坚实耐用，使用寿命可以达到很多年。它们主要有以下用途。

1）指纹检测

人类的指纹由紧密相邻的凹凸纹路构成，通过对每个像素点上利用标准参考放电电流，便可检测到指纹的纹路状况。每个像素先预充电到某一参考电压，然后由参考电流放电。电容阳极上电压的改变率与其上的电容成下面的比例关系：

$$I_{\mathrm{ref}} = C \times \mathrm{d}v/\mathrm{d}t \tag{1.2.18}$$

处于指纹的凸起下的像素（电容量高）放电较慢，而处于指纹的凹处下的像素（电容量低）放电较快。这种不同的放电率可通过采样保持（S/H）电路检测并转换成一个8位输出。这种检测方法对指纹凸起和低凹具有较高的敏感性，并可形成非常好的原始指纹图像。

采用复杂的软件算法可以进行指纹识别。这种软件采集原始的指纹图像，将图像信息数字化并提取其中的细节模板，然后进行测试，确定提取的细节模板是否与参考模板吻合。

单触型传感器与划擦型传感器的尺寸和成本都不一样。接触式传感器较大，通常有效接触面为15mm×15mm，可迅速地采集最大的指纹或拇指指纹。这种传感器易于使用，并可将整个指纹图像以500dpi（自动指纹识别标准）的精度进行快速传输。

这种传感器由256（列）×300（行）微型金属电极组成，每一列连接到一对S/H电路上。指纹图像依次进行逐行采集，每个金属电极均作为电容的一个极，与之接触的手指则是电容的另一个极。在器件表面有一层钝化层，作为两个电容极间的电介质层。将手指置于传感器上时，指纹上的凸起和低凹会在阵列上产生不同的电容值，并构成用于认证的一整幅图像。

划擦型传感器是一种新型指纹采集器件，用户将手指在器件上划过即能获取其指纹信息。划擦型传感器的优点是尺寸小（如富士通的 MBF300 尺寸仅为 3.6mm×13.3mm）和成本低。这些器件主要用于移动设备的嵌入式安全识别应用，如手机和 PDA。精密的图像重建软件以接近 2000fps 的速度快速地从传感器上采集多个图像，并将每帧的数据细节组织到一起。

2）信息及认证

毫无疑问，便携式低成本指纹识别技术对人们的生活意义深远。例如，今后警察可在一个犯罪高发区截住一名嫌疑人，要求其提供指纹而不是身份证或汽车驾照。此人只需将其右手的第一、二或第三个手指置于一个与无线 PDA 相连的传感器上，即可迅速将嫌疑人与以前的犯罪记录进行对比确认。

这种识别技术对于被盗的手机用户也有好处。手机开机时要求用户通过一个快速的认证过程，用户将其手指划过传感器，如果通过认证，则授权使用手机的各项功能；如果不是授权用户，手机便继续保持锁住；如果连续几次认证无法通过，则手机会删除存储器中的关键信息然后关机。在语音邮件的应用中，当拨出一个语音邮件号码后，用户只需将手指划过传感器便可令系统识别。有了指纹识别后，便无须使用邮箱密码或个人识别号码。

在今后的汽车应用中，用户可输入家庭成员指纹样本，经授权才能驾驶。注册过程十分简单：每个授权驾驶的成员将其手指置于传感器上，并将汽车的各种参数按个人爱好进行设置，然后将这些设置存入车载的计算机存储器中。

当驾驶者进入汽车时，他/她将手指置于传感器上，启动识别过程。不到 1s，计算机将检测到的指纹模板与存储的模板进行比较，并建立一个与驾驶者相符的相关设置。指纹模板和匹配软件保存在汽车内的一个嵌入式模块中。当指纹匹配成功时，汽车便按已编程设定的内部参数来控制后视镜、汽车座椅、无线基站以及车内空气环境。此外，还可控制驾驶速度。目前，这些传感器已完成设计，并用于美国政府机构及警察局进行指纹识别。不久的将来，这种认证还将逐渐用于汽车单触式无钥匙进入系统以及信息安全中。

当然，电容式传感器的应用领域远不止以上所列举的几个方面，其结构类型也不胜枚举，它在检测及控制中的应用是十分广泛的。

思　考　题

1. 试分析变面积式电容传感器和变间隙式电容传感器的灵敏度。为了提高传感器的灵敏度，可采取什么措施并应注意什么问题？

2. 为什么说变间隙式电容传感器特性是非线性的？采取什么措施可改善其非线性特征？

3. 有一平面直线位移差动传感器。其测量电路采用变压器交流电桥，结构组成如图 1.2.17 所示。电容传感器起始时，$b_1=b_2=200\text{mm}$，$a_1=a_2=20\text{mm}$，极距 $d=2\text{mm}$，极间介质为空气，测量电路 $u_i=3\sin\omega t$，且 $u=u_o$。求动极板上输入一位移

量 Δx＝5mm 时的电桥输出电压 u_o。

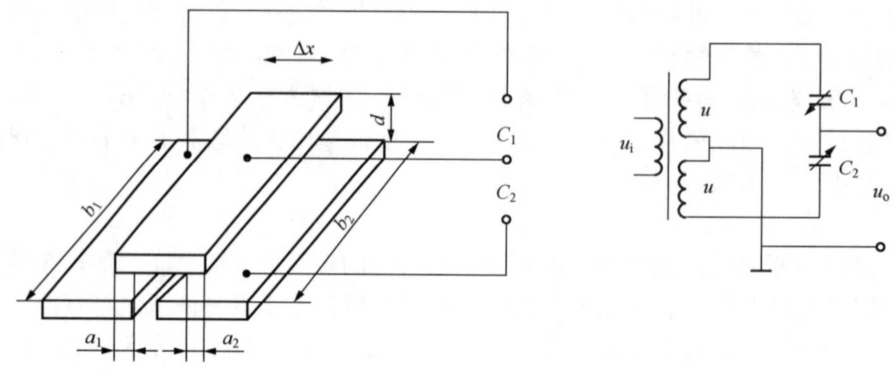

图 1.2.17 平面直线位移差动传感器测量电路

4. 变间隙式电容传感器的测量电路为运算放大器电路，如图 1.2.18 所示。传感器的起始电容量 C_{x0}＝20pF，定动极板距离 d_0＝1.5mm，C_0＝200pF，运算放大器为理想放大器（即 $K\rightarrow\infty$，$Z_i\rightarrow\infty$），R_f 极大，输入电压 $u_i=5\sin\omega t$。求：当电容式传感器动极板上输入一位移量 Δx＝0.15mm 使 d_0 减小时，电路输出电压 u_o 为多少？

5. 图 1.2.19 所示为一正方形平板电容器，极板长度 a＝4cm，极板间距离 δ＝0.2mm。若用此变面积式电容传感器测量位移 x，试计算该传感器的灵敏度，并画出传感器的特性曲线。极板间介质为空气，$\varepsilon_0=8.85\times10^{-12}$F/m。

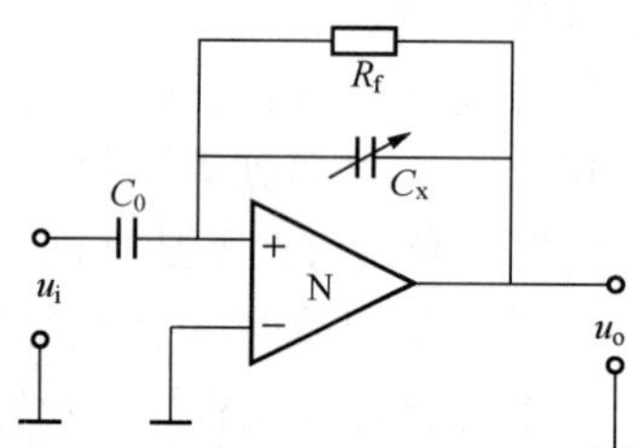

图 1.2.18 变间隙式电容传感器测量电路

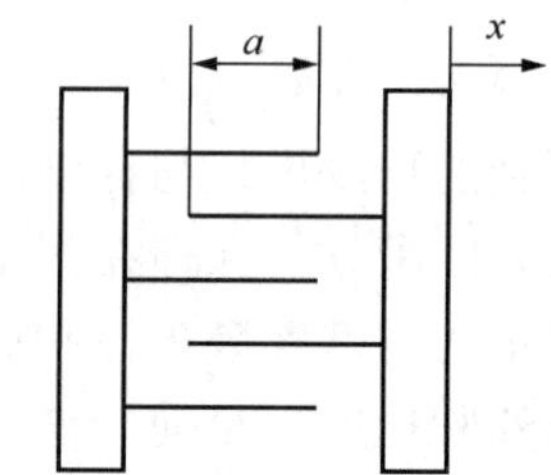

图 1.2.19 正方形平板电容器

任务 1.3 压电式压力传感器与压力测量

【任务描述】

压电式压力传感器是利用被测压力的变化引起传感器感应电荷量的变化，从而导致传感器敏感元件输出电压的改变这一物理现象来实现测量的。它是一种自发电型传感器，属于有源器件，但自身产生的电荷是个微小的量，需要进行前置放大。这是一种测量压力和进行压力控制的主要传感器之一，尤其是用于加速度的测量，已经在工业生产和过程控制中得到非常广泛的应用。本任务主要学习压电式压力传感器的结构原理、选型方法及测量电路分析等内容。

【任务分析】

本任务主要包括三部分，一是基础知识部分，主要学习压电式压力传感器的结构原理和类型及其应用场合，压电式压力传感器基本应用电路分析和使用性能等内容；二是任务实施部分，通过典型的压电式压力传感器测量电路和控制电路的设计与制作，训练和培养学生对压电式压力传感器选型应用和测量控制电路设计等能力；三是拓展学习部分，主要讨论压电式压力传感器在其他领域的应用情况，以及它的最新发展状况，以拓宽学生的知识面。

1.3.1 基础知识：压电式压力传感器基本原理

压电式压力传感器是以某些晶体受力后在其表面产生电荷的压电效应为转换原理的传感器。它可以测量最终能变换为力的各种物理量，如力、压力、加速度等。

压电式压力传感器（视频）

压电式压力传感器具有体积小、重量轻、频带宽、灵敏度高等优点。近年来，压电测试技术发展迅速，特别是电子技术的迅速发展，使压电式压力传感器的应用越来越广泛。

1. 基本原理分析

1）压电效应

某些晶体，在一定方向受到外力作用时，内部将产生极化现象，相应地在晶体的两个表面产生符号相反的电荷，当卸下外力后，又恢复到不带电状态，且当作用力方向改变时，电荷的极性也随之改变，这种现象称为压电效应。具有压电效应的物质很多，如石英晶体、压电陶瓷、压电半导体等。

2）石英晶体的压电效应

*注意：石英晶体是主要压电材料，因此，这是本任务的一个重点。压电效应是个较抽象的概念，教师在分析石英晶体的压电效应时应点到为止，不需要展开得很深，要把握好内容的深度。

石英晶体是一种应用广泛的压电晶体，它是二氧化硅单晶，属于六角晶系。图1.3.1是天然石英晶体的外形图，它为规则的六角棱柱体。石英晶体有三个晶轴：Z轴又称光轴，它与晶体的纵轴线方向一致；X轴又称电轴，它通过六面体相对的两个棱线并垂直于光轴；Y轴也叫机械轴，它垂直于两个相对的晶柱棱面。

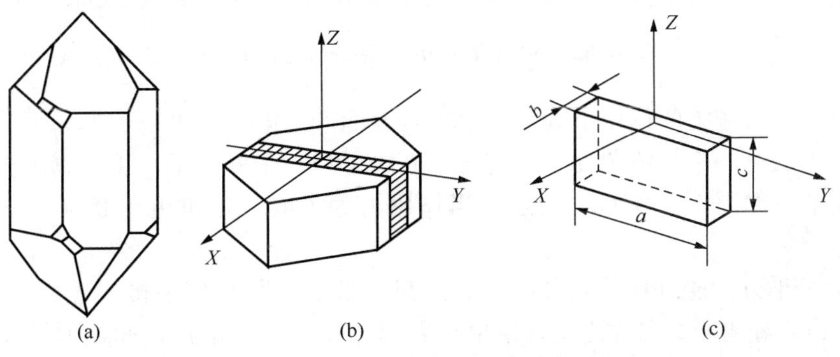

图1.3.1 石英晶体的外形、坐标轴及切片

从晶体上沿 XYZ 轴线切下一片平行六面体的薄片称为晶体切片［见图 1.3.1

(c)]。当沿着 X 轴对压电晶片施加力时，将在垂直于 X 轴的表面上产生电荷，这种现象称为纵向压电效应。沿着 Y 轴施加力的作用时，电荷仍出现在与 X 轴垂直的表面上，这称之为横向压电效应。当沿着 Z 轴方向受力时，不产生压电效应。

纵向压电效应产生的电荷为

$$q_{XX} = d_{XX} F_X \tag{1.3.1}$$

式中，q_{XX} 为垂直于 X 轴平面上的电荷；d_{XX} 为压电系数；下标的意义为产生电荷的面的轴向及施加作用力的轴向；F_X 为沿晶轴 X 方向施加的压力。

由式（1.3.1）可看出，当晶片受到 X 向的压力作用时，q_{XX} 与作用力 F_X 成正比，而与晶片的几何尺寸无关。如果作用力 F_X 改为拉力时，则在垂直于 X 轴的平面上仍出现等量电荷，但极性相反。

横向压电效应产生的电荷为

$$q_{XY} = d_{XY} \frac{a}{b} F_Y \tag{1.3.2}$$

式中，q_{XY} 为 Y 轴向施加压力，在垂直于 X 轴平面上的电荷；d_{XY} 为压电系数，Y 轴向施加压力，在垂直于 X 轴平面上产生电荷时的压电系数；F_Y 为沿晶轴 Y 方向施加的压力。

根据石英晶体的对称条件 $d_{XY}=d_{XX}$，所以

$$q_{XY} = - d_{XX} \frac{a}{b} F_Y \tag{1.3.3}$$

由式（1.3.3）可看出，沿机械轴方向向晶片施加压力时，产生的电荷是与几何尺寸有关的，式中的负号表示沿 Y 轴的压力产生的电荷与沿 X 轴施加压力所产生的电荷极性是相反的。

石英晶片受压力或拉力时，电荷的极性如图 1.3.2 所示。

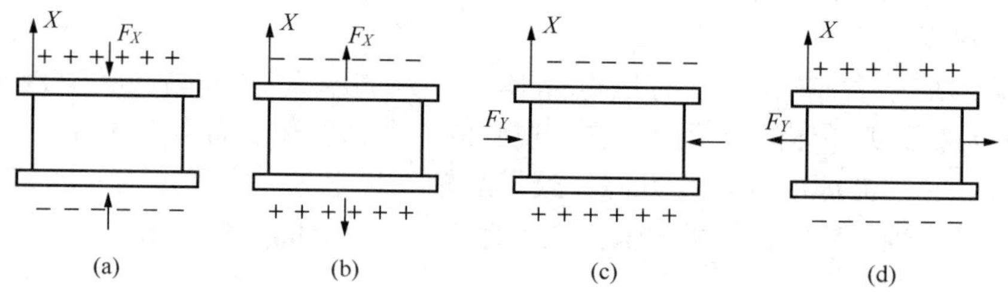

图 1.3.2 晶片受力方向与电荷极性的关系

石英晶体在机械力的作用下为什么会在其表面产生电荷，可以解释如下。

石英晶体的每一个晶体单元中，有三个硅离子和六个氧离子，正负离子分布在正六边形的顶角上，如图 1.3.3（a）所示。当作用力为零时，正负电荷相互平衡，所以外部没有带电现象。

如果在 X 轴方向施加压力，如图 1.3.3（b）所示，则氧离子挤入硅离子 2 和 6 间，而硅离子 4 挤入氧离子 3 和 5 之间，结果在表面 A 上出现正电荷，而在 B 表面上出现负电荷。如果所受的力为拉力时，在表面 A 和 B 上的电荷极性就与前面的情况正好相反。

如果沿 Y 轴方向施加压力时，则在表面 A 和 B 上呈现的极性如图 1.3.3（c）所

示。施加拉力时，电荷的极性与它相反。

若沿 Z 轴方向施加力的作用时，由于硅离子和氧离子是对称的平移，故在表面没有电荷出现，因而不产生压电效应。

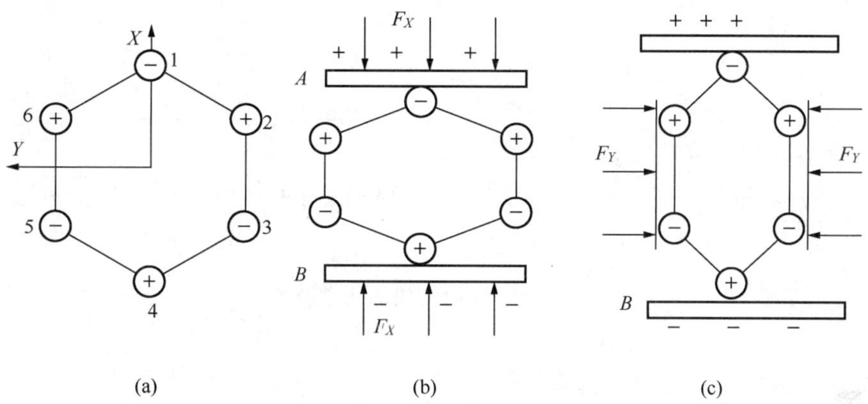

图 1.3.3 石英晶体的压电效应

3）压电陶瓷的压电效应

压电陶瓷是一种多晶铁电体，它是具有电畴结构的压电材料。电畴是分子自发形成的区域，它有一定的极化方向。在无外电场作用时，各个电畴在晶体中无规则排列，它们的极化效应互相抵消。因此，在原始状态压电陶瓷呈现中性，不具有压电效应。

当在一定的温度条件下，对压电陶瓷进行极化处理，即以强电场使电畴规则排列，这时压电陶瓷就具有了压电性，在极化电场去除后，电畴基本上保持不变，留下了很强的剩余极化，如图 1.3.4 所示。

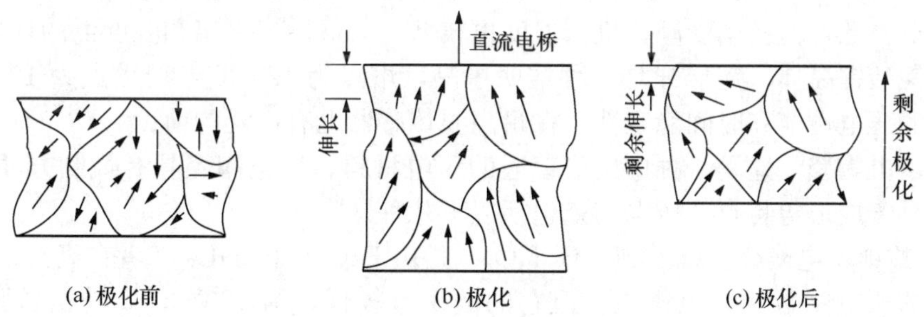

图 1.3.4 压电陶瓷的极化过程

对于压电陶瓷，通常取它的极化方向为 Z 轴。当压电陶瓷在沿极化方向受力时，则在垂直于 Z 轴的表面上将会出现电荷，见图 1.3.5（a），其电荷量 q 与作用力 F 成正比，即

$$q = d_{ZZ}F \tag{1.3.4}$$

式中，d_{ZZ} 为纵向压电系数。

压电陶瓷在受到如图 1.3.5（b）所示的作用力 F 时，在垂直于 Z 轴的上、下平面上分别出现正、负电荷，即

$$q = -d_{ZY}F\frac{A_X}{A_Y} = -d_{ZX}F\frac{A_X}{A_Y} \tag{1.3.5}$$

式中，A_X 为极化面面积；A_Y 为受力面面积。

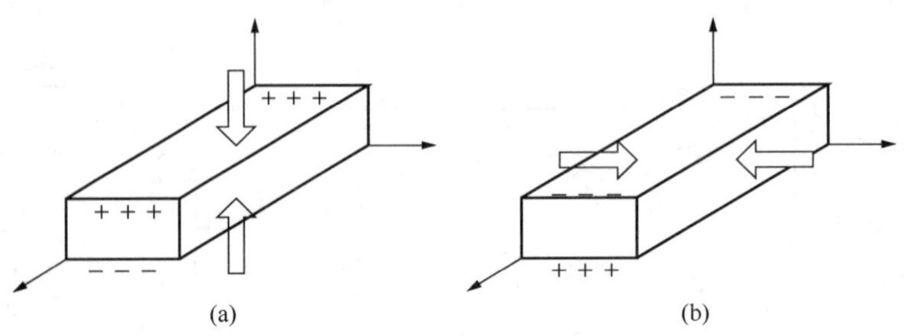

图 1.3.5 压电陶瓷的压电原理

2. 压电材料及压电元件的结构

1）压电材料

压电材料主要有以下几类。

（1）石英晶体。石英晶体有天然和人造两类。人造石英晶体其物理及化学性质几乎与天然石英晶体没有多大区别，因此目前广泛应用成本较低的人造石英晶体。它在几百摄氏度的温度范围内，压电系数不随温度而变化。石英晶体的居里点为573℃，即到573℃时，它将完全丧失压电性质。它有很大的机械强度和稳定的机械性能，没有热释电效应，但灵敏度很低，介电常数小，因此逐渐被其他压电材料所代替。

（2）水溶性压电晶体。这类压电晶体有酒石酸钾钠（$KNaC_4H_4O_6 \cdot 4H_2O$）、硫酸锂（$Li_2SO_4 \cdot H_2O$）、磷酸二氢钾（KH_2PO_4）等。水溶性压电晶体具有较高的压电灵敏度和介电常数，但易于受潮，机械强度也较低，只适用于室温和湿度低的环境下。

（3）铌酸锂晶体。铌酸锂是一种透明单晶，熔点为1250℃，居里点为1210℃。它具有良好的压电性能和时间稳定性，在耐高温传感器上有广泛的前途。

（4）压电陶瓷。这是一种应用最普遍的压电材料，压电陶瓷具有烧制方便、耐湿、耐高温、易于成形等特点。压电陶瓷包括以下几种。

① 钛酸钡压电陶瓷。钛酸钡（$BaTiO_3$）是由 $BaCO_3$ 和 TiO_2 二者在高温下合成的，具有较高的压电系数和介电常数。但它的居里点较低，为120℃，此外机械强度不如石英。

② 锆钛酸铅系压电陶瓷（PZT）。锆钛酸铅是 $PbTiO_3$ 和 $PbZrO_3$ 组成的固溶体 $Pb(Zr \cdot Ti)O_2$。它具有较高的压电系数和居里点（300℃以上）。

③ 铌酸盐系压电陶瓷。铌酸铅具有很高的居里点和较低的介电常数。铌酸钾的居里点为435℃，常用于水声传感器中。

④ 铌镁酸铅压电陶瓷（PMN）。这是一种由 $Pb\left(Mg\frac{1}{3}Nb\frac{2}{3}\right)O_3$、$PbTiO_3$、$PbZrO_3$ 组成的三元系陶瓷。它具有较高的压电系数和居里点，能够在较高的压力下工作，适合作为高温下的力传感器。

（5）压电半导体。有些晶体既具有半导体特性又同时具有压电性能，如 ZnS、CaS、GaAs 等。因此，既可利用它的压电特性研制传感器，又可利用其半导体特性用微电子技术制成电子器件，两者结合起来，就出现了集转换元件和电子线路为一体的新型传感器。

（6）高分子压电材料。某些合成高分子聚合物薄膜经延展拉伸和电场极化后，具有一定的压电性能，这类薄膜称为高分子压电薄膜。目前出现的压电薄膜有聚二氟乙烯（PVF_2）、聚氟乙烯（PVF）、聚氯乙烯（PVC）、聚 γ 甲基-L 谷氨酸脂（PMG）等。这是一种柔软的压电材料，不易破碎，可以大量生产和制成较大的面积。

如果将压电陶瓷粉末加入高分子化合物中，可以制成高分子压电陶瓷薄膜，它既保持了高分子压电薄膜的柔软性，又具有较高的压电系数，是一种很有希望的压电材料。

2）压电元件的常用结构形式

在压电式压力传感器中，常用两片或多片组合在一起使用。由于压电材料是有极性的，因此接法也有两种，如图 1.3.6 所示。图 1.3.6（a）所示为并联接法，其输出电容 C' 为单片的 n 倍，即 $C'=nC$，输出电压 $U'=U$，极板上的电荷量 Q' 为单片电荷量的 n 倍，即 $Q'=nQ$。图 1.3.6（b）所示为串联接法，这时有 $Q'=Q$，$U'=nU$，$C'=C/n$。

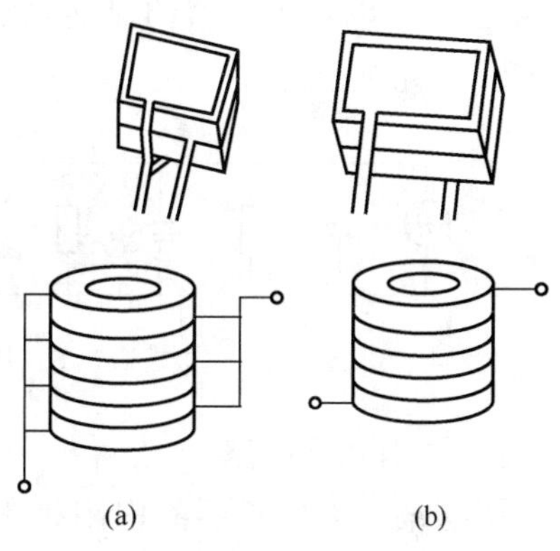

图 1.3.6 压电元件的串并联

在以上两种连接方式中，并联接法输出电荷大，本身电容大，因此时间常数也大，适用于测量缓变信号，并以电荷量作为输出的场合；串联接法输出电压高，本身电容小，适用于以电压作为输出量以及测量电路输入阻抗很高的场合。

压电元件在压电式压力传感器中，必须有一定的预应力，这样才能保证在作用力变化时，压电片始终受到压力，同时也保证了压电片的输出与作用力的线性关系。

3）选择压电材料应注意的问题

选取合适的压电材料是压电式压力传感器的关键，因此在选择压电材料时一般应考虑以下主要特性。

① 具有较大的压电常数。

② 压电元件的机械强度高、刚度大并具有较高的固有振动频率。

③ 具有高的电阻率和较大的介电常数，以期减少电荷的泄漏以及外部分布电容的影响。

④ 具有较高的居里点。居里点是指压电性能破坏时的温度转变点。居里点高可以得到较宽的工作温度范围。

⑤ 压电材料的压电特性不随时间蜕变，有较好的时间稳定性。

3. 测量电路

1）等效电路

压电式压力传感器在受外力作用时，两个电极表面将要聚集电荷，且电荷量相等，

极性相反。这时它相当于一个以压电材料为电介质的电容器，其电容量为

$$C_a = \frac{\varepsilon_0 \varepsilon A}{h} \tag{1.3.6}$$

式中，ε_0 为真空介电常数；ε 为压电材料的相对介电常数；h 为压电元件的厚度；A 为压电元件极板面积。

因此，可以把压电式压力传感器等效成一个与电容相并联的电荷源，如图 1.3.7（a）所示，也可以等效为一个电压源，如图 1.3.7（b）所示。

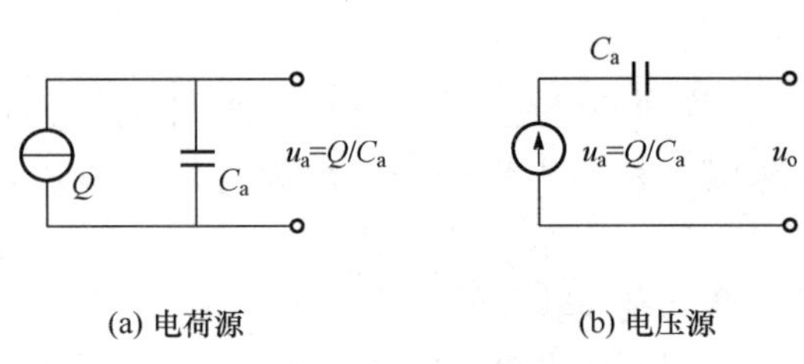

图 1.3.7　压电式压力传感器的等效电路

压电传感器与测量仪表连接时，还必须考虑电缆电容 C_c，放大器的输入电阻 R_i 和输入电容 C_i 以及传感器的泄漏电阻 R_a。图 1.3.8 给出了压电式压力传感器完整的等效电路。

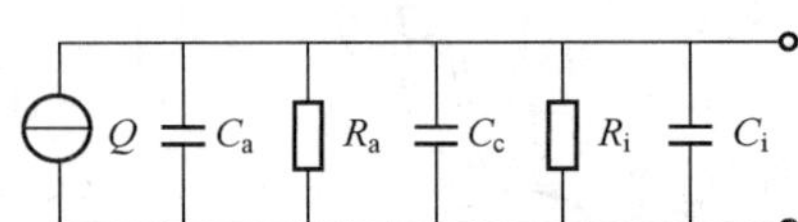

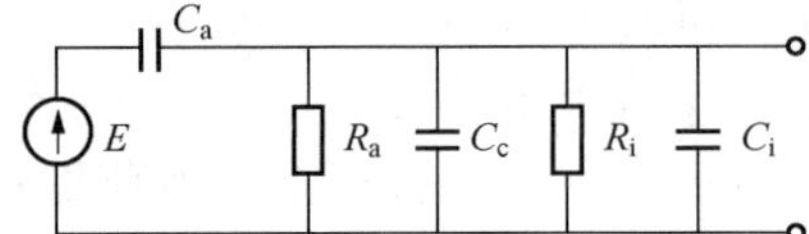

图 1.3.8　压电式压力传感器实际的等效电路

2）基本测量电路

压电式压力传感器的内阻抗很高，而输出的信号微弱，因此一般不能直接显示和记录。

压电式压力传感器要求测量电路的前级输入端要有足够高的阻抗，这样才能防止电荷迅速泄漏而使测量误差变大。压电式压力传感器的前置放大器有两个作用：一个是把传感器的高阻抗输出变换为低阻抗输出；另一个是把传感器的微弱信号进行放大。

（1）电压放大器。压电式压力传感器接电压放大器的等效电路如图 1.3.9（a）所示。图 1.3.9（b）是简化后的等效电路，其中，u_i 为放大器输入电压；$C=C_c+C_i$；$R=\frac{R_a R_i}{R_a+R_i}$；$u_a=Q/C_a$。

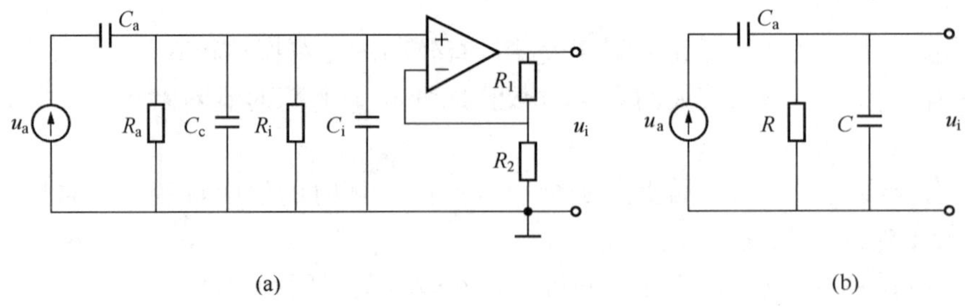

图 1.3.9　压电式压力传感器接电压放大器的等效电路

如果压电式压力传感器受力为

$$F = F_m \sin\omega t \tag{1.3.7}$$

则在压电元件上产生的电压为

$$u_i = \frac{dF_m}{C_a}\sin\omega t \tag{1.3.8}$$

而在放大器输入端形成的电压为

$$u_i = \frac{\dfrac{R\dfrac{1}{j\omega C}}{R+\dfrac{1}{j\omega C}}}{\dfrac{1}{j\omega C_a}+\dfrac{R\dfrac{1}{j\omega C}}{R+\dfrac{1}{j\omega C}}}u_a = \frac{j\omega R}{1+j\omega R(C+C_a)}dF \tag{1.3.9}$$

当 $\omega R(C_i+C_c+C_a)\ll 1$ 时，放大器的输入电压为

$$u_i \approx \frac{1}{C_i+C_c+C_a}dF \tag{1.3.10}$$

由式（1.3.10）可以看出，放大器输入电压幅度与被测频率无关，当改变连接传感器与前置放大器的电缆长度时，C_c 将改变，从而引起放大器的输出电压也发生变化。在设计时，通常把电缆长度定为一常数，使用时如要改变电缆长度，则必须重新校正电压灵敏度值。

（2）电荷放大器。电荷放大器是一种输出电压与输入电荷量成正比的前置放大器。它实际上是一个具有反馈电容的高增益运算放大器。图 1.3.10是压式电传感器与电荷放大器连接的等效电路。图 1.3.10 中 C_f 为放大器的反馈电容，其余符号的意义与电压放大器相同。

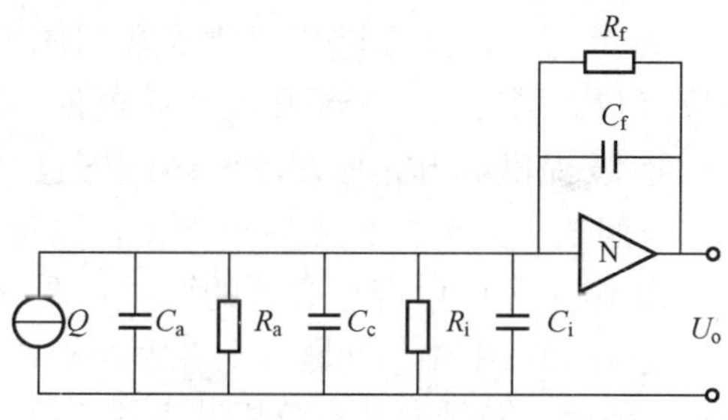

图 1.3.10　电荷放大器等效电路

如果忽略电阻 R_a、R_i 及 R_f 的影响，则输入到放大器的电荷量为

$$Q_i = Q - Q_f$$

$$\begin{aligned} Q_f &= (U_i - U_o)C_f \\ &= \left(-\frac{U_o}{A} - U_o\right)C_f \\ &= -(1+A)\frac{U_o}{A}C_f \end{aligned}$$

$$Q_i = U_i(C_i+C_c+C_a) = -\frac{U_o}{A}(C_i+C_c+C_a)$$

式中，A 为开环放大系数。所以有

$$-\frac{U_o}{A}(C_i+C_c+C_a) = Q-\left[-(1+A)\frac{U_o}{A}C_f\right] = Q+(1+A)\frac{U_o}{A}C_f$$

故放大器的输出电压为

$$U_o = \frac{-AQ}{C_i+C_c+C_a+(1+A)C_f}$$

当 $A \gg 1$，而 $(1+A)C_f \gg C_i + C_c + C_a$ 时，放大器输出电压可以表示为

$$U_o = -\frac{Q}{C_f} \tag{1.3.11}$$

由式（1.3.11）中可以看出，由于引入了电容负反馈，电荷放大器的输出电压仅与传感器产生的电荷量及放大器的反馈电容有关，电缆电容等其他因素对灵敏度的影响可以忽略不计。电荷放大器的灵敏度为

$$K = \frac{U_o}{Q} = -\frac{1}{C_f} \tag{1.3.12}$$

放大器的输出灵敏度取决于 C_f。在实际电路中，是采用切换运算放大器负反馈电容 C_f 的方法来调节灵敏度的。C_f 越小，则放大器的灵敏度越高。

为了使放大器工作稳定，减小零漂，在反馈电容 C_f 两端并联了一反馈电阻，形成直流负反馈，用以稳定放大器的直流工作点。

1.3.2 任务实施：天气预报电路的设计与制作

1. 目的要求

① 通过训练进一步掌握压力传感器的结构原理与选用方法，了解天气状况与气压的联系，掌握发光二极管驱动电路的工作原理，扩大知识面，提高学习兴趣。

② 复习压电式、硅压阻式等常用压力传感器的结构原理，弄清楚各类传感器的性能特点和适用场合，会看压力传感器的型号意义，会正确选用压力传感器。

③ 按提供的电路原理图和装配图进行部件和整机的安装，一定要先看懂图样后再做，有问题一定要先搞懂后再操作，以免损坏元件而无法完成制作。

④ 制作完成后进行必要的调试，要有耐心、信心和恒心。

⑤ 在调试中碰到问题可在老师的指导下逐步解决，如最后实在达不到所要求的效果，应查找原因，总结时认真分析其中的经验教训，为今后调试仪器打下一定的基础。

2. 天气预报原理及其电路设计

天气的变化与大气压力、湿度和温度有关，特别是与气压的关系更为密切。一般讲，气压升高预示天气变晴，气压下降预示天气变阴或有雨，因此可以通过对大气压力的监测来预报天气。下面介绍的天气预报仪实际上是一个供测量大气压力用的电子气压表。

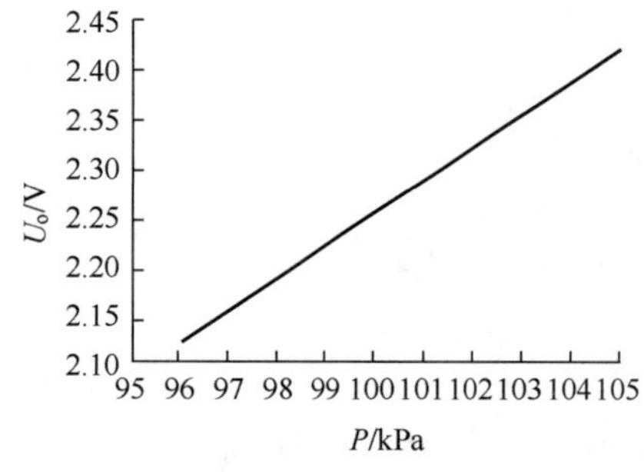

图 1.3.11 传感器输出电压与大气压力的关系

一个标准大气压相当于 101.325kPa。因此，对大气压力的测量可采用满量程为 200kPa 的绝对压力传感器。该装置采用 HS20 型压电式压力传感器，它能将气压的变化直接转换为输出电压的变化，并且具有温度漂移小和使用方便的优点。其输出电压随大气压力变化的线性较好，两者关系如图 1.3.11 所示。

天气预报仪电路由传感信号直流放大、发光

二极管驱动、窗口鉴别三部分电路组成。

1）传感信号直流放大电路

传感信号直流放大电路（视频）

这部分电路如图 1.3.12 所示。其中传感器 IC_1 是一个内部含有压电片和放大器的三端器件，其引脚 1 接＋5V 直流稳压电源 IC_3 的输出（78L05 的引脚 1），引脚 3 接“地”（电源负端），引脚 2 为传感器电压输出端。从图 1.3.11 所示的关系曲线可知，当气压由 96kPa 上升至 105kPa 时，传感器电压输出变化量近似等于 0.27V，这是一个不算小的电压变化量，但按发光二极管驱动电路的输入电压要求而言，这个电压变化量尚不够大。因此，由 IC_2（CA3130 型高输入阻抗运算放大器）组成一个同相直流放大器，以便将传感器输出电压进行放大。该放大器的失调电压由电位器 R_{P1} 调整，放大倍数由电位器 R_{P2} 调整。IC_2 的输出电压送至发光二极管驱动器 LM3914 的输入端（引脚 5）和窗口鉴别器 TCA965 的输入端。

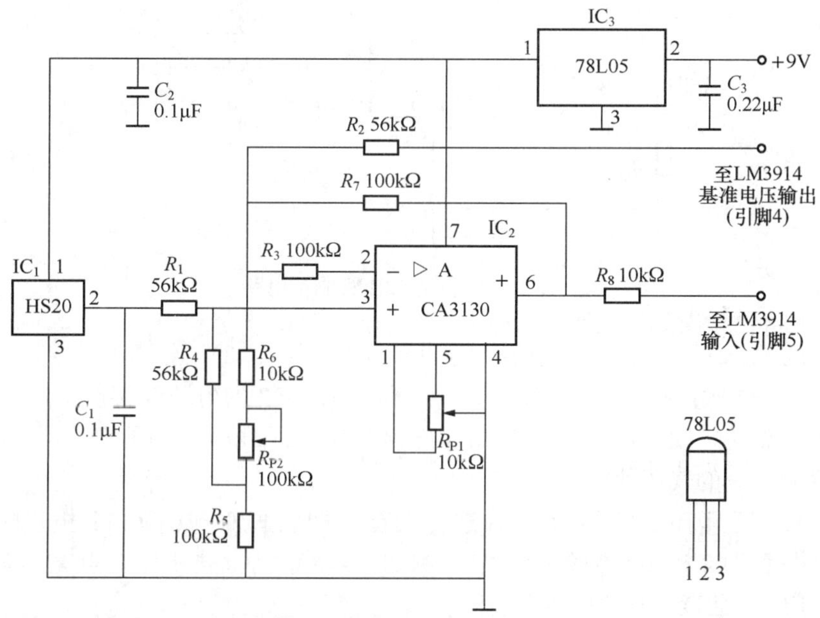

图 1.3.12 传感信号直流放大电路

IC_3（78L05）是三端式集成稳压器，固定输出稳定电压＋5V，它为传感器 IC_1 和运算放大 IC_2 提供稳定的直流电源，从而避免＋9V 电源电压因驱动电路工作产生波动或电池用旧时电压下降的影响。

2）发光二极管驱动电路

这部分电路如图 1.3.13 所示。它主要由 LED 驱动集成电路 IC_4（LM3914）及外接 10 个发光二极管（LED_1～IED_{10}）构成，能按照 IC_4 输入端（引脚 5）电平的高低驱动其中一个发光二极管发光。因输入电平高低与气压的高低成正比，所以从 LED_1～IED_{10}旁边的气压定标数字可以读出相应的气压值。为了保证测量的准确性，IC_4 的内部电路含有稳定的 1.2V 电压基准（引脚 7、引脚 8 为其输出端）以及分压器（引脚 4、引脚 6 为分压器输入端），它们与外接电阻 R_9～R_{11} 和电位器 R_{P3} 构成具有 10 级成倍递增的参考电压，用来与输入至引脚 5 的直流电压进行比较。其中，接在引脚 7 与引脚 8

之间的电阻 R_9 可调整 LED_1～IED_{10}的发光亮度，R_9 阻值选取较大时，发光亮度较低；反之，则亮度较高。由于 IC_4 采用恒流源方式驱动接在各输出端的发光二极管，所以 LED_1～IED_{10}无须串联限流电阻。同时，IC_4 的基准电压输出还通过 R_2（见图 1.3.12）加到 IC_2 的反相输入端，为 IC_2 提供稳定的电压基准。

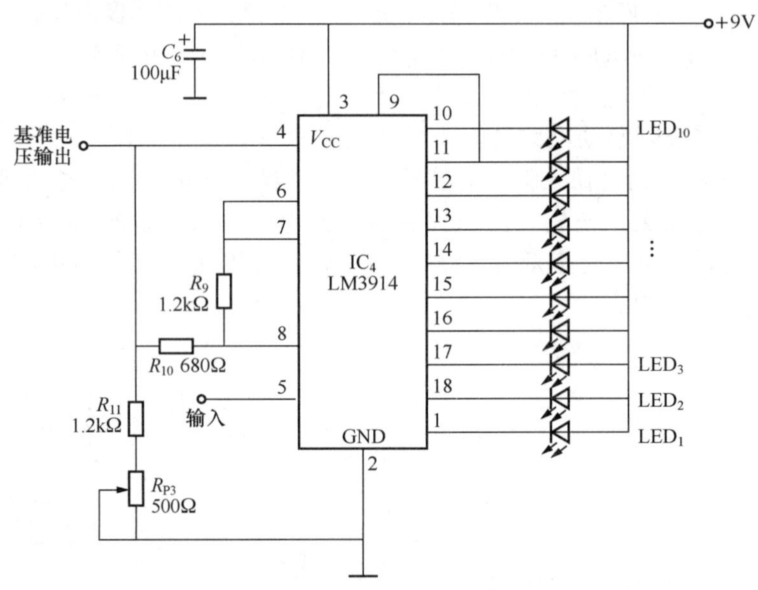

图 1.3.13　发光二极管驱动电路

当 IC_4 的输入端（引脚 5）输入的直流电压从 2.13V 连续升高到 2.40V 时，LED_1～IED_{10}将依次点亮。于是将图 1.3.12 和图 1.3.13 的电路连接在一起时，10 个发光二极管依次点亮，则表示气压从 96kPa 连续上升至 105kPa。调节电位器 R_{P3}可以校准发光二极管所对应的气压值。

另外，IC_4 还具有点/条显示方式选择功能，即引脚 9 与引脚 11 相接时为点状显示，引脚 9 与引脚 3 相接时为条状显示。例如，点状显示时，LED_4 点亮；若改为条状显示，则 LED_1～IED_4 均点亮。

3）窗口鉴别电路

这部分电路如图 1.3.14 所示。IC_5（TCA965）为集成窗口鉴别器。它与发光二极管 LED_{11}～IED_{13}、电阻 R_{12}～R_{18}等组成气压变化趋向指示电路。电位器 R_{P4}用来调节窗口的中心电平。若在气压稳定不变的情况下调节 R_{P4}只能使发光二极管 LED_{12}恰好点亮，那么气压升高时只有 LED_{13}点亮，气压下降时只有 LED_{11}点亮。因此，这三个发光二极管能分别指示气压稳定、气压上升和气压下降的三种趋向。IC_5 的输入电压来自 IC_2 的输出电压，并经电阻 R_8 直接耦合，与 IC_4 的输入电压相同。

将以上三个电路连接在一起就构成了天气预报仪的整机电路。其中，电容 C_1～C_7 起去耦或抗杂波干扰的作用，不可随便省略。

3. 元器件选择

天气预报仪采用的元器件见表 1.3.1。

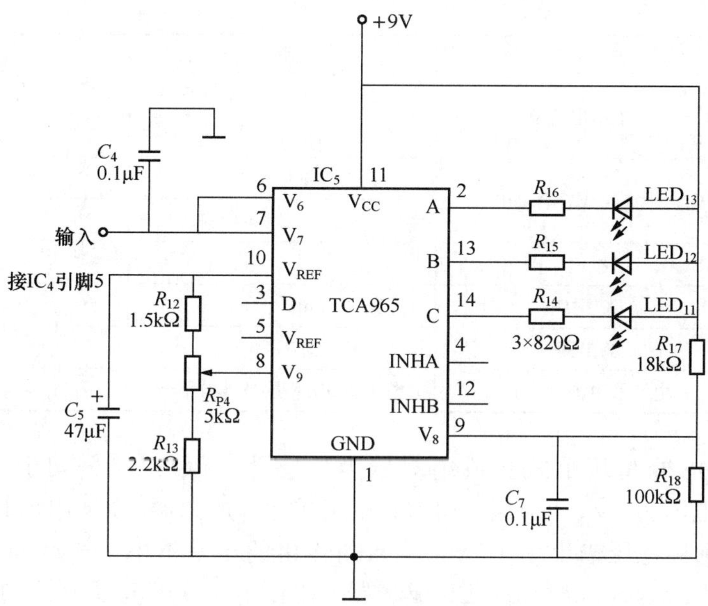

图 1.3.14 窗口鉴别电路

表 1.3.1 天气预报仪元器件

序号	名称	型号	数量
1	压力传感器	HS20	1只
2	集成稳压器	W78L05	1只
3	集成运放	CA3130	1片
4	发光二极管集成驱动器	LM3914	1片
5	集成窗口鉴别 LED 驱动器	TCA965	1片
6	红色发光二极管	ϕ5mm 或 ϕ3mm	13只
7	碳膜电阻或金属膜电阻	56kΩ，±5%，1/8W	3只
		100kΩ，±5%，1/8W	3只
		10kΩ，±5%，1/8W	2只
		1.2kΩ，±5%，1/8W	2只
		500Ω，±5%，1/8W	1只
		680Ω，±5%，1/8W	1只
		2.2kΩ，±5%，1/8W	1只
		100Ω，±5%，1/8W	1只
		820Ω，±5%，1/8W	3只
		18kΩ，±5%，1/8W	1只
		1.5kΩ，±5%，1/8W	1只
8	电位器	WS2-0.25W（5kΩ、10kΩ、100kΩ、500Ω各1个）	4只

续表

序号	名称	型号	数量
9	铝电解电容器	100μF，16V	1只
		47μF，16V	1只
10	瓷介、涤纶或玻璃釉电容	0.1μF	4只
		0.22μF	1只
11	按钮		1只
12	DC插座	外径 ϕ5.5mm，内径 ϕ2mm	1只
13	实验电路板	ICB-88	1块
14	电池及电池盒搭扣	搭扣型9V叠层电池及搭扣	1节

IC_1 采用 HS20 型压电式集成绝对压力传感器（BOSCH 公司生产），满量程为 200kPa，工作电压为 5V。IC_2 用 CA3130 型集成运算放大器。IC_3 用 78L05 型固定输出集成稳压器，标称稳压输出为＋5V，输入与输出的压差不小于 2V，最大输出电流为 100mA。IC_4 用 LM3914 型集成 LED 驱动器，工作电压许可范围为 3～18V，本装置选定其工作电压为 9V，输入端（引脚 5）电压最大不允许超过 12V。IC_5 采用 TCA965 型集成窗口鉴别 LED 驱动器。R_{P1}～R_{P4} 采用短柄 0.25W 小型电位器。

LED_1～IED_{13} 可用 ϕ3mm 红色发光二极管，或采用其他颜色的发光二极管作适当搭配。R_1～R_{18} 用 $\frac{1}{8}$W 金属膜电阻。C_1～C_4、C_7 用独石电容器、瓷介电容器、玻璃釉电容器或涤纶电容器均可。C_5、C_6 用耐压大于或等于 16V 的普通铝电解电容器。9V 电源可用 6F22 型叠层电池。

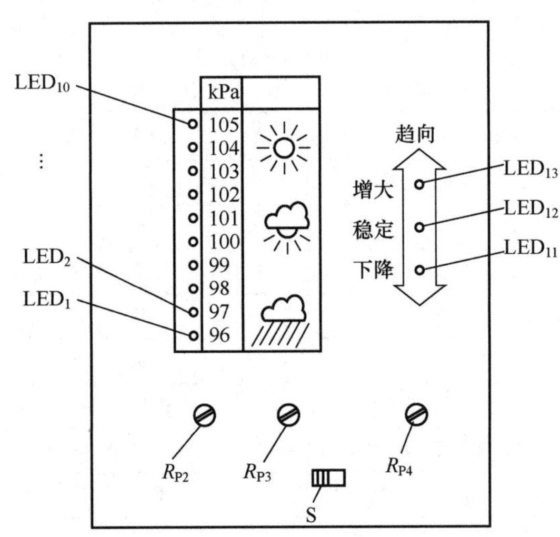

图 1.3.15 天气预报仪面板布置示意图

4. 电路制作、调试及应用

(1) 制作。天气预报仪的整个电路（见图 1.3.12～图 1.3.14）可安装在一块电路板上，面板布置如图 1.3.15 所示。电路板和电池一起装入适当大小的自制木盒或现成塑料盒中并加以固定。

(2) 调试。先调节失调电压，将 IC_2 的引脚 2、引脚 3 暂时短接，调节 R_{P1}，使 IC_2 输出电压约为 0V。对于天气预报仪气压表的校准，业余条件下可按图 1.3.11所示的关系曲线进行。暂时断开 IC_1（HS20）输出（引脚 2）与下一级耦合电阻 R_1 的连接，然后用一个可调直流电压源（2～3V）通过 R_1 加在 IC_2 的输入端（引脚 3），如图 1.3.16 所示。可调直流电压源由 3V 电池和多圈电位器 R_P 组成，输入直流电压数值由数字万用表测定。调节多圈电位器 R_P 使输入直流电压等于 2.125V≈2.13V 保持不变，然后调节 R_{P2} 和 R_{P3}（见

图 1.3.12和图 1.3.13)，使 LED_1（指示 96kPa）刚好点亮，于是当输入直流电压调至 2.16V 时，LED_1 熄灭而 LED_2 点亮（指示 97kPa）。以下的校调方法按上述类推。

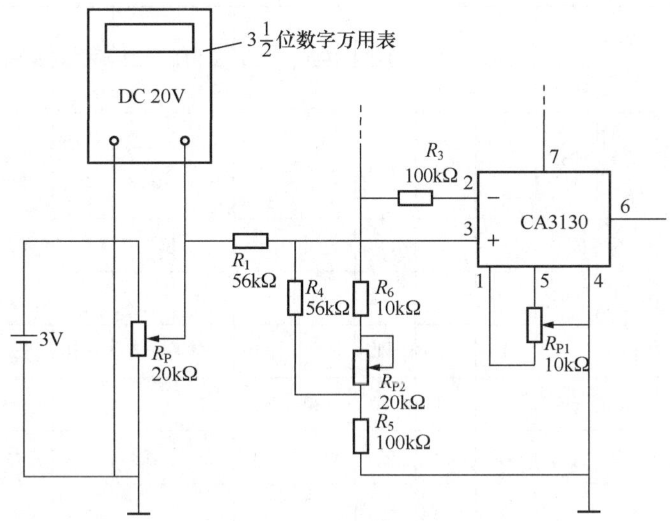

图 1.3.16 气压表校准输入电路

气压趋向的校准：在气压稳定不变的情况下，调节电位器 R_{P4}（见图 1.3.14)，使 LED_{12}恰好点亮即可。全部调节完成后用火漆或石蜡将电位器 R_{P2}、R_{P3}、R_{P4}的旋柄封固。

(3) 应用。天气预报不可能百分之百准确，最好在使用本装置的过程中，对其指示值和实际天气情况作笔录，以便分析参考，若能与大气温度和湿度的变化一起综合进行分析，无疑将会提高天气预报的准确性。

1.3.3 拓展学习：压电式压力传感器的其他应用

*注意：这是本任务的另一个重点，在讲授这部分内容时应尽量多介绍一些压电式压力传感器的应用状况，增加信息量，使学生了解更多的压电式压力传感器知识，尤其是有关压电式压力传感器的型号表示，一定要多举些厂家的例子，便于学生掌握更多内容，使学生更好地学会选型。

压电式压力传感器可用于力、压力、速度、加速度、振动等许多非电量的测量，可做成力传感器、压力传感器、振动传感器等。

1. 5100 系列压电式力传感器

航天 702 所研制生产的 5100 系列力传感器，是一种利用石英晶体的纵向压电效应，将力转换成电荷，通过二次仪表转换成电压的压电式力传感器。它具有气密性好、硬度高、刚度大、动态响应快等优点。目前，5110、5112、5114 和 5115 力传感器已组成各种锤头（钢、铝、尼龙、橡胶）型测力锤，可以测量动态力、准静态力和冲击力。其外形如图 1.3.17 所示，性

图 1.3.17 5100 系列外形图

能指标见表 1.3.2。

表 1.3.2　5100 系列的主要性能参数

型号	5110 拉压	5112	5113	5114	5115	5117	5118	5121	5122	5123	5124	5131 三向力传感器		
测量范围/kPa	−0.4～5	125	15	60	250	35	90	−1～1	−5～5	−10～10	−20～20	X 向 ±0.2	Y 向 ±0.2	Z 向 ±0.5
分辨率/Pa		0.25			0.05						0.025			
灵敏度/(pC/Pa)	−4	−4	−4	−4	−2	−4	−4	−18	−3	−4	−4	−7	−7	−3.5
谐振频率/kHz	−45	−15	−100	−60	−10	−80	−40	−70	−70	−50	−30	—	—	—
电容/pF	8	−55	−20	−45	−700	−30	−60	−135	−20	−30	−45	—	—	
质量/g	23	104	10	42	260	25	60	29	28	95	280	—	31	—
向间干扰/%	—	—	—	—	—	—	—	—	—	—	—	—	10	—
非线性/±%FS	1													
绝缘电阻/Ω	$>10^{12}$													
工作温度/℃	−150～+150													

2. 压电式加速度传感器

1）YD 型压电式加速度传感器

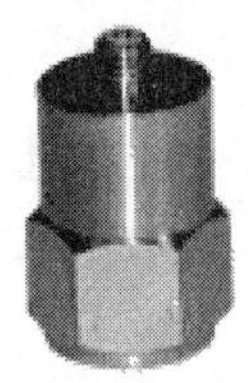

图 1.3.18　YD 型压电式加速度传感器的外形

压电式加速度传感器是一种常用的加速度计。它的主要优点是灵敏度高、体积小、重量轻、测量频率上限较高、动态范围大。但它易受外界干扰，在测试前需进行各种校验。YD 型压电式加速度传感器就是典型的一种。其外形如图 1.3.18 所示，有端面和侧面引出两种基本形式，其性能参数见表 1.3.3。它主要用于各种机械振动的测量。

表 1.3.3　YD 型压电式加速度传感器的主要性能参数

型号	YD-1	YD-3	YD-5	YD-8	YD-12
电荷灵敏度/[pC/m·s^{-2}]	6～10	1.1～2.2	0.2～0.35	0.23～0.56	8～12
频率响应/Hz	1～10 000	1～10 000	1～10 000	1～20 000	1～10 000
工作温度/℃	−40～+80	−40～+150	−40～+80	−40～+80	−40～+80
最大可测加速度/（m·s^{-2}）	2000	2000	300 000	5000	2000
安装螺纹/mm	M5	M5	M5	M3	M5
外形尺寸/mm	15 六方×28	14 六方×20	12 六方×19	9 六方×10	18 六方×23
重量/g	26	12	11	3	25

2）HZ-9508 型测振表

HZ-9508 型测振表是用于旋转机械进行振动测量、简易故障诊断的一种便携式数字显示测振表，用 YD 型压电式加速度传感器作为表头。它除了可测量一般机械振动产生的加速度、速度、位移等参数外，还具有测量因齿轮、轴承故障产生的高频加速度值的功能，并具有低电压监测功能。其外形结构如图 1.3.19 所示，主要参数如下。

（1）测量范围。

位移：1～1999μm（峰-峰值）。

速度：0.1～199.9mm/s（有效值）。

加速度：0.1～199.9m/s^2（峰值）。

高频加速度：0.1～199.9m/s^2（峰值）。

精度：测量值的±5%（允许±2 误差）。

（2）频率范围。

位移：10～1000Hz。

速度：10～1000Hz。

加速度：10～1000Hz。

高频加速度：1～15kHz。

图 1.3.19　HZ-9508 型测振表外形示意图

（3）显示（三位半液晶显示）。

① 保持功能：当按住保持键时，显示振动值停止变动。

② 输出信号：满量程为 2VAC（峰值）信号。

③ 工作环境条件：温度为 0～50℃；湿度为 95%RH 以下。

④ 外形尺寸：130mm×70mm×25mm。

思　考　题

1. 为什么说压电式压力传感器只适用于动态测量而不能用于静态测量？

2. 压电式压力传感器测量电路的作用是什么？其核心是解决什么问题？

3. 一压电式压力传感器的灵敏度 K_1=10pC/MPa，连接灵敏度 K_2=0.008V/pC 的电荷放大器，所用的笔式记录仪的灵敏度 K_3=25mm/V，当压力变化 Δp=8MPa 时，记录笔在记录纸上的偏移为多少？

4. 某加速度计的校准振动台能做 50Hz 和 1g 的振动。今有压电式加速度计出厂时标出灵敏度 K=100mV/g，由于测试要求需加长导线，因此要重新标定加速度计灵敏度，假定所用的阻抗变换器放大倍数为 1，电压放大器放大倍数为 100，标定时晶体管毫伏表上的指示为 9.13V。试画出标定系统框图，并计算加速度计的电压灵敏度。

5. 天气与大气压之间的关系是怎样的？

6. 压力传感器有哪些？各有何特点？

7. 我国有哪些主要的压力传感器产品？与国外产品相比性能如何？

思政园地

中国传感器技术发展取得的巨大成就

我国早在20世纪60年代就开始涉足传感器制造业，在1972年组建成立第一批压阻传感器研制生产单位；1974年，研制成功第一只实用的压阻式压力传感器；1978年，诞生第一个固态压阻加速度传感器；1982年，开始硅MEMS（微机械系统）加工技术和SOI（绝缘体上硅）技术研究。进入20世纪90年代后，采用硅微机械加工技术的绝对压力传感器、微压力传感器、呼吸机压力传感器、多晶硅压力传感器、低成本TO-8封装压力传感器等相继问世并实现生产。我国传感器技术及其产业取得了长足进步，建立了传感技术国家重点实验室、微米/纳米国家重点实验室、国家传感技术工程中心等研究开发基地；MEMS、MOEMS（微光机电系统）等研究项目列入了国家高新技术发展重点；在“九五”国家重点科技攻关项目中，传感器技术研究取得了51个品种86个规格新产品的成绩，初步建立了敏感元件与传感器产业。

进入21世纪后，我国开始注重发展高端集成电路产业，在2008年前后出台了相关政策，鼓励倡导核心电子器件国产化替代。例如，2008年4月国务院通过了国家科技重大专项“核心电子器件、高端通用芯片及基础软件产品”实施方案；2020年国务院发布的《新时期促进集成电路产业和软件产业高质量发展若干政策的通知》，从财、税、投、研等方面推动芯片产业发展。尤其是新时代十来年，我国集成电路产业得到了快速发展，涌现出一大批研发和生产企业，我国的传感器技术进入黄金发展期。

长三角区域以上海、无锡、南京为中心，逐渐形成包括热敏、磁敏、图像、称重、光电、温度、气敏等较为完备的传感器生产体系及产业配套。珠三角区域以深圳中心城市为主，由附近中小城市的外资企业组成以热敏、磁敏、超声波、称重为主的传感器产业体系。东北地区以沈阳、长春、哈尔滨为主，主要生产MEMS力敏传感器、气敏传感器、湿敏传感器等。京津区域主要以高校为主，从事新型传感器的研发，在某些领域填补国内空白，北京已建立微米/纳米国家重点实验室。中部地区以郑州、武汉、太原为主，以产学研紧密结合的模式，在PTC（正温度系数）/NTC（负温度系数）热敏电阻、感应式数字液位传感器和气体传感器等产业方面发展态势良好。

中国的传感器与检测技术有了长足的发展，在各方面取得了许多突破，形成了较为完善的研发和生产体系，产生了许多科学大家，在航空航天、深海探测、地理空间探测等领域，我国的相关传感器与探测技术已经走到了世界前列，值得我们骄傲。现在的研发和生产活动都需要团队合作才能完成，单打独斗是成不了气候的。我们要学习老一辈科学家勇于创新、敢于突破的精神，努力培育团队合作意识，学好本领，更好地服务祖国。

单 元 2

检测位移用典型传感器

位移是生产过程自动化控制系统中最常见的被控量之一，有角位移和线位移之分，测量位移主要是为了控制被测物的移动距离、速度或加速度，进而控制它的空间位置或姿态，以实现生产过程的自动化。在航天、航空、电力、水利、石油化工、机械、军工、医疗、纺织、汽车、煤炭、地震监测等几乎所有行业中需要进行自动控制的场合，都有位移量检测的要求。用于位移量检测的传感器非常多，传统的有电位器式、电感式、电容式等，现代的有光栅式、光电式、光纤式等，不下几十类，上千种。本单元选取最典型的几类位移传感器分3个任务进行介绍，使学生了解和掌握位移量检测的常用方法和典型传感器的选用。

知识目标 ☞

1. 掌握工业生产中位移测量与控制的常用方法；
2. 掌握电位器式、数字式、电感式等典型位移传感器的结构原理；
3. 了解各种位移检测电路的工作原理；
4. 熟悉各种位置检测电路的设计方法及器件的选用方法。

技能目标 ☞

1. 培养对位移传感器及各种电路器件的选用能力；
2. 培养对位移测量电路的设计制作能力；
3. 培养对位移测控电子产品的整体设计能力；
4. 培养对位移检测系统的设计与维护能力。

素质目标 ☞

1. 培养艰苦奋斗精神；
2. 培育勤奋好学品格；
3. 培养中华传统美德。

任务 2.1　电位器式位移传感器与位移测量

【任务描述】

电位器式位移传感器是最基本的电阻式传感器，主要用于角位移和线位移的检测及电位的调节，在工业控制及家电产品中使用广泛，如火箭发射、飞机机翼、水轮机组、阀门位置、旋转阀位置、油缸、轴径跳动检测，阀位检测与控制，辊缝间隙控制，金属加工检测以及汽缸节气门位置、汽车悬挂梳、纺机、食品加工和机械手等，是一种很常见的传感器。本任务主要探讨这类传感器的结构原理、测量电路及其主要类型和应用案例。

【任务分析】

本任务主要包括三部分：一是基础知识部分，主要是电位器式传感器的结构原理分析，包括主要类型、基本应用电路分析和应用场合等内容；二是任务实施，通过典型电位器式传感器位移测量电路的设计与制作，训练学生从事电子检测产品设计与管理工作的能力；三是拓展学习部分，主要讨论用于检测线位移的电位器式传感器及其新型器件，及时了解检测技术发展的最新成果，以拓宽学生的知识面。

2.1.1　基础知识：电位器式角位移传感器简介

1. 电位器式角位移传感器结构原理

电位器式直角位移传感器（视频）

电位器式位移传感器通过电位器元件将机械位移转换成与之成线性或任意函数关系的电阻或电压输出。普通直线电位器和圆形电位器都可分别用作直线位移和角位移传感器。但是，为实现测量位移目的而设计的电位器，要求在位移变化和电阻变化之间有一个确定关系。如图 2.1.1 所示为电位器式角位移传感器结构原理图。

在这种传感器中，输入电压不变，但由于其中的可动电刷与被测物体相连，当被测物体移动时，输出电压就会产生变化。在这种传感器中，其工作原理是：物体的位移引起电位器移动端的电阻变化，阻值的变化量反映了位移的量值，阻值的增加还是减小则表明了位移的方向。输入与输出可表示为

$$U_o = \frac{x}{L}U_i \qquad (2.1.1)$$

式中，U_o 为传感器输出信号电压；x 为被测量位移；L 为传感器敏感电阻长度；U_i 为输入电压，可以是直流，也可以是交流。

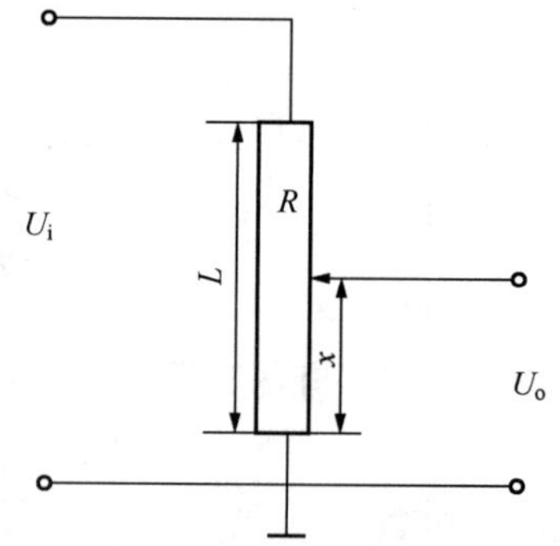

图 2.1.1　角位移传感器结构原理图

角位移传感器有以下性能指标。

1）传感器输出线性度

它是指传感器输出量与输入量之间的实际关系曲线偏离直线的程度，有零基线性度、端基线性度、独立线性度及绝对线性度等 4 种表示方法。线性度的定义为

$$E=\pm\frac{\Delta_{\max}}{y_{fs}}\times 100\% \tag{2.1.2}$$

式中，$\Delta_{\max}$为传感器在全量程上的最大偏差值；y_{fs}为传感器的量程。

线性度定义的示意图如图 2.1.2 所示。

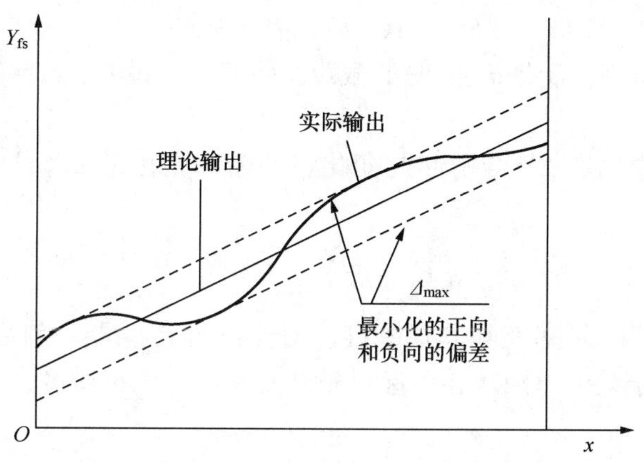

图 2.1.2 线性度定义的示意图

2）独立线性度

从具有斜率和它所在位置的参考直线的实际函数特性的最大偏差，选择最小化的最大偏差。它是由总施加电压的百分比来表示的，在指定的理论电气行程上测量其大小，如图 2.1.3 所示。

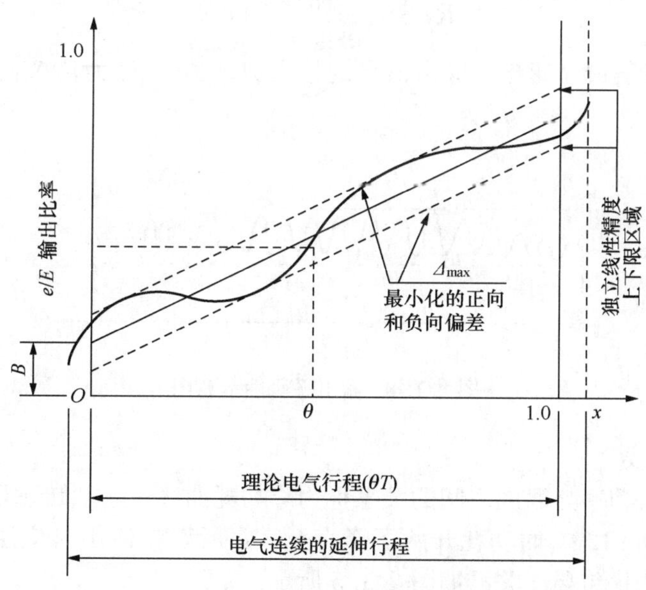

图 2.1.3 独立线性度示意图

3）绝对线性度

绝对线性度要比独立线性度更难以取得。因为它是来自所有被定义的参考直线的实际函数特性的最大偏差。它用总施加电压百分比来表述，在理论电气行程上测量其值。

在实际输出上要求有一个索引参考点。

直线的参考线也许是由指定的上下两条理论上的端输出比率所定义的线相对于各自的理论电气行程。除非另有说明，这些端输出比率分别是（0，0）和（1，0）。

绝对线性度的数学表达式为

$$e/E = A(\theta/\theta T) + B + / - C$$

式中，A 是给定的斜率；B 是 $\theta=0$ 时的截距。除非另有说明：$A=1$，$B=0$。

4）灵敏度

传感器输出的变化量 ΔY 与引起此变化量的输入变化量 ΔX 之比即为静态灵敏度，表达式为

$$K = \frac{\Delta Y}{\Delta X} \times 100\% \tag{2.1.3}$$

传感器校正曲线的斜率就是其灵敏度。对于线性传感器，斜率处处相同，灵敏度 K 是一个常数。由于某种原因，会引起灵敏度变化，产生灵敏度误差，即

$$\gamma_K = \frac{\Delta K}{K} \times 100\% \tag{2.1.4}$$

5）输出平滑性

输出平滑性是指传感器在测量时，输出信号随时间的稳定性，如图 2.1.4 所示。它可用理论电气行程输出信号电压波动百分比表示。输出平滑性受到接触阻抗的变化、分辨率和在输出中其他微量非线性输出的影响，是影响传感器性能的重要指标之一，可表示为

$$RTS = \frac{U_{CC}}{U_o} \times 100\% \tag{2.1.5}$$

式中，U_{CC}为峰-峰值最大变化，输出信号的最大波动值；U_o为传感器的理论输出信号电压。

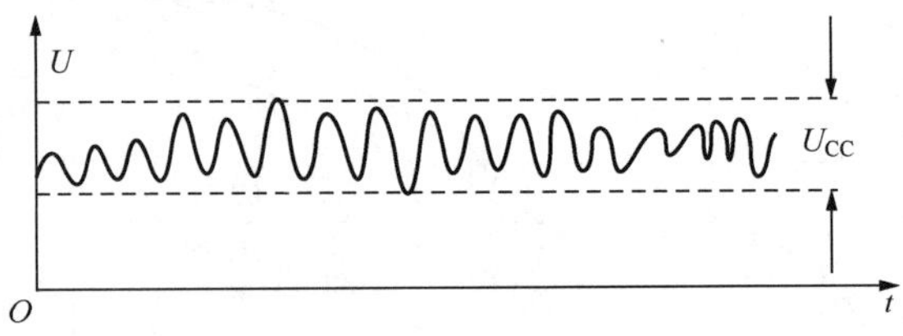

图 2.1.4　输出平滑性示意图

6）降功耗曲线

传感器的输出功率与温度之间的关系称为降功耗曲线。一般传感器在－55～70℃时功耗为 100%，70～125℃时功耗开始下降直至零，所以在使用时应注意环境温度与功耗的关系。使用功耗与温度关系如图 2.1.5 所示。

7）迟滞

传感器在正反行程中的输出输入曲线不重合性称为迟滞。迟滞可用偏差量与满量程输出之比的百分数表示：

$$\gamma_H = \frac{\Delta H_{max}}{Y_{FS}} \times 100\% \tag{2.1.6}$$

式中，ΔH_{max}为正反行程间输出的最大差值；Y_{FS}为传感器的满量程输出。

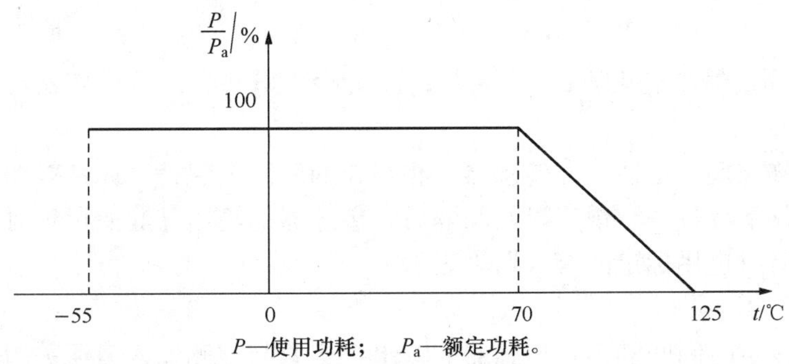

图 2.1.5　使用功耗与温度关系

迟滞特性如图 2.1.6 所示。

8）重复性

重复性是指传感器的输入按同一方向做全量程连续多次变动时所得的特性曲线不一致的程度。实际输出校正曲线的重复特性如图 2.1.7 所示，其中正行程最大重复性偏差为 ΔR_{max1}，反行程最大重复性偏差为 ΔR_{max2}。重复性误差取这两个最大偏差之中较大者 ΔR_{max}除以满量程输出 Y_{FS}的百分数，即

$$\gamma_R = \frac{\Delta R_{max}}{Y_{FS}} \times 100\% \tag{2.1.7}$$

检测时也可以选取几个测试点，对应每一个点多次从一个方向趋进，获得输出值系列 y_{i1}，y_{i2}，y_{i3}，…，y_{in}算出最大值与最小值之差为重复性偏差 ΔR_i，在几个 ΔR_i 中取出最大值作为重复性误差。

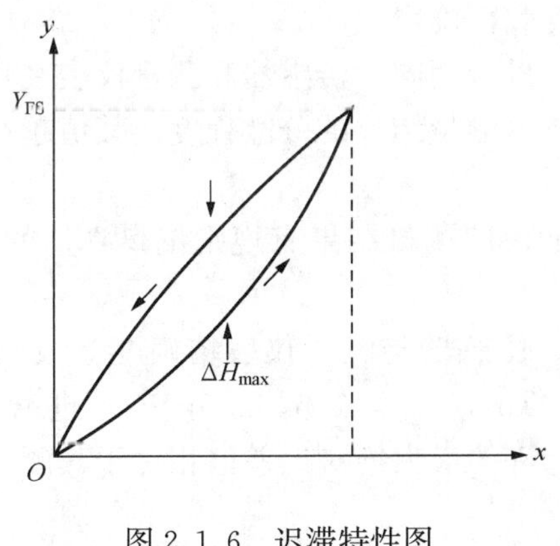

图 2.1.6　迟滞特性图

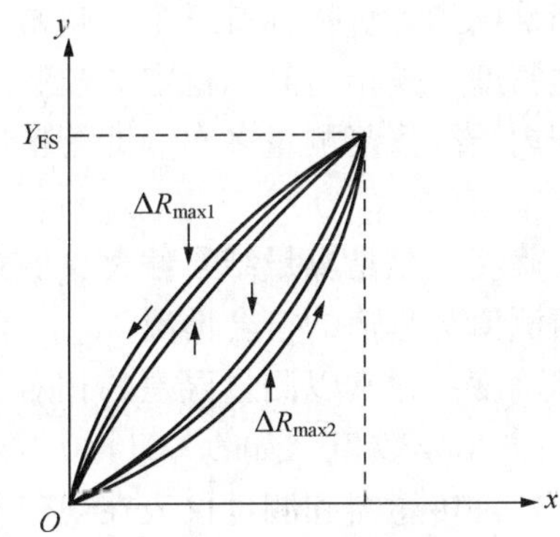

图 2.1.7　重复特性图

9）分辨率与阈值

分辨率是指传感器在规定测量范围内能检测出被测输入量的最小变化值。有时对该值相对满量程输入值的百分数表示为分辨率。

阈值是能使传感器输出端产生可测变化量的最小被测输入量值，即零点附近的分辨能力。有的传感器在零位附近非线性严重，形成“死区”，则将这个区的大小称为阈值；更多情况下阈值主要取决于传感器噪声的大小。

传感器能检测出被测量的最小变化值一般相当于噪声电平的若干倍，可表示为

$$kM = \frac{cN}{K} \tag{2.1.8}$$

式中，M 为被测量最小变化值；c 为系数；N 为噪声电平；K 为传感器灵敏度。

10）稳定性

稳定性又称长期稳定性，即传感器在相当长的时间内保持其原性能的能力。稳定性一般以室温条件下经过一定规定时间间隔后，传感器的输出与起始标定时的输出之间的差异来表示，有时也用标定的有效期来表示。

11）漂移

漂移指在一定时间间隔内，传感器的输出存在着与被测输入量无关的，不需要的变化。漂移常包括零点漂移和灵敏度漂移。

零点漂移或灵敏度漂移又可分为时间漂移和温度漂移，又称时漂和温漂。时漂是指在规定的条件下，零点或灵敏度随时间的缓慢变化；温漂是指由周围温度变化所引起的零点或灵敏度的变化。

传感器的零漂可表示为

$$零漂 = \frac{\Delta Y_0}{Y_{FS}} \times 100\% \tag{2.1.9}$$

式中，ΔY_0 为最大零点偏差；Y_{FS}为满量程输出。

传感器的温漂一般以温度变化 1℃时输出的最大偏差与满量程的百分比来表示，即

$$温漂 = \frac{\Delta Y_{max}}{Y_{FS}\Delta T} \times 100\% \tag{2.1.10}$$

式中，ΔY_{max}为输出的最大偏差；Y_{FS}为满量程输出；ΔT 为温度变化范围。

12）精确度

精确度的评价指标有三个：精密度、正确度和精确度。

精密度：是指对某一稳定的被测量有同一测量者用同一传感器和测量仪表在相当短的时间内连续重复测量多次（即等精度测量）所得测量结果的分散程度。其值越小说明测量越精密。

正确度：是指测量结果偏离真值大小的程度，即测量结果有规则偏离真值的程度，反映所测值与真值的符合情况。

精确度：通常以测量误差的相对值来表示。传感器与测量仪表精确度等级 A 以一系列标准百分数值（如 0.001，0.005，0.02，0.05，…，1.5，2.5，…）进行分档。这个数值是传感器和测量仪表在规定条件下，允许的最大绝对误差值相对于其测量范围的百分数。可表示为

$$A = \frac{\Delta A}{Y_{FS}} \times 100\% \tag{2.1.11}$$

式中，A 为传感器的精度；ΔA 为允许的最大绝对误差；Y_{FS}为满量程输出。

2. 电位器式角位移传感器基本结构

目前，最典型的电位器式角位移传感器是精密导电塑料角位移传感器。它主要由电阻体、转轴及电刷组件和壳体等几部分组成，整体结构如图 2.1.8 所示。其中，由导电

塑料膜与绝缘基体组成的电阻体的制备是确保传感器精度的基础，电刷组件是保证传感器精度及其机械寿命的关键。对整个结构的总体要求是在保证机械强度及其电气性能的基础上尽量减小结构尺寸，使传感器的结构尽量紧凑，以便于安装使用。

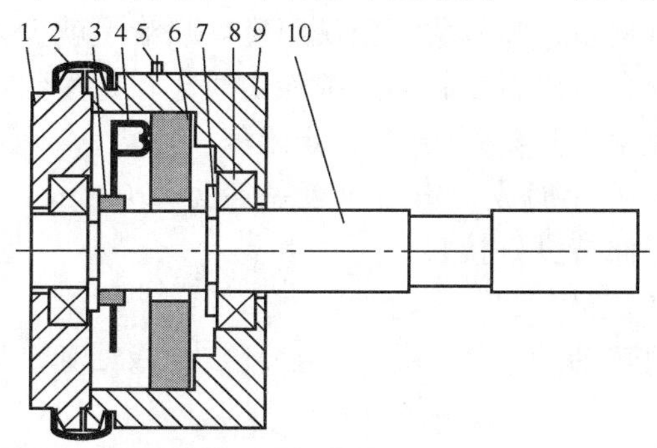

1—端盖；2—紧固圈；3—绝缘套；4—双头电刷；5—输出接线柱；6—双轨电阻体；7—挡圈；8—轴承；9—底座；10—转轴。

图 2.1.8　精密导电塑料电位器式角位移传感器结构原理图

1）传感器电阻体的结构

导电塑料是一层薄膜。为了得到一定的机械强度，需要喷涂在绝缘性能良好的塑料基体上构成传感器的电阻体，以保证电阻体具有足够的机械强度和电阻稳定性。因此，电阻体是传感器最重要的构件。它是个扁平圆柱体，主要由绝缘基体、导电塑料薄膜和引出电极三部分组成，如图 2.1.9 所示。

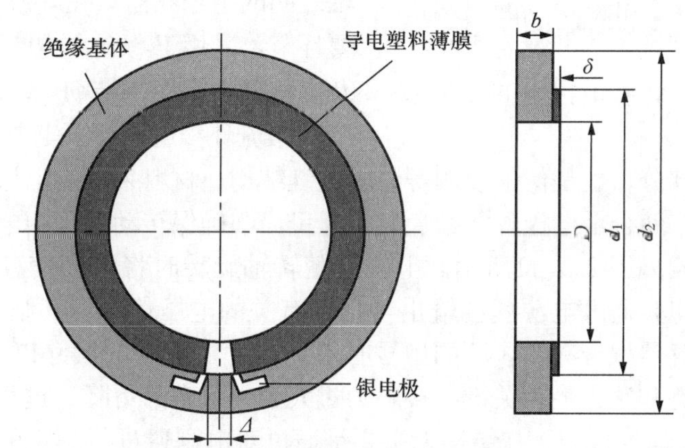

Δ—缝隙宽；b—电阻体厚度；D—孔径；d_1—电阻膜直径；d_2—电阻体外径。

图 2.1.9　传感器电阻体的结构设计图

绝缘基体由塑料颗粒经粉碎模压制成。注塑工艺为：粉碎—经 200 目振动筛筛分—注塑成型—干燥保存备用。颗粒不能太大，但也不能太细，在 180 目左右最好，能得到硬度最适中的绝缘基体。要注意保持干燥，因为传感器的绝缘要求较高，在 500V DC 条件下要求达到 1000MΩ 以上，否则易引起传感器的漏电噪声，使信号失真。

导电塑料薄膜是电阻体的核心，它直接决定了传感器初始电阻的大小，影响着传感器的使用寿命、输出精度、平滑性和线性度等各种性能指标。电阻值与喷涂工艺有关，主要受喷涂气压、喷枪口径、距离、喷枪头清洁度、塑料管直径、料瓶的液面高度及喷涂历时等影响。同样的电阻料喷到基体上量越多，那么基体阻值越低，反之阻值越高。上述诸多因素都与喷液量有关：气压越大，喷液量越多；喷枪口径越大，喷液量越多；喷枪头距离越近，喷液量越多；喷枪头不清洗阻塞，喷液量就少；输料管直径粗，出料就多；料瓶的液面高度越高，出料就越多；喷涂历时越长，喷到基体上的量越多。最后的电阻值可根据需要通过手工修刻到±5%标定阻值。

引出银电极由银浆液喷涂而成，银层厚度一般为 0.02mm，长宽各为 2mm，要保证足够的牢度，与导轨层保持良好接触。

2）转轴及电刷组件的结构

电刷转轴组件主要由转轴、轴承、垫片、挡环、绝缘轴套、集流环、电刷臂等零件组成，如图 2.1.10 所示。

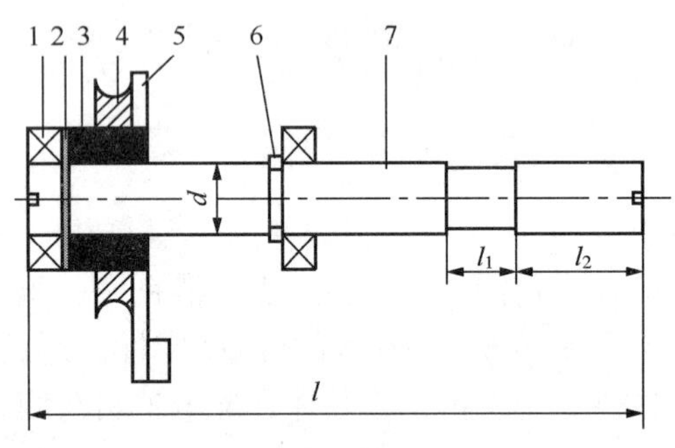

图 2.1.10　转轴组件装配图

可采用转轴直径 d 为 5mm 左右的不锈钢材料制成，与机械的旋转部分相连，用于角度量的转入。要求有足够的制造精度和表面粗糙度。轴承可采用内径为 5.5mm、外径为 12.5mm 的精密球轴承，垫片起调整电刷轴向间隙的作用，保证电刷在导电塑料膜的中间位置，不偏移。挡环起固定轴承轴向位置的作用。绝缘轴套是为了保证电刷组件与轴之间的绝缘状态，是不产生信号泄漏的重要环节，采用 E 级绝缘塑料制作，与集流环及电刷臂之间用黏结剂黏结。

集流环和电刷臂一起构成电刷组件，是传感器的重要组成部分，也是保证使用寿命的关键结构，材料采用高电导率的铜合金。集流环开有弧形凹槽，使合金电极丝能稳稳地卡在里面，确保转动过程中电信号能准确地传到接线柱上，其结构如图 2.1.11所示。电刷臂随转轴旋转时将角度信息转换成电刷位置变成不同电阻值输出，通过电源就会输出与角度有关的电压信号，其结构如图 2.1.12 所示。图中尺寸与传感器型号有关，不同型号有不同尺寸，图中的尺寸以 20 型为例。电刷与导电膜的接触状态和压力最为关键，接触力过大会导致寿命下降，过小则导致输出信号不稳，保持在 0.1N 最为合理，在结构上主要是通过对电刷臂进行一定的弯曲，依靠材料的弹性来保持这一作用力。

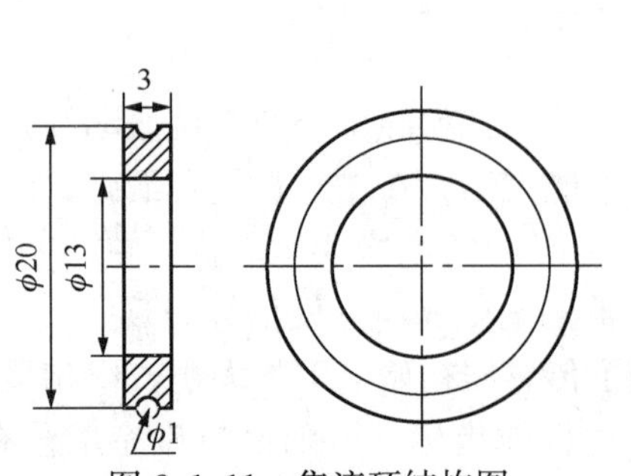

图 2.1.11　集流环结构图

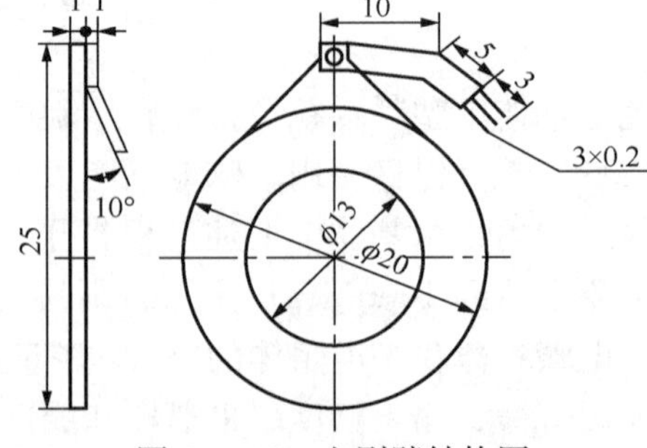

图 2.1.12　电刷臂结构图

3）外壳的结构

传感器外壳由底座、端盖和紧固圈三部分组成，材料采用高强度铝合金，结构如图 2.1.13～图 2.1.15 所示。图中尺寸与传感器型号有关，图中的尺寸以 16 型为例。制作时要求有很高的尺寸精度和外形精度，以保证传感器具有良好的外观和精确的性能。底座上开有三个安装孔，电极与底座之间有绝缘衬套隔离，防止漏电，电极、绝缘衬套、底座相互之间用绝缘胶粘接，两个电极用银丝与导电塑料膜上的银浆焊接，另一电极连接有两根高弹性、高强度、高导电性的合金丝。合金丝依靠自身弹性卡在集流槽里，使电信号能稳定地输出到电极上。

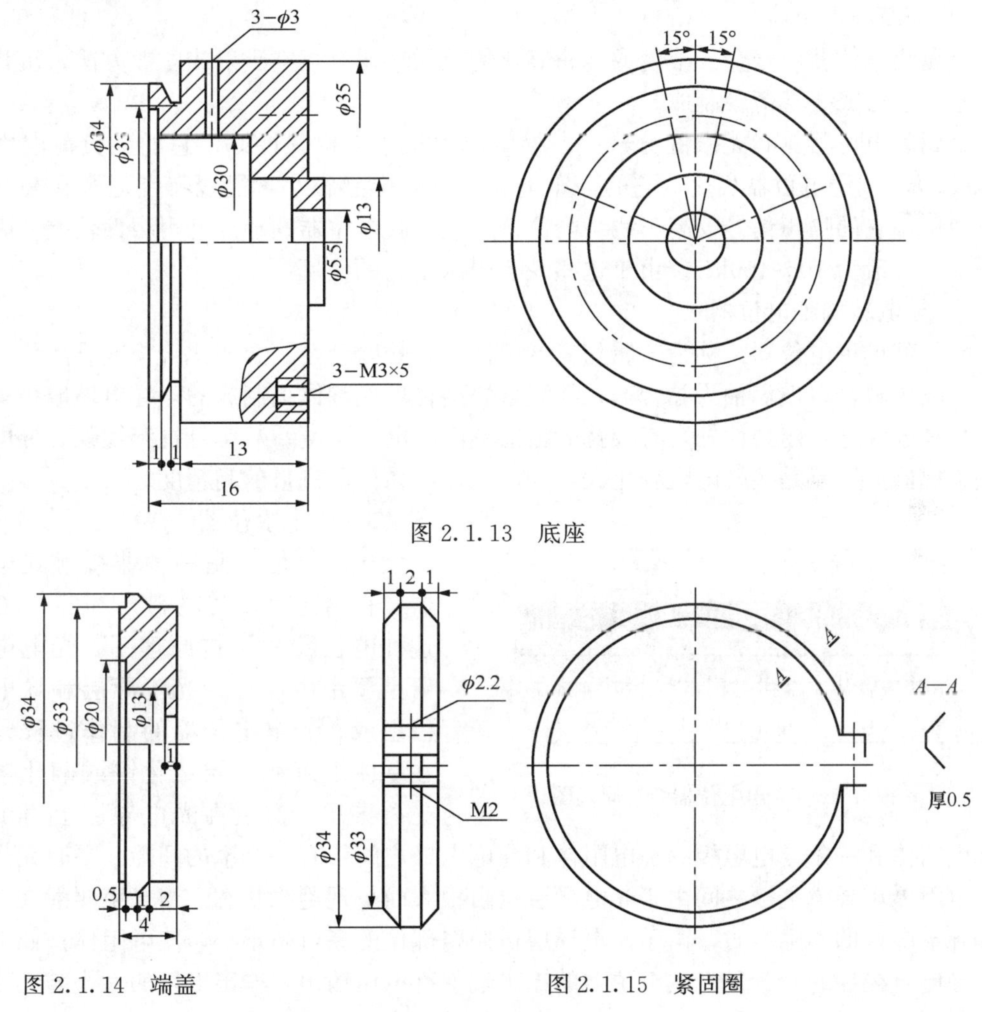

图 2.1.13　底座

图 2.1.14　端盖

图 2.1.15　紧固圈

3. 其他电位器式角位移传感器

根据敏感电阻材质，电位器式角位移传感器还可分为绕线电位器、合成膜电位器、金属膜电位器、导电玻璃釉电位器和光电电位器等。

1）线绕电位器

线绕电位器的电阻体由电阻丝缠绕在绝缘物上构成，电阻丝的种类很多，电阻丝的材料是根据电位器的结构、容纳电阻丝的空间、电阻值和温度系数来选择的。电阻丝越细，在给定空间内越能获得较大的电阻值和分辨率。但电阻丝太细，在使用过程中容易断开，影响传感器的寿命。

2）合成膜电位器

合成膜电位器的电阻体是用具有某一电阻值的悬浮液喷涂在绝缘骨架上形成电阻膜而成的。这种电位器的优点是分辨率较高、阻值范围很宽（100～4.7MΩ）、耐磨性较好、工艺简单、成本低、输入输出信号的线性度较好等；其主要缺点是接触电阻大、功率不够大、容易吸潮、噪声较大等。

3）金属膜电位器

金属膜电位器由合金、金属或金属氧化物等材料通过真空溅射或电镀方法，沉积在陶瓷基体上形成一层薄膜制成。

金属膜电位器具有无限的分辨率，接触电阻很小，耐热性好，它的满负荷温度可达70℃。与线绕电位器相比，它的分布电容和分布电感很小，所以特别适合在高频条件下使用。它的噪声信号仅高于线绕电位器。金属膜电位器的缺点是耐磨性较差，阻值范围窄，一般为10～100kΩ。由于这些缺点限制了它的使用。

4）导电玻璃釉电位器

导电玻璃釉电位器又称为金属陶瓷电位器。它是以合金、金属化合物或难溶化合物等为导电材料，以玻璃釉为黏合剂，经混合烧结在玻璃基体上制成的。导电玻璃釉电位器的耐高温性好，耐磨性好，有较宽的阻值范围，电阻温度系数小且抗湿性强。导电玻璃釉电位器的缺点是接触电阻变化大，噪声大，不易保证测量的高精度。

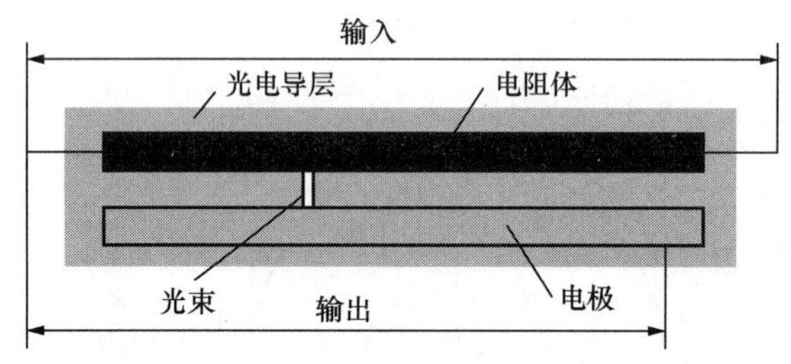

图 2.1.16 光电电位器结构原理图

5）光电电位器

光电电位器是一种非接触式电位器，它用光束代替电刷。图2.1.16是这种电位器的结构原理图。光电电位器主要由电阻体、光电导层和导电电极组成。光电电位器的制作过程是先在基体上沉积一层硫化镉或硒化镉的光电导层，然后在光电导层上再沉积一条电阻体和一条导电电极。在电阻体和导电电极之间留有一个窄的间隙。平时无光照时，电阻体和导电电极之间由于光电导层电阻很大而呈现绝缘状态。当光束照射在电阻体和导电电极的间隙上时，由于光电导层被照射部位的亮电阻很小，使电阻体被照射部位和导电电极导通，于是光电电位器的输出端就有电压输出，输出电压的大小与光束位移照射到的位置有关，从而实现了将光束位移转换为电压信号输出。

光电电位器最大的优点是非接触型，不存在磨损问题，它不会对传感器系统带来任何有害的摩擦力矩，从而提高了传感器的精度、寿命、可靠性及分辨率。光电电位器的缺点是接触电阻大，线性度差。由于它的输出阻抗较高，需要配接高输入阻抗的放大器。尽管光电电位器有着不少的缺点，但由于它的优点是其他电位器所无法比拟的，因此在许多重要场合仍得到应用。

2.1.2　任务实施：电位器式角位移变送器应用

电位器式角位移传感器要用于位移时的检测，还需要对其输出的电压信号进行必要的转换，在控制系统中一般都需要标准的电流或电压信号，这里介绍一种用 XTR101 将电位器式传感器信号转换成 4～20mA 标准信号的位移变送器。

XTR101 是由美国 BB 公司开发的 4～20mA 两线制通用变送器集成芯片，DIP 封装的引脚排列如图 2.1.17所示。传感器的电压信号可由引脚 3 和引脚 4 输入，引脚 5、引脚 6 外接电阻 R_s 用以调节输出满幅值，引脚 1、引脚 2、引脚 14 外接电位器组成初始调零电路，引脚 10、引脚 11 分别输出两个 1mA 恒流源，可作为传感器的激励源，引脚 8 接电源正端，且是环流注入端，引脚 7 串联负载电阻 R_L，接电源负端，且是环流信号输出端，引脚 12、引脚 8、引脚 9 可外接功率管。它具有把传感器的电压信号自动变换成标准电流信号的功能。在一片电路上包括一个高精度的仪表放大器、一个电压-电流变换器和两个相同的 1mA 精密恒流源基准。实际应用时，在其输出端外加一个功率管，使工作时的热源外移，以保证其工作的稳定性。这种结构使其成为一个适合于将各种传感器信号变换成标准电流信号的通用变送器。它有抗干扰能力强，对于长期运转导致的压降、电机噪声、继电器、电力拖动装置、电器开关、电流互感器和工作设备电源的频繁切换启动均无影响，且工作温度范围宽，可在－40～＋85℃范围内正常工作。它可与电位器、热电偶、电阻温度计(RTD)、热敏电阻及应变片电桥等多种传感器组成信号变送器，因此应用十分广泛。

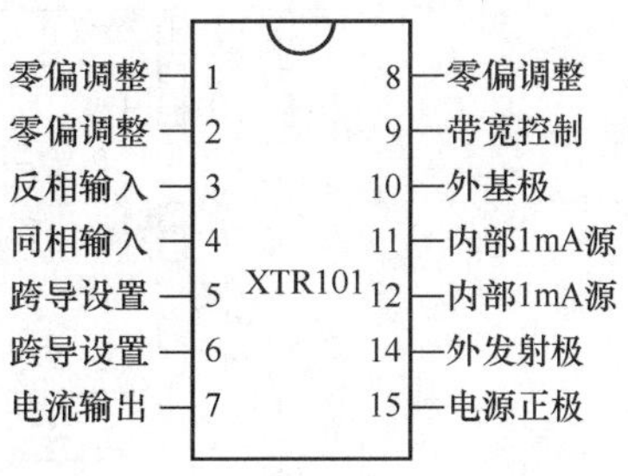

图 2.1.17　XTR101 引脚排列图

工业现场的电动阀门、电闸等电动执行机构的位置、位移、中央空调送风系统的风压等，都可以选用导电塑料型电位器式位移传感器与 XTR101 组成的位移变送器，将位移信号变成 4～20mA 的标准电流信号，用以驱动相应的控制机构，来调整和控制角位移量或是设备运行状态。下面介绍由导电塑料角位移传感器与 XTR101 组成的角位移变送器原理，有条件的可安排学生进行实物制作。

导电塑料电位器具有分辨力高、能耐受环境影响、耐磨性能好、长寿命（5000 万次)、高精度（±0.1%）、高可靠、低噪声等优点。导电塑料电位器与 XTR101 组成的位移变送器电路原理如图 2.1.18 所示。其中，R_{P3}为角位移传感器的等效电阻，应选用几百欧左右的小电阻传感器，受 1mA 恒流激励，它与 R_6、R_7 组成一比例控制测量电路，R_6、R_7 和 R_{P3}这三个电阻所组成的比例测量电路应保证输入引脚 3 的电压不超过 1V 且不低于 100mV，以保证变送器正常工作。R_{P3}的动臂与被控转动机构连接，用于被控信号的采集，输出的变化电动势直接给 XTR101 的引脚 3。R_8和 R_2 串接，受 1mA 恒流激励，组成一分压电路，为 XTR101 的引脚 4 提供一个固定的基准电动势，这个基准电动势的大小与角位移的控制要求有关，应根据测量与控制要求进行选取，但要保证输入引脚 4 的基准电压不超过 1V。经 XTR101 的差分比较、放大和 V-I 转换，输出一个标准的 4～20mA 电流，供整个系统控制调节使用。

引脚 1、引脚 2、引脚 14 由 R_{P2}、R_4 组成变送器初始 4mA 零位调节电路。变送器的满量程调节也即放大器的增益控制，由接在 XTR101 的引脚 5、引脚 6 的 R_3 和 R_{P1} 所组成的调节电路来调节。由于整个电路都是处理小信号放大、变换，因此使用数量不多的外围器件都应该选用高品质的，以免引起不必要的误差。图 2.1.18 中的各个元件参数可参照表 2.1.1 进行选择。

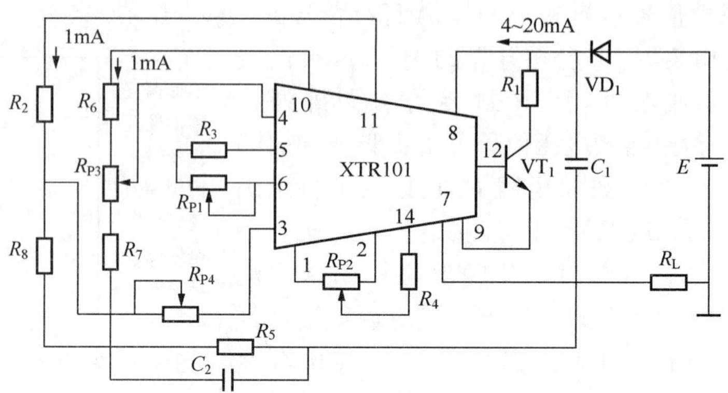

图 2.1.18　导电塑料与 XTR101 构成的位移变送器电路原理图

表 2.1.1　电路元件参数

序号	元件名称和代号	参数值	备注
1	XTR101 芯片	4～20mA 通用变送器芯片	美国 BB 公司
2	角位移传感器 R_{P3}	500Ω	浙江慧仁电子有限公司
3	外接电源 E	24V 直流稳压电源	最好用高精度的
4	外接晶体管 VT_1	2N222	或国产 3AX 型
5	负载电阻 R_L	250Ω	0.5W 精密电阻
6	电容 C_1、C_2	0.01μF	精密瓷片电容
7	VD_1	IN4002	
8	电阻 R_1、R_2、R_3、R_4、R_5、R_6、R_7、R_8	750Ω、750Ω、39Ω、1MΩ、2.5kΩ、250Ω、250Ω、250Ω	精密金属电阻
9	电位器 R_{P1}、R_{P2}、R_{P4}	51Ω、100kΩ、10kΩ	精密电位器
10	万用板		实验用万用板

这种位移变送器可用于各种与角位移（角度或转角）的控制系统中。

使用 XTR101 时需要注意负载阻抗与电源电压的关系，工作电压为 12～40V 时，负载电阻的阻值可在图 2.1.19 相应范围内选定，或用下式计算。

$$R_{Lmax}=\frac{V_{PS}-11.6}{20} \tag{2.1.12}$$

式中，V_{PS} 为环路供给电源电压值。

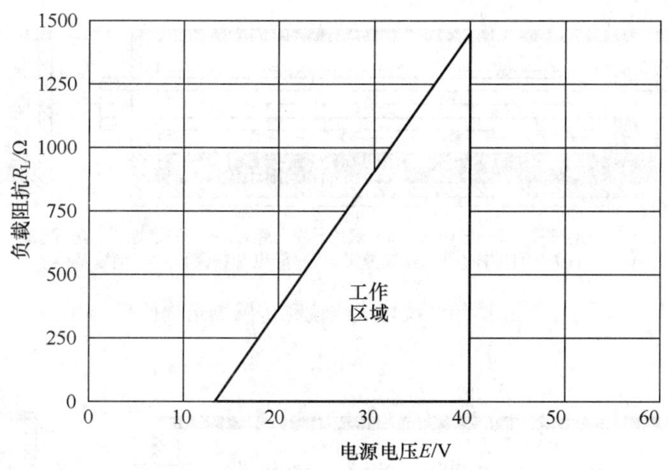

图 2.1.19 角位移变送器工作区域

2.1.3 拓展学习：电位器式线位移传感器简介

电位器式线位移传感器是测量和控制位移、距离、伸长、移动、厚度、振动、膨胀、液位、压缩，应变等物理量的有力工具。它通过特定的机电结构将直线位移量转换成电阻变化量，再由测量电路变成电压信号输出，与电位器式角位移传感器工作原理一样，不同的是其机电构造有所区别，将角位移的转动方式变成了往复滑动方式。目前，随着变送技术的发展，已经有能输出电流、电压或SSI等多种信号的智能型线位移测量传感器，可广泛应用于航天、航空、电力、水利、石油化工、机械、军工、医疗、纺织、汽车、煤炭、地震监测等领域，既可与仪表配套使用，也可以单独使用。

1）电位器式线位移传感器结构原理

电位器式线位移传感器根据位移实现形式不同有拉杆式和压杆式两类，基本原理与角位移传感器是一样的，但在具体结构上有较大差异，电阻轨道是直线型分布的。图 2.1.20所示为拉杆式结构，主要由接线柱、导向杆、底座、密封盖、绝缘衬、电刷、测量杆、复位弹簧、导电塑料膜和电阻基体组成，测量位移时测杆被拉出。测量杆与导向杆空套在一起，导向杆一端固定在底座上，绝缘衬与导向杆空套连接，测量杆和电刷则是用黏结剂粘贴固定，使电刷能与测量杆一起沿导向杆滑移。电刷有 4～6 个触头，分别与两条电阻轨道接触，使两条电阻构成一个可变电阻结构，一条为主电阻，两端均有电极连出，一条为辅助电阻，只有一端有电极，这样构成传感器的三个电极，使位移的变化转换成电阻的改变，实现位移的测量。

图 2.1.21 所示为压杆式，结构基本上与拉杆式相同，也是由接线柱、导向杆、底座、密封盖、绝缘衬、电刷、测量杆、复位弹簧、导电塑料膜和绝缘基体等组成，测量时测杆被压进传感器内。区别在于：复位弹簧的位置，压杆式的复位弹簧在导向杆与绝缘衬之间，将测量杆顶出传感器底座外面；而拉杆式的复位弹簧将测量杆压在传感器底座内。

图 2.1.22 所示为电位器式线位移传感器的电阻体结构，在绝缘基体上喷涂或印刷

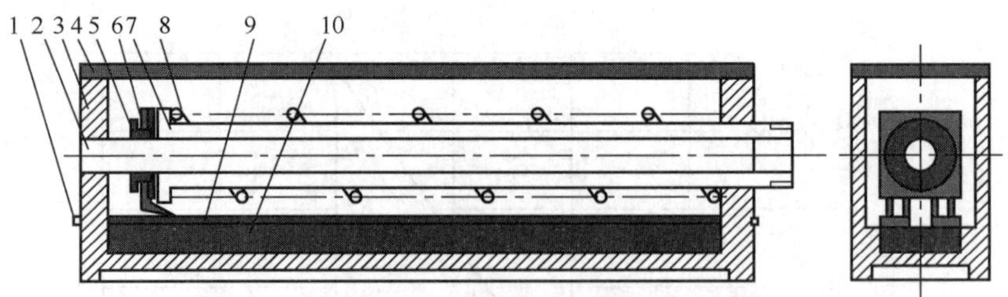

1—接线柱；2—导向杆；3—底座；4—密封盖；5—绝缘衬；6—电刷；7—测量杆；8—复位弹簧；9—导电塑料膜；10—绝缘基体。

图 2.1.20　拉杆式线位移传感器结构原理

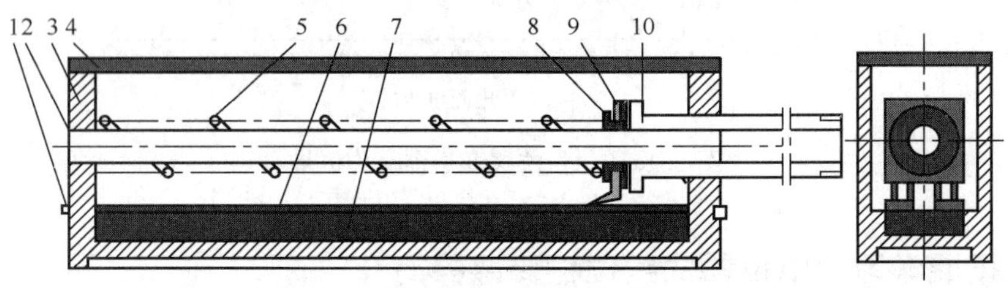

1—接线柱；2—导向杆；3—底座；4—密封盖；5—复位弹簧；6—导电塑料膜；7—绝缘基体；8—绝缘衬；9—电刷；10—测量杆。

图 2.1.21　压杆式线位移传感器结构原理

两条电阻轨道，方法与角位移的电阻体相似，两端有涂银电极层，与输出电极连接。电阻轨道的宽度和厚度与传感器的型号大小有关，一般在 3mm 宽，0.02mm 厚左右。

图 2.1.23 为传感器的电刷结构，采用钯金合金材料，厚度在 0.5mm 左右，结构形式比较多，主要根据传感器结构要求而定。为使接触平稳，采用分叉结构，由 2～3 个触头构成一组，以便获得更好的接触效果，降低接触噪声。

图 2.1.22　敏感电阻元件

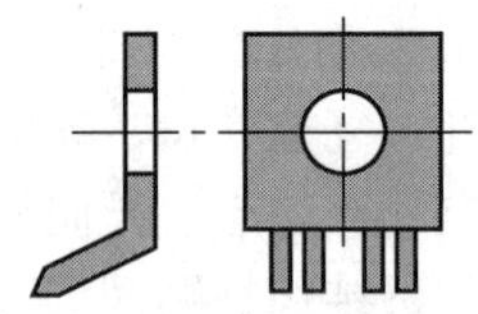

图 2.1.23　电刷

图 2.1.24 所示为传感器底座，可采用铸铝材料，底部为安放绝缘基体的槽，两端开的中心大小不同，一边装导向杆，需紧配合；一边穿测量杆，是松配合。靠近底部电阻槽处钻直径为 3mm 的通孔，用于装接线柱，接线柱与底座之间要绝缘隔开，采用黏结剂连接。接线柱与银电极之间焊有合金丝引线，以将导电塑料电阻膜与接线柱相连。为了提高测量时移动的灵活性，可适当加润滑脂润滑。底座也可用铝型材，如方管或圆管，视具体需要而定，用型材时需设置两边端盖，此时两端盖的中心孔要有保持良好的同轴度，不然会使移动不顺，产生卡死现象。

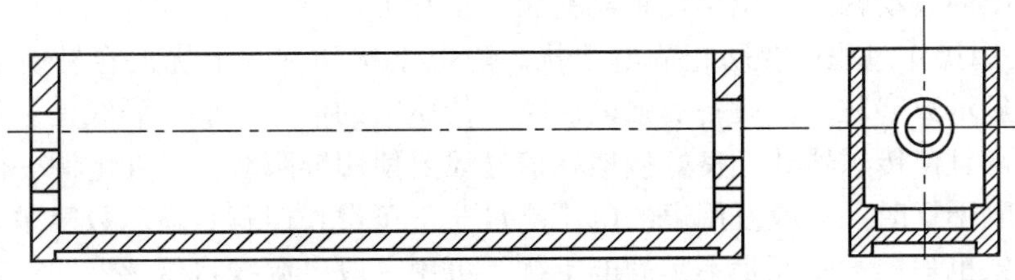

图 2.1.24 底座

2）电位器式线位移传感器类型

电位器式线位移传感器的类型主要有拉杆式和滑动式两类。

通用拉杆式导电塑料电位器式线位移传感器已经有系列产品，国内有多家生产企业，有效行程为75～1250mm，两端均有4mm缓冲行程，精度为0.05%～0.04%FS。外壳表面阳极处理，防腐蚀能力强。内置导电塑料测量单元无温漂、寿命长，具有自动电气接地功能。密封等级为IP67，自带DIN430650标准插头插座，可以适用在大多数通用场合。拉杆球头具有0.5mm自动对中功能，允许极限运动速度为10m/s。

通用滑动式导电塑料电位器式线位移传感器也有系列产品，有效行程为75～3000mm，两端均有4mm缓冲行程，精度为0.05%～0.02%FS。外壳表面阳极处理，防腐蚀性强，内置导电塑料测量单元无温漂、寿命长，具有自动电气接地功能，密封等级为IP54（向下安装时为IP57），自带DIN430650标准插头插座，可以适用在大多数通用场合，特别是长度方向受到限制、对中较困难的场合。拉杆配合球头具有10mm自动校正功能，允许极限运动速度为10m/s。

3）电位器式线位移传感器应用场合

KTC、KTM、LS型拉杆结构为一般通用结构，配合可选拉球万向头或鱼眼万向头，可以减少因安装的非对中性而带来的不良影响，适用于注塑机、纺织机械、木工机械等行业；KPC、KPM为两端固定带绞接运动型，适合摆动运动，传感器本体无法固定在测量系统中，会随着测量运动而运动；KTF、KFM滑块型适应最小安装长度尺寸小的场合，配合加长臂，可以消除安装时的非对中带来的不良影响；KTR型是一款微型自恢复式拉杆结构，无须牵引安装；KPF型法兰面固定结构则可以检测腔体内部位移。

4）电位器式线位移传感器的选用

这种传感器选用时要根据以下几方面进行：一是根据测量要求达到的准确度和线性度来选择传感器的线性精度等级和分辨率大小；二是根据测量要求的最大幅值来选择传感器的合理量程范围；三是根据测量环境中的振动、粉尘、温度、湿度等状况合理选择传感器的密封等级、抗振动等级等情况；四是根据测量或控制要求达到的速度来选择传感器的工作速度；五是按经济原则合理选择传感器的使用寿命，以符合最佳性价比要求。

5）电位器式线位移传感器使用要求

① 供电电压要稳定。工业电源要求±0.1%的稳定性，如基准电压10V，允许有±0.01V的波动，否则会导致显示的不稳定，会导致测量不准确。只要显示波动幅度不

超过波动电压的波动幅度，位移传感器就属于正常工作。

② 在使用操作过程中要防止静电干扰。静电干扰和调频干扰很容易使电位器式线位移传感器显示数字跳动。设备的强电线路与传感器的信号线要分开线槽。传感器应使用强制接地，且使传感器外壳良好接地，信号线要使用屏蔽线，且在电源一侧应将屏蔽线接地。静电干扰时，一般万用表的电压测量非常正常，但就是显示数字跳动，高频器干扰时其现象也一样。验证是不是静电干扰，可用一段电源线将传感器的封盖螺钉与机器上某一点金属短接即可，只要一短接，静电干扰立即消除。但高频干扰就难以用上述办法消除，而且机械手、变频器多出现高频干扰，可以用停止机械手或变频器的办法验证。

③ 不能接错三条线。传感器的“1”“3”线是电源线，“2”线是输出线，除电源线（“1”“3”线）可以调换外，“2”线只能是输出线。上述线一旦接错，将出现线性误差大、控制非常困难、控制精度差、容易显示跳动等现象。

④ 用干电池作电源时，容量要充足。如果电源容量太小，容易发生如下情况：合模运动会导致射胶传感器显示跳动，或熔胶运动会导致合模传感器的显示波动。特别是电磁阀驱动电源与传感器供电电源在一起时容易出现上述情况，严重时可以用万用表的电压挡测量到电压的波动。如果在排除了静电干扰、高频干扰和对中性不好的情况下仍不能解决问题，也可以怀疑是电源的功率偏小。

⑤ 安装对中性要好。角度允许±2°误差，平行度允许±0.5mm，如果角度误差和平行度误差都偏大，就会导致显示数字跳动。在这种情况下，一定要对角度和平行度进行调整。

⑥ 防止短路。传感器在工作过程中，有规律地在某一点显示数据跳动或不显示数据，这种情况就要检查连接线绝缘是否有破损，避免与机器的金属外壳有规律的接触引发的对地短路。

⑦ 避免老化。对于使用时间很久的传感器，密封老化，可能有很多杂质，并有油、水混合物，影响电刷的接触电阻，导致显示数字跳动，可以认为是位移传感器电子尺本身的早期损坏。

6）电位器式线位移传感器使用注意事项

① 电路虽采用了内部电源保护措施，还是需要用户进行检查后再接通电源。不要超过额定电压值，以免影响测量的精确性和带来不必要的损失。

② 传感器的安装位置最好不要靠近强电磁场，如无特殊说明，保证传感器不在对金属强烈腐蚀作用的环境中使用。

③ 被测点的运动轨迹最好与传感器测杆的轴线平行，这样测量的结果就是移动量。如果传感器测头移动，测头与被测物的接触面不应凹凸不平。

④ 安装使用传感器，应轻拿轻放，避免敲打与跌落。固定传感器时，夹紧壳体即可，不可用力太大、太猛，更不可使壳体出现凹陷、变形，影响测量精确度。注意其测量量程，请勿超量程使用，而损坏传感器。

⑤ 注意传感器通电预热 5min 后方可进行正式测量。

⑥ 传感器是精密测量仪器，出厂前进行了检定与老化。使用过程中不可随意拆卸，否则影响测量精确性，还可能造成传感器损坏。

思 考 题

1. 电位器式位移传感器有哪些类型，各有何特点？

2. 工程上如何选用角位移传感器和线位移传感器？

3. XTR 系列通用型信号变送芯片有哪些类型，主要优点是什么？如何选择？怎样配置它的外围器件？

4. 为什么目前在电位器式位移传感器中普遍使用导电塑料作为其敏感电阻？

5. 电位器式线位移传感器有哪些类型？如何选择应用？

任务 2.2 数字式位移传感器与位移测量

【任务描述】

数字式位移传感器是目前使用较多的位移检测与控制传感器。随着数字技术的不断深入发展和单片机技术的成熟，越来越多的自动控制系统需要采用数字信号，因此常规的模拟量传感器将会不断被数字式传感器替代。它可以代替电位器式、电感式、电容式等模拟量位移传感器，在工业控制及家电产品中越来越多地得到应用，使控制电路大为简化，位移量检测的稳定性和可靠性大为提高。本任务主要探讨霍尔式、光纤式、光栅式、磁栅式等若干种目前较为常用的数字式位移传感器的结构原理、测量电路及其应用情况。

【任务分析】

本任务主要包括三部分，一是基础知识部分，主要是电位器式传感器的结构原理分析，包括主要类型、基本应用电路分析和应用场合等内容；二是任务实施部分，通过典型电位器式传感器位移测量电路的设计与制作，训练学生从事电子检测产品设计与管理工作的能力；三是拓展学习部分，主要讨论用于检测线位移的电位器式传感器及其新型器件，及时了解检测技术发展的最新成果，以拓宽学生的知识面。

2.2.1 基础知识：霍尔式角位移传感器的结构原理

目前，市场上常用的角位移传感器是电位器式角位移传感器。它技术成熟、价格便宜，但只能输出模拟信号，测量角度范围只有 350°左右，由于电刷的存在，机械寿命只有几百万次，属于接触式测量。而基于霍尔效应的非接触式角位移传感器具有无可比拟的优势，它能输出数字式、脉冲式和模拟式等多种信号，可实现无死角测量，理论上可实现无限寿命，是位移传感器的发展方向。

1. 霍尔效应

如图 2.2.1 所示，放置在磁场中的静止载流导体，当它的电流方向 I 与磁场方向 B 不一致时，载流导体上平行于电流和磁场方向上的两个面之间将会产生一定的电动势，这主要是由于导电粒子受到洛仑兹力的作用发生沿导体横向运动所致，这种物理现象叫霍尔效应，其强弱与材料内部电子迁移率 μ 及其电阻率 ρ 有关。

霍尔效应所产生的电压叫霍尔电压，它的形成过程分析如下。

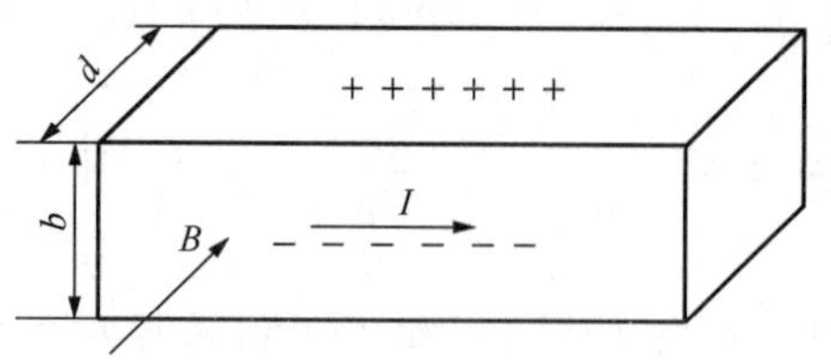

图 2.2.1　霍尔效应示意图

在图 2.2.1 中磁场 B 垂直于导体正面，此时导体中的自由电子不仅在外加电压作用下运动，而且还受到磁场作用产生定向移动，大小为

$$f = evB \tag{2.2.1}$$

式中，e 为电子的电荷量；v 为电子的运动速度；B 为磁场的磁感应强度。

运动方向如图 2.2.1 中所示。因此在导体的顶面堆积正电荷，底面堆积负电荷，从而形成了附加的内电场，称其为霍尔电场，其强度为

$$E_{\mathrm{H}} = \frac{U_{\mathrm{H}}}{b} \tag{2.2.2}$$

式中，U_{H} 为电位差；b 为导体高。

该电场使定向运动的电子不仅受洛仑兹力的作用，而且还受到大小为 eE_{H} 的电场力的作用，电场力阻止电荷继续堆积，随着上、下底面电荷的不断增加，霍尔电场不断得到加强，电子受到的电场力也随着增大，当电子所受到的磁场力与电场力大小相等、方向相反时，有

$$eE_{\mathrm{H}} = evB\text{，即 } E_{\mathrm{H}} = vB \tag{2.2.3}$$

电荷不再向两底面运动，达到平衡。

若金属导体单位体积内的电子数为 n，速度为 v，则电流 $I=nevbd$，速度可表示为

$$v = \frac{I}{bdne} \tag{2.2.4}$$

将式（2.2.4）代入式（2.2.3）得

$$E_{\mathrm{H}} = \frac{IB}{bdne} \tag{2.2.5}$$

代入式（2.2.2）可得

$$U_{\mathrm{H}} = \frac{IB}{dne} \tag{2.2.6}$$

引入霍尔常数 $R_{\mathrm{H}}=1/ne$ 后得

$$U_{\mathrm{H}} = R_{\mathrm{H}}\frac{IB}{d} = K_{\mathrm{H}}IB \tag{2.2.7}$$

式中，$K_{\mathrm{H}}=R_{\mathrm{H}}/d$ 称为霍尔灵敏度。

由式（2.2.7）可知，霍尔电压正比于激励电流 I 及磁感应强度 B 的乘积，其灵敏度与 R_{H} 成正比而与导体的厚度成反比。因此，为了提高灵敏度，霍尔元件常为薄片状。另外，霍尔常数 R_{H} 与材料的电阻率 ρ 及电子迁移率 μ 的乘积成正比，因此要求采用具有很大的电阻率和电子迁移率的材料来制作霍尔元件，金属材料虽然具有很大的电子迁移率，但电阻率很小；而绝缘材料电阻率很大但电子迁移率太小，故都不适合制作霍尔元件，只有半导体材料最适合于霍尔元件的制作。由于 N 型锗半导体材料具有加工制造容易、霍尔系数大、线性度好及温度漂移小等诸多优点，故在霍尔元件中应用最为广泛。

2. 霍尔式角位移传感器结构

霍尔效应自 1879 年被发现以来，随着集成电路技术的迅猛发展，霍尔集成元件芯片得到越来越多的应用。霍尔式角位移传感器主要由信号调理电路、磁铁、轴承透盖、绝缘隔套、轴承座、尼龙轴套、转轴、开口挡圈和后盖等组成，如图 2.2.2 所示。

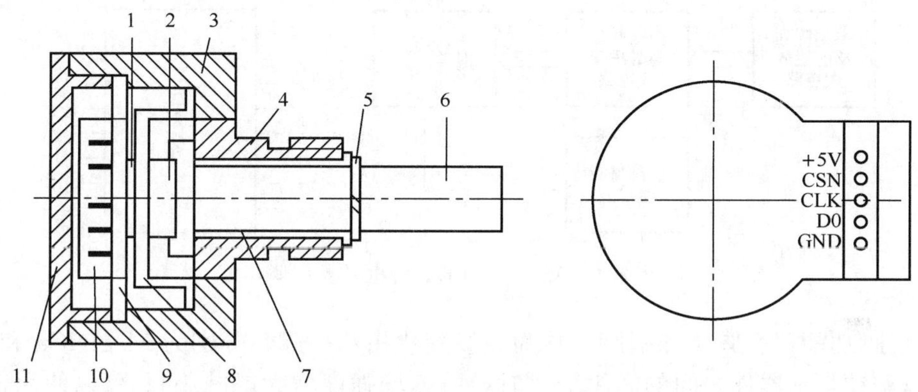

1—AS5045；2—柱形磁铁；3—轴承透盖；4—轴承座；5—开口挡圈；6—转轴；7—尼龙轴套；8—绝缘隔套；9—信号调理电路；10—输出接口；11—后盖。

图 2.2.2　霍尔式角位移传感器结构原理图

传感器信号调理电路以 AS5045 芯片为核心，采用带表面绝缘层的双面敷铜板。电路由 AS5045 和 405B 两块集成电路为主构成，只需少量外接器件就可实现对角位移信号的采集、放大及数字化处理，获得 SSI、PWM 等多种信号输出形式，反应时间在 1ms以内。电路原理如图 2.2.3 所示。

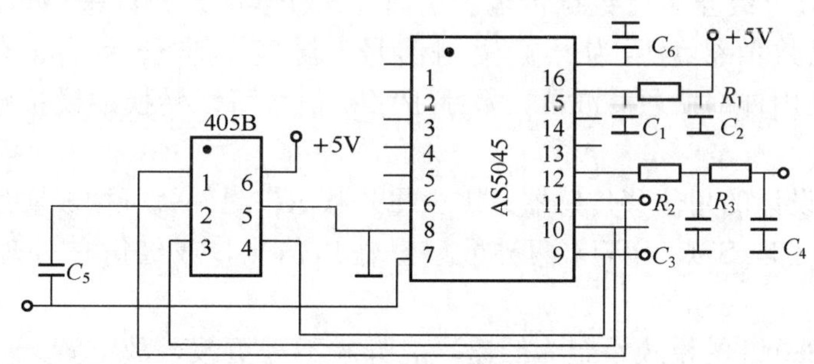

图 2.2.3　信号调理电路原理图

电路中 405B 是用于对 AS5045 进行调试和性能测试的通信接口，在传感器出厂时对磁场进行对中和校准，对输出 0°角位置进行设定，在使用过程中如要修改有关参数，也需要通过这一通信接口，其中的 C_5 为 10nF，用于在编程时为引脚 2 提供峰值电流。

霍尔元件所需磁场由位于 AS5045 正前方的 AlNiCo 稀土磁铁提供，磁场强度为 50mT。由于 AS5045 内部已经集成了霍尔阵列及其前置放大器和数字信号处理电路，还集成了 OTP 存储器，所以不用太多外接元件，就能直接输出数字量信号。

这种设计由于采用了信号采集与处理高度集成的一体化集成电路结构，使传感器敏感元件部分结构大为简化，其核心是一块集成了信号采集与数字化处理的大规模集成电路芯片 AS5045，它采用 SSOP 封装形式，外形尺寸只有 6.2mm×5.3mm×1.9mm，内部集成了线性霍尔阵列与前置放大电路、Σ-Δ 模数转换和数字信号处理单元、内部寄存器、数字量输出单元等集成电路。AS5045 的内部原理框图与外部引脚如图 2.2.4 所示。

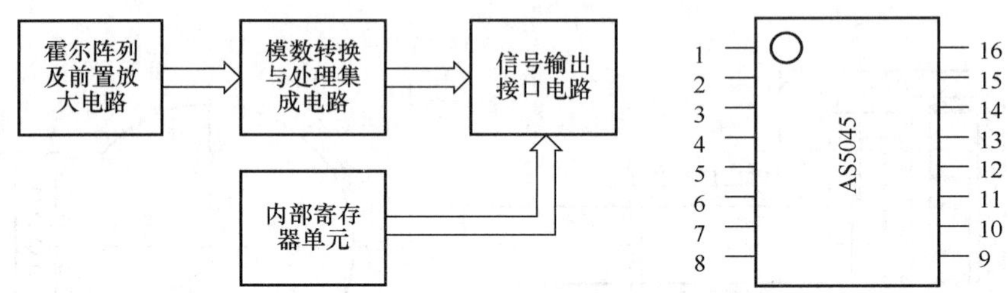

图 2.2.4 AS5045 内部系统框图及引脚图

各引脚功能：引脚 1 和引脚 2 均为磁场变化指示引脚，分别为 MagINCn 和 MagDECn（磁铁与本器件之间的间距变化时导致磁场强度增大或减小）。可以使用这些输出来检测有效的磁场范围。另外，这些指示引脚也可以用来实现无接触式按钮功能。引脚 3、4、5、6、13 和 14 为内部使用且必须悬空，其中引脚 6（MODE）允许在滤波（低速模式）和无滤波（高速模式）之间切换。引脚 7、15 和 16 为电源引脚，其中引脚 7 为电源负，引脚 15 为 3V 电源正，引脚 16 为 5V 电源正。引脚 8（Prog）用于在 OTP 内编程零位。引脚 9（DO）为同步串行接口的数据输出。引脚 10（CLC）为同步串行接口的时钟信号输入。引脚 11 为片选信号（CSn，低电平有效），可在 AS5045 编码器网络内选定任一器件并启动串行数据传输。CSn 为逻辑高电平时会将数据输出引脚（DO）置为三态，并终止串行数据传输。引脚 12（PWM）允许采用单条线输出 10 位绝对位置值。此数值被编码为脉宽调制信号，脉宽的步长为 1μs（一整圈为 1～4096μs）。通过使用外部低通滤波器，数字 PWM 信号可以转换成模拟电压，从而实现模拟量输出。

因此，用其设计的角位移传感器只需少量外接 *RC* 元件就可构成实用的角位移信息处理电路，且可实现 SSI、PWM 两种数字量输出信号，或经简单处理输出模拟电压信号。

电路中，AS5045 的模式设定为低速，引脚 6 不需更改，故空置。一般地，芯片的工作模式是低速还是采用高速应在芯片测试时预先选定，这样可减少一根输出引线。这里，考虑到角位移测量一般转速较低，故适合采用低速模式，这种模式下的测量精度也更高些，其输出精度为 0.03°每转，而高速模式下为 0.06°每转。接地引脚 7、绝对数字量输出引脚 9、时钟信号输入引脚 10、片选信号输入引脚 11 和＋5V 电源引脚 16 均直接引出到接口就行，PWM 信号引脚 12 也可直接引出，图中经 R_2、R_3 和 C_3、C_4 滤波后可输出 0～5V 的模拟信号，一般地每款传感器在这三种输出信号方式任选一种，没必要三种信号都作引线输出。其中，R_2、R_3 可用 4.7kΩ 贴片电阻，C_3、C_4 可用 0.1μF 贴片电容，阻值大些效果更好，但不能过大，太大会使传感器延时增大。

引脚 15 为 3.3V 电源工作方式，可通过电阻 R_1（10kΩ）由引脚 16 的 5V 电源分压获得，C_1、C_2、C_6 为电源滤波电容，C_1 和 C_6 可用 0.1μF 的贴片电容，C_2 可用 0.001μF 的贴片电容，实际传感器的电源情况可根据需要选择，使用过程中一般为 5V，测试编程时则一般用 3.3V，故传感器的引出中电源引脚是 16，为＋5V 电源，印制电路板（PCB）的设计还要根据传感器型号的大小来定，小于 $\phi30$ 的一般用接插式输出接口，大于 $\phi30$ 的则直接用引线输出。

图 2.2.5 是接插式输出接口的 PCB 图，采用双面敷铜板，带表面绝缘和防水层，符合 IP65 防护等级要求。左边为正面，只安装了 AS5045 芯片，引脚 7～16 都有覆铜小孔与反面相连，外接器件均安装在反面，如图 2.2.5（b）所示，图中左侧的 5 个黑色的接点为中间过渡接用，图中的 8～16 及 GND 等小孔均是电路校准、测试时需要用到的接点。传感器的输出引线有 5 根，分别是接地线 GND（黑色）、带状况位输出的同步串行口数字信号线 DO（棕色）、时钟信号输入引线 CLK（黄色）、片选信号输入引线 CSN（绿色）、＋5V 电源输入引线 VDD（红色）。注意，编程引线悬空，只在传感器制造过程中进行电路测试时使用，具体应用时不需接线。

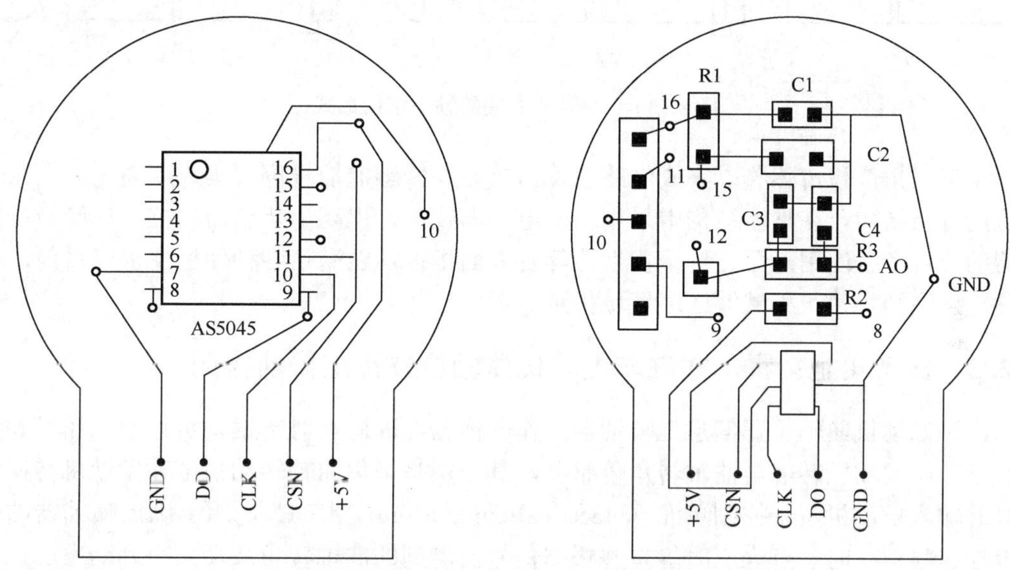

图 2.2.5 信号调理电路的 PCB 图

传感器整体结构采用机械与电气完全隔离技术设计，关键是用隔离套将电路板与转轴隔开，使传感器信号调理电路完全密封在由后盖、轴承透盖和绝缘隔套组成的密封腔内，提高了电气部分的密封性，使集成电路芯片不受机械转动部件的影响，提高了传感器的抗干扰能力。轴承采用了铜轴承座和尼龙轴套组成的滑动式轴承，提高了转轴转动时的平稳性和运转寿命；后盖与透盖及隔套与透盖之间均采用 ABS 强力胶粘接，使电路板完全处在后盖、绝缘隔套和轴承透盖所组成的密封空间内，提高了对电气部分的密封性，中间隔套的采用则进一步提高了对电路的保护，使电路板不受机械转动部分的影响，电路器件的使用寿命更长。因为传感器在使用中一般不需要拆开来维修，所以采用不可拆连接是合理的，可拆连接的密封性总是有限的。

磁钢 2 为一颗 $\phi6\text{mm}\times2\text{mm}$ 的 ALNICO 强磁稀土材料，磁场强度达 50mT。与转轴之

间也用强力胶粘接。为了保证强度，在转轴上开有 0.5mm 的定位槽，一方面方便粘接，另一方面起到对中的作用，使磁场与 AS5045 的中心位置对得更准。在这一结构中，磁场的对中主要取决于轴承中心线与后盖中心线的同轴度精度，由于 AS5045 芯片对磁场偏置的敏感性不高，故轴承中心线与后盖中心线的同轴度精度不需要非常高，只要达到 0.01mm 就行。另外，转轴的轴向位置由开口挡圈控制，通过垫片进行调整，使磁钢端面与隔套间隙不大于 0.1mm，转轴能灵活转动，没有摩擦，使传感器寿命更高。

转轴的一端开有装磁钢的凹槽，另一端可有如图 2.2.6 所示的三种结构形式。其中，图 2.2.6（a）为通过过盈配合与被测转角的机械结构相连接；图 2.2.6（b）为采用扁头结构与被测转角的机械结构相连接；图 2.2.6（c）则是采用开槽结构以方便连接被测机构。转轴穿过尼龙轴套并通过带连接螺纹的铜轴承座在轴承透盖内固定，转轴上还开有一个环形槽，槽内安装有起轴向定位作用的开口挡圈。

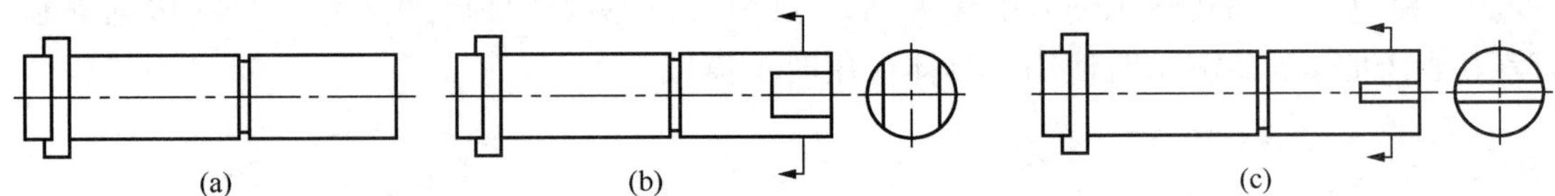

图 2.2.6 转轴 6 右端的轴头结构形式

霍尔式角位移传感器以集成电路芯片为核心，传感器信号调理集成度高，大大简化了应用电路结构，在整体结构中采用了机电隔离技术，提高了传感器的抗干扰能力，传感器的分辨率、使用寿命、抗干扰性能等各方面指标均能满足各种使用要求，目前已经在化工、注塑、建筑机械等诸多领域得到应用。

2.2.2 任务实施：霍尔式汽车发动机曲轴位置传感器的检测

汽车发动机曲轴位置信息是喷油器工作的依据，因此，对于发动机正常工作至关重要。它又叫发动机转速与曲轴转角传感器，其作用是采集曲轴转动角度和发动机转速信号，并输入发动机电子控制单元（electrical control unit，EUC），用于确定喷油器的喷射顺序、喷射正时、点火正时等，并根据信号监测到的曲轴转角波动大小判断发动机是否有失火现象。曲轴位置传感器是汽车发动机控制中非常重要的一个传感器，当它不发出信号时，ECU 就认为发动机处于停止状态，喷油器就不会工作，点火装置也不能正常工作。因此，一旦这个传感器发生故障，汽车就无法启动了。

曲轴位置传感器一般安装在发动机曲轴前端、分电器内或靠近飞轮的变速器壳体上三个位置，个别汽车会将其安装在发动机缸体中部的下侧。曲轴位置传感器主要有磁电感应式、光电式和霍尔式三种类型，这里主要介绍霍尔式曲轴位置传感器。

霍尔式曲轴位置传感器利用半导体材料的霍尔效应产生与曲轴转角相对应的脉冲电压信号，根据具体结构分为叶片式和轮齿式两种。

1. 叶片式霍尔曲轴位置传感器

1）结构组成

叶片式霍尔曲轴位置传感器由触发叶轮、霍尔元件、铁芯和磁铁组成，如图 2.2.7

所示。触发叶轮安装在转子轴上，转子轴随曲轴一起转动，叶轮上有叶片。因此，当曲轴转动时就会带动叶轮旋转，叶片便在霍尔元件与磁铁间产生断续运动，从而使霍尔元件输出脉冲信号。

2）基本原理

叶轮转动时叶片在霍尔元件与磁铁之间会产生两种状态：一种是叶片进入气隙时磁场被旁路，就是磁铁直接与叶片构成磁通路而不经过霍尔元件，使霍尔元件的霍尔电压为零，导致霍尔集成电路输出极截止，传感器输出高电平 U_{+}，如图 2.2.8（a）所示；另一种是叶片离开气隙时，磁铁与磁轭构成穿过霍尔元件的磁路，此时霍尔元件便产生一个霍尔电压 U_{H}，导致传感器输出低电平 U_{-}，如图 2.2.8（b）所示。发动机的 ECU 就是根据传感器传过来的脉冲信号计算出曲轴的转角及活塞的上止点位置，实现对点火和喷油时刻的精确控制的。

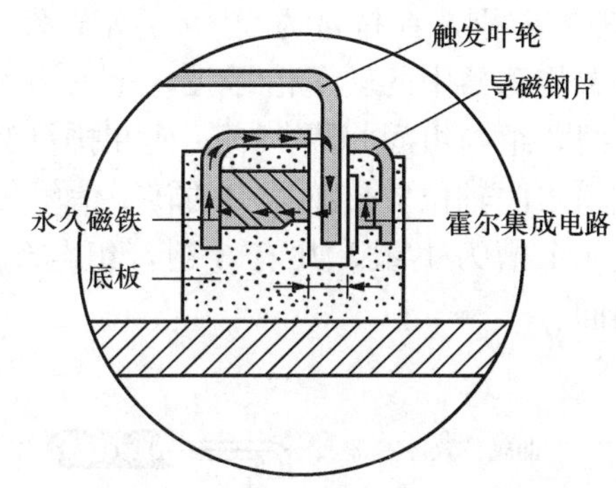

图 2.2.7 叶片式霍尔曲轴位置传感器结构组成

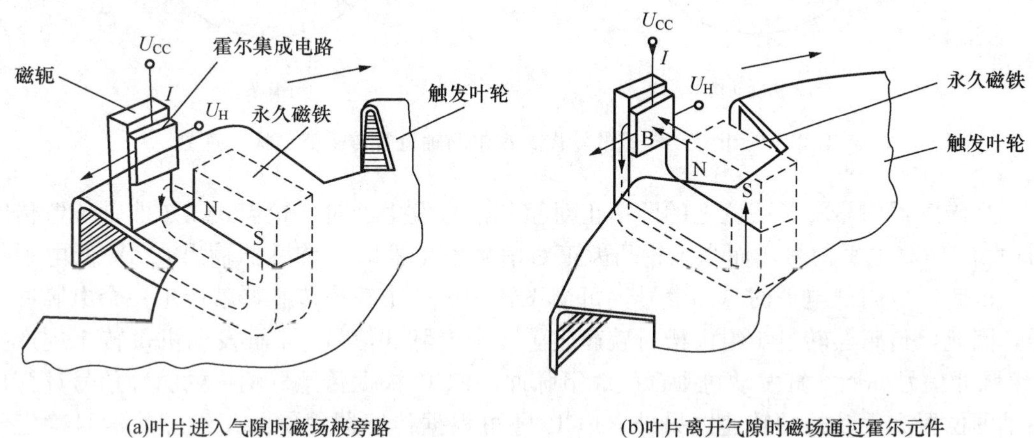

图 2.2.8 叶片式霍尔曲轴位置传感器基本原理

2. 轮齿式霍尔曲轴位置传感器

1）结构组成

轮齿式霍尔曲轴位置传感器一般由霍尔传感器（霍尔信号发生器）和信号转子两部分组成，不同车系略有差别，图 2.2.9 是大众车系的轮齿式霍尔曲轴位置传感器结构示意图。

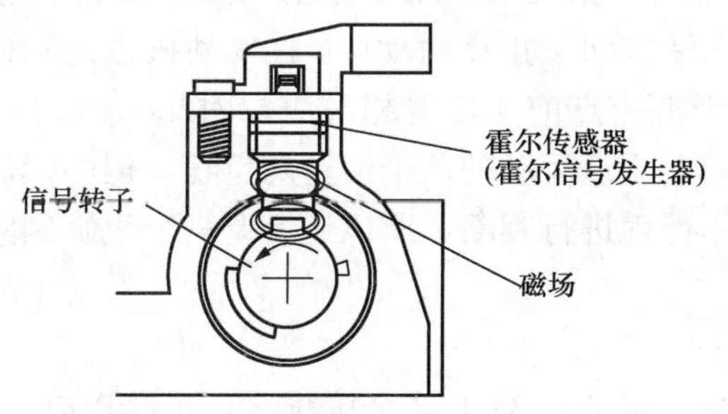

图 2.2.9 大众车系的轮齿式霍尔曲轴位置传感器结构示意图

2）基本原理

为了说明方便，以北京切诺基吉普车为例加以说明，如图 2.2.10 所示，4 缸与

6 缸略有差别。在排量为 2.5L 的 4 缸发动机中，如图 2.2.10（a）所示，轮齿式霍尔曲轴位置传感器中的转子信号飞轮上开有 8 个槽，槽与槽间相隔 20°；4 个槽为 1 组，共有 2 组，组与组间相隔 180°。而在排量为 4L 的发动机中，如图 2.2.10（b）所示，轮齿式霍尔曲轴位置传感器中的转子信号飞轮上开有 12 个槽，槽与槽间相隔也是 20°；同样是 4 个槽为 1 组，共有 3 组，组与组间相隔 120°。因此，两者的信号空间相位有所不同。

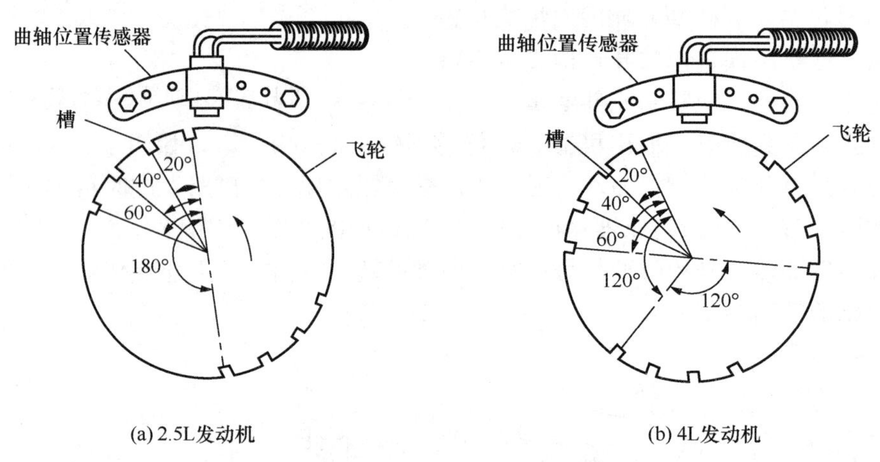

图 2.2.10　北京切诺基的轮齿式霍尔曲轴位置传感器结构示意图

当传感器信号转子飞轮上的凹槽正对霍尔信号发生器时，轮齿式霍尔曲轴位置传感器输出 5V 高电平信号，而当飞轮凸齿正对信号发生器时，传感器输出 0.3V 低电平信号，由此形成高低电平的脉冲信号。每当飞轮转过一个轮齿传感器就产生一个电脉冲信号，因此，传感器转过 1 组齿槽时就产生了 4 个电脉冲信号。4 缸发动机每转 1 周产生 2 组脉冲信号，而 6 缸发动机则产生 3 组脉冲。ECU 根据传感器输入的脉冲信号计算出曲轴的位置和发动机的转速。另外，ECU 还可根据传感器提供的每组脉冲信号确定气缸活塞的位置。例如，在 4 缸发动机中，可利用 1 组脉冲信号确定 1 缸和 4 缸活塞的上止点，利用另 1 组脉冲信号确定 2 缸和 3 缸活塞的上止点；同样，在 6 缸发动机中，利用 1 组脉冲信号，在同一时间点可确定 1 缸和 6 缸、2 缸和 5 缸及 3 缸和 4 缸活塞的上止点。由信号转子飞轮与传感器的信号发生器的位置关系，ECU 从接收每一组脉冲信号的第一个脉冲上升沿开始，能确定有两缸的活塞向上止点运动，6 缸发动机也是一样的。由于第四个脉冲信号的下降沿与活塞位于上止点前 4 位置相对应，因此，ECU 根据一组脉冲信号的第一个下降沿，就能确定向上止点运动的两个活塞的位置，但不能确定是哪个缸的活塞，也不能对这两个缸的工作行程进行判断，所以还需要一个气缸判断信号，即还需要一个同步信号发生器。

3）检测

轮齿式霍尔曲轴位置传感器为 3 端子插头，有 A、B、C 3 个接线端，A 端接电源，与 ECU 的 7 号端子插接，B 端为信号输出口，与 ECU 的 24 号端子插接，C 端是接地端，与 ECU 的 4 号端子插接。

① 传感器电源电压的检测方法是：将点火开关置于ON位置，用万用表的电压挡测量ECU的7号端子与4号端子间的电压，正常值为8V，测量传感器的A与C间的电压也应为8V，否则就是存在电源连接问题的，需要进一步检查连接线路。

② 传感器输出信号电压的检测方法是：用万用表的电压挡分别测量传感器的A、C及B、C间的电压，在发动机启动后，A、C间正常电压为8V，B、C间电压应在5V和0.3V间转换，且是脉冲形变化。否则就存在问题，需要做进一步检查处理。若B、C间测不到电压，则说明传感器损坏，需要更换。

③ 传感器电阻测量：将点火开关置于OFF位置，拨下传感器接线端子，用万用表的电阻挡测量A、B及A、C间的电阻值，均应是无穷大才是正常的，若显示有一定大小的电阻，则说明传感器已损坏，需要更换。

2.2.3　拓展学习：光栅、磁栅及容栅位移传感器简介

1. 光栅位移传感器

1）光栅测量位移原理

光栅位移传感器利用光栅副产生的莫尔条纹进行位移的测量，主要由光源系统、光栅副和光电接收元件所组成，如图2.2.11所示。图中光源和透镜构成光路系统；主光栅（又叫标尺光栅）和指示光栅构成光栅副，一般指示光栅沿主光栅移动产生位移；光电接收元件将光栅副产生的莫尔条纹转变为电信号。其中光栅副是光栅传感器中最主要的部分。

光栅位移传感器（视频）

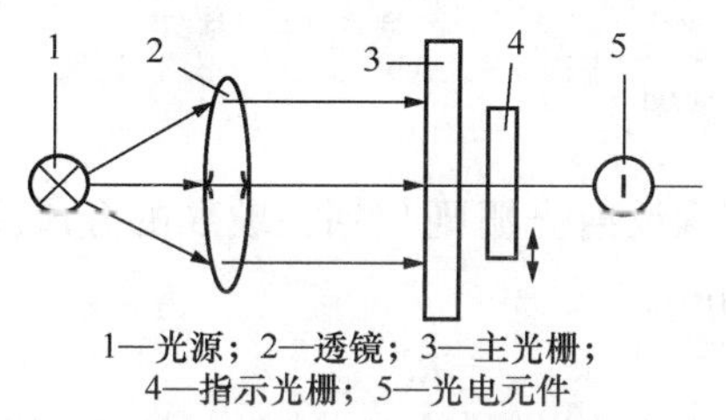

1—光源；2—透镜；3—主光栅；4—指示光栅；5—光电元件

图2.2.11　透射型光栅位移传感器光路原理图

图2.2.11中的主光栅和指示光栅的具体结构类型有长光栅和圆光栅两类，如图2.2.12和图2.2.13所示。长光栅用于测量线位移，圆光栅可测量角位移。圆光栅有两种，一种是径向光栅，其栅线的延长线全部通过圆心，另一种是切向光栅，其全部栅线与一个同心小圆相切，此小圆的直径很小，只有零点几毫米或几个毫米。

根据光路不同，光栅又可分为透射光栅和反射光栅。透射光栅的栅线刻制在透明材料上，主光栅常用工业白玻璃，指示光栅最好用光学玻璃；反射光栅其栅线刻制在具有强反射能力的金属（如不锈钢）上或玻璃镀金属膜上。根据栅线的形式不同，光栅又可分为黑白光栅（也称幅值光栅）和闪耀光栅（也称相位光栅）。长光栅中有黑白光栅，也有闪耀光栅，而且两者都有透射和反射型；而圆光栅一般只有黑白光栅，主要是透射光栅。黑白透射光栅是在玻璃上刻制成一系列平行等距的透光缝隙和不透光的栅线，如图2.2.12（b）中的栅线放大图所示。黑白反射光栅是在金属镜面上刻制成全反射和漫反射间隔相等的栅线。在图2.2.12（b）中a为栅线宽度，b为栅线缝隙宽度，相邻两栅线间的距离为$W=a+b$，叫光栅常数（或栅距）。栅线密度ρ一般为25～250线/mm。这种栅线常用照相法复制或刻划而成。

闪耀光栅的栅线形状，如图2.2.14所示，W为光栅常数，栅线形状有对称型和非

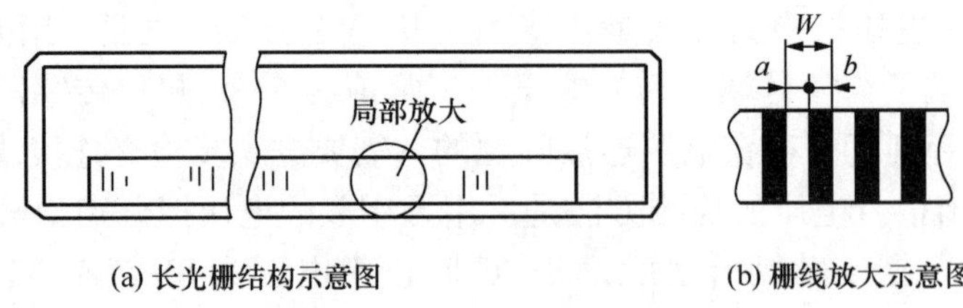

(a) 长光栅结构示意图 (b) 栅线放大示意图

图 2.2.12 长光栅结构示意图

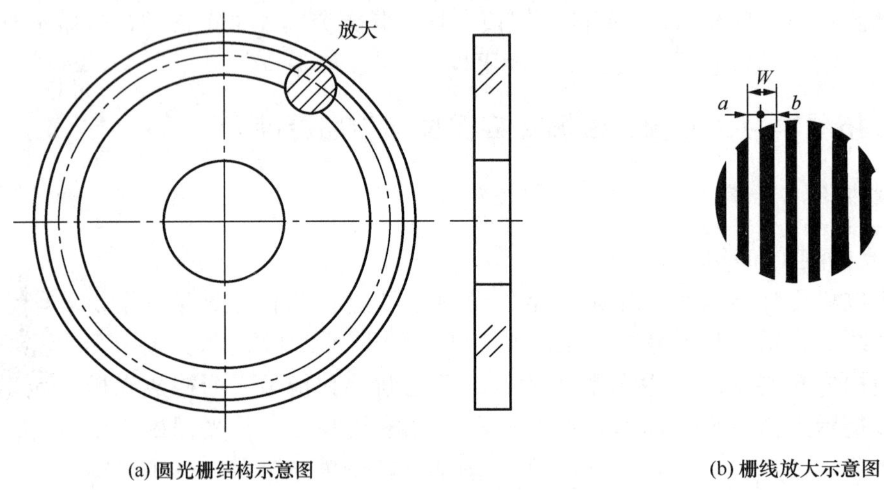

(a) 圆光栅结构示意图 (b) 栅线放大示意图

图 2.2.13 圆光栅结构示意图

对称型。闪耀透射光栅直接在玻璃上刻划而成，而闪耀反射光栅则刻划在玻璃的金属膜上或者进行复制。其栅线密度一般为 150～2400 线/mm。

2）长光栅的莫尔条纹

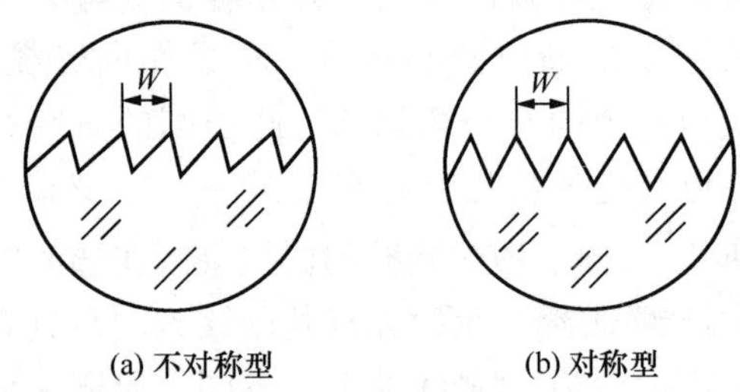

(a) 不对称型 (b) 对称型

图 2.2.14 反射光栅线纹形状

把光栅常数相等的主光栅和指示光栅刻线面相对叠合在一起，如图 2.2.15 所示，中间留有很小的间隙，并使两者栅线之间保持很小的夹角 θ，当有光照时就会在近似于垂直栅线方向出现明暗相间的条纹，即在 a—a 线上形成亮带，而在 b—b 线上形成暗带。这种明暗相间的条纹，称为莫尔条纹。对于栅线密度不太大的黑白光栅，其莫尔条纹形成原理可以用上述几何光学理论加以解释，但对于线纹密度较大的闪耀光栅，由于光栅常数与光波的波长处于同一个数量级甚至更小，其莫尔条纹的形成，必须根据波动光学理论（衍射理论）来解释。由理论研究的结果得知，莫尔条纹是由于重合两块衍射光栅时衍射光之间发生干涉所形成的。

由几何光学理论可以得到长光栅莫尔条纹的斜率为

$$\tan\alpha = \left(1 - \frac{W_2}{W_1 \cos\theta}\right)\cot\theta \tag{2.2.8}$$

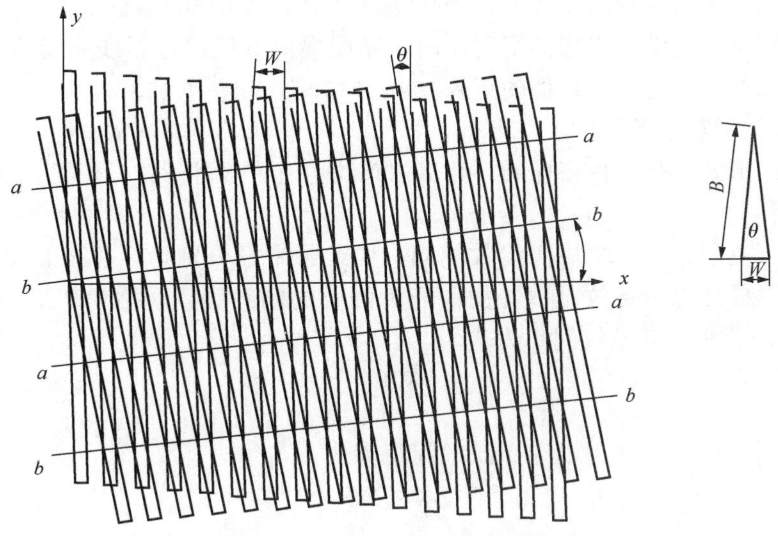

图 2.2.15　莫尔条纹形成原理

各条纹之间的距离为

$$B=\frac{W_2}{\sqrt{\sin^2\theta+\left(\cos\theta-\frac{W_2}{W_1}\right)^2}} \tag{2.2.9}$$

式中，W_1 为主光栅的栅距；W_2 为指示光栅的栅距；θ 为两光栅栅线的夹角。

根据式（2.2.8）和式（2.2.9），可以得出长光栅莫尔条纹的斜率和间距。若两光栅常数相等，即 $W_1=W_2=W$，栅线的相互交角 θ 又很小时，则有

$$\tan\alpha=\left(1-\frac{1}{\cos\theta}\right)\cot\theta=-\tan\frac{\theta}{2} \tag{2.2.10}$$

$$B=\frac{W}{\sqrt{\sin^2\theta+(\cos\theta-1)^2}}=\frac{W}{2\sin\frac{\theta}{2}}\approx\frac{W}{\theta} \tag{2.2.11}$$

式（2.2.10）和式（2.2.11）说明，莫尔条纹的方向与光栅的移动方向（x 方向）只相差 $\theta/2$，即近似于与栅线方向相垂直，故此莫尔条纹又称为横向莫尔条纹，如图 2.2.15所示。同时又表明莫尔条纹的间距是放大了的光栅栅距。

这种横向莫尔条纹具有以下几个特点。

① 平均效应。莫尔条纹是由光栅上所有栅线共同形成的，对光栅栅线的刻划误差有很好的平均作用，从而能在很大程度上消除刻线周期误差对测量精度的影响。

② 放大作用。从式（2.2.11）可明显看出，光栅有放大作用，放大倍数为 $K=W/B\approx1/\theta$。由于 θ 角很小，故 K 值可达到很大。栅距 W 是很小的，很难观察，而莫尔条纹却清晰可见。

③ 对应关系。主副光栅沿与栅线垂直的方向（x 方向）相对移动时，莫尔条纹沿两栅线夹角 θ 的平分线方向移动。两光栅相对移动一栅距 W 时，莫尔条纹移动一个条纹间距 B。当光栅反向移动时，莫尔条纹亦反向移动。利用这种严格的一一对应关系，根据光电元件接收到的条纹数目，就可以知道光栅所移过的位移值。固定位置放置的光

电元件接收莫尔条纹光强的变化，在理想条件下其输出信号 u_o 是一个三角波，但由于两光栅之间的空气间隙、光栅的衍射作用、光栅黑白不等以及栅线质量等因素的影响，光电元件输出的信号是一个近似的正弦波。

3）圆光栅的莫尔条纹

圆光栅的形式也是多种多样的，其莫尔条纹也有许多种形式。但在长度计量中主要应用以下两种。

（1）环形莫尔条纹。两块栅线数相同，切线圆半径分别为 r_1、r_2 的切向圆光栅同心放置时，形成的莫尔条纹是以光栅中心为圆心的同心圆簇，称为环形莫尔条纹，如图 2.2.16（a)所示，其条纹间距为

$$B=\frac{WR}{r_1+r_2}\approx\frac{W}{\theta} \tag{2.2.12}$$

通常取 $r_1=r_2=r$，这时莫尔条纹的间距为

$$B=\frac{WR}{2r} \tag{2.2.13}$$

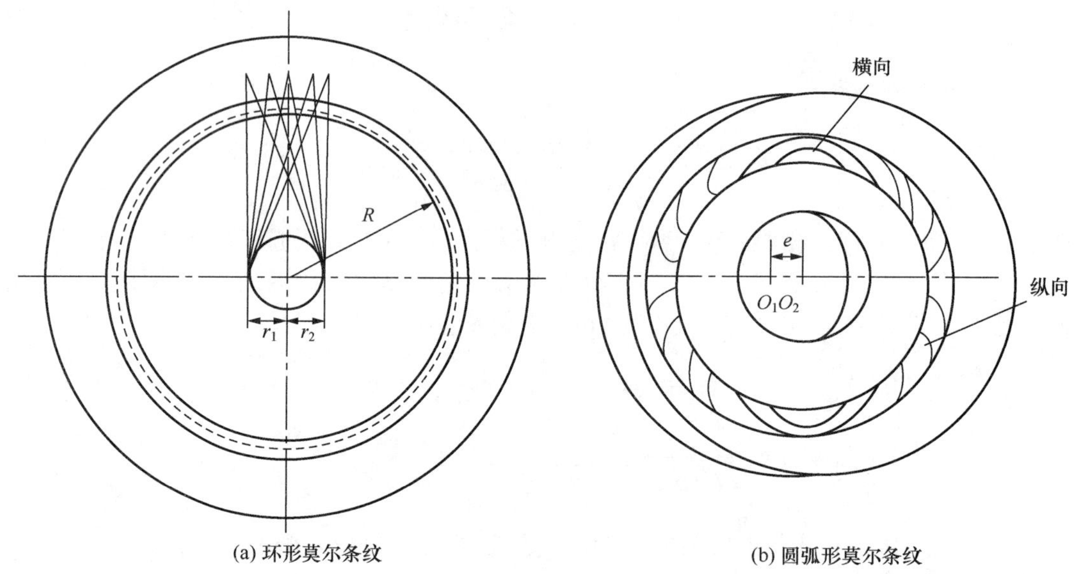

图 2.2.16 圆光栅的莫尔条纹

（2）圆弧形莫尔条纹。两块栅线数相同的径向圆光栅偏心放置时，在光栅的各个部分栅线的夹角均不同，于是形成了不同曲率半径的圆弧形莫尔条纹，如图 2.2.16 所示。其特征为条纹簇的圆心位于两光栅中心连线的垂直平分线上，而且全部圆条纹均通过两光栅的中心。这种莫尔条纹其间距不是定值，而是随着条纹位置的不同而不同。在偏心方向垂直位置上的条纹近似垂直于栅线，称其为横向莫尔条纹。沿着偏心方向的近似平行于栅线，相应地称其为纵向莫尔条纹。在实际使用中，这种圆光栅常用其横向莫尔条纹。

2. 磁栅位移传感器

磁栅位移传感器的工作原理是：先用录磁设备将磁信号录制到磁栅上，在测量位移

时由读磁头读取磁栅上预先录制的信号，再通过信号处理部分处理后就得到磁头与磁栅的相对位移量。

磁栅位移传感器由磁栅（又名磁尺）与磁头组成，是一种比较新型的位移传感器。与其他类型的位移传感器相比，磁栅位移传感器具有制作工艺简单、复制方便、易于安装、调整方便、测量范围广（从 0.001mm 到几米）、不需要接长等一系列优点，在大位移测量方面得到广泛的应用。

1）磁栅的结构

磁栅一般由基体和磁性薄膜构成。磁栅基体用非导磁材料（如玻璃、磷青铜等）制作，底面镀上一层均匀的磁性薄膜（即磁粉如 Ni-Co 或 Co-Fe 合金等），并经过录磁后使其磁信号按规律排列，如图 2.2.17所示。常用的磁信号节距为0.05mm和0.20mm两种。

1—磁栅基体；2—磁性薄膜。

图 2.2.17　磁栅结构原理图

2）磁栅的类型

磁栅有长磁栅和圆磁栅两大类，长磁栅用于测量直线位移；圆磁栅用于测量角位移。长磁栅又有尺形、同轴形和带形，如图 2.2.18 所示。应用最多的是尺形磁栅和带形磁栅，同轴形磁栅结构特别小巧，适用于结构比较紧凑的场合。

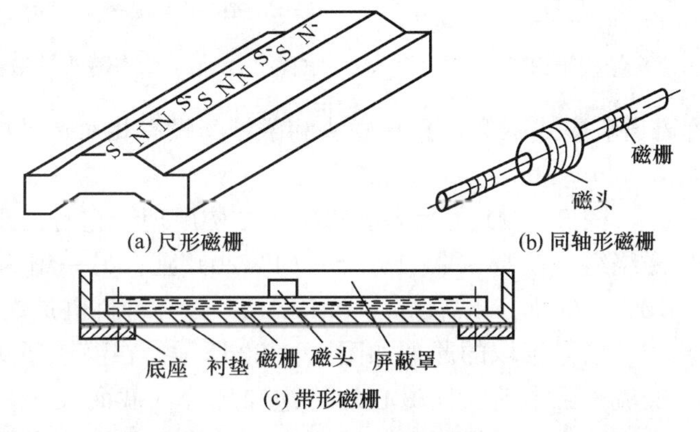

图 2.2.18　几种长磁栅结构图

3）对磁栅的要求

磁栅的基尺要求不导磁，线膨胀系数应与仪器或机床的相应部分一致。又因为在基尺上要镀一层磁性薄膜，所以要求基尺有良好的加工和电镀性能。当采用一般钢材作基尺材料时，必须用镀铜的方法解决绝磁的问题，铜镀层厚度为 0.15～0.20mm。为了使磁尺上录的磁信号能长期保存，并希望产生较大的输出信号，要求磁性薄膜剩磁感应 B_r 要大，矫顽力 H_c 要高，电镀要均匀。

对磁尺表面的要求：长磁栅平直度为 0.005～0.01mm/m，圆磁栅的不圆度为 0.005～0.01mm，表面粗糙度要小。所录磁信号要求幅度均匀，幅度变化小于 10%，节距均匀，满足精度要求。

4）磁头

磁栅上的磁信号先由录磁头录好，然后由读磁头将磁信号读出。按读取信号的方式，读磁头可分为动态磁头与静态磁头两种。

动态磁头又称为速度响应式磁头，它只有一组输出绕组，只有当磁头与磁栅有相对运动时，才有信号输出。

图 2.2.19 所示为动态磁头的结构原理。磁心材料为铁镍合金（Ni 的质量分数为 80%）片，每片厚度为 0.20mm，叠成需要的厚度（窄型 3mm 或宽型 18mm）。前端放入 0.01mm 厚的铜片，后端磨光靠紧。线圈线径 $d=0.05$mm，匝数 $N=(2\times1000)\sim(2\times1200)$，电感 $L=4.5$H。磁头读取信号如图 2.2.20 所示。此信号表明磁信号在 N、N 相重叠处为正的最强，磁信号在 S、S 重叠处为负的最强。图中 W 为磁信号节距。由此，当磁头沿着磁栅表面做相对位移时，就输出周期性的正弦电信号，若记下输出信号的周期数 n，就可以测量出位移量 $s=nW$。

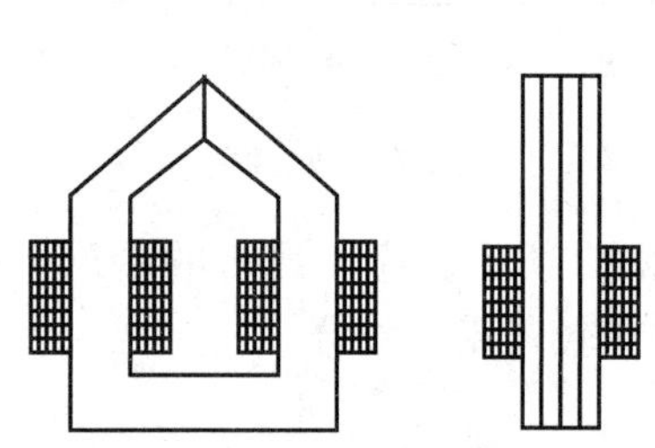
图 2.2.19 动态磁头结构原理

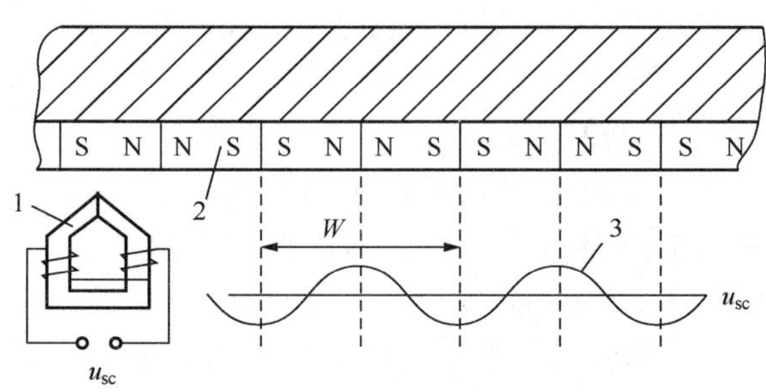

1—动态磁头；2—磁栅；3—读出的正弦信号。

图 2.2.20 动态磁头读取磁信号

静态磁头又称磁通响应式磁头，它在磁头和磁栅间没有相对运动的情况下也有信号输出。

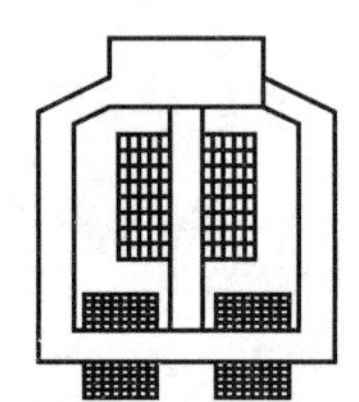
图 2.2.21 静态磁头结构原理

图 2.2.21 所示为静态磁头结构原理。它有两组绕组，一组为励磁绕组，$N_1=(4\times15)\sim(4\times20)$ 匝；另一组为输出绕组，$N_2=100\sim200$ 匝，线径 $d_1=0.10$mm，磁心材料也是铁镍合金。

信号读取的原理如图 2.2.22 所示。在静态磁头励磁绕组中通过交流励磁电流，使磁心的可饱和部分（截面较小）在每周内两次被电流产生的磁场饱和，这时磁心的磁阻很大，磁栅上的漏磁通不能由磁心流过输出绕组而产生感应电动势。只有在励磁电流每周两次过零时，可饱和磁心不被饱和时，磁栅上的漏磁通才能流过输出绕组的磁心而产生感应电动势，其频率为励磁电流频率的 2 倍，输出电压的幅值与进入磁心漏磁通的大小成比例。为了增大输出，实际使用时，常将这种磁头多个串联起来做成一体，称为多间隙静态磁头。

5）信号处理方式

根据磁栅和磁头相对移动时读出的磁栅上的信号的不同，所采用的信号处理方式也不同。动态磁头只有一组绕组，其输出信号为正弦波，信号的处理方法也比较简单，只要将输出信号放大整形，然后由计数器记录脉冲数 n，就可以测量出位移量的多少（$s=nW$）。但这种方法测量精度较低，而且不能判别移动方向。静态磁头一般有两个磁头，两个磁头间距为 $n\pm W/4$，其中 n 为正整数，W 为磁信号节距，也就是两个磁头应

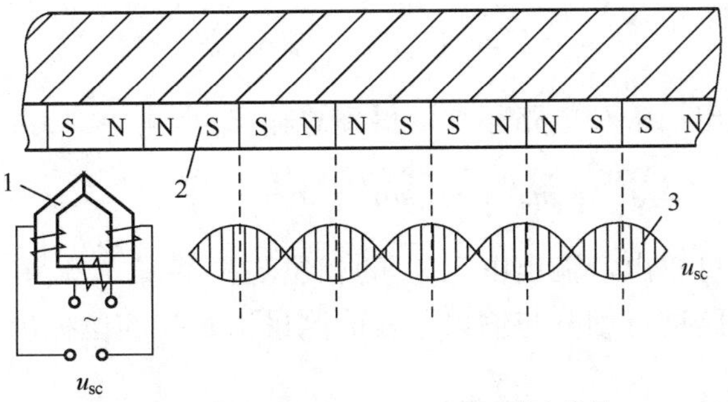

1—静态磁头；2—磁栅；3—磁头读出信号。

图 2.2.22　静态磁头读取信号

布置成相位差 90°的结构形式，如图 2.2.23 所示。其信号处理方式可分为鉴幅方式和鉴相方式两种。

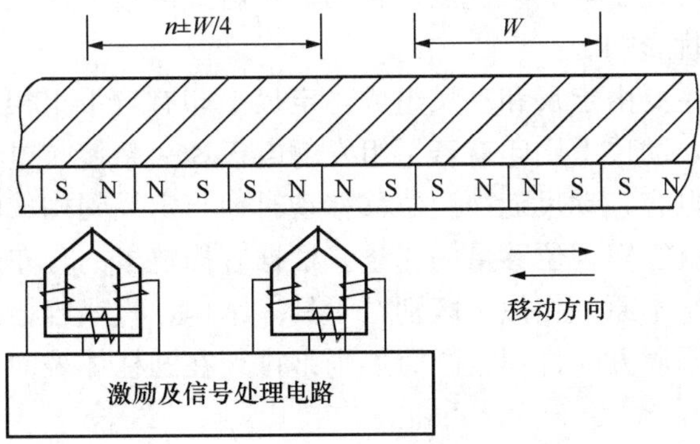

图 2.2.23　磁栅位移传感器信号读取示意图

(1) 鉴幅方式。图 2.2.23 所示的两个静态磁头（通常两个磁头做成一体的）的输出电压可表示为

$$u_1 = U_m \sin \frac{2\pi}{\omega} x \sin\omega t \tag{2.2.14}$$

$$u_2 = U_m \cos \frac{2\pi}{\omega} x \sin\omega t \tag{2.2.15}$$

式中，U_m 为磁头读出信号的幅值；x 为位移；ω 为励磁电压角频率的 2 倍。

经检波器去掉高频载波后可得：

$$u'_1 - U_m \sin \frac{2\pi}{\omega} x \tag{2.2.16}$$

$$u'_2 = U_m \cos \frac{2\pi}{\omega} x \tag{2.2.17}$$

这两个电压相位差 90°的信号送专门电路进行细分和辨向后就可输出计数值，再由节距就可得磁头的位移。

(2) 鉴相方式。将第一个磁头的励磁电流移相 45°或将其输出信号移相 90°，则输出信号变为

$$u''_1 = U_m \sin \frac{2\pi}{\omega} x \cos\omega t \tag{2.2.18}$$

$$u''_2 = U_m \cos\frac{2\pi}{\omega}x\sin\omega t \tag{2.2.19}$$

将两个磁头的输出用求和电路相加，得到总输出

$$u_o = U_m \sin\left(\frac{2\pi}{\omega}x + \omega t\right) \tag{2.2.20}$$

由式（2.2.20）可看出，输出电压 u_o 的相位与位移量 x 有关，只要鉴别出相移的大小，然后用有关电路进行细分与输出，就能测量出磁头的位移量。

3. 容栅位移传感器

容栅位移传感器是 20 世纪 80 年代出现的一种新型大位移数字式传感器。它借鉴了光栅的结构形式，将变面积式电容传感器的电极做成栅型，大大提高了测量的精度和范围，实现了大位移的高精度测量。它具有量程大、分辨率高、测量速度快、结构简单、与单片机接口方便、功耗小等许多优点，且为非接触式测量，使用寿命长，但易受使用环境的湿度和电磁干扰影响。

容栅位移传感器主要由定尺和动尺组成，定尺上印有若干组相互绝缘且均匀排列的反射电极和屏蔽电极，动尺上则印有若干组发射电极和一条接收电极，动尺与定尺间的电极构成若干对测量电容，动尺随被测位移移动时，与定尺间构成的电容对数就产生变化，经过计数和辨向就能实现位移量的测量。根据容栅电极的分布形式不同，容栅有直线型和圆形两种。其基本原理相似，区别在于具体结构，直线容栅的电容栅极均匀直线排列；圆形容栅则沿圆周方向排列，圆筒形则是排列在圆柱体表面。

1）直线容栅

直线容栅的结构原理示意图如图 2.2.24 所示，主要由动尺和定尺两部分组成，之间保持非常小的间隙，如图 2.2.24（a）所示。动尺上有若干组发射电极 4 和一长条形接收电极 3，一般采用 6 组发射电极，每组 8 个，共 48 个发射电极，在电路上，每隔 8 个接在一起组成一个激励相，在其上加一个幅值、频率和相位相同的激励信号，相邻激励信号相差 45°（360°/8）相位。若序号为 1 的发射电极上所加激励信号的相位为 0°，则序号为 2 的发射电极上所加激励信号的相位就是 45°，依此类推，序号为 8 的发射电极上所加的激励信号的相位就是 315°；而第 2 组序号为 9 的发射电极上所加激励信号的相位又为 0°，如此重复，直到第 6 组为止，如图 2.2.24（c）。定尺上有若干组相互绝缘的反射电极 1 和一个接地的屏蔽电极 2，见图 2.2.24（a）。一组发射电极的长度为一个节距 W，一个反射电极的长度对应一组发射电极。

发射电极与反射电极、反射电极与接收电极之间均构成电容，存在电场联系，如图 2.2.24（b）。由于反向电极的电容耦合和电荷传递作用，使得接收电极上的输出信号随发射电极与反射电极的位置变化而变化。当动尺向右或左移动位移 x 时，发射电极与反射电极间的相对面积发生变化，反射电极上的电荷量随即产生改变，并将电荷感应到接收电极上，在接收电极上累积的电荷 Q 与动尺位移量成正比，经运算器处理后就实现了位移的测量。

2）圆容栅

圆容栅与长容栅原理相似，由一静栅极和一动栅极组成，分布在静、动栅极上的电极

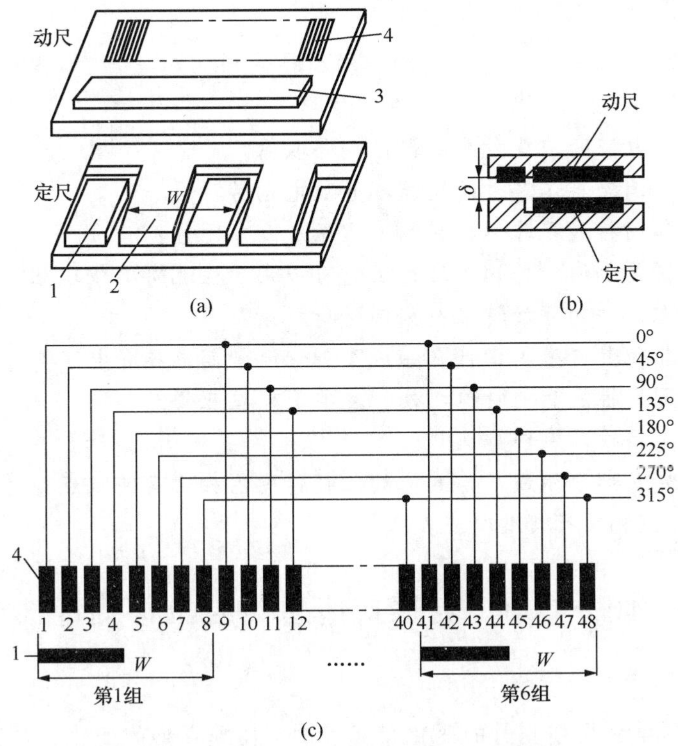

1—反射电极；2—屏蔽电极；3—接收电极；4—发射电极。

图 2.2.24 直线型容栅结构原理示意图

之间构成微小电容，动栅极转动时输出电荷信号，经放大处理后就得到与转角成正比的电信号，实现角位移的测量。基本结构原理如图 2.2.25。动栅极上间隔分布 5 条相互绝缘的电极，作为反射电极，其余部分作为屏蔽电极接地。静栅极上均匀分布 40 条电极，分 8 组，每组 5 条，每隔 4 条连成一组，形成发射电极。这 5 组电极分别接到 5 个引出端子，由 5 个依次移相 72°（360°/5）的方波进行激励。静栅极的中间有两圈金属环与发射电极相对应，一个金属环作为接收电极；另一个最里圈的金属环接地，作为屏蔽电极。

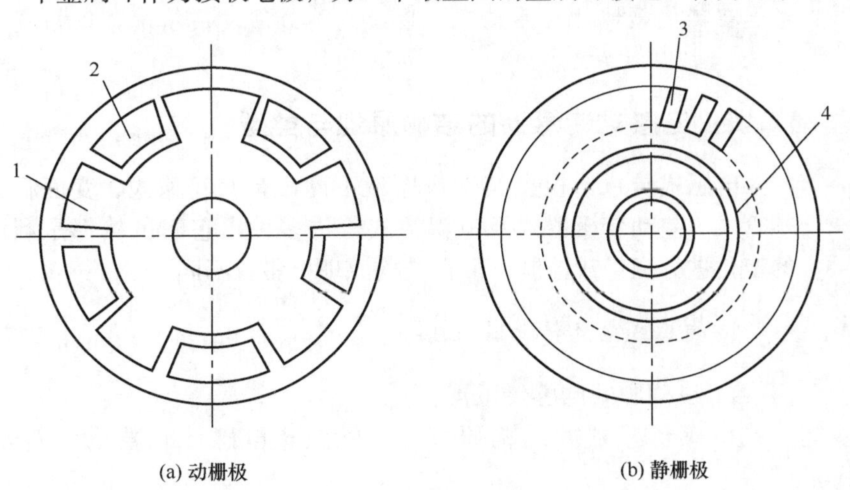

(a) 动栅极　　(b) 静栅极

1—屏蔽电极；2—反射电极；3—发射电极；4—接收电极。

图 2.2.25 圆容栅结构原理示意图

思 考 题

1. 霍尔效应与电阻的应变效应有何区别与联系？
2. 如何更好地消除霍尔芯片的交流不等位电动势？
3. 为什么导体材料和绝缘体材料均不宜做成霍尔元件？
4. 霍尔传感器是如何工作的？理论上它可以用于检测哪些物理量？
5. 什么是霍尔元件的温度特性？如何进行补偿？
6. 霍尔式曲轴位置传感器由什么组成？如何测量其电压和电阻？
7. 光纤传感器的性能有何特殊之处？主要有哪些应用？
8. 什么是莫尔条纹，有何意义？
9. 长光栅有哪几部分组成？与其他的位移传感器相比有何特点？
10. 磁栅与光栅相比有哪些特点？

任务 2.3 电感式传感器与位移测量

【任务描述】

电感式传感器是利用被测量的变化引起线圈自感或互感的变化，从而导致线圈电感量改变这一物理现象来实现测量的，是测量微小位移和进行位置控制的主要传感器之一，技术十分成熟，已经在工业生产和过程控制中得到非常广泛的应用。本任务主要学习电感式传感器的结构原理、选型方法及测量电路分析等内容。

【任务分析】

本任务主要包括三部分，一是基础知识部分，主要学习电感式传感器的结构原理和类型及其应用场合，电感式传感器基本应用电路分析和使用性能等内容；二是任务实施部分，通过典型的电感式传感器位移测量电路或位置控制电路的设计与制作，训练和培养学生对电感式传感器选型应用和测量控制电路设计等能力；三是拓展学习部分，主要讨论电感式传感器在其他领域的应用情况，以及它的最新发展状况，以拓宽学生的知识面。

2.3.1 基础知识：电感式传感器的结构原理与类型

电感式位移传感器（视频）

电感式传感器根据其工作原理不同，有变间隙式、变面积式、差动螺管式、差动变压器式及电涡流式等许多种，它们虽然都是利用电感量的变化进行测量或控制，但在结构原理上各有不同。

1. 自感式电感传感器

1）变间隙式电感传感器

(1) 变间隙式电感传感器的结构原理。变间隙式电感传感器的结构示意图如图 2.3.1所示。

这种传感器由线圈、铁心和衔铁等几部分构成。工作时衔铁与被测物体连接，被测物体的位移将引起空气隙的长度发生变化。由于气隙磁阻的变化引起线圈电感量的改变，通过测量电感量的变化量就可测量衔铁的位移量，其工作原理如下。

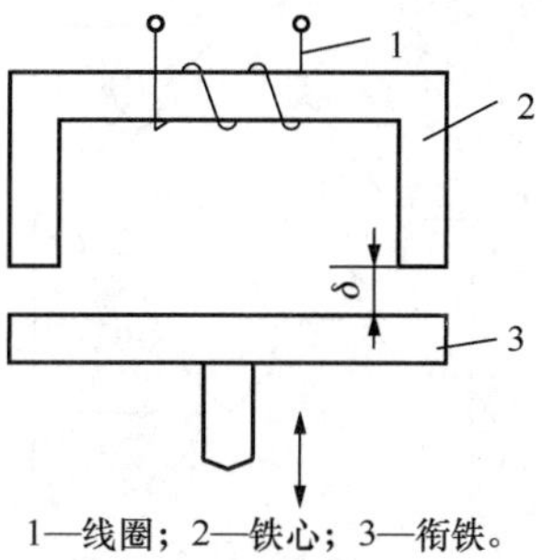

线圈的电感可表示为

$$L = \frac{N^2}{R_m} \tag{2.3.1}$$

式中，N 为线圈匝数；R_m 为磁路总磁阻。

由于变间隙式电感传感器的磁路非常短，故可以忽略磁路铁损，因此磁路总磁阻可表示为

$$R_m = \frac{l_1}{\mu_1 A} + \frac{l_2}{\mu_2 A} + \frac{2\delta}{\mu_0 A} \tag{2.3.2}$$

1—线圈；2—铁心；3—衔铁。

图 2.3.1 变间隙式电感传感器

式中，l_1 为铁心磁路长；l_2 为衔铁磁路长；A 为截面积；μ_1 为铁心磁导率；μ_2 为衔铁磁导率；μ_0 为空气磁导率；δ 为空气隙厚度。

因此有

$$L = \frac{N^2}{R_m} = \frac{N^2}{\dfrac{l_1}{\mu_1 A} + \dfrac{l_2}{\mu_2 A} + \dfrac{2\delta}{\mu_0 A}} \tag{2.3.3}$$

一般情况下，导磁体的磁阻与空气隙磁阻相比是很小的，因此线圈的电感值可近似地表示为

$$L = \frac{N^2 \mu_0 A}{2\delta} \tag{2.3.4}$$

由式（2.3.4）可以看出，传感器的灵敏度随气隙的增大而减小。为了使传感器有足够的输出线性，气隙的相对变化量要小，但过小又将影响测量范围，所以要兼顾考虑两个方面。一般情况下，这种传感器的量程是很小的，适用于微小位移的测量。

（2）变间隙式电感传感器测量电路。电阻平衡臂电桥如图 2.3.2 所示。Z_1、Z_2 为传感器阻抗。当 $R_1'=R_2'=R'$；$L_1=L_2=L$ 时，则有 $Z_1=Z_2=Z=R'+\mathrm{j}\omega L$，另有 $R_1=R_2=R$。由于电桥工作臂是差动形式，所以在工作时，$Z_1=Z+\Delta Z$ 和 $Z_2=Z-\Delta Z$，当 $Z_L\to\infty$ 时，电桥的输出电压为

$$\dot{U}_o = \frac{Z_1}{Z_1+Z_2}\dot{U} - \frac{R_1}{R_1+R_2}\dot{U} = \frac{Z_1\times 2R - R(Z_1+Z_2)}{(Z_1+Z_2)\times 2R}\dot{U} = \frac{\dot{U}}{2}\frac{\Delta Z}{Z} \tag{2.3.5}$$

当 $\omega L \gg R'$ 时，式（2.3.5）可近似为

$$\dot{U}_o \approx \frac{\dot{U}}{2}\frac{\Delta L}{L} \tag{2.3.6}$$

由式（2.3.6）可以看出，交流电桥的输出电压与传感器线圈电感的相对变化量是成正比的。

2）变面积式电感传感器

如图 2.3.3 所示，当衔铁做上下移动时，气隙长度不变，但铁心与衔铁之间的覆盖面积会产生变化，引起磁路的磁阻产生改变，从而导致线圈的电感量发生变化，这种形式称为变面积式电感传感器，其结构原理如图 2.3.3 所示。

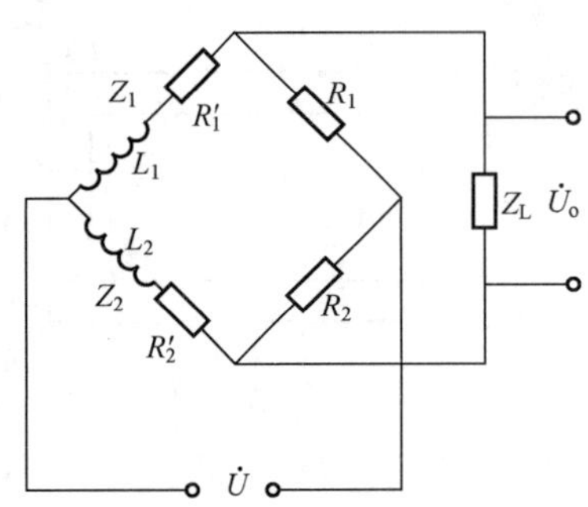

图 2.3.2 电阻平衡臂交流电桥

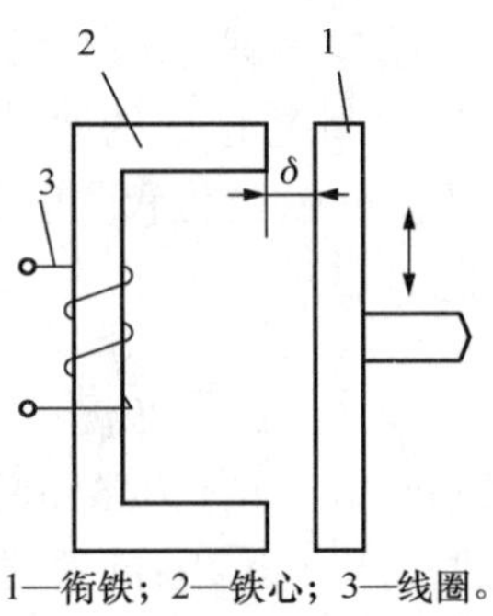

图 2.3.3 变面积式电感传感器

由式（2.3.4）可以看出，线圈电感量 L 与磁通截面积 A 成正比，是一种线性关系。传感器的输出特性曲线见图 2.3.4。

3）螺管式电感传感器

图 2.3.5 所示为螺管式电感传感器的结构原理示意图。螺管式电感传感器的衔铁随被测对象移动，线圈磁力线路径上的磁阻发生变化，线圈电感量也因此而变化。线圈电感量的大小与衔铁插入线圈的深度有关。

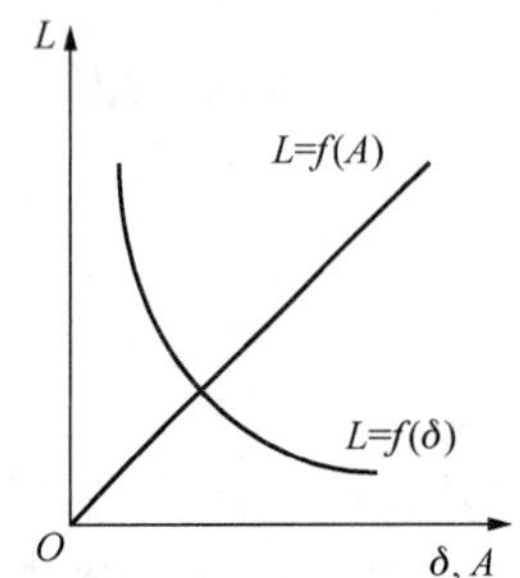

图 2.3.4 电感传感器特性曲线

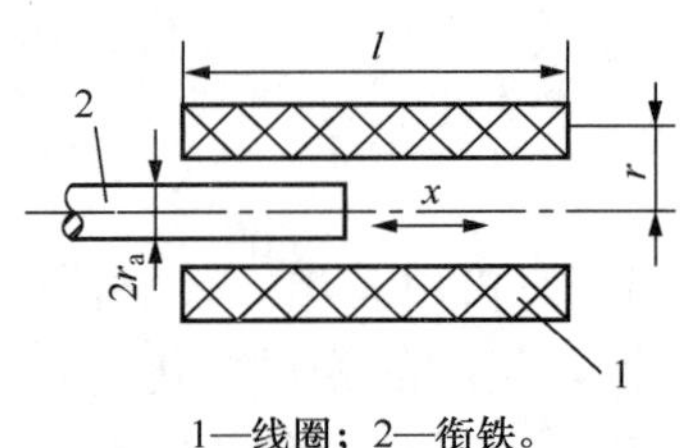

图 2.3.5 螺管式电感传感器

设线圈长度为 l，线圈的平均半径为 r，线圈的匝数为 N，衔铁进入线圈的长度为 l_a，衔铁的半径为 r_a，铁心的有效磁导率为 μ_m，则线圈的电感量 L 与衔铁进入线圈的长度 l_a 的关系可表示为

$$L=\frac{4\pi^2 N^2}{l^2}\left[lr^2+(\mu_m-1)l_a r_a^2\right] \tag{2.3.7}$$

通过以上三种形式的电感式传感器的分析，可以得出以下结论。

① 变间隙式灵敏度较高，但非线性误差较大，且制作装配比较困难。

② 变面积式灵敏度较前者小，但线性较好，量程较大，使用比较广泛。

③ 螺管式灵敏度较低，但量程大且结构简单，易于制作和批量生产，是使用非常广泛的一种电感式位移传感器。

2. 互感式电感传感器

1）差动式电感传感器

（1）互感式电感传感器的结构原理。在实际使用中，常采用两个相同的电感线圈共用一个衔铁，构成差动式电感传感器，这样可以提高传感器的灵敏度，减小测量误差。

图 2.3.6 所示是变间隙式、变面积式及螺管式三种类型的差动式结构原理。

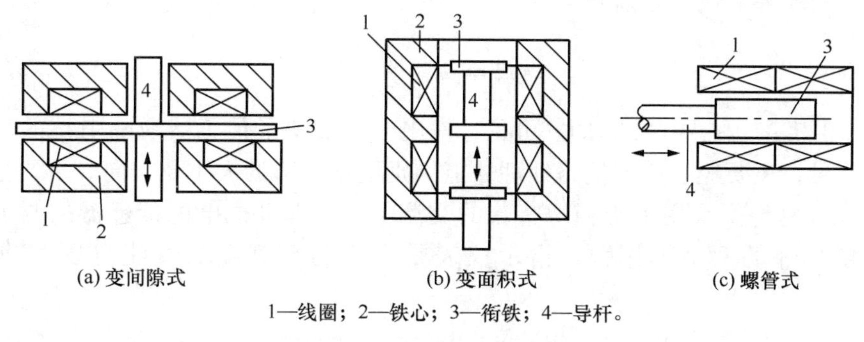

1—线圈；2—铁心；3—衔铁；4—导杆。

图 2.3.6 差动式电感传感器

差动式电感传感器的结构要求两个导磁体的几何尺寸及材料完全相同，两个线圈的电气参数和几何尺寸完全相同。

差动式结构除了可以改善线性、提高灵敏度外，对温度变化、电源频率变化等影响，也可以进行补偿，从而减少了外界影响造成的误差。

（2）互感式电感传感器测量电路。交流电桥是电感式传感器的主要测量电路，它的作用是将线圈电感的变化转换成电桥电路的电压或电流输出。

前面已提到差动式结构可以提高灵敏度，改善线性，所以交流电桥也多采用双臂工作形式。通常将传感器作为电桥的两个工作臂，电桥的平衡臂可以是纯电阻，也可以是变压器的二次侧绕组或紧耦合电感线圈。图 2.3.7 是交流电桥的几种常用形式。

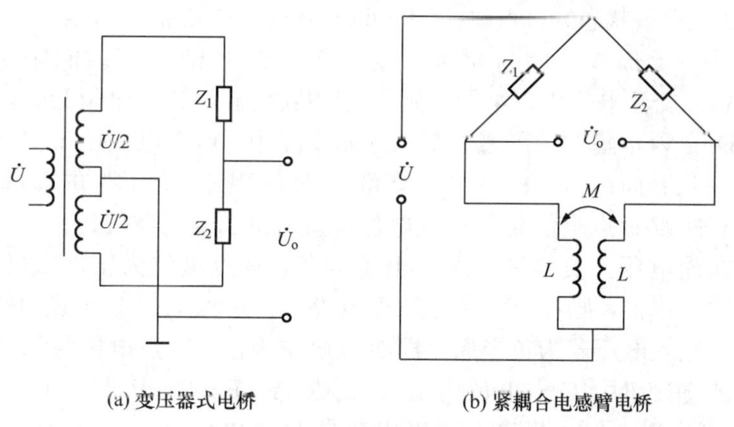

图 2.3.7 交流电桥的几种形式

① 变压器式电桥。变压器式电桥如图 2.3.7（a）所示，它的平衡臂为变压器的两个二次侧绕组，当负载阻抗无穷大时输出电压为

$$\dot{U}_o = Z_2 \dot{I} - \frac{\dot{U}}{2} = \frac{\dot{U}}{Z_1 + Z_2} Z_2 - \frac{\dot{U}}{2} = \frac{\dot{U}}{2} \frac{Z_2 - Z_1}{Z_1 + Z_2} \tag{2.3.8}$$

由于是双臂工作形式，当衔铁下移时，$Z_1 = Z - \Delta Z$，$Z_2 = Z + \Delta Z$，则有

$$\dot{U}_0=\frac{\dot{U}}{2}\frac{\Delta Z}{Z} \tag{2.3.9}$$

同理，当衔铁上移时，则有

$$\dot{U}_o=-\frac{\dot{U}}{2}\frac{\Delta Z}{Z} \tag{2.3.10}$$

由式（2.3.9）和式（2.3.10）可见，输出电压反映了传感器线圈阻抗的变化，由于是交流信号，还要经过适当电路处理才能判别衔铁位移的大小及方向。

图 2.3.8 是一个采用了带相敏整流的交流电桥。差动式电感传感器的两个线圈作为交流电桥相邻的两个工作臂，指示仪表是中心为零刻度的直流电压表或数字电压表。

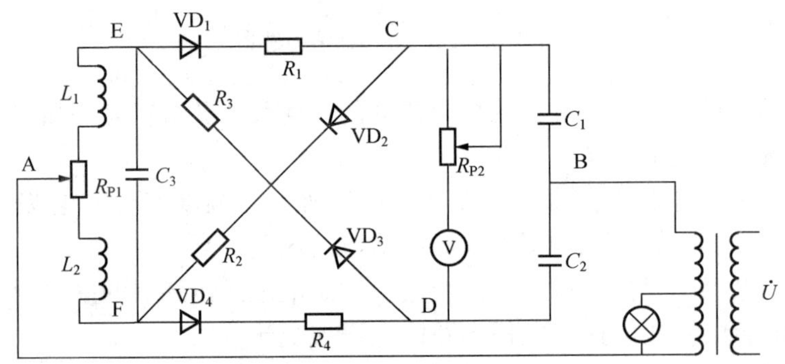

图 2.3.8　带相敏整流的交流电桥

设差动式电感传感器的线圈阻抗分别为 Z_1 和 Z_2。当衔铁处于中间位置时，$Z_1=Z_2=Z$，电桥处于平衡状态，C 点电位等于 D 点地位，电表指示为零。

当衔铁上移，上部线圈阻抗增大，$Z_1=Z+\Delta Z$，则下部线圈阻抗减少，$Z_2=Z-\Delta Z$。如果输入交流电压为正半周，则 A 点电位为正，B 点电位为负，二极管 VD_1、VD_4 导通，VD_2、VD_3 截止。在 A—E—C—B 支路中，C 点电位由于 Z_1 增大而比平衡时的 C 点电位降低；而在 A—F—D—B 支路中，D 点电位由于 Z_2 的降低而比平衡时 D 点的电位增高，所以 D 点电位高于 C 点电位，直流电压表正向偏转。

如果输入交流电压为负半周，A 点电位为负，B 点电位为正，二极管 VD_2、VD_3 导通，VD_1、VD_4 截止，则在 A—F—C—B 支路中，C 点电位由于 Z_2 减少而比平衡时降低（平衡时，输入电压若为负半周，即 B 点电位为正，A 点电位为负，C 点相对于 B 点为负电位，Z_2 减少时，C 点电位为负）；而在 A—E—D—B 支路中，D 点电位由于 Z_1 的增加而比平衡时的电位增高，所以仍然是 D 点电位高于 C 点电位，电压表正向偏转。

同样可以得出结果：当衔铁下移时，电压表总是反向偏转，输出为负。

可见，采用带相敏整流的交流电桥，输出信号既能反映位移大小又能反映位移的方向。

② 紧耦合电感臂电桥。该电桥如图 2.3.7（b）所示。它以差动式电感传感器的两个线圈作电桥工作臂，而紧耦合的两个电感作为固定臂组成电桥电路。采用这种测量电路可以消除与电感臂并联的分布电容对输出信号的影响，使电桥平衡稳定，另外简化了

接地和屏蔽的问题。

2）差动变压器式位移传感器

差动变压器式位移传感器的工作原理与变压器的工作原理相似，也有一次绕组和二次绕组，只是衔铁是可移动的，衔铁的移动与被测位移一致，一、二次绕组间的耦合随衔铁的移动而变化，即绕组间的互感随被测位移的改变而变化。由于在使用时采用两个二次绕组反向串接，以差动方式输出，所以把这种传感器称为差动变压器式位移传感器，通常简称差动变压器。图 2.3.9 为差动变压器的结构示意图。

差动变压器工作在理想情况下（忽略涡流损耗、磁滞损耗和分布电容等影响），它的等效电路如图 2.3.10 所示。图中 $\dot{U}_1$ 为一次绕组激励电压；M_1、M_2 分别为一次绕组与两个二次绕组间的互感；L_1、R_1 分别为一次绕组的电感和有效电阻；L_{21}、L_{22} 分别为两个二次绕组的电感；R_{21}、R_{22} 分别为两个二次绕组的有效电阻。

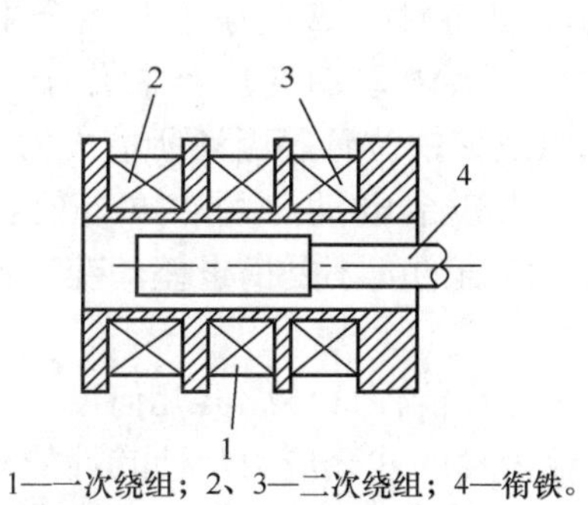

图 2.3.9　差动变压器的结构示意图

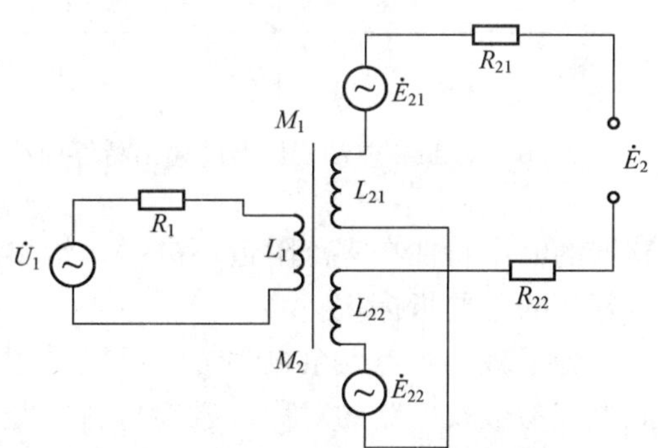

图 2.3.10　差动变压器的等效电路

对于差动变压器，当衔铁处于中间位置时，两个二次绕组互感相同，因而由一次侧激励引起的感应电动势相同。由于两个二次绕组反向串接，所以差动输出电动势为零。

当衔铁移向二次绕组 L_{21} 一边时，互感 M_1 增大，M_2 减小，因而二次绕组 L_{21} 的感应电动势大于二次绕组 L_{22} 的感应电动势，这时差动输出电动势不为零。在传感器的有效量程内，衔铁移动量越大，差动输出电动势就越大。

同理，当衔铁向二次绕组 L_{22} 一边移动时，差动输出电动势仍不为零，但由于移动方向改变，所以输出电动势反相。

因此，通过差动变压器输出电动势的大小和相位可以知道衔铁位移量的大小和方向。

由图 2.3.10 可得一次绕组的电流为

$$\dot{I}_1 = \frac{\dot{U}_1}{R_1 + \mathrm{j}\omega L_1}$$

二次绕组的感应电动势为

$$\dot{E}_{21} = -\mathrm{j}\omega M_1 \dot{I}_1;\quad \dot{E}_{22} = -\mathrm{j}\omega M_2 \dot{I}_1$$

由于二次绕组反向串接，所以输出总电动势为

$$\dot{E}_2 = -j\omega(M_1 - M_2)\frac{\dot{U}_1}{R_1 + j\omega L_1} \tag{2.3.11}$$

其有效值为

$$E_2 = \frac{\omega(M_1 - M_2)U_1}{\sqrt{R_1^2 + (\omega L_1)^2}} \tag{2.3.12}$$

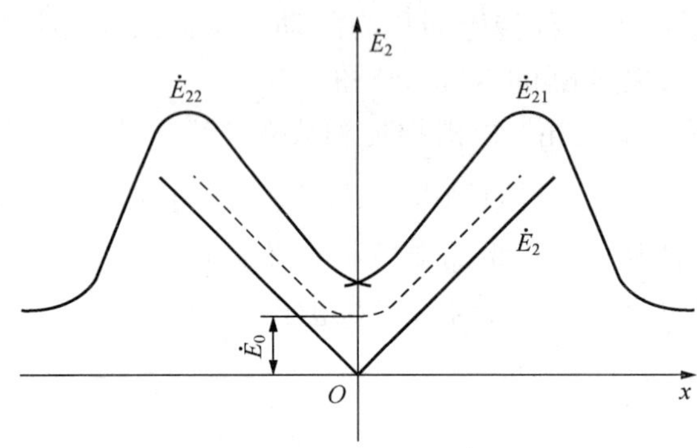

图 2.3.11 差动变压器的输出特性曲线

差动变压器的输出特性曲线如图 2.3.11所示。图中 $\dot{E}_{21}$、$\dot{E}_{22}$ 分别为两个二次绕组的输出感应电动势，$\dot{E}_2$ 为差动输出电动势，x 表示衔铁偏离中心位置的距离。其中 $\dot{E}_2$ 的实线表示理想的输出特性，而虚线表示实际的输出特性。$\dot{E}_0$ 为零点残余电动势，这是由于差动变压器制作上的不对称以及衔铁位置等因素所造成的。

零点残余电动势的存在，使得传感器的输出特性在零点附近不灵敏，给测量带来误差，此值的大小是衡量差动变压器性能好坏的重要指标。

为了减小零点残余电动势，可以采用的方法有：①尽可能保证传感器几何尺寸、线圈电气参数及磁路的对称。磁性材料要经过处理，消除内部的残余应力，使其性能均匀稳定。②选用合适的测量电路，如采用相敏整流电路。既可判别衔铁移动方向又可改善输出特性，减小零点残余电动势。③采用补偿线路减小零点残余电动势。图 2.3.12 是几种减小零点残余电动势的补偿电路。在差动变压器二次侧串、并联适当数值的电阻、电容元件，当调整这些元件时，可使零点残余电动势减小。

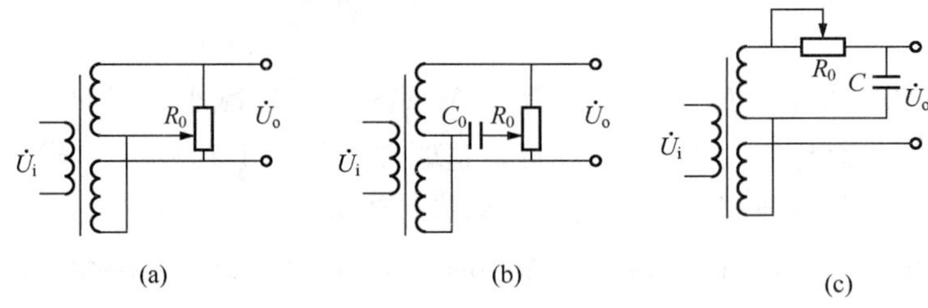

图 2.3.12 零点残余补偿电路

（1）差动相敏检波电路。图 2.3.13 所示是差动相敏检波电路的一种形式。相敏检波电路要求比较电压与差动变压器二次侧输出电压的频率相同，相位相同或相反。另外，还要求比较电压的幅值尽可能大，一般情况下，其幅值应为信号电压的 3～5 倍。

（2）差动整流电路。差动整流电路结构简单，一般不需要调整相位，不考虑零点残余电动势的影响，适于远距离传输。图 2.3.14 所示是两种典型的差动整流电路。图 2.3.14 (a)是简单方案的电压输出型。为了克服上述电路中二极管的非线性影响以及二极管正向饱和压降和反向漏电流的不利影响，可以采用图 2.3.14 (b) 所示电路。

3）电涡流式位移传感器

（1）电涡流式位移传感器结构原理。电涡流式位移传感器是利用位移变化引起涡流效应变化进行位移测量的位移式传感器。由于涡流效应不直接接触，所以电涡流式位移传感器可以实现非接触式位移测量，也可以利用涡流效应进行无损探伤。

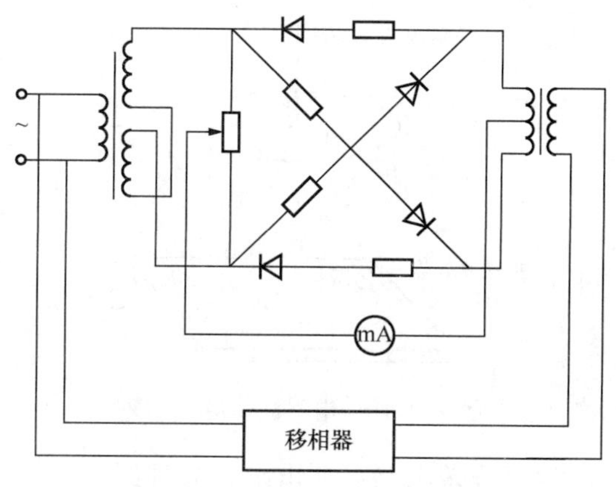

图 2.3.13　差动相敏检波电路

当通过金属导体的磁通变化时，就会在导体中产生感应电流，这种电流在导体中是自行闭合的，这就是电涡流。电涡流的产生必然要消耗一部分能量，从而使产生磁场的线圈阻抗发生变化，这一物理现象称为涡流效应。电涡流式位移传感器是利用涡流效应，将位移变化转换为电路的阻抗变化而进行测量的。

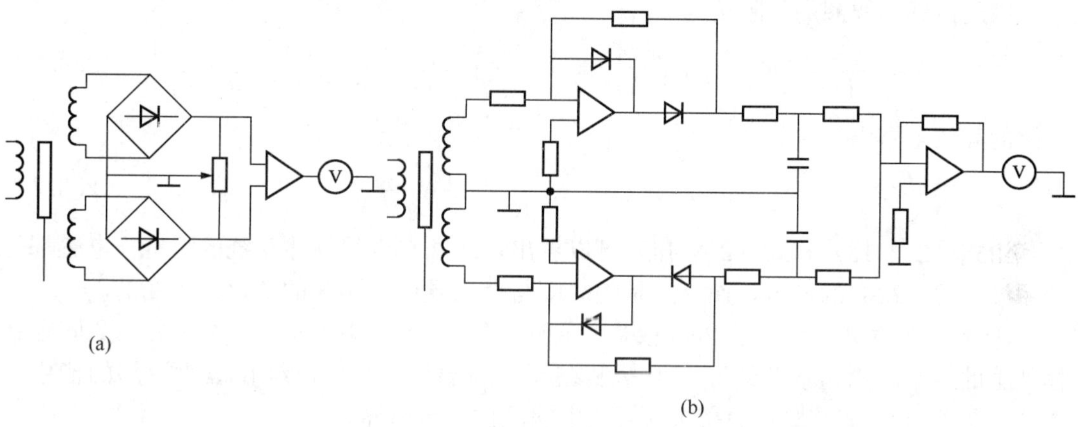

图 2.3.14　差动整流电路

如图 2.3.15 所示，一个扁平线圈置于金属导体附近，当线圈中通有交变电流 $\dot{I}_1$ 时，线圈周围就产生一个交变磁场 H_1。置于这一磁场中的金属导体就产生电涡流 $\dot{I}_2$，电涡流也将产生一个新磁场 H_2，H_2 与 H_1 方向相反，因而抵消部分原磁场，使通电线圈的有效阻抗发生变化。

一般地，线圈的阻抗变化与导体的电导率、磁导率、几何形状、线圈的几何参数、激励电流频率以及线圈到被测导体间的距离有关。如果控制上述参数中的一个参数改变，而其余参数恒定不变，则阻抗就成为这个变化参数的单值函数。如其他参数不变，阻抗的变化就可以反映线圈到被测金属导体间的距离大小变化，从而实现位移的测量。

可以把被测导体上形成的电涡流等效成一个短路环，这样就可得到如图 2.3.16 所示的等效电路。图中 R_1、L_1 为传感器线圈的电阻和电感。可以把短路环看成是一匝线圈，其电阻为 R_2、电感为 L_2。线圈与导体间存在一个互感 M，它随线圈与导体间距的减小而增大。

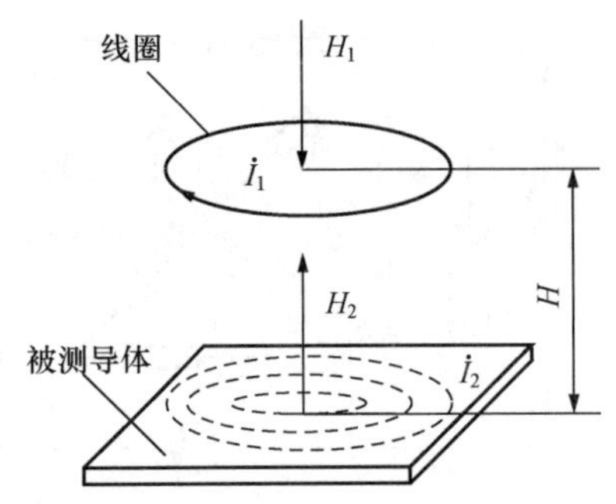

图 2.3.15　电涡流传感器原理图

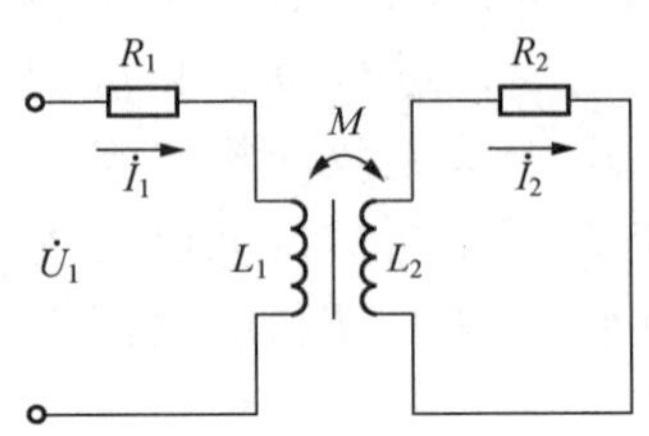

图 2.3.16　电涡流传感器等效电路图

根据等效电路可列出电路方程组

$$\begin{cases} R_2\dot{I}_2 + j\omega L_2\dot{I}_2 - j\omega M\dot{I}_1 = 0 \\ R_1\dot{I}_1 + j\omega L_1\dot{I}_1 - j\omega M\dot{I}_2 = \dot{U}_1 \end{cases}$$

通过解方程组，可得 I_1、I_2。

因此传感器线圈的复阻抗为

$$Z = \frac{\dot{U}}{\dot{I}} = \left[R_1 + \frac{\omega^2 M^2}{R_2^2 + (\omega L_2)^2}R_2\right] + j\left[\omega L_1 - \frac{\omega^2 M^2}{R_2^2 + (\omega L_2)^2}\omega L_2\right] \tag{2.3.13}$$

线圈的等效电感为

$$L = L_1 - L_2\frac{\omega^2 M^2}{R_2^2 + (\omega L_2)^2} \tag{2.3.14}$$

由式（2.3.13）和式（2.3.14）可以看出，线圈与金属导体系统的阻抗、电感都是该系统互感二次方的函数，而互感是随线圈与金属导体间距离的变化而改变的。

① 高频反射式电涡流位移传感器。这种传感器的结构很简单，主要由一个固定在框架上的扁平线圈组成。线圈可以粘贴在框架的端部，也可以绕在框架端部的槽内。图 2.3.17所示为某种型号的高频反射式电涡流位移传感器。

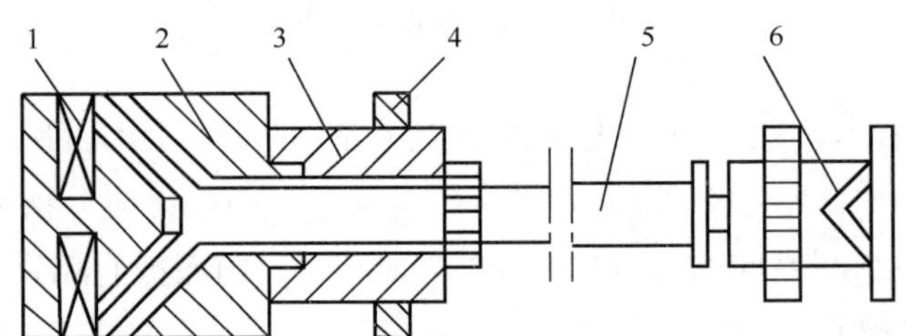

1—线圈；2—框架；3—框架衬套；4—支架；5—电缆；6—插头。

图 2.3.17　高频反射式电涡流位移传感器

电涡流位移传感器的线圈与被测金属导体间是磁性耦合，它利用这种耦合程度的变化来进行位移的测量。因此，被测物体的物理性质，以及它的尺寸和形状都会影响传感器的输出特性。一般来说，被测物的电导率越高，传感器的灵敏度也越高。

为了使传感器得到较高的灵敏度，对于平板型的被测物体则要求其半径应大于线圈半径的 1.8 倍，否则灵敏度要降低。当被测物体是圆柱体时，被测导体直径必须为线圈直径的 3.5 倍以上，灵敏度才不受影响。

② 低频透射式电涡流位移传感器。这种传感器采用低频激励，因而有较大的穿透深度，适合于测量金属材料的厚度。图 2.3.18 所示为这种传感器的原理图和输出特性曲线。

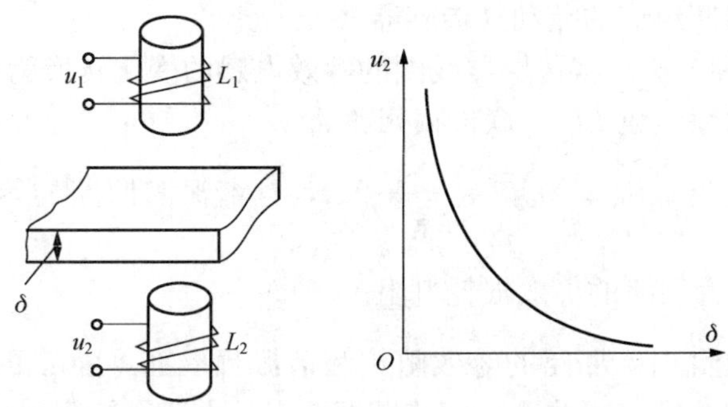

图 2.3.18 低频透射式电涡流位移传感器原理与输出特性

传感器包括发射线圈和接收线圈，并分别位于被测材料的上、下方。由振荡器产生的低频电压 u_1 加到发射线圈 L_1 的两端，于是在接收线圈 L_2 的两端将产生感应电压 u_2，它的大小与 u_1 的幅值、频率以及两个线圈的匝数、结构和两者的相对位置有关。若两线圈间无金属导体，则 L_1 的磁力线能较多地穿过 L_2，此时，在 L_2 上产生的感应电压 u_2 最大。

如果在两个线圈之间设置一金属板，由于在金属板内产生电涡流，该电涡流消耗了部分能量，使到达线圈 L_2 的磁力线减小，从而引起 u_2 的下降。

金属板厚度越大，电涡流损耗越大，u_2 就越小。可见，u_2 的大小间接地反映了金属板的厚度。

线圈 L_2 的感应电压与被测厚度的增大按负幂指数的规律减小，即

$$\mu_2 \propto e^{-\frac{\delta}{t}} \tag{2.3.15}$$

式中，δ 为被测金属板厚度；t 为贯穿深度，它与 $\sqrt{\frac{\rho}{f}}$ 成正比，其中 ρ 为金属板的电阻率，f 为交变电磁场的频率。

为了较好地进行厚度测量，激励频率应选得较低。频率太高，贯穿深度小于被测厚度，就不能进行厚度测量，通常选 1kHz 以下。

一般情况下，测薄金属板时，频率应略高些；测厚金属板时，频率应低些。在测量 ρ 较小的材料时，应选较低的频率（如 500Hz）；测量 ρ 较大的材料时，则应选用较高的频率（如 1kHz），从而保证在测量不同材料时能得到较好的线性和灵敏度。

(2) 电涡流传感器测量电路。

① 电桥电路。电桥法是将传感器线圈的阻抗变化转换为电压或电流的变化。图 2.3.19所示是电桥法测量电路原理图，图中线圈 L_1 和 L_2 为传感器线圈。传感器线圈的阻抗作为电桥的桥臂，起始状态，

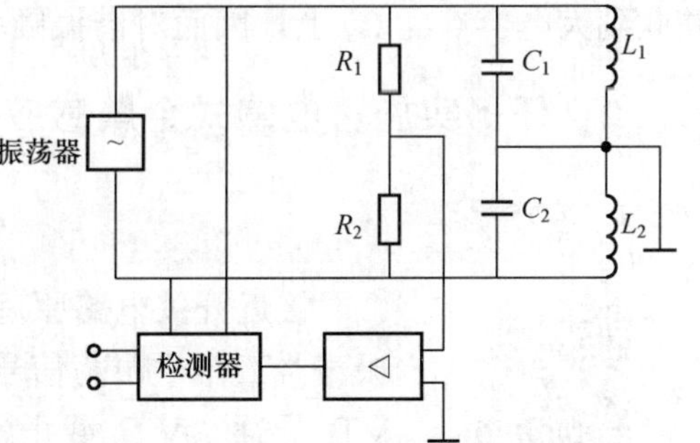

图 2.3.19 电桥法测量电路原理图

使电桥平衡。在进行测量时，由于传感器线圈的阻抗发生变化，使电桥失去平衡，将电桥不平衡造成的输出信号进行放大并检波，就可得到与被测量成正比的输出。电桥法主要用于两个电涡流线圈组成的差动式传感器。

② 谐振法。这种方法是将传感器线圈的等效电感的变化转换为电压或电流的变化。传感器线圈与电容并联组成 LC 并联谐振回路。

并联谐振回路的谐振频率为 $f_0=\dfrac{1}{2\pi\sqrt{LC}}$，且谐振时回路的等效阻抗最大，等于 $Z_0=\dfrac{L}{R'C}$。式中，R' 为回路的等效损耗电阻。

当电感 L 发生变化时，回路的等效阻抗和谐振频率都将随 L 的变化而变化，因此可以利用测量回路阻抗的方法或测量回路谐振频率的方法间接测出传感器的被测值。

谐振法主要有调幅式电路和调频式电路两种基本形式。调幅式由于采用了石英晶体振荡器，因此稳定性较高，而调频式结构简单，便于遥测和数字显示。图 2.3.20 为调幅式测量电路原理框图。

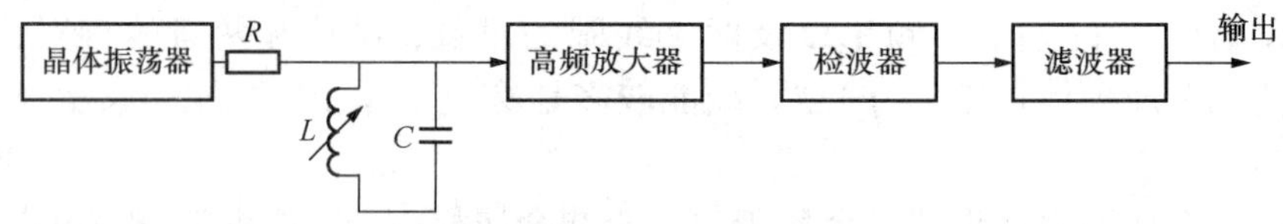

图 2.3.20 调幅式测量电路原理框图

由图 2.3.20 可以看出，LC 谐振回路由一个频率及幅值稳定的晶体振荡器提供一个高频信号来实现激励，LC 回路的输出电压为

$$u=i_0F(Z) \tag{2.3.16}$$

式中，i_0 为高频激励电流；Z 为 LC 回路的阻抗。

可以看出，LC 回路的阻抗 Z 越大，回路的输出电压越大。

调频式测量电路的原理是被测量变化引起传感器线圈电感的变化，而电感的变化导致振荡频率发生变化。频率变化间接反映了被测量的变化。这里电涡流传感器的线圈是作为一个电感元件接入振荡器中的。图 2.3.21 是调频式测量电路的原理图，它包括电容三点式振荡器和射极输出器两个部分。为了减小传感器输出电缆的分布电容 C_x 的影响，通常把传感器线圈 L 和调整电容 C 都封装在传感器中，这样电缆分布电容的影响并联到大电容 C_2、C_3 上，因而对谐振频率的影响就大大减小了。

2.3.2 任务实施：电感式金属感应接近开关电路的设计与制作

1. 工作原理

接近开关电路原理（视频）

接近开关电路原理如图 2.3.22 所示，金属不靠近探头时，高频振荡器工作，振荡信号经 VD_1、VD_2 倍压整流，得到一直流电压使 VT_2 导通，VT_3 截止，后续电路不工作。当有金属靠近探头时，由于涡流损耗，高频振荡器停振，VT_2 截止，VT_3 得电导通，光电耦合器 4N25 内藏发光管发光，光敏三极管导通，控制后级电路工作。

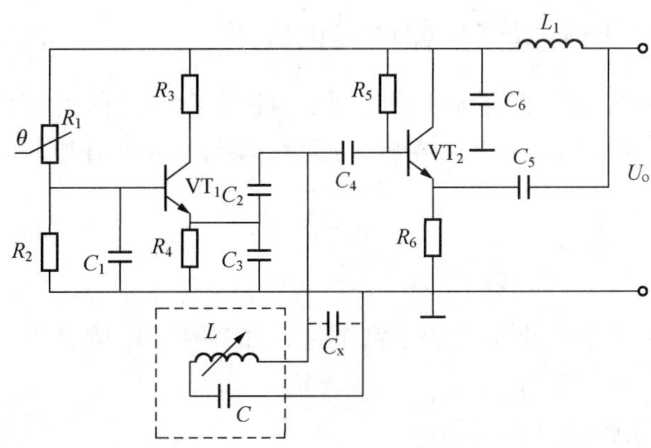

图 2.3.21　调频式测量电路原理框图

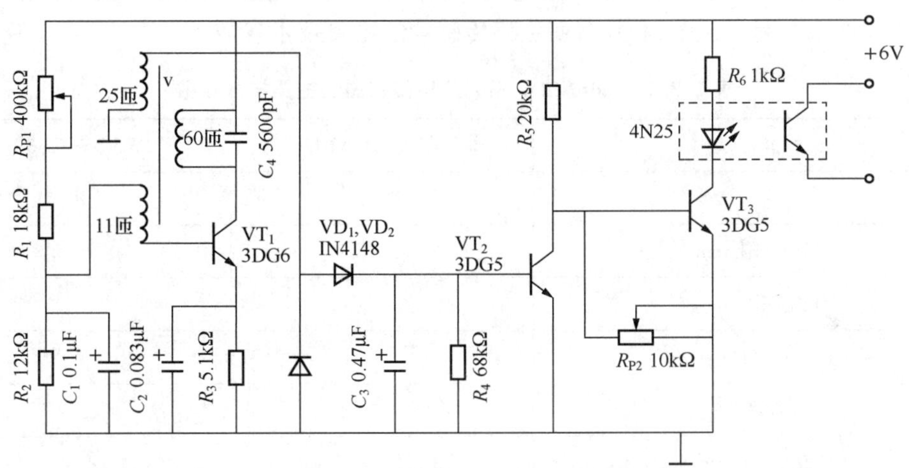

图 2.3.22　电感式接近开关电路原理图

2. 元件选择与制作

磁芯电感（探头）需自制，在 5mm×4mm 的磁芯上用 0.12mm 的漆包线绕制，绕制匝数如图 2.3.22 所示，其他元件按图 2.3.22 取值，也可根据现有条件选取，只要性能相近即可。可在面包板上搭建电路，也可在万用板上进行锡焊，一般只要元件好，焊接无误，即可正常工作，实现对金属元件的检测。

3. 调试

接通电源，调节 R_{P1}，用万用表监测 VT_2，使 c、e 两极之间刚好完全导通。这时高频振荡器处于弱振状态。然后用一金属物靠近探头，VT_2 应马上截止。再细调 R_{P2} 使 VT_3 刚好完全导通，此时灵敏度高，范围大（感应距离在几毫米到数十毫米），再根据自己的使用情况，细心调整 R_{P1} 和 R_{P2}，使感应距离适合使用即可。

2.3.3 拓展学习：电感式传感器的其他应用

电感式传感器主要用于测量微位移。凡是能转换成位移量变化的参数，如压力、力、压差、加速度、振动、应变、流量、厚度、液位等都可以用电感式传感器进行测量。

1. 位移测量

电感式传感器可用于微小位移的精密测量，如各种精密测微头中的测微机构，精密微型机械中微小的位移测量等。

1）induNCDT 系列位移传感器

该系列位移传感器主要用于位移、振动、转速测量。传感器的前置放大器被集成安装在传感器壳体里，其输出信号与测量位移成正比。在传感器测量量程内线性精度优于±2%。表 2.3.1 是 induNCDT 系列位移传感器的主要技术参数。

表 2.3.1 induNCDT 系列位移传感器的主要技术参数

性能指标	IWS-4-M-CA3-U	IWS-3-A-CA3-U
材料	铁磁	铝
测量范围/mm	0.5～4.5	0.5～3.5
起始间距/mm	0.5	
被测体直径（最小）/mm	18	
线性度/%	≤±2	
灵敏度/(V/mm)	1	
静态分辨率/μm	1	
信号输出/V	0.5～4.5	0.5～3.5
极限频率/kHz	1	
工作温度/℃	0～+85	
温度稳定性/%	≤0.06	
供电	+12～+18V/7mA	
负载（最小)/kΩ	最小 5	
保护等级	IP65	
传感器电缆长/m	3	

2）AP035 系列差动变压器式位移传感器

AP035 差动变压器式位移传感器是由差动变压器和基本电路组成。它可对生产过程中的位移、形变参数进行快速、准确、可靠地测量，并可配用微机和其他装置进行打印或自动控制。该传感器还具有灵敏度高、稳定性好、连续工作时间长等一系列优点，因而它广泛用于冶金、建筑、石化、纺织、电站等各行各业。

主要技术参数如下。

测量范围：±20mm。

基本误差：0.5%。

输出讯号：±10V。

传感器工作环境：温度为−20～+70℃；相对湿度为5%RH～90%RH。

灵敏度：0.45V/mm。

供电电源：DC 15V。

传感器外形尺寸：ϕ22×228。

2. 振动检测

电感式传感器利用振动引起线圈感应的变化，可实现对设备运行时振动大小与频率的测量，可广泛应用于各种机械设备振动情况的测量，以及实验室中对振动的测量。

RS9300低频振动传感器属于惯性式传感器，它利用磁电感应原理把振动信号变换成电信号，主要由磁路系统、惯性质量、弹簧阻尼等部分组成。在传感器壳体中刚性地固定着磁铁，惯性质量（线圈组件）用弹簧元件悬挂于壳体上。工作时，将传感器安装在机器上，在机器振动时，在传感器工作频率范围内，线圈与磁铁相对运动、切割磁力线，在线圈内产生感应电压，该电压信号正比于被测物体的振动速度值，对该信号进行积分放大处理即可得到位移信号。

RS9300低频速度位移振动传感器（内部带放大器，输出位移电压信号）适用于水轮发电机组低频转动机械、工程建筑及桥梁的绝对振动测量，测量频响范围为0.5～200Hz（−3dB），抗干扰性能强，能长期、稳定、可靠地工作于恶劣环境中。

1）使用特点

① 传感器有很低的使用频率，适用于低转速的转动机器。

② 相对于其他类型的振动传感器而言，RS9300传感器有较低的输出阻抗，较好的信噪比。它同一般通用交流电压表或示波器配合就能工作。对输出插头和传输电缆也无特殊要求，使用方便。

③ 传感器设计中取消了有摩擦的活动元件，因此使用寿命相对很长。传感器有一定的抗横向振动能力（不大于10g）。

2）技术指标

频响范围：0.5～200Hz（−3dB）。

灵敏度：8mV/μm±5%，5mV/μm±5%，4mV/μm±5%（或根据用户要求调整）。

量程：±1mm（±2mm、±3mm等）。

线性度：<2%。

最大输出电压：8V（单峰）。

使用温度范围，−30～+80℃。

工作方向：H水平型，V垂直型。

工作电源：DC±12V。

安装方式：在 ϕ56的圆周角上用两个M5螺钉固定。

3. 位置控制

接近开关的接线方式（视频）

位置控制主要是利用电感线圈接近金属物体时电磁感应会变强，使传感器输出信号增强，进而实现对目标位置的控制，可广泛应用于印刷机械、输送机械、电梯、自动焊接机等设备中定位机构的位置控制。

JM□L电感式接近开关介绍如下。

1）适用范围

JM□L系列接近开关适用于交流50Hz，额定工作电压90～250V（除LM8L外），直流额定工作电压10～30V的电路中，具有短路保护电路，起反连接保护电路作用。

2）型号及其含义

JM□L系列接近开关的型号及其含义如图2.3.23所示。

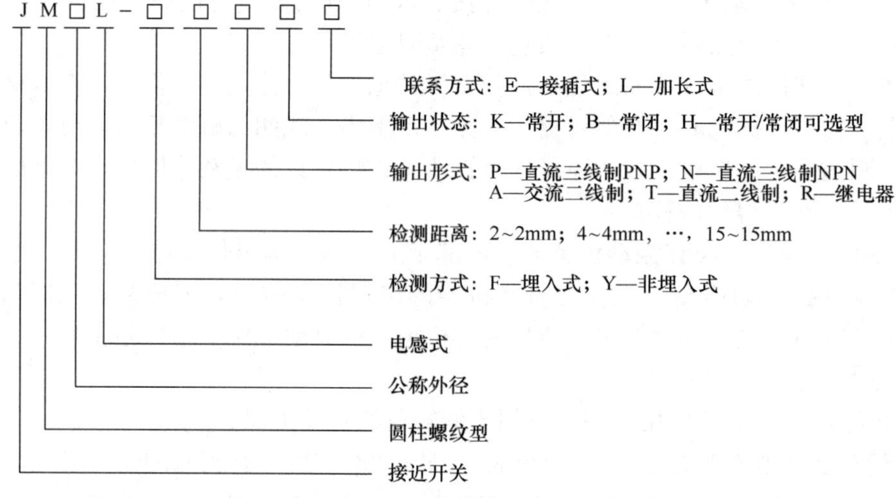

图2.3.23 JM□L系列接近开关的型号及其含义

3）正常使用条件和安装条件

① 周围空气温度不超过＋70℃，周围空气温度的下限为－25℃。

② 安装地点的海拔不超过2000m。

③ 大气相对湿度在周围空气温度为＋70℃时不超过50%，在较低的温度下可以允许有较高的相对湿度，如在20℃时达90%，对由于温度变化偶尔产生的凝露应采取特殊的措施。

④ 污染等级为3级。

4）主要技术参数

主要技术参数如表2.3.2所示。

表 2.3.2 JM□L 系列电感式传感器的主要技术参数

产品型号		JM8L	JM12L	JM18L	JM30L
检测距离/mm	埋入式	1	2	5	10
	非埋入式	2	4	8	15
设定距离/mm	埋入式	0～0.8	0～1.6	0～4.0	0～8
	非埋入式	0～1.6	0～3.2	0～6.4	0～12
标准检测体/mm³		6×6×1	12×12×1	24×24×1	45×45×1
输出电流/mA	NPN/PNP 晶体管≤200，直流二线≤0.8，交流≤2				
电源电压/V	DC 10～30，AC 90～250				
消耗电流/mA	NPN/PNP 晶体管≤10～15，直流二线≤60～80，交流≤200				
输出电压降/V	NPN/PNP 晶体管≤1.5，直流二线≤7，交流≤8				
响应频率/Hz	NPN/PNP 晶体管 400～800				
绝缘电阻/MΩ	≥30				

电感式传感器除上述三种用途外，还可广泛应用于电力、石油、化工、冶金等行业和一些科研单位，如对加速度、振幅、转速及温度等非电量的测量与控制中。

思 考 题

1. 差动螺线管电感式传感器用于振动测量有何优越性？
2. 零点残余电压是怎样产生的？有哪些类型？
3. 差动变压器的测量电路有哪些类型？各有何特点？
4. 差动变压器在工程实际中主要用于哪些非电量的检测与控制？
5. 差动螺线管电感式传感器除了用于振动测量外，还可以用于哪些非电量的检测中？

思政园地

中国制造的超级工程：中国高铁 IGBT 芯片的生产

进入新世纪以来，中国高铁加速发展，取得了令人瞩目的成就，被誉为中国的新四大发明之一，成为一张独特的中国金色名片。

IGBT 芯片是一个控制电动机输出功率的半导体器件，这种功率控制晶体管主要用于电动机的输出功率，应用非常广泛。它就像是管理学生宿舍供电的控制系统，什么时候通电，什么时候断电，它都能够精确控制，甚至具体供给多少电、有没有超标用电，也都能够一一监控。重达几百吨的高铁列车，在短短几十秒内启动加速到时速 200 多千米，需要对超大功率供电进行精确控制，如果没有 IGBT 芯片，高铁整车根本无法顺利启动并在短时内达到高速运行。因此，IGBT 芯片技术是高铁最关键的核心技术。

过去几十年里，大功率 IGBT 芯片技术一直被国外企业垄断，对中国是禁止转让的。中国虽然早在2007年就开始投入大量人力物力进行攻关，但一直没有取得突破，因为生产工艺实在复杂，不仅需要防震防尘，而且需要十分精密的机械加工和制造设备，世界上有能力生产IGBT芯片的国家只有少数几个。

一次偶然的机会，英国丹尼克斯半导体因为资金困难陷入了经营困境，这是全球研发IGBT芯片最早的老牌企业，在这一领域的技术和设备都十分突出。中车株洲电力机车有限公司（以下简称中车株洲）看准这个难得的机会，通过不懈努力成功收购了丹尼克斯半导体。此后，中车株洲就在那里设立海外研发中心，在该公司原有的技术上进行更深入的研究，并不断研发出新一代IGBT芯片。经过几年努力，中车株洲终于掌握了IGBT芯片的30多项核心生产工艺，于2012年推出了国产3300V的IGBT芯片。后来，又经过6年多的不断改进，在2018年攻克了IGBT芯片的设计与制造难题。如今，中车株洲已经能够年产50万片IGBT芯片，基本满足中国市场对IGBT芯片的要求并在复兴号上得到应用。

IGBT芯片只是专用芯片的一种，目前，我国还有许多传感器专用芯片不能自主生产，只有彻底攻克专用芯片设计与制造领域的技术难题，我国“新一代信息技术、人工智能、生物技术、新能源、新材料、高端装备、绿色环保等”战略性新兴产业才能不受美国等西方国家的掣肘。青年强，则国家强。作为新时代的大学生，我们要胸怀祖国，脚踏实地，在锤炼自身职业素养的过程中好好学习艰苦奋斗的精神，努力培养勤奋好学的品格，养成良好的传统美德，立志做有理想、敢担当、能吃苦、肯奋斗的新时代好青年。

单元 3

检测速度用典型传感器

速度也是自动控制系统中常见的被控量之一，有角速度和线速度两种。角速度一般表现为轴的转速；线速度则与生产过程中设备或产品的运动快慢有关，涉及生产的效率和设备运行的安全。测量速度主要是为了控制被测物移动的快慢、产品的质量和生产效率等，进而控制被测物的空间位置或运行状态，以实现生产过程的自动化。在航天、航空、电力、水利、石油化工、机械、军工、医疗、纺织、汽车、煤炭、地震监测等几乎所有行业中需要进行自动控制的场合，都有速度检测方面的需求。用于速度检测的传感器非常多，有磁电式、光电式、光纤式等。本单元选取最典型的两种速度传感器分 2 个任务进行学习，使学生了解和掌握速度检测的常用方法和典型传感器的选用。

知识目标 ☞

1. 掌握工业生产过程中速度的测控及常用传感器的选用方法；
2. 掌握磁电式和光电式速度传感器的结构原理；
3. 了解各种速度检测电路的工作原理；
4. 熟悉速度检测电路的设计方法及器件的选用方法。

技能目标 ☞

1. 培养对速度传感器及各种电路器件的选用能力；
2. 培养对速度测量电路的设计制作能力；
3. 培养对测速电子产品的整体设计能力；
4. 培养对测速系统的设计与维护能力。

素质目标 ☞

1. 培育工匠精神；
2. 激发对所学专业的热情；
3. 树立积极向上的人生观。

任务 3.1　磁电式测速传感器与转速测量

【任务描述】

磁电式传感器是最基本的速度传感器之一，它是目前最主要的测速传感器，在工业控制及家电产品中广泛使用，而且它还可用于如位移、磁场强度、电流强度等其他物理量的检测，用途十分广泛。这种传感器在航空、机械、冶金、建筑、石油化工等诸多行业都有应用，是一种很常见的传感器。本任务主要探讨这类传感器的结构原理、基本测量电路、主要类型和应用案例。

【任务分析】

本任务主要包括三部分，一是基础知识部分，主要包括磁电式传感器的结构原理分析、主要类型、基本应用电路分析和应用场合等内容；二是任务实施部分，通过典型的霍尔式转速测量电路的设计与实训，训练学生从事电子检测产品设计与管理工作的能力；三是拓展学习部分，主要讨论磁电式传感器的最新发展成果及其各方面的应用情况，以拓宽学生的知识面。

3.1.1　基础知识：磁电式测速传感器的结构原理及其测量电路

*注意：这是本任务学习的一个重点，霍尔效应是霍尔传感器工作的理论依据，比较抽象，教师在分析推导霍尔电压的表达式时，应根据学生的物理基础掌握好深度，注重有关表达式的应用。学生在学习时要加强预习和复习，以便更好地理解和掌握相关概念和计算公式。

磁电式测速传感器（视频）

霍尔传感器（也叫霍尔器件或霍尔元件）是一种基于霍尔效应的磁电式传感器，现已发展成为一系列品种多样的磁电传感器产品，并被广泛应用。霍尔传感器具有体积小，重量轻，寿命长，安装方便，功耗小，频率高（可达 1MHz），耐振动，不怕灰尘、油污、水气及盐雾等的污染或腐蚀等优点。

按照霍尔传感器的功能可将其分为线性型和开关型两大类，前者输出模拟量，后者输出数字量。线性型精度高、线性度好；开关型无触点、无磨损、输出波形清晰、无抖动、无回跳、位置重复精度高（可达 μm 级）。采用了各种补偿和保护措施的霍尔传感器的工作温度范围宽，可为 55～150℃。

按被检测对象的性质可将霍尔传感器的应用分为直接应用和间接应用。前者是直接检测出被检测对象本身的磁场或磁特性，后者是检测被检对象上人为设置的磁场，用这个磁场作为被检测的信息的载体，通过它将许多非电、非磁的物理量（如力、力矩、压力、应力、位置、位移、速度、加速度、角度、角速度、转数、转速以及工作状态发生变化的时间等），转换成电量来进行检测和控制。

由霍尔效应可知，霍尔电压 U_H正比于控制电流和磁感应强度（式 3.1.1），在实际应用中，人们总是希望获得较大的霍尔电压。然而，增加控制电流虽然能提高霍尔电压输出，但控制电流太大，元件的功耗也增加，从而导致元件的温度升高，甚至可能烧毁元件。

$$U_H = \frac{1}{nqd}IB = R_H \frac{IB}{d} = K_H IB \tag{3.1.1}$$

设霍尔元件的输入电阻为 R_i，当输入控制电流 I 时，元件的功耗为

$$P_i = I^2 R = I^2 \frac{\rho l}{bd} \tag{3.1.2}$$

式中，ρ 为霍尔元件的电阻率。

设霍尔元件允许的最大温升为 ΔT，相应的最大允许控制电流为 I_{cm}，在单位时间内通过霍尔元件表面逸散的热量应等于霍尔元件的最大功耗，即

$$P_m = I_{cm}^2 \frac{\rho l}{bd} = 2Alb\Delta T \tag{3.1.3}$$

式中，A 为散热系数［W/(m^2 · ℃)］；$2lb$ 为霍尔片的上、下表面积之和。

式（3.1.3）中忽略了通过侧面积逸散的热量。这样，由式（3.1.3）便可得出通过霍尔元件的最大允许控制电流为

$$I_{cm} = b\sqrt{2Ad\Delta T/\rho} \tag{3.1.4}$$

将式（3.1.4）及 $R_H = \mu\rho$ 代入式（3.1.4），得到霍尔元件在最大允许温升下的最大开路霍尔电压，即

$$U_{Hm} = \mu\rho^{\frac{1}{2}} bB\sqrt{2A\Delta T/d} \tag{3.1.5}$$

式（3.1.5）说明，在同样磁场强度、相同尺寸和相等功耗下，不同材料的霍尔元件输出的霍尔电压仅取决于 $\mu\rho^{\frac{1}{2}}$，即材料本身的性质。

根据式（3.1.5），选择霍尔元件的材料时应要求材料的 R_H 和 $\mu\rho^{\frac{1}{2}}$ 尽可能地大。

霍尔元件的结构与其制造工艺有关。例如，体型霍尔元件是将半导体单晶材料定向切片，经研磨抛光，然后用蒸发合金法或其他方法制作欧姆接触电极，最后焊上引线并封装。而薄膜霍尔元件则是在一片极薄的基片上用蒸发或外延的方法做成霍尔片，然后再制作欧姆接触电极，焊引线，最后封装。相对来说，薄膜霍尔元件的厚度比体型霍尔元件小一两个数量级，可以与放大电路一起集成在一块很小的晶片上，制成集成器件。

1. 霍尔元件的温度特性及补偿

1）温度特性

霍尔元件的温度特性是指元件的内阻及其输出与温度之间的关系。与一般半导体一样，由于电阻率、迁移率以及载流子浓度随温度变化，所以霍尔元件的内阻、输出电压等参数也随温度变化。不同材料的内阻及霍尔电压与温度的关系曲线如图 3.1.1 和图 3.1.2 所示。

在图 3.1.1 和图 3.1.2 中，内阻和霍尔电压都用相对比率表示。人们把温度每变化 1℃时，霍尔元件输入电阻或输出电阻的相对变化率称为内阻温度系数，用 β 表示。把温度每变化 1℃时，霍尔电压的相对变化率称为霍尔电压温度系数，用 α 表示。

从图中可得，砷化铟（AsIn）的内阻温度系数最小，其次是锗（Ge）和硅（Si），锑化铟（InSb）最大。除了锑化铟的内阻温度系数为负之外，其余均为正温度系数。

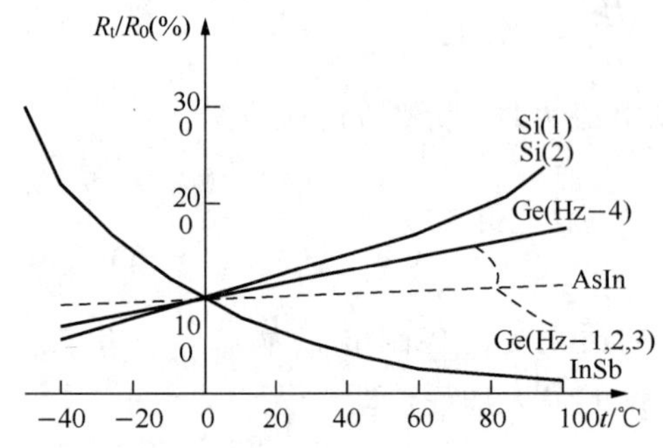

图 3.1.1 霍尔内阻与温度的关系曲线

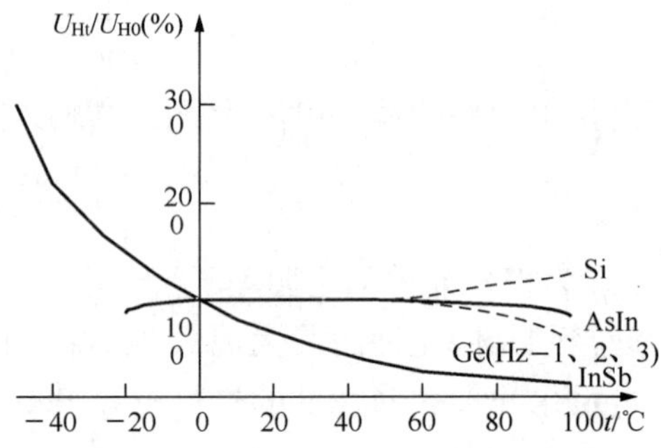

图 3.1.2 霍尔电压与温度的关系曲线

硅的霍尔电压的温度系数最小，且在温度范围内是正值；其次是砷化铟，它的值在温度升高时由正变负；再次是锗；最后是锑化铟，其值最大且为负数，在低温下其霍尔电压是砷化铟的 3 倍，高温时其霍尔电压降至低温时的 15%。

2）温度补偿

霍尔元件温度补偿的方法很多，主要有下面两种。

（1）利用输入回路的串联电阻进行补偿。图 3.1.3（a）是输入补偿的基本电路，图中的四端元件是霍尔元件的符号。两个输入端串联补偿电阻 R 并接恒压源，输出端开路。根据温度特性，元件霍尔系数和输入内阻与温度之间的关系为

$$R_{Ht} = R_{H0}(1+\alpha t)$$

$$R_{it} = R_{i0}(1+\beta t)$$

式中，R_{Ht}为温度 t 时的霍尔系数；R_{H0}为温度 0℃时的霍尔系数；R_{it}为温度 t 时的输入电阻；R_{i0}为温度 0℃时的输入电阻；α 为霍尔电压的温度系数；β 为输入电阻的温度系数。

当温度变化 Δt 时，其增量为

$$\Delta R_H = R_{H0}\alpha\Delta t$$

$$\Delta R_i = R_{i0}\beta\Delta t$$

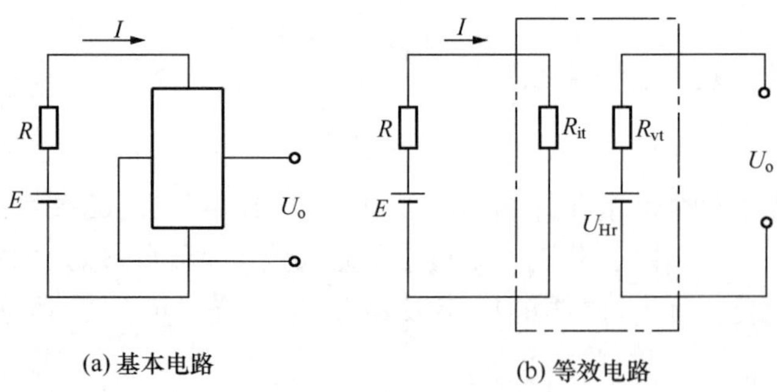

图 3.1.3 输入补偿原理图

根据式（3.1.1）中 $U_H = R_H \dfrac{IB}{d}$ 及 $I = E/(R+R_i)$，可得出霍尔电压随温度变化的关系式为

$$U_H = R_H \frac{R_{Ht}}{d} B \frac{E}{R + R_{it}}$$

对上式求温度的导数，可得增量表达式

$$\Delta U_H = U_{H0}\left(\alpha - \frac{R_{i0}\beta}{R_{i0} + R}\right)\Delta t \tag{3.1.6}$$

要使温度变化时霍尔电压不变，必须使

$$\alpha = \frac{R_{i0}\beta}{R_{i0} + R} = 0$$

即

$$R = \frac{R_{i0}(\beta - \alpha)}{\alpha} \tag{3.1.7}$$

式（3.1.6）中的第一项表示因温度升高引起的霍尔电压的增量，第二项表示输入电阻因温度升高引起的霍尔电压的减小量。很明显，只有当第一项随温度升高增加时，才能用串联电阻的方法减小第二项，实现自补偿。

将元件的 α、β 值代入式（3.1.7），根据 R_{i0} 的值就可确定串联电阻 R 的值。

（2）利用输出回路的负载进行补偿。如图 3.1.4 所示，霍尔元件的输入采用恒流源，使控制电流 I 稳定不变。这样，可以不考虑输入回路的温度影响。输出回路的输出电阻及霍尔电压与温度之间的关系为

$$U_{Ht} = U_{H0}(1 + \alpha t)$$
$$R_{vt} = R_{v0}(1 + \beta t)$$

式中，U_{Ht} 为温度 t 时的霍尔电压；U_{H0} 为温度 0℃时的霍尔电压；R_{vt} 为温度 t 时的输出电阻；R_{v0} 为温度 0℃时的输出电阻。

负载 R_L 上的电压 U_L 为

$$U_L = [U_{H0}(1 + \alpha t)]R_L / [R_{v0}(1 + \beta t) + R_L] \tag{3.1.8}$$

为使 U_L 不随温度变化，可对式（3.1.8）求导数并使其等于零，可得

$$R_L / R_{v0} \approx \beta/\alpha - 1 \approx \beta/\alpha \tag{3.1.9}$$

最后，将实际使用的霍尔元件的 α、β 值代入，可得出温度补偿时的 R_L 值。当 $R_L = R_{v0}$ 时，补偿最好。

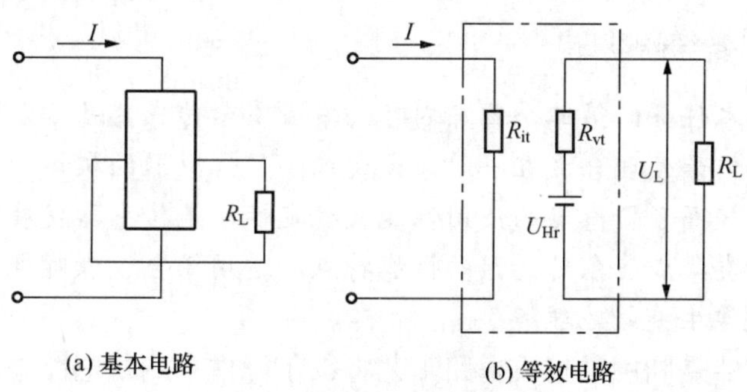

图 3.1.4　输出补偿原理图

2. 霍尔元件的零位特性及补偿

在无外加磁场或无控制电流的情况下，元件产生输出电压的特性称为零位特性，由此产生的误差称为零位误差。主要表现在以下几个方面。

1）不等位电压

在无磁场的情况下，霍尔元件通以一定的控制电流 I，两输出端产生的电压称为不等位电压，用 U_0 表示。U_0 与 I 的比值称为不等位电阻，用 R_0 表示，即

$$R_0 = U_0/I \tag{3.1.10}$$

不等位电压是由于元件输出极焊接不对称、厚薄不均匀以及两个输出极接触不良等原因造成的，可以通过桥路平衡的原理加以补偿。

2）寄生直流电压

在无磁场的情况下，元件通入交流电流，输出端除交流不等位电压以外的直流分量称为寄生直流电压。产生寄生直流电压的原因有以下两个方面。

（1）由于控制极焊接处欧姆接触不良而造成的一种整流效应，使控制电流因正、反向电流大小不等而具有一定的直流分量。

（2）输出极焊点热容量不相等产生温差电动势。

对于锗霍尔元件，当交流控制电流为 20mA 时，输出极的寄生直流电压小于 100μV。制作和封装霍尔元件时，改善电极欧姆接触性能和元件的散热条件，是减少寄生直流电压的有效措施。

3）感应电动势

在未通电流的情况下，由于脉动或交变磁场的作用，在输出端产生的电动势称为感应电动势。根据电磁感应定律，感应电动势的大小与霍尔元件输出电极引线构成的感应面积成正比。

4）自激场零电压

在无外加磁场的情况下，由控制电流建立的磁场在一定条件下使霍尔元件产生的输出电压称为自激场零电压。感应电动势和自激场零电压都可以通过改变霍尔元件输出和输入引线的布置方法来改善。

3. 集成霍尔测速传感器

*注意：这是本任务的第二个重点内容，集成霍尔传感器是霍尔传感器应用的主要形式，它将传感和信号处理合成在一起，大大缩小了传感器的机械结构和信号处理电路的复杂程度，大大提高了传感器的使用性能及稳定性，是传感器发展的主要趋势。学生在学习时要弄清各类集成霍尔传感器的性能特点和适用场合，教师在教学中应结合一些传感器实物，方便学生更好地理解。

集成霍尔传感器是利用硅集成电路工艺将霍尔元件和测量电路集成在一起的一种传感器。它取消了传感器和测量电路之间的界限，实现了材料、元件、电路三位一体。集成霍尔传感器与分立器件相比，由于减少了焊点，因此显著地提高了可靠性。此外，它体积小、重量轻、功耗低，所以应用越来越广泛。

集成霍尔传感器的输出是经过处理后的电压信号。按照输出信号的形式，集成霍尔

传感器可以分为开关型和线性型两类。

1）开关型集成霍尔传感器

开关型集成霍尔传感器是把霍尔元件的输出经过处理后得到一个高或低电平的数字信号。霍尔开关电路又称霍尔数字电路，由稳压器、霍尔片、差分放大器、斯密特触发器和输出级组成，其典型电路如图 3.1.5 所示。

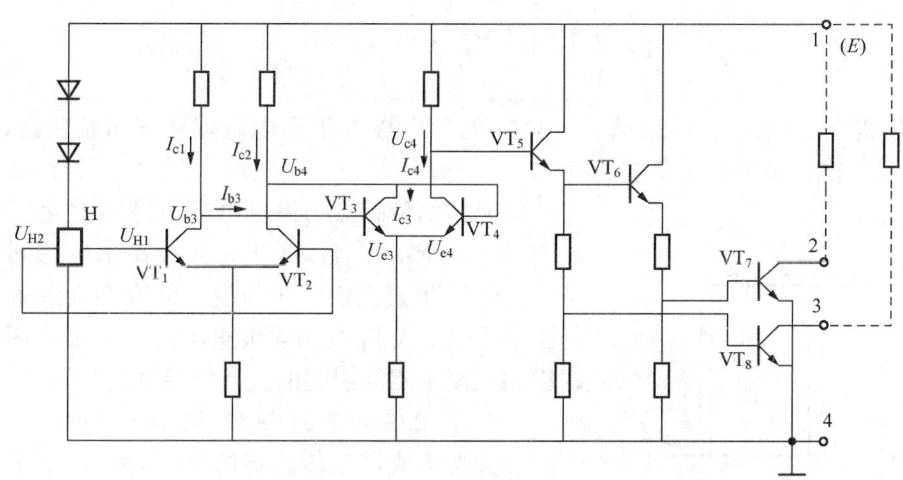

图 3.1.5　开关型集成霍尔传感器的典型电路

其工作原理如下。

图 3.1.5 中的霍尔元件是在 N 型硅外延层上制作的。N 型硅外延层的电阻率 ρ 一般为 1.0～1.5Ω·cm，电子迁移率 μ 约为 1200cm²Vs，厚度 d 约为 10μm，很适合做霍尔元件。集成块中霍尔元件的长为 600μm，宽为 400μm。由于在制造工艺中采用了光刻技术，电极的对称性好，零位误差大大减小。另外，由于厚度 d 很小，霍尔元件灵敏度也相对提高了，在 0.1T 磁场作用下，元件开路时可输出 20mV 左右的霍尔电压。霍尔电压输出经前置放大后送到斯密特触发器，通过整形成为矩形脉冲输出。当磁感应强度 B 为 0 时，霍尔元件无输出，即 $U_H=0$。线路中，由于流过 VT_2 集电极电阻的电流大于流过 VT_1 集电极电阻的电流，输出电压 $U_{b3}>U_{b4}$，则 VT_3 优先导通，经过下面的正反馈过程：

$$I_{c3}\uparrow \to U_{b4}\downarrow \to I_{c4}\downarrow \to U_{e3}\downarrow \to U_{b3}\uparrow \to I_{b3}\uparrow$$

最终使得 VT_3 饱和，VT_4 截止。此时，VT_4 的集电极处于高电位，$U_{c4}\approx E$，VT_5 截止，VT_6、VT_7 均截止，输出为高电平。

当磁感应强度 B 不为 0 时，霍尔元件有 U_H 输出。若集成霍尔传感器处于正向磁场，则 U_{H1} 升高，U_{H2} 下降，使 VT_1 的基极电位升高，VT_2 的基极电位下降。于是，VT_1 的集电极输出电压 U_{b3} 下降，VT_2 的集电极输出电压 U_{b4} 升高。当 $U_{b3}=U_{e3}+0.6V$ 时，VT_3 由饱和进入放大状态，经过下面的正反馈过程：

$$U_{b3}\downarrow \to I_{c3}\downarrow \to U_{b4}\uparrow \to I_{c4}\uparrow \to U_{e3}\uparrow$$

最终使得 VT_3 截止，VT_4 饱和。此时，VT_4 的集电极处于低电位。于是，VT_5 导通，由 VT_5 和 VT_6 组成的 PNP 和 NPN 型复合管，足以使 VT_7、VT_8 进入饱和状态。输出由原来的高电平 U_{oH} 转换成低电平 U_{oL}。

当正向磁场退出时，随着作用于霍尔元件上磁感应强度 B 的减少，U_H 相应减小，U_{b3} 升高，U_{b4} 下降。当 $U_{b3}=U_{e4}+0.5V$，VT_3 由截止进入放大状态，经过下面正反馈过程：

$$U_{b3}\uparrow \rightarrow I_{c3}\uparrow \rightarrow U_{b4}\downarrow \rightarrow I_{c4}\downarrow \rightarrow U_{e3}\downarrow$$

最终又使得 VT_3 饱和，VT_4 截止。VT_4 的集电极处于高电位，恢复初始状态，VT_7、VT_8 截止，输出又转换成高电平 U_{oH}。

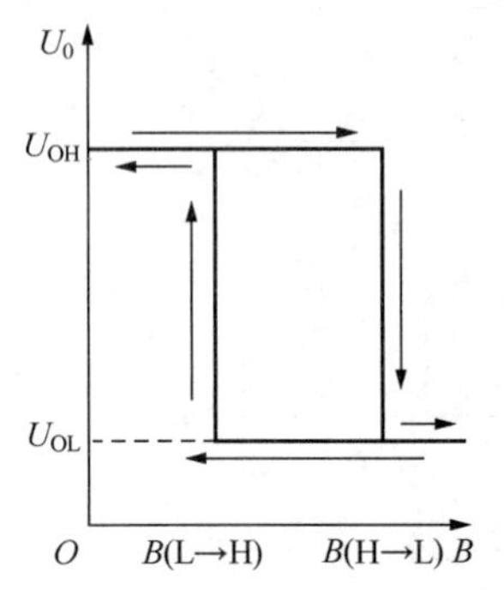

图 3.1.6 输出电平与磁场的关系

集成霍尔传感器的输出电平与磁场 B 之间的关系如图 3.1.6 所示。可以看出，集成霍尔传感器的导通磁感应强度和截止磁感应强度之间存在滞后效应，这是由于 VT_3、VT_4 共用射极电阻的正反馈作用使它们的饱和电流不相等引起的。其回差宽度为

$$\Delta B = B(H \rightarrow L)B(L \rightarrow H)$$

开关型集成霍尔传感器的这一特性，正是我们所需要的，它大大增强了开关电路的抗干扰能力，可保证开关动作稳定，不产生振荡现象。

2）线性型集成霍尔传感器

线型性集成霍尔传感器是把霍尔元件与放大线路集成在一起的传感器。其输出信号与磁感应强度成比例。通常由霍尔元件、差分放大、射极跟随输出及稳压 4 部分组成，其典型线路见图 3.1.7。这是 HL1.1 型线性型集成霍尔传感器，它的电路比较简单，用于精度要求不高的一些场合。图中，霍尔元件的输出经由 VT_1、VT_2、R_1～R_5 组成的第一级差分放大器放大，再由 VT_3～VT_6、R_6～R_8 组成的第二级差分放大器放大。第二级放大采用达林顿对管，射极电阻 R_9 外接，适当选取 R_8 的阻值，可以调整该极的工作点，从而改变电路增益。1、4 间接电源，2、3 为输出。在电源电压为 9V，R_8 取 2kΩ 时，全电路的增益可达 1000 倍，灵敏度大为提高。

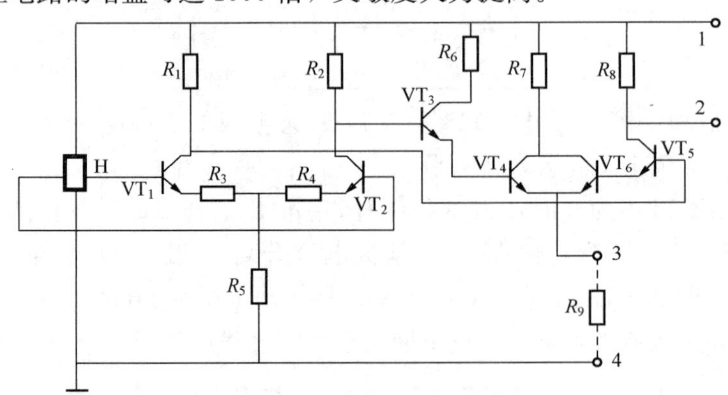

图 3.1.7 线性型集成霍尔传感器

4. 差动霍尔电路

差动霍尔电路的霍尔电压发生器由一对相距 2.5mm 的霍尔元件组成，其工作原理如图 3.1.8 所示。

使用时在电路背面放置一块永久磁体，当用铁磁材料制成的齿轮从电路附近转过时，一对霍尔元件产生的霍尔电压相位相反，经差分放大后，使器件灵敏度大为提高。用这种电路制成的汽车齿轮转速传感器具有极优的性能。

除差动霍尔电路外，目前还出现了许多特殊功能的霍尔电路，如功率霍尔电路、多重双线霍尔传感器电路、二维和三维霍尔集成电路等。

差动霍尔电路的主要应用如下。

(1) 霍尔齿轮传感器。用差动霍尔电路制成的霍尔齿轮传感器，广泛应用在新一代的汽车智能发动机中，作为点火定时用的速度传感器，也可用于 ABS（汽车防抱死制动系统）作为车速传感器等。

在 ABS 中，速度传感器是十分重要的部件。ABS 的工作原理示意图如图 3.1.9 所示。在制动过程中，电子控制器不断接收来自车轮速度传感器传来的与车轮转速相对应的脉冲信号并进行处理，得到车辆的滑移速率和减速信号，按其控制逻辑及时准确地向制动压力调节器发出指令，调节器及时准确地做出响应，使制动气室执行充气、保持或放气指令，调节制动器的制动压力，以防止车轮抱死，达到抗侧滑、甩尾，提高制动安全及制动过程中的可驾驭性。在这个系统中，霍尔传感器作为车轮转速传感器，是制动过程中的实时速度采集器，是 ABS 中的关键部件之一。

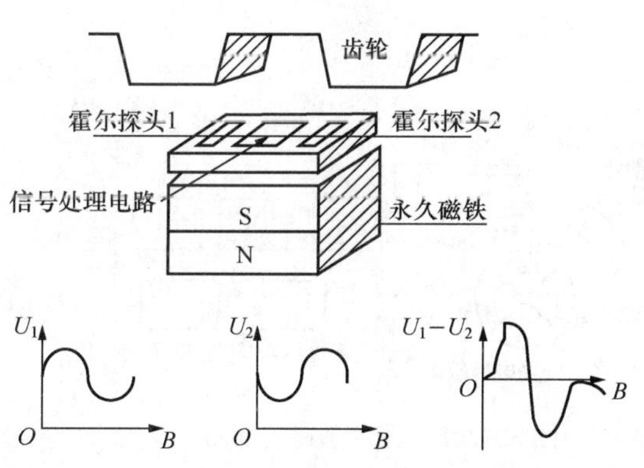

图 3.1.8　差动霍尔电路的工作原理

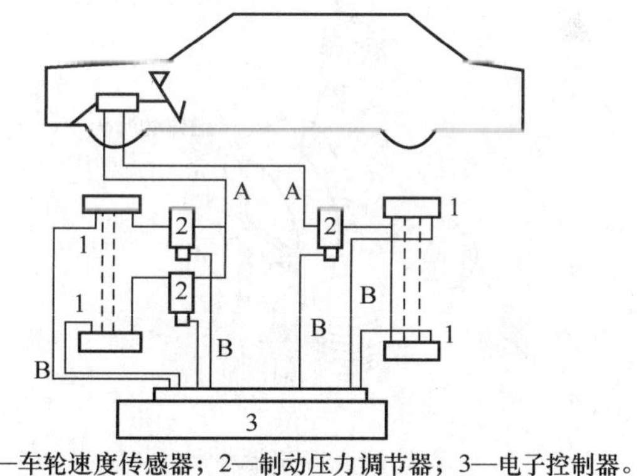

图 3.1.9　ABS 工作原理示意图

在汽车的新一代智能发动机中，常用霍尔齿轮传感器检测曲轴位置和活塞在汽缸中的运动速度，以提供更准确的点火时间。霍尔齿轮传感器的作用是其他速度传感器难以代替的，它具有如下许多新的优点。

① 相位精度高，可满足 0.4°曲轴角的要求，不需采用相位补偿。

② 可满足 0.05°曲轴角的熄火检测要求。

③ 输出为矩形波，幅度与车轮转速无关。在电子控制单元中做进一步的传感器信号调整时，会降低成本。

用齿轮传感器，除可检测转速外，还可测出角度、角速度、流量、流速、旋转方向等许多物理量。

(2) 旋转传感器 。按如图 3.1.10 所示的方法设置磁体，将它们和霍尔开关电路组合起来可以构成各种旋转传感器。霍尔元件通电后，磁体每经过霍尔元件一次，便输出一个电压脉冲。

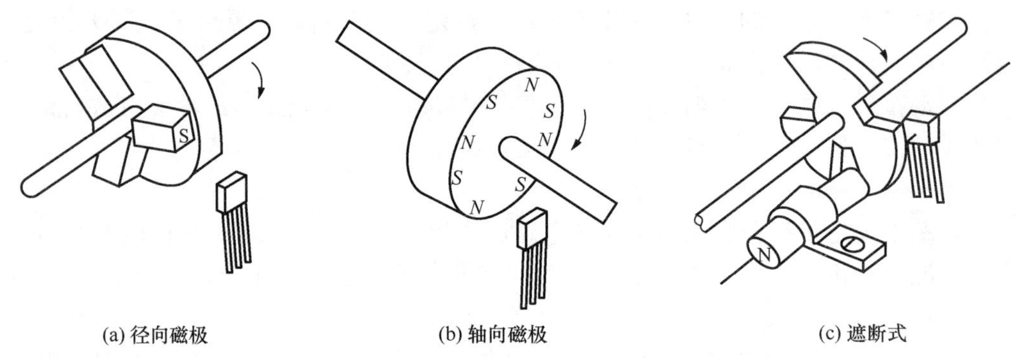

(a) 径向磁极　(b) 轴向磁极　(c) 遮断式

图 3.1.10　旋转传感器磁体设置

由此，可对转动物体实施转数、转速、角度、角速度等物理量的检测。在转轴上固定一个叶轮和磁体，用流体（气体、液体）推动叶轮转动，便可构成流速、流量传感器。在车轮转轴上装上磁体，在靠近磁体的位置安装霍尔开关电路，可制成车速表、里程表等。这些应用的实例如图 3.1.11 和图 3.1.12 所示。

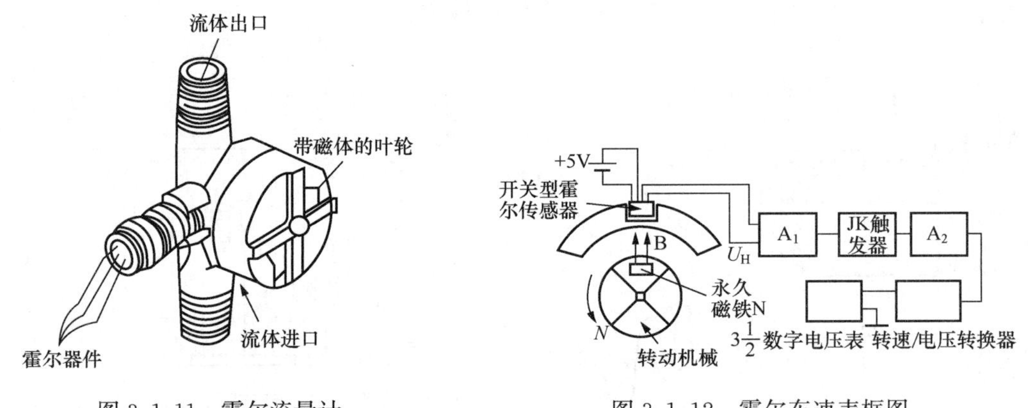

图 3.1.11　霍尔流量计　　图 3.1.12　霍尔车速表框图

图 3.1.11 的壳体内装有一个带磁体的叶轮，磁体旁装有霍尔开关电路，被测流体从管道一端流入，推动叶轮带动与之相连的磁体转动，经过霍尔器件时，电路输出脉冲电压，根据脉冲的数目，可以得到流体的流速。若知管道的内径，可由流速和管径求得流量。霍尔电路由电缆来供电和输出。

由图 3.1.12 所示的霍尔车速表框图可见，经过简单的信号转换，便可得到数字显示的车速。

3.1.2　任务实施：基于单片机的磁电式转速测量电路的设计与制作

测速是工农业生产中经常遇到的问题，学会使用单片机技术设计测速仪表具有很重要的意义。要测速，首先要解决的是采样问题。在使用模拟技术制作测速表时，常用测速发电机的方法，即将测速发电机的转轴与待测轴相连，测速发电机的电压高低反映了转速的高低。使用单片机进行测速，可以使用简单的脉冲计数法，只要转轴每旋转一周，产生一个或固定的多个脉冲，并将脉冲送入单片机中进行计数，即可获得转速的信息。

下面以常见的玩具电动机作为测速对象，用 CS3020 设计信号获取电路，通过电压比较器实现计数脉冲的输出，既可在单片机实验箱进行转速测量，也可直接将输出接到频率计或脉冲计数器，得到单位时间内的脉冲数，进行换算即可得电动机转速。这样可少用硬件，不需编程，但仅是对霍尔传感器测速应用的验证。

1. 脉冲信号的获得

霍尔传感器是对磁敏感的传感元件，常用于开关信号采集的有 CS3020、CS3040 等，这种传感器是一个 3 端器件，外形与晶体管相似，只要接上电源、地，即可工作，输出通常是集电极开路（OC）门输出，工作电压范围宽，使用非常方便。图 3.1.13所示是 CS3020 的外形图，将有字面对准自己，三根引脚从左向右分别是 V_{CC}、地及输出。

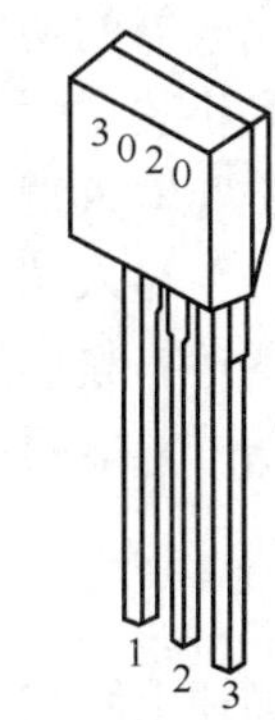

图 3.1.13　CS3020 外形图

使用霍尔传感器获得脉冲信号，其机械结构也可以做得较为简单，只要在转轴的圆周上粘上一粒磁钢，让霍尔传感器靠近磁钢，就有信号输出。如果在圆周上粘上多粒磁钢，可以实现旋转一周获得多个输出脉冲。在粘磁钢时要注意，霍尔传感器对磁场方向敏感，粘之前可以先手动接近一下传感器，如果没有信号输出，可以换一个方向再试。这种传感器不怕灰尘、油污，在工业现场应用广泛。

2. 硬件电路设计

测速的方法决定了测速信号的硬件连接。测速实际上就是测频，因此，频率测量的一些原则同样适用于测速。

通常，可以用计数法、测脉宽法和等精度法进行测试。所谓计数法，就是给定一个闸门时间，在闸门时间内计数输入的脉冲个数；测脉宽法是利用待测信号的脉宽控制计数门，对一个高精度的高频计数信号进行计数。由于闸门与被测信号不能同步，因此，这两种方法都存在±1 误差的问题。第一种方法适合在信号频率高时使用；第二种方法则在信号频率低时使用。等精度法则对高、低频信号都有很好的适应性。

图 3.1.14 是测速电路的信号获取部分，在电源输入端并联电容 C_2 用来滤去电源尖啸，使霍尔元件稳定工作。HG 表示霍尔元件，采用 CS3020，在霍尔元件输出端（引脚 3）与地并联电容 C_3 滤去波形尖峰，再接一个上拉电阻 R_2，然后将其接入 LM324 的引脚 3。用 LM324 构成一个电压比较器，将霍尔元件输出电压与电位器 R_{P2} 比较得出高低电平信号给单片机读取。C_4 用于波形整形，以保证获得良好的数字信号。LED 便于观察，当比较器输出高电平时不亮，输出低电平时亮。微型电动机

M 可采用 3V 额定电压、75mA 额定电流的 6ZH-10B 型直流微型电动机，通过电位器 R_{P1} 分压，实现提高或降低电动机转速的目的。电容 C_1 使电动机的速度不会产生突变，因为电容能存储电能。

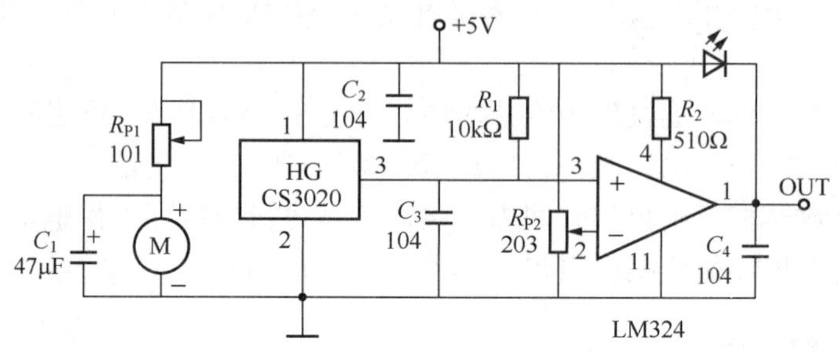

图 3.1.14 测速电路原理图

电压比较器的功能是比较两个电压的大小（用输出电压的高或低电平，表示两个输入电压的大小关系）。

当“＋”输入端电压高于“－”输入端时，电压比较器输出为高电平。

当“＋”输入端电压低于“－”输入端时，电压比较器输出为低电平。

比较器还有整形的作用，利用这一特点可使单片机获得良好、稳定的输出信号，不至于丢失信号，能提高测速的精确性和稳定性。

3. 测速电路制作

上述测速电路输出的是脉冲信号，可接到频率计上，当电动机轴上装一只磁钢时，电动机转一周输出一个脉冲，由频率计测得输出信号频率 f，则电动机转速为 $n=60f$。

制作时可根据上述原理配齐所有器件，在万用板或面包板上进行安装，微型电动机固定在电路板上，轴上要设法装上一粒磁钢，霍尔元件应尽量靠近它，先将信号输出到示波器上，调节 R_{P2} 使信号为矩形波，调节 R_{P1} 观察信号周期的变化。最后将信号接入频率计，就可测量电动机的转速。

3.1.3 拓展学习：磁电式传感器的其他应用

1. 应用方法

1）工作磁体的设置

用磁场作为被传感物体的运动和位置信息载体时，一般采用永久磁钢产生工作磁场。例如，用一个 5mm×4mm×2.5mm 的钕铁硼Ⅱ号磁钢，就可在它的磁极表面上得到约 2300G（高斯）的磁感应强度。在空气隙中，磁感应强度会随距离增加而迅速下降。为保证霍尔器件，尤其是霍尔开关器件的可靠性，在应用中要考虑有效工作气隙的长度。在计算总有效工作气隙时，应从霍尔片表面算起。在封装好的霍尔电路中，霍尔片的厚度在产品手册中会给出。

因为霍尔器件需要工作电源，在做运动或位置传感时，一般令磁体随被检测物体运动，将霍尔器件固定在工作台的适当位置，用它去检测工作磁场，再从检测结果中提取被检信息。

工作磁体和霍尔器件间的运动方式有对移、侧移、旋转、遮断，如图 3.1.15 所示，图中的 TEAG 即为总有效工作气隙。

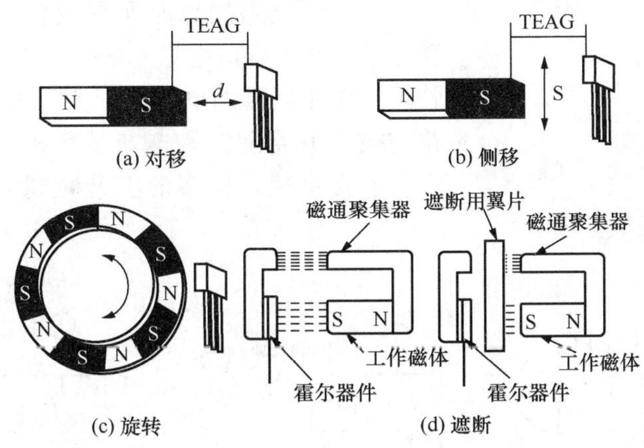

图 3.1.15　霍尔器件和工作磁体间的运动方式

在遮断方式中，工作磁体和霍尔器件以适当的间隙相对固定，用一软磁（如软铁）翼片作为运动工作部件，当翼片进入间隙时，作用到霍尔器件上的磁力线被部分或全部遮断，以此来调节工作磁场。被传感的运动信息加在翼片上。这种方法的检测精度很高，在 125℃的温度范围内，翼片的位置重复精度可达 50μm。

也可将工作磁体固定在霍尔器件背面（外壳上没打标志的一面），如图 3.1.16 所示。让被检的铁磁物体（如钢齿轮）从它们近旁通过，检测出物体上的特殊标志（如齿、凸缘、缺口等），得出物体的运动参数。

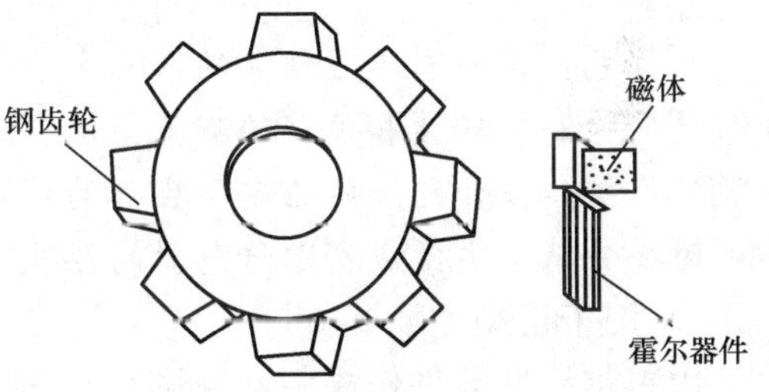

图 3.1.16　在霍尔器件背面放置磁体

2）与外电路的接口

霍尔开关电路的输出级一般是一个集电极开路的 NPN 晶体管，其使用规则和任何一种相似的 NPN 开关管相同。输出管截止时，输出漏电流很小，一般只有几 nA，可以忽略，输出电压和其电源电压相近，但电源电压最高不得超过输出管的击穿电压（即规范表中规定的极限电压）。输出管导通时，它的输出端和线路的公共端短路。因此，必须外接一个电阻器（即负载电阻器）来限制流过管子的电流，使它不超过最大允许值（一般为 20mA），以免损坏输出管。输出电流较大时，管子的饱和压降也会随之增大，使用者应当特别注意，只有这个电压和要控制的电路的截止电压（或逻辑“零”）是兼容的。

以与发光二极管的接口为例，对负载电阻器的选择做一估计。若在 I_o 为 20mA（霍尔电路输出管允许吸入的最大电流），发光二极管的正向压降 $V_{LED}=1.4V$，当电源电压 $V_{CC}=12V$ 时，所需的负载电阻器的阻值为

$$R=(V_{CC}\cdot V_{LED})/I_o=(12V\times1.4V)/0.02A=840\Omega \tag{3.1.11}$$

与这个阻值最接近的标准电阻为 1000Ω，因此可取 1000Ω 的电阻器作为负载电

阻器。

图 3.1.17 所示为简化了的霍尔开关电路，图 3.1.18所示为霍尔开关与各种电路的接口。

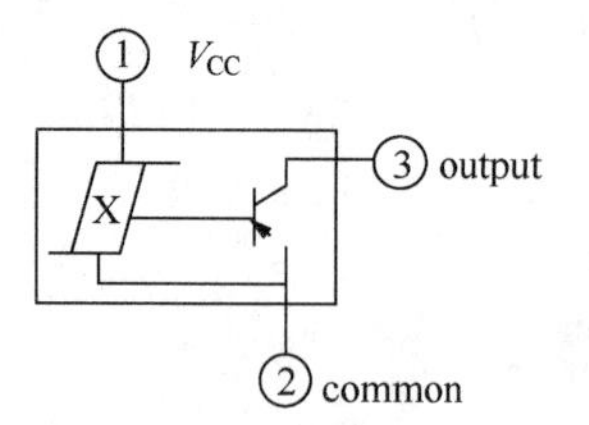

图 3.1.17 简化的霍尔开关示意图

与这些电路接口时所需的负载电阻器阻值的估算方法，同样可用式（3.1.11）进行具体的估算。若受控电路所需的电流大于 20mA，可在霍尔开关电路与被控电路间接入电流放大器。霍尔器件的开关作用非常迅速，典型的上升时间和下降时间不超过 400ns，优于任何机械开关。

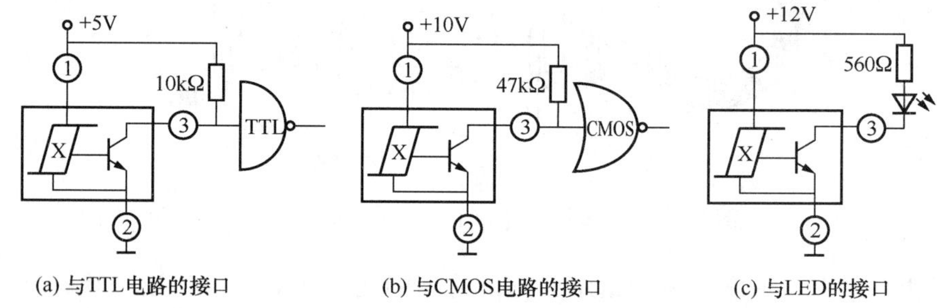

图 3.1.18 霍尔开关与电路接口举例

2. 应用实例

*注意：这是本学习任务的第三个重点，主要讲述霍尔传感器在磁场参数测量、铁磁杂质的检测、转速和位移的测量等诸多方面的应用情况。在教学中教师应结合各种实例进行讲解，多介绍一些已定型生产的霍尔传感器，并讲清楚型号的表示方法。学生在学习时要弄清各类集成霍尔传感器的性能特点和适用场合，学会选用方法。

1）用于检测磁场

用霍尔线性器件作探头，测量 0.6～10T 的交变或恒定磁场，有许多现成的集成霍尔器件。例如，经过校准的 UGN3503 或 A3515 型霍尔线性器件，器件出厂时，工厂可提供校准曲线和灵敏度系数。测量时，将电路第一脚（面对标志面从左到右数）接电源，第二脚接地，第三脚接高输入阻抗（>10kΩ）电压表，通电后，将电路放入被测磁场中，让磁力线垂直于电路表面，读出电压表的数值，即可从校准曲线上查得相应的磁感应强度值。使用前，将器件通电 1min，使其达到稳定状态。

用灵敏度系数计算被测磁场的 B 值时，可用

$$B = [U_{\text{out(B)}} U_{\text{out(o)}}]1000/S$$

式中，$U_{\text{out(B)}}$ 为加上被测磁场时的电压读数（V）；$U_{\text{out(o)}}$ 为未加被测磁场时的电压读数（V）；S 为灵敏度系数（mV/G）；B 为被测磁场的磁感应强度（G）。

2）检测铁磁物体

在霍尔线性电路背面偏置一个永磁体，如图 3.1.19 所示。图 3.1.19（a）所示为检测铁磁物体的缺口，图 3.1.19（b）所示为检测齿轮的齿。其电路接法如图 3.1.20 所示。用这种方法可以检测齿轮轴的转速。

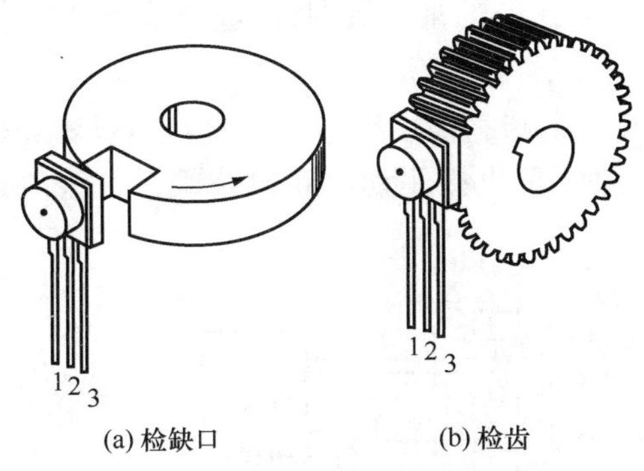

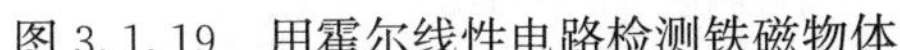

图 3.1.19　用霍尔线性电路检测铁磁物体

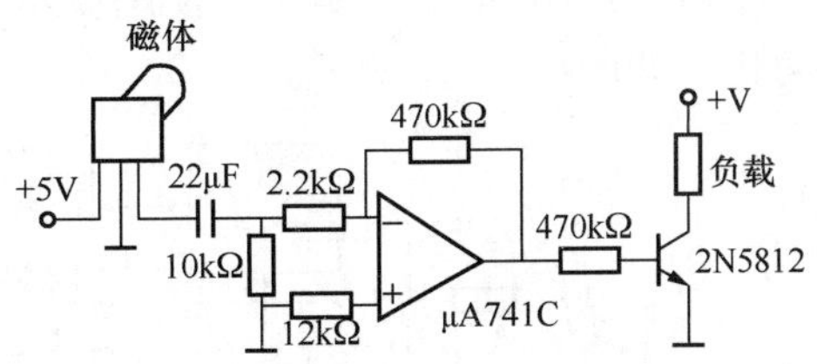

图 3.1.20　用霍尔线性电路检测齿口的线路

3）在直流无刷电动机中的应用

直流无刷电动机使用永磁转子，在定子的适当位置放置所需数量的霍尔元件，它们的输出和相应的定子绕组的供电电路相连。当转子经过霍尔元件附近时，永磁转子的磁场令已通电的霍尔元件输出一个电压使定子绕组供电电路导通，给相应的定子绕组供电，产生和转子磁场极性相同的磁场，推动转子继续转动。到下一位置，前一位置的霍尔元件停止工作，下一位的霍尔元件导通，使下一绕组通电，推动转子继续转动。如此循环，维持电动机的工作。其工作原理如图 3.1.21 所示。

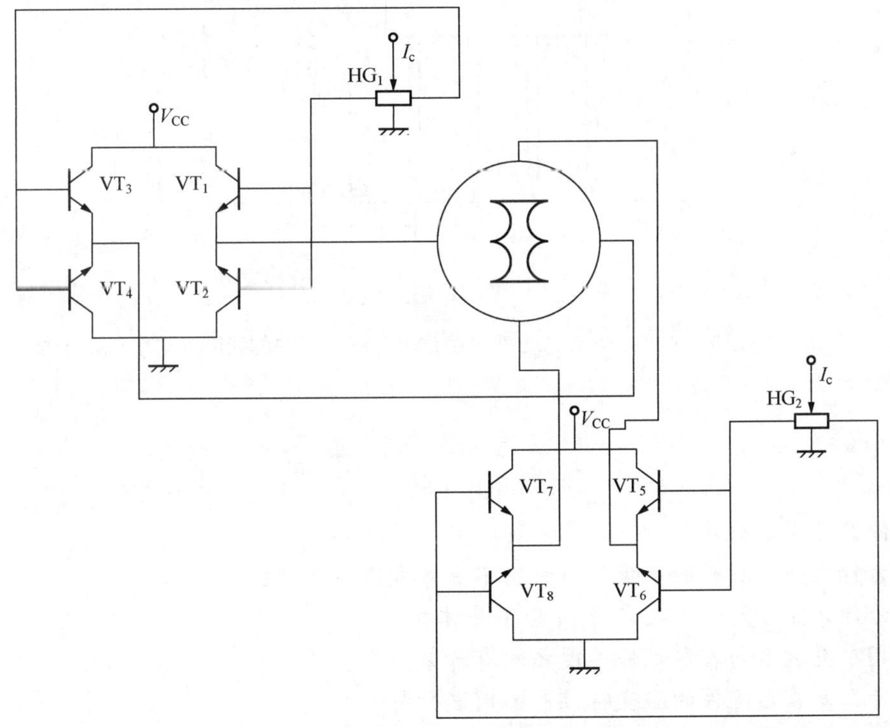

图 3.1.21　霍尔元件在无刷电动机中的工作原理（其中的 HG 为霍尔元件）

这里，霍尔元件起位置传感器的作用，检测转子磁极的位置，它的输出使定子绕组供电电路通断；又起开关作用，当转子磁极离去时，令上一个霍尔元件停止工作，下一个元件开始工作，使转子磁极总是面对推斥磁场，霍尔元件又起定子电流的换向作用。

无刷电动机中的霍尔元件，也可使用霍尔开关电路。使用霍尔元件时，一般要外接放大电路，如图 3.1.22 所示。使用霍尔开关电路，可直接驱动电动机绕组，使线路大为简化，如图 3.1.23 所示。

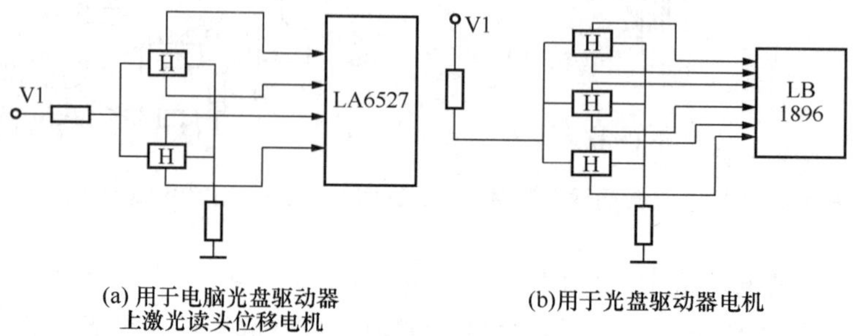

图 3.1.22　采用霍尔元件的电动机驱动电路（图中的 H 为霍尔元件）

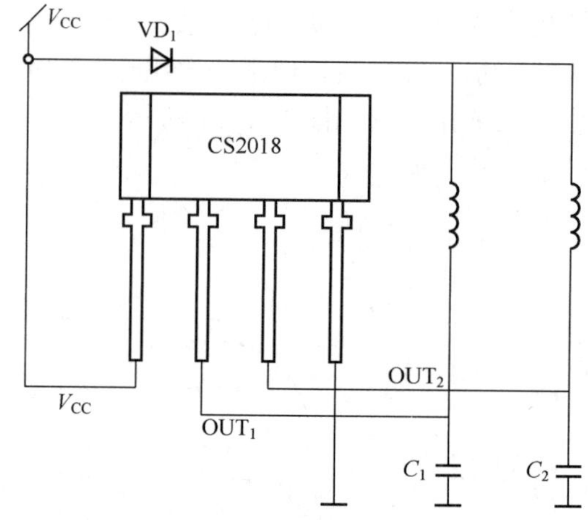

图 3.1.23　用 CS2018 直接驱动电动机的线路示意图（图中的线圈为电动机定子绕组）

思 考 题

1. 什么是霍尔效应？
2. 为什么导体材料和绝缘体材料均不宜做成霍尔元件？
3. 为什么霍尔元件一般采用 N 型半导体材料？
4. 霍尔灵敏度与霍尔元件厚度之间有什么关系？
5. 什么是霍尔元件的温度特性？如何进行补偿？
6. 集成霍尔传感器有什么特点？
7. 写出你认为可以用霍尔传感器检测的物理量。
8. 设计一个采用霍尔传感器的液位控制系统。

任务 3.2 光电式测速传感器与转速测量

【任务描述】

光电式测速传感器是用途最广泛的速度传感器，它可以用于角速度和线速度的在线检测，在工业控制及家电产品中都有使用，如火箭发射、飞机机翼、水轮机组、阀门位置、旋转阀位置、油缸、轴径跳动检测、阀位检测与控制、辊缝间隙控制、金属加工检测以及汽缸节气门位置、汽车悬挂梳、纺机、食品加工和机械手等，是一种很常见的多用途传感器。本任务主要探讨这类传感器的结构原理、测量电路及其主要类型和应用案例。

【任务分析】

本任务主要包括三部分，一是基础知识部分，主要包括光电式测速传感器的结构原理分析、主要类型、基本应用电路分析和应用场合等内容；二是任务实施部分，通过典型光电测速电路的设计与制作，训练学生从事电子检测产品设计与管理工作的能力；三是拓展学习部分，主要讨论光电传感器的各种用途及其性能特点和选用技巧等，以及其他数字式速度传感器的发展情况，以拓宽学生的知识面。

3.2.1 基础知识：光电式测速传感器的结构原理及其测量电路

光电式测速传感器是采用光电元件作为检测元件的传感器，它首先把被测量的变化转换成光信号的变化，然后借助光电元件进一步将光信号转换成电信号。光电传感器一般由光源、光学通路和光电元件三部分组成。光电检测方法具有精度高、反应快、非接触、可测参数多等优点，而且传感器的结构简单，形式灵活多样，因此光电式传感器在检测和控制中应用非常广泛。

由光通量对光电元件的作用原理不同所制成的光学测控系统是多种多样的，按光电元件输出量的性质可分为两类，即模拟式光电传感器和脉冲（开关）式光电传感器。

模拟式光电传感器是将被测量转换成连续变化的光电流，它与被测量间呈单值关系。模拟式光电传感器按测量方法可分为透射（吸收）式、漫反射式和遮光式（光束阻挡）三大类。透射式是指被测物体放在光路中，恒光源发出的光能量穿过被测物体，部分被吸收后，透射光投射到光电元件上；漫反射式是指恒光源发出的光投射到被测物体上，再从被测物体表面反射后投射到光电元件上；遮光式是指光源发出的光通量被被测物体遮挡一部分，使投射到光电元件上的光通量发生改变，改变的程度与被测物体在光路上的位置有关。

脉冲（开关）式光电传感器接收的光信号是断续变化的，因此光电元件处于开关工作状态，输出的光电流通常只有两种稳定状态。

光电传感器是一种小型电子设备，它可以检测出其接收到的光强的变化。早期用来检测物体有无的光电传感器是一种圆柱形结构，发射器带一个校准镜头，将光聚焦射向接收器，接收器输出电缆将这套装置接到一个真空管放大器上。在金属圆筒内安装一个小的白炽灯作为光源，这些小而坚固的白炽灯传感器就是今天光电传感器的雏形。

LED（发光二极管）最早出现在 19 世纪 60 年代，现在广泛应用于电气和电子设备上。LED就是一种半导体器件，其电气性能与普通二极管相同，不同之处在于当给LED通电时，它会发光。由于LED是固态的，所以它能延长传感器的使用寿命。因而使用LED的光电传感器能做得更小，且比白炽灯传感器更可靠。LED能发射人眼看不到的红外光，也能发射可见的绿光、黄光、红光、蓝光、蓝绿光和白光。

20世纪70年代，人们发现LED还有一个比寿命长更好的特点，就是它能够以非常快的速度来开关，开关速度可达到kHz级。将接收器的放大器调制到发射器的调制频率，那么它就只能对此频率的光信号进行放大。

与收音机调台相似，经过调制的LED发射器就类似于无线电波发射器，其接收器就相当于收音机，能接收特定频率的光波信号。

调制的LED改进了光电传感器的设计，增大了检测距离，扩展了光束的角度，人们逐渐接受了这种可靠、易于对准的光束。到1980年，非调制的光电传感器逐步退出了历史舞台。红外光LED是效率最高的光束，同时也是在光谱上与晶体管最匹配的光束。但是有些传感器需要用来区分颜色（如色标检测），这就需要用可见光了。

在早期，色标传感器使用白炽灯做光源，使用光电池做接收器，直到后来发明了高效的可见光LED。现在，大多数色标传感器都是使用经调制的各种颜色的可见光LED发射器。经调制的传感器往往牺牲了响应速度以获取更长的检测距离，这是因为检测距离是一个非常重要的参数。未经调制的传感器可以用来检测小的物体或动作非常快的物体，这些场合要求的响应速度都非常快。但是，现在高速的调制传感器也可以提供非常快的响应速度，能满足大多数的检测应用。

1. 光电元器件

光电元器件是光电传感器中最重要的部件，常见的有真空光电元器件和半导体光电元器件两大类。它们的工作原理都基于不同形式的光电效应。根据光的波粒二象性，可以认为光是一种以光速运动的粒子流，这种粒子称为光子。每个光子具有的能量为

$$E = h\nu \tag{3.2.1}$$

式中，ν为光波频率；h为普朗克常数，$h=6.63\times10^{-34}\mathrm{J\cdot s}$。

不同频率的光，其光子能量是不相同的，光波频率越高，光子能量越大。用光照射某一物体，可以看作是一连串能量为E的光子轰击在这个物体上，此时光子能量就传递给电子，并且是一个光子的全部能量一次性地被一个电子所吸收，电子得到光子传递的能量后其状态就会发生变化，从而使受光照射的物体产生相应的电效应，这种物理现象就是光电效应。

通常把光电效应分为三类：①在光线作用下能使电子逸出物体表面的现象称为外光电效应，基于这种效应的光电元器件有光电管、光电倍增管等；②在光线作用下能使物体的电阻率改变的现象称为内光电效应，基于这种效应的光电元器件有光敏电阻、光敏晶体管等；③在光线作用下，物体产生一定方向电动势的现象称为光生伏特效应，基于这种效应的光电元器件有光电池等。

由于外光电效应元器件现在基本已经不再使用，本书只介绍内光电效应元器件。

内光电效应元器件主要有光敏电阻、光敏二极管和光敏晶体管等几种，下面分别进

行介绍。

1）光敏电阻

（1）工作原理。光敏电阻是采用半导体材料制作，利用内光电效应工作的光电元件。它的阻值在光线的作用下会变小，这种现象称为光导效应，因此光敏电阻又称光导管。

用于制造光敏电阻的主要是金属硫化物、硒化物和碲化物等半导体材料。通常采用涂覆、喷涂、烧结等方法在绝缘衬底上制作很薄的光敏电阻体及梳状欧姆电极，然后接出引线，封装在具有透光镜的密封壳体内，以免受潮影响其灵敏度。光敏电阻的原理结构如图 3.2.1 所示。在黑暗环境里，它的电阻值很高，当受到光照时，只要光子能量大于半导体材料的禁带宽度，则价带中的电子吸收一个光子的能量后可跃迁到导带，并在价带中产生一个带正电荷的空穴。这种由光照产生的电子-空穴对增加了半导体材料中载流子的数目，使其电阻率变小，从而使光敏电阻阻值下降。光照越强，阻值越低。入射光消失后，由光子激发产生的电子-空穴对将逐渐复合，光敏电阻的阻值也就逐渐恢复原值。

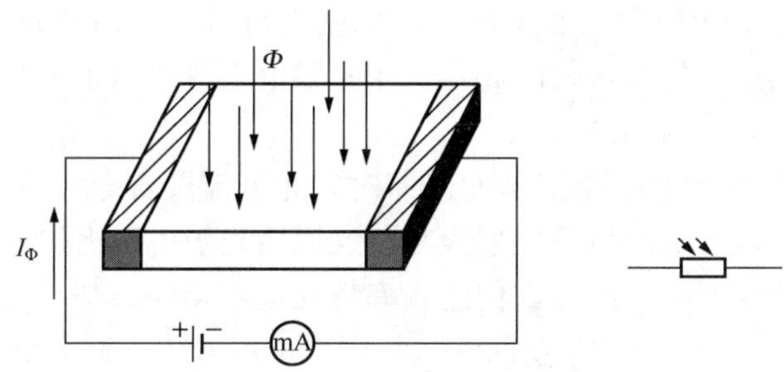

图 3.2.1 光敏电阻结构示意图及电路图形符号

在光敏电阻两端的金属电极之间加上电压，其中便有电流通过，受到适当波长的光线照射时，电流就会随光强的增加而变大，从而实现光电转换。光敏电阻没有极性，纯粹是一个电阻元件，使用时既可以加直流电压，也可以加交流电压。

（2）基本特性及其主要参数。

*注意：这是学习的重点内容之一，教师要详细讲解有关概念，学生在学习时要结合实际正确理解光敏电阻的特性，掌握光敏电阻在光电转换中的应用方法。

① 暗电阻、亮电阻。光敏电阻在室温和全暗条件下测得的稳定电阻值称为暗电阻或暗阻，此时流过的电流称为暗电流。MG41-21 型光敏电阻的暗阻≥0.1MΩ。光敏电阻在室温和一定光照条件下测得的稳定电阻值称为亮电阻或亮阻，此时流过的电流称为亮电流。MG41-21 型光敏电阻的亮阻≤1kΩ。亮电流与暗电流之差称为光电流。显然，光敏电阻的暗阻越大越好，亮阻越小越好。也就是说，暗电流要小，亮电流要大，这样光敏电阻的灵敏度就高。

② 伏安特性。在一定照度下，光敏电阻两端所加的电压与流过光敏电阻的电流之间的关系，称为伏安特性。由图 3.2.2 可知，光敏电阻伏安特性近似直线，而且没有饱和现象。受耗散功率的限制，在使用时，光敏电阻两端的电压不能超过最高工作电压，图中虚线为允许功耗曲线，由此可确定光敏电阻的正常工作电压。

③ 光电特性。光敏电阻的光电流与光照度之间的关系称为光电特性。如图 3.2.3 所示，光敏电阻的光电特性呈非线性，因此不适宜作为检测元件。这是光敏电阻的缺点之一。在自动控制中，光敏电阻常被用作开关式光电传感器。

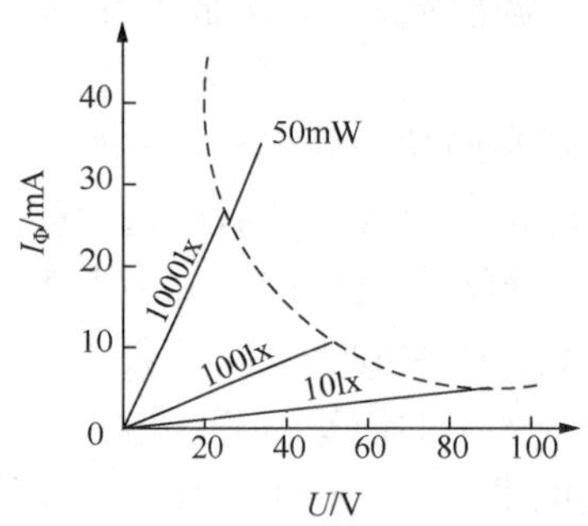

图 3.2.2 光敏电阻的伏安特性

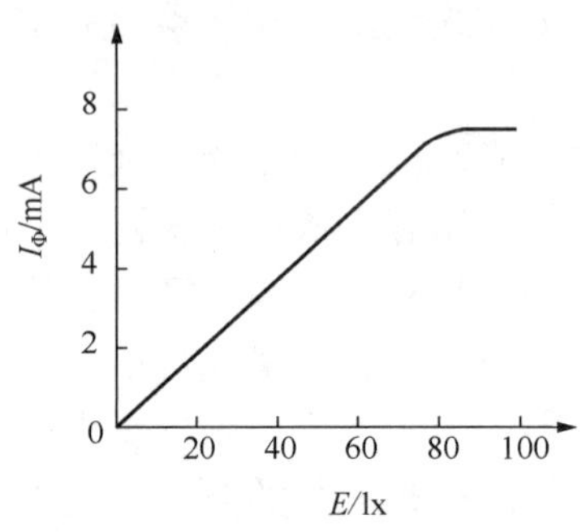

图 3.2.3 光敏电阻的光电特性

④ 光谱特性。对于不同波长的入射光，光敏电阻的相对灵敏度是不相同的。各种材料光敏电阻的光谱特性如图 3.2.4 所示。从图中可看出，硫化镉的峰值在可见光区域，而硫化铅的峰值在红外区域，因此在选用光敏电阻时应当把元件和光源的种类结合起来考虑，才能获得满意的结果。

⑤ 频率特性。当光敏电阻受到脉冲光照时，光电流要经过一段时间才能达到稳态值，光照突然消失时，光电流也不立刻为零。这说明光敏电阻有时延特性。由于不同材料的光敏电阻时延特性不同，所以它们的频率特性也不相同。图 3.2.5 给出了相对灵敏度 K_r 与光强变化频率 f 之间的关系曲线。从图中可以看出，硫化铅的使用频率比硫化铊要高得多。然而，多数光敏电阻的时延都较大，因此不能用在要求快速响应的场合，这是光敏电阻的一个缺陷。

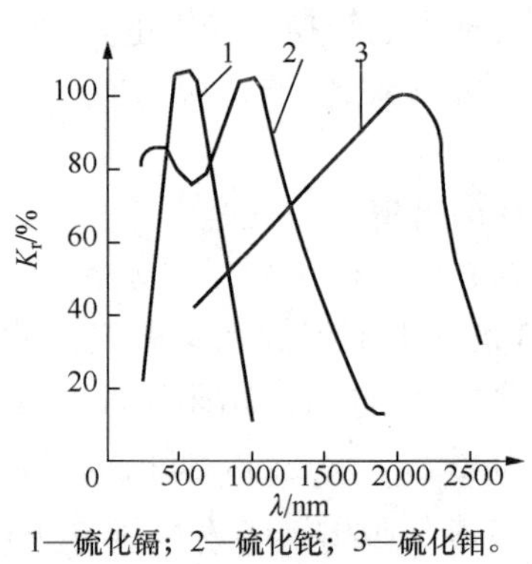

1—硫化镉；2—硫化铊；3—硫化钼。

图 3.2.4 光敏电阻的光谱特性

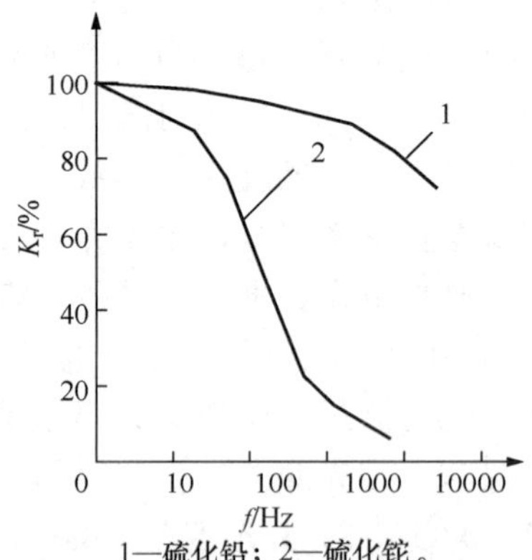

1—硫化铅；2—硫化铊。

图 3.2.5 光敏电阻的频率特性

⑥ 温度特性。光敏电阻和其他半导体器件一样，受温度影响较大，当温度升高时，它的暗电阻会下降。温度的变化对光谱特性也有很大影响。图 3.2.6 是硫化铅光敏电阻的光谱温度特性曲线。从图中可以看出，它的峰值随着温度的上升向波长短的方向移动。因此，有时为了提高光敏电阻灵敏度或为了能接收远红外光而

采取降温措施。

（3）光敏电阻器型号命名方法。光敏电阻器的型号命名分为三部分，第一部分用字母表示主称；第二部分用数字表示用途或特征；第三部分用数字表示产品序号。各部分的含义见表 3.2.1。

例如，MG45-14（可见光敏电阻器）：M 代表敏感电阻器；G 代表光敏电阻器；4 代表可见光；5～14 代表序号。

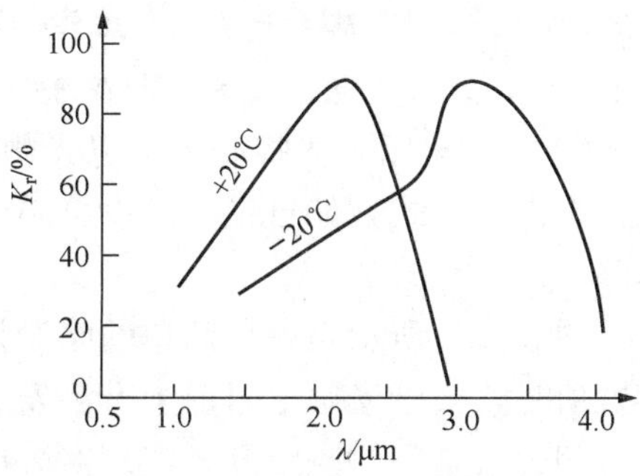

图 3.2.6　硫化铅的光谱温度特性

表 3.2.1　光敏电阻型号的含义

第一部分：主称		第二部分：用途或特征		第三部分：序号
字母	含义	数字	含义	
MG	光敏电阻	0 1 2 3 4 5 6 7 8 9	特殊 紫外光 紫外光 紫外光 可见光 可见光 可见光 红外光 红外光 红外光	用数字表示序号，以区别该电阻器的外形尺寸及性能指标

（4）光敏电阻的应用。光敏电阻可广泛应用于各种光控电路，如对灯光的控制、调节等场合，也可用于光控开关。下面给出几个典型应用电路。

① 光敏电阻调光电路。图 3.2.7 是一种典型的光控调光电路，其工作原理是：当周围光线变弱时，引起光敏电阻 R_G 的阻值增加，使加在电容 C 上的分压上升，进而使可控硅的导通角增大，达到增大照明灯两端电压的目的；反之，若周围的光线变亮，则 R_G 的阻值下降，导致可控硅的导通角变小，照明灯两端的电压也同时下降，使灯光变暗，从而实现对灯光照度的控制。

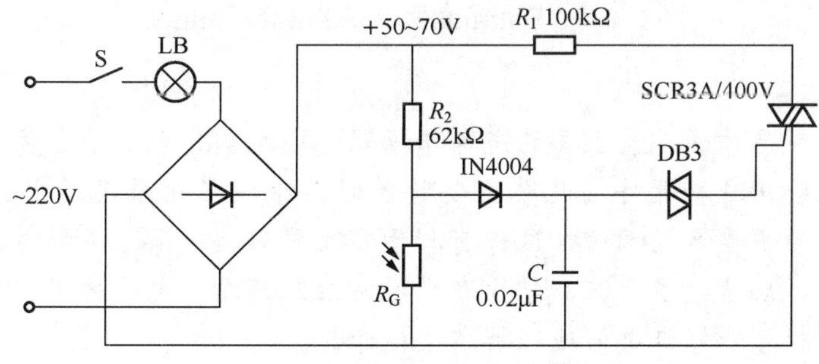

图 3.2.7　光控调光电路

＊注意：上述电路中整流桥给出的必须是直流脉动电压，不能将其用电容滤波变成平滑

直流电压，否则电路将无法正常工作。原因在于直流脉动电压既能给可控硅提供过零关断的基本条件，又可使电容 C 的充电在每个半周从零开始，准确完成对可控硅的同步移相触发。

② 光敏电阻式光控开关。以光敏电阻为核心元件的带继电器控制输出的光控开关电路有许多形式，如自锁亮激发、暗激发及精密亮激发、暗激发等。下面给出几种典型电路。

图 3.2.8 所示是一种简单的暗激发继电器开关电路。其工作原理是：当照度下降到设置值时，由于光敏电阻值上升激发 VT_1 导通，VT_2 的激励电流使继电器工作，常开触点闭合，常闭触点断开，实现对外电路的控制。

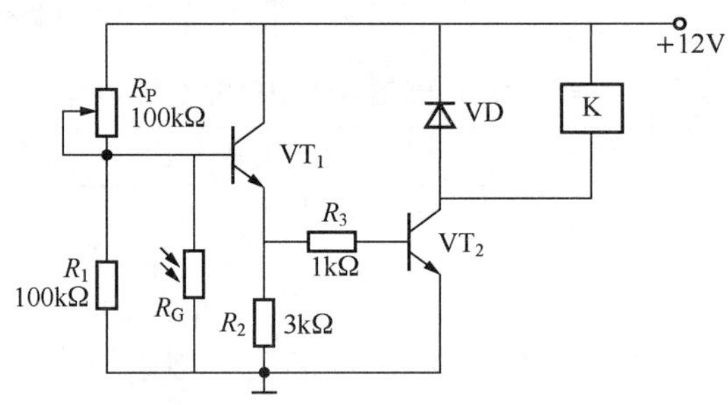

图 3.2.8　简单暗激发继电器开关电路

图 3.2.9 所示是一种精密暗激发时滞继电器开关电路。其工作原理是：当照度下降到设置值时，由于光敏电阻值上升使运放 IC 的反相端电位升高，其输出激发 VT 导通，VT 的激励电流使继电器工作，常开触点闭合，常闭触点断开，实现对外电路的控制。

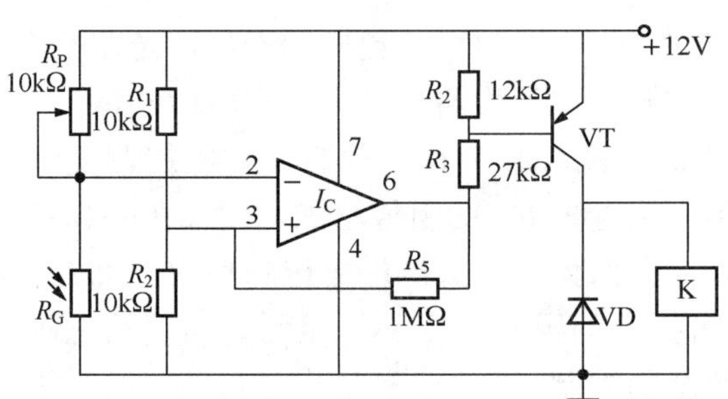

图 3.2.9　精密暗激发时滞继电器开关电路

2）光敏晶体管

＊注意：光敏晶体管是最主要的光电传感器，因此内光电效应器件是本章学习的重点内容，教师在分析这类器件的几个主要特性时应根据学生情况适当补充一些基础知识，如光学方面的主要名词术语，这样有利于学生更好地理解相关的特性参数，但要把握好内容的深度，切忌太多太深。学生在学习时应注意结合电路的有关常识，做好一定的知识准备，这样才能保证更好地理解这些概念。

（1）工作原理。光敏晶体管通常指光敏二极管和光敏三极管，它们的工作原理也是基于内光电效应。光敏晶体管与光敏电阻的差别仅在于光线照射在半导体 PN 结上，PN 结参与了光电转换过程。

光敏二极管的结构和普通二极管相似，只是它的PN结装在管壳顶部，光线通过透镜制成的窗口，可以集中照射在PN结上，图3.2.10（a）是其结构示意图。光敏二极管在电路中通常处于反向偏置状态，如图3.2.10（b）所示。

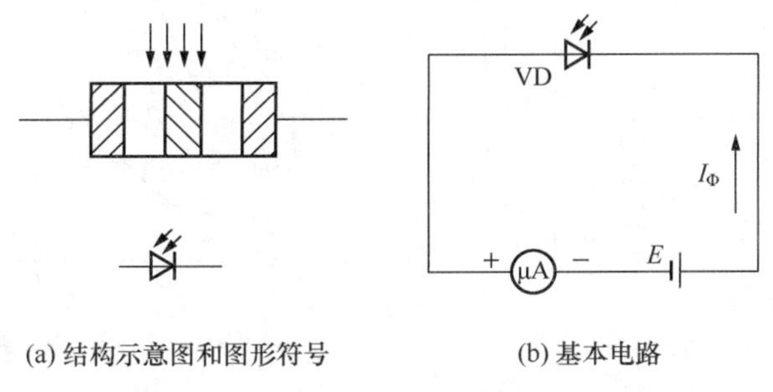

图3.2.10　光敏二极管

PN结加反向电压时，反向电流的大小取决于P区和N区中少数载流子的浓度，无光照时P区中少数载流子（电子）和N区中的少数载流子（空穴）都很少，因此反向电流很小。但是当光照PN结时，只要光子能量h_v大于材料的禁带宽度，就会在PN结及其附近产生光生电子-空穴对，从而使P区和N区少数载流子浓度大大增加。它们在外加反向电压和PN结内电场的作用下定向运动，分别在两个方向上渡越PN结，使反向电流明显增大。如果入射光的照度变化，光生电子-空穴对的浓度将相应变动，通过外电路的光电流强度也会随之变动，光敏二极管就把光信号转换成了电信号。

光敏晶体管有两个PN结，因而可以获得电流增益，它比光敏二极管具有更高的灵敏度。其结构如图3.2.11（a）所示。

当光敏晶体管按图3.2.11（b）所示的电路连接时，它的集电结反向偏置，发射结正向偏置。无光照时仅有很小的穿透电流流过，当光线通过透明窗口照射集电结时，和光敏二极管的情况相似，将使流过集电结的反向电流增大，这就造成基区中正电荷（空穴）的积累。发射区中的多数载流子（电子）将大量注入基区，由于基区很薄，只有一小部分从发射区注入的电子与基区的空穴复合，而大部分电子将穿过基区流向与电源正极相接的集电极，形成集电极电流I_C。这个过程与普通晶体管的电流放大作用相似，它使集电极电流I_C是原始光电流的$(l+\beta)$倍。这样，集电极电流I_C将随入射光照度的改变而更加明显地变化。

（2）基本特性。

① 光谱特性。在入射光照度一定时，光敏晶体管的相对灵敏度随光波波长的变化而变化，一种光敏晶体管只对一定波长范围的入射光敏感，这就是光敏晶体管的光谱特性，如图3.2.12所示。

由曲线可以看出，当入射光波长增加时，相对灵敏度要下降，这是因为光子能量太小，不足以激发电子-空穴对。当入射光波长太短时，光波穿透能力下降，光子只在半导体表面附近激发电子-空穴对，却不能达到PN结，因此相对灵敏度也下降。

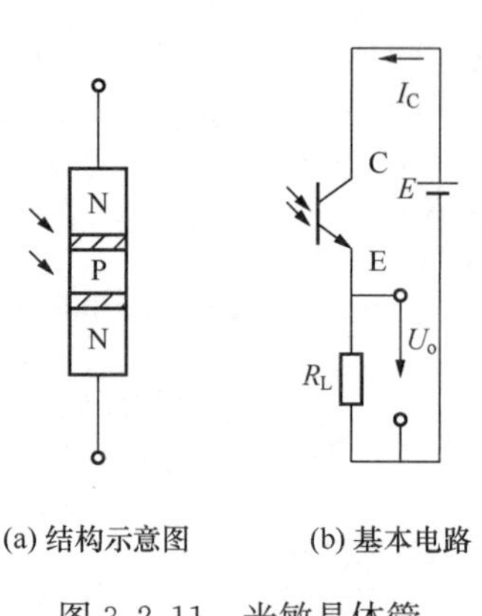

(a) 结构示意图　　(b) 基本电路

图 3.2.11　光敏晶体管

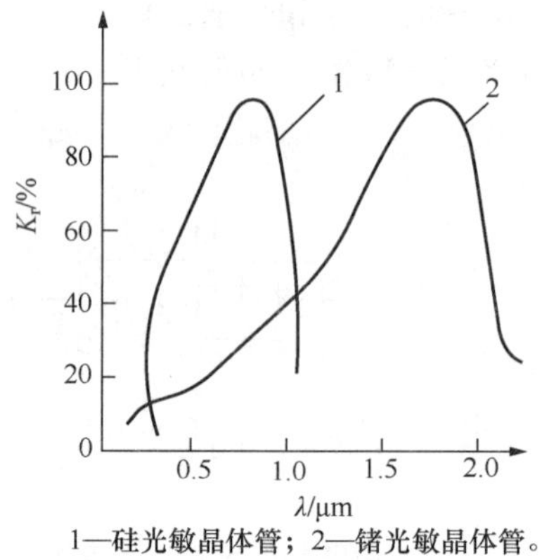

1—硅光敏晶体管；2—锗光敏晶体管。

图 3.2.12　光敏晶体管的光谱特性

从曲线还可以看出，不同材料的光敏晶体管，其光谱峰值波长不同。硅管的峰值波长为 0.9μm 左右，锗管的峰值波长为 1.5μm 左右。由于锗管的暗电流比硅管大，因此锗管性能较差。所以，在探测可见光或赤热物体时，多采用硅管。但对红外光进行探测时，采用锗管较为合适。

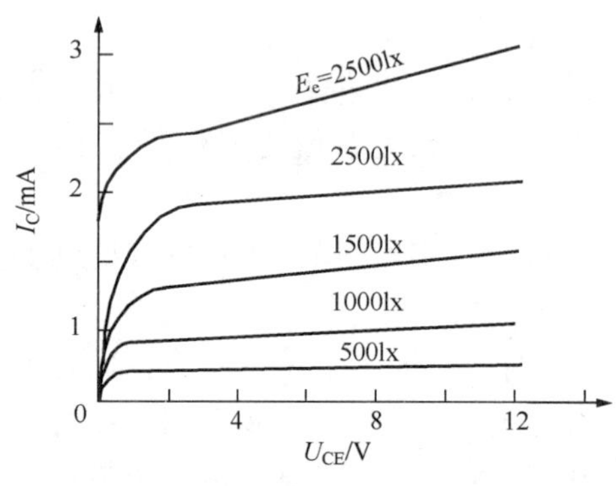

图 3.2.13　光敏晶体管的伏安特性

② 伏安特性。光敏晶体管在不同照度下的伏安特性，与普通晶体管在不同基极电流下的输出特性一样，如图 3.2.13 所示。在这里，改变光照就相当于改变普通晶体管的基极电流，从而得到这样一簇曲线。

③ 光电特性。它指外加偏置电压一定时，光敏晶体管的输出电流和光照度的关系。一般说来，光敏二极管光电特性的线性较好，而光敏晶体管在照度小时，光电流随照度增加较小，并且在光照足够大时，输出电流有饱和现象。这是由于光敏晶体管的电流放大倍数在小电流和大电流时都下降的缘故。

④ 温度特性。温度的变化对光敏晶体管的亮电流影响较小，但是对暗电流的影响却十分显著，如图 3.2.14 所示。因此，光敏晶体管在高照度下工作时，由于亮电流比暗电流大得多，温度的影响相对来说比较小。但在低照度下工作时，因为亮电流较小，暗电流随温度变化就会严重影响输出信号的温度稳定性。在这种情况下，应当选用硅光敏管，因为硅管的暗电流要比锗管小几个数量级。同时还可以在电路中采取适当的温度补偿措施，或者将光信号进行调制，对输出的电信号采用交流放大，利用电路中隔直电容的作用，就可以隔断暗电流，消除温度的影响。

⑤ 频率特性。光敏晶体管受调制光照射时，相对灵敏度与调制频率的关系称为频率特性。如图 3.2.15 所示。减少负载电阻能提高响应频率，但输出降低。一般来说，光敏晶体管的频响比光敏二极管差得多，锗光敏晶体管的频响比硅管小一个数量级。

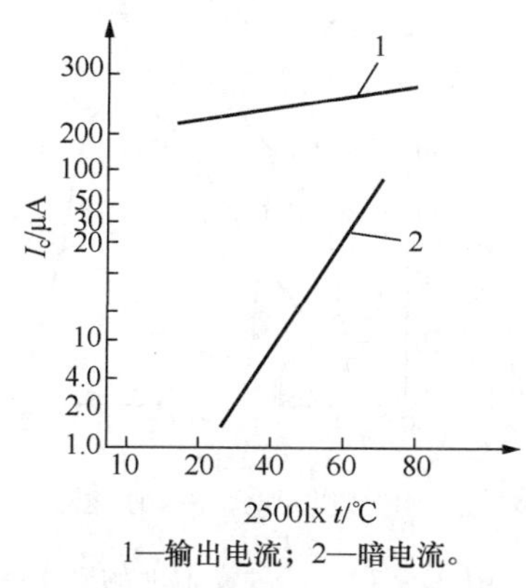

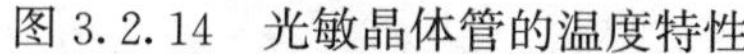
1—输出电流；2—暗电流。

图 3.2.14 光敏晶体管的温度特性

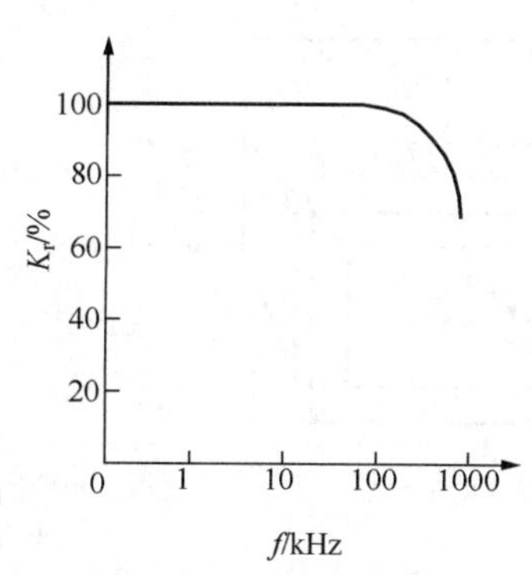

图 3.2.15 光敏晶体管的频率特性

3）光生伏特效应元器件

光电池是一种自发电式的光电元件，它受到光照时自身能产生一定方向的电动势，在不加电源的情况下，只要接通外电路，便有电流通过。光电池的种类很多，包括硒、氧化亚铜、硫化铊、硫化镉、锗、硅、砷化镓等光电池，其中，应用最广泛的是硅光电池，因为它有一系列优点，如性能稳定、光谱范围宽、频率特性好、转换效率高、耐高温辐射等。另外，由于硒光电池的光谱峰值位于人眼的视觉范围，所以很多分析仪器、测量仪表也常用到它。下面着重介绍硅光电池。

（1）工作原理。硅光电池的工作原理基于光生伏特效应，它是在一块 N 型硅片上用扩散的方法掺入一些 P 型杂质而形成的一个大面积 PN 结，如图 3.2.16（a）所示。当光照射 P 区表面时，若光子能量大于硅的禁带宽度，则在 P 型区内每吸收一个光子便产生一个电子-空穴对，P 区表面吸收的光子最多，激发的电子-空穴对也最多，越向内部越少。这种浓度差便形成从表面向内部扩散的自然趋势。由于 PN 结内电场的方向是由 N 区指向 P 区的，它使扩散到 PN 结附近的电子-空穴对分离，光生电子被推向 N 区，光生空穴被留在 P 区。从而使 N 区带负电，P 区带正电，形成光生电动势。若用导线连接 P 区和 N 区，电路中就有光电流流过。图 3.2.16（b）为其电路图形符号。

（2）基本特性。

① 光谱特性。光电池对不同波长的光，灵敏度是不同的。图 3.2.17 是硅光电池和硒光电池的光谱特性曲线。从图中可知，不同材料的光电池适用的入射光波长范围也不相同。硅光电池的适用范围宽，对应的入射光波长可在 0.45～1.1μm 之间，而硒光电池只能在 0.34～0.57μm 波长范围，它适用于可见光检测。

在实际使用中，应根据光源的性质来选择光电池。当然，也可根据现有的光电池来选择光源，但是要注意光电池的光谱峰值位置不仅与制造光电池的材料有关，还与制造工艺有关，而且随着使用温度的不同会发生移动。

② 光电特性。在不同的光照度下，光电池的光生电动势和光电流是不相同的。硅光电池的光电特性如图 3.2.18 所示。其中，曲线 1 是负载电阻无穷大时的开路电压特性曲线；曲线 2 是负载电阻相对于光电池内阻很小时的短路电流特性曲线。开路电压与

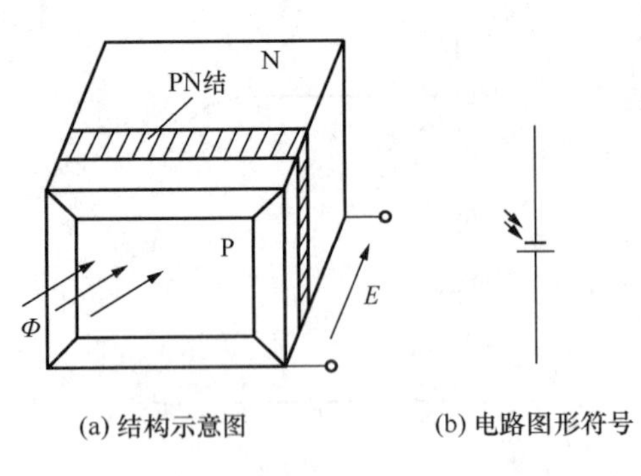

(a) 结构示意图　(b) 电路图形符号

图 3.2.16　硅光电池

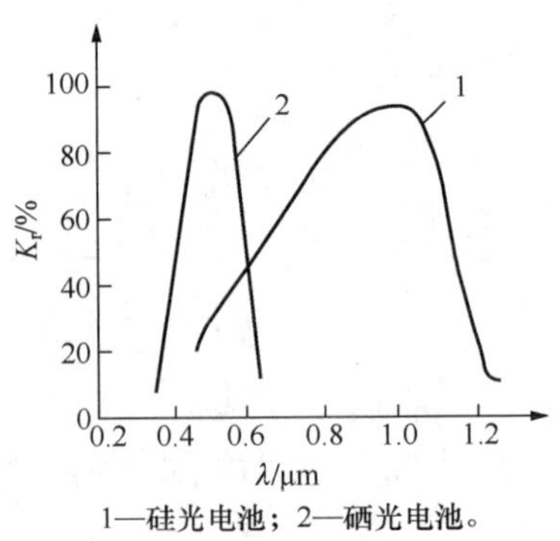

1—硅光电池；2—硒光电池。

图 3.2.17　两种光电池的光谱特性

光照度的关系是非线性的，而且在光照度为 2000lx 时就趋于饱和，而短路电流在很大范围内与光照度呈线性关系，负载电阻越小，这种线性关系越好，而且线性范围越宽。因此检测连续变化的光照度时，应当尽量减小负载电阻，使光电池在接近短路的状态工作，也就是把光电池作为电流源来使用。在光信号断续变化的场合，也可以把光电池作为电压源使用。

③ 温度特性。光电池的温度特性是指开路电压和短路电流随温度变化的情况。由于它关系到应用光电池的仪器设备的温度漂移，影响测量精度或控制精度等重要指标，因此温度特性是光电池的重要特性之一。从图 3.2.19 中可以看出，硅光电池开路电压随温度上升而明显下降，温度上升 1℃，开路电压约降低 3mV。短路电流随温度上升却是缓慢增加的。因此，光电池作为检测元件时，应考虑温度漂移的影响，并采用相应的措施进行补偿。

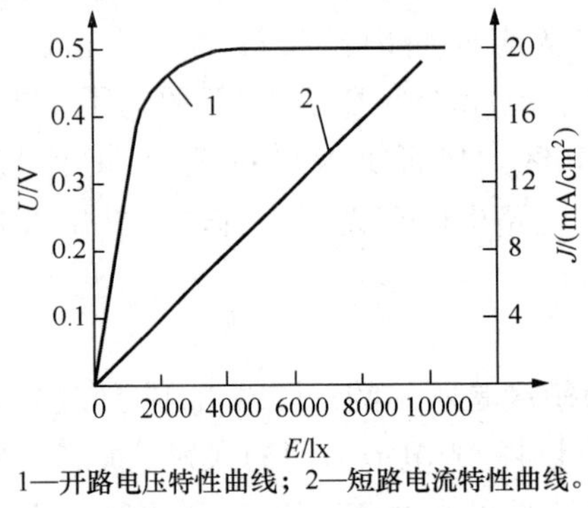

1—开路电压特性曲线；2—短路电流特性曲线。

图 3.2.18　硅光电池的光电特性

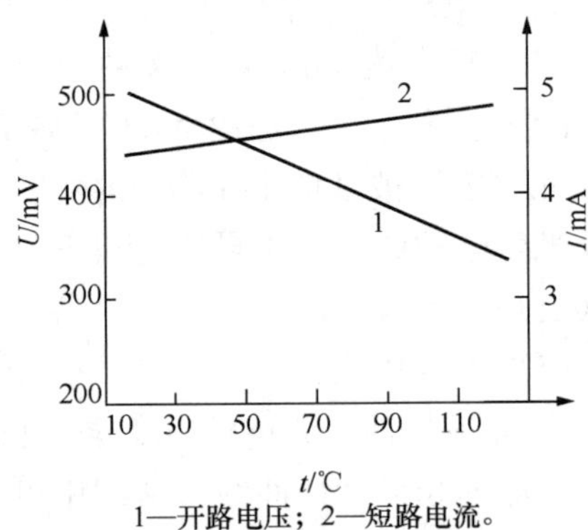

1—开路电压；2—短路电流。

图 3.2.19　硅光电池的温度特性

④ 频率特性。光电池的频率特性是指输出电流与入射光调制频率的关系。

当入射光照度变化时，由于光生电子-空穴对的产生和复合都需要一定时间，因此入射光调制频率太高时，光电池输出电流的变化幅度将下降。硅光电池的频率特性较好，工作频率的上限约为数万赫兹，而硒光电池的频率特性较差。在调制频率较高的场合，应采用硅光电池，并选择面积较小的硅光电池和较小的负载电阻，以进一步减小响应时间，改善频率特性。

2. 光电传感器

光电传感器通常由光源、光学通路和光电元器件三部分组成，如图 3.2.20 所示。图中，Φ_1 是光源发出的光信号，Φ_2 是光电元器件接收的光信号，被测量可以是 x_1 或者 x_2，它们能够分别造成光源本身或光学通路的变化，从而影响传感器输出的电信号 I。光电传感器设计灵活，形式多样，将在越来越多的领域得到广泛应用。

光电开关的原理（视频）

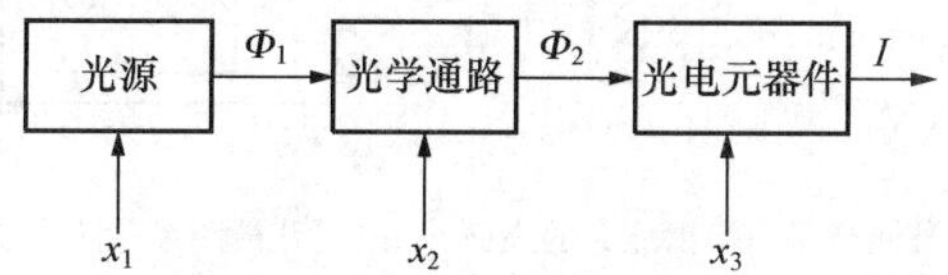

图 3.2.20　光电传感器原理框图

光电传感器的敏感范围远远超过了电感、电容、磁力、超声波传感器的敏感范围。此外，光电传感器的体积很小，而敏感范围很宽，加上机壳有很多样式，几乎可以到处使用，而且随着技术的不断发展，光电传感器在价格方面可以与其他技术制造的传感器竞争。

按照光电传感器中光电元器件输出电信号的形式可以将光电传感器分为模拟式和脉冲式两大类。

1）模拟式光电传感器

这种传感器中光电元器件接收的光通量随被测量连续变化，因此输出的光电流也是连续变化的，并与被测量呈确定的函数关系，这类传感器通常有以下 4 种形式。

① 光源本身是被测物，它发出的光投射到光电元器件上，光电元器件的输出反映了光源的某些物理参数，如图 3.2.21（a）所示。这种形式的传感器可用于光电比色高温计和照度计。

② 恒定光源发射的光通量穿过被测物，其中一部分被吸收，剩余的部分投射到光电元器件上，吸收量取决于被测物的某些参数，如图 3.2.21（b）所示。这种形式的传感器可用于测量透明度、混浊度。

③ 恒定光源发射的光通量投射到被测物上，由被测物表面反射后再投射到光电元器件上，如图 3.2.21（c）所示。反射光的强弱取决于被测物表面的性质和状态，因此可用于测量工件表面粗糙度、纸张的白度等。

④ 从恒定光源发射出的光通量在到达光电元器件的途中受到被测物的遮挡，使投射到光电元器件上的光通量减弱，光电元器件的输出反映了被测物的尺寸或位置，如图 3.2.21（d）所示。这种形式的传感器可用于工件尺寸测量、振动测量等场合。

2）脉冲式光电传感器

在这种传感器中，光电元器件接收的光信号是断续变化的，因此光电元器件处于开关工作状态，它输出的光电流通常是只有两种稳定状态的脉冲形式的信号，多用于光电计数和光电式转速测量等场合。

3. 光电传感器的常用光源

光源是许多光电传感器的重要组成部分。要使光电传感器很好地工作，除了合理选

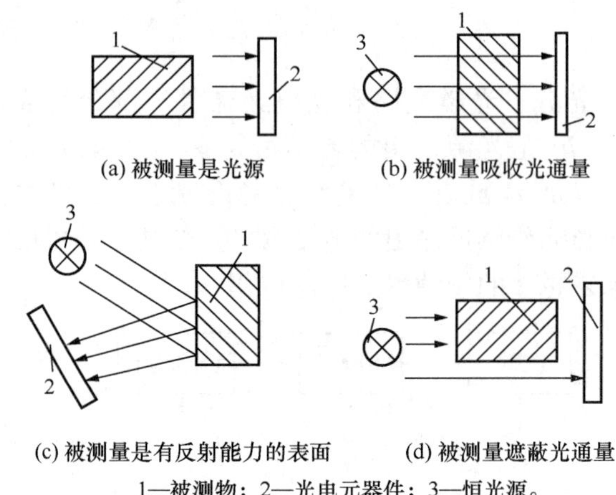

1—被测物；2—光电元器件；3—恒光源。

图 3.2.21　模拟式光电传感器的常见形式

用光电元器件外，还必须配备合适的光源。常用光源有以下几种。

1）发光二极管

发光二极管是一种把电能转换成光能的半导体器件。它具有体积小、功耗低、寿命长、响应快、机械强度高等优点，并能和集成电路相匹配，因此被广泛用于计算机、仪器仪表和自动控制设备中。

2）钨丝灯泡

这是一种最常用的光源，它具有丰富的红外线。如果选用的光电元器件对红外光敏感，构成传感器时可加滤色片将钨丝灯泡的可见光滤除，而仅用它的红外线做光源，因此可有效防止其他光线的干扰。

3）激光

激光与普通光线相比具有能量高度集中、方向性好、频率单纯、相干性小等优点，是很理想的光源。

4. 光电转换电路

*注意：这是本任务的又一个重点，因为光电传感器必须通过光电转换电路才能输出所需的电信号。教师在分析有关电路时要注重对电路基本原理的分析，帮助学生全面理解和掌握这些转换电路的工作原理。

由光源、光学通路和光电器件组成的光电传感器在用于光电检测时，还必须配备适当的测量电路。测量电路能够把光电效应造成的光电元器件电性能的变化转换成所需要的电压或电流。不同的光电元器件，所要求的测量电路也不相同。下面介绍几种半导体光电元器件常用的测量电路。

图 3.2.22 给出了带有温度补偿的光敏二极管桥式测量电路。当入射光强度缓慢变化时，光敏二极管的反向电阻也缓慢变化，温度的变化将造成电桥输出电压的漂移，必须进行补偿。图中一个光敏二极管作为检测元件，另一个装在暗盒里，置于相邻桥臂中，温度的变化对两只光敏二极管的影响相同，因此可消除桥路输出随温度的漂移。

光敏晶体管在低照度入射光下工作或者希望得到较大的输出功率时，也可以配以放大电路，如图 3.2.23 所示。

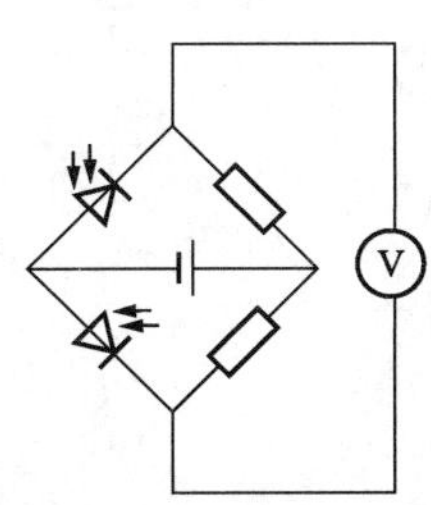

图 3.2.22 光敏二极管测量电路

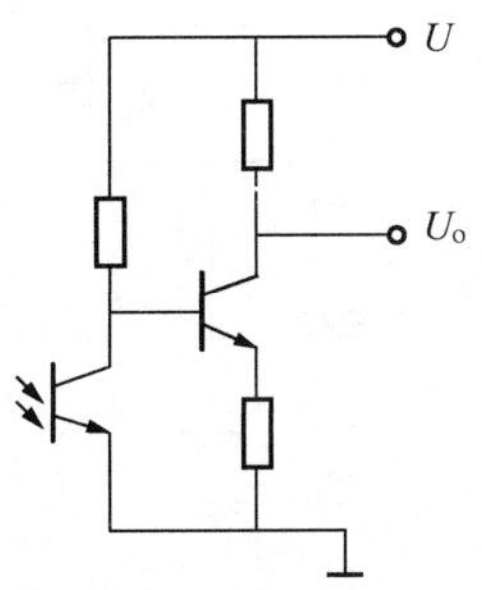

图 3.2.23 光敏晶体管测量电路

由于光敏电池即使在强光照射下，最大输出电压也仅为 0.6V，还不能使下一级晶体管有较大的电流输出，故必须加正向偏压，如图 3.2.24（a）所示。为了减小晶体管基极电路阻抗变化，尽量降低光电池在无光照时承受的反向偏压，可在光电池两端并联一个电阻。或者如图 3.2.24（b）所示，利用锗二极管产生的正向压降和光电池受到光照时产生的电压叠加，使硅管 E、B 极间电压大于 0.7V，而导通工作。这种情况下也可以使用硅光电池组，如图 3.2.24（c）所示。

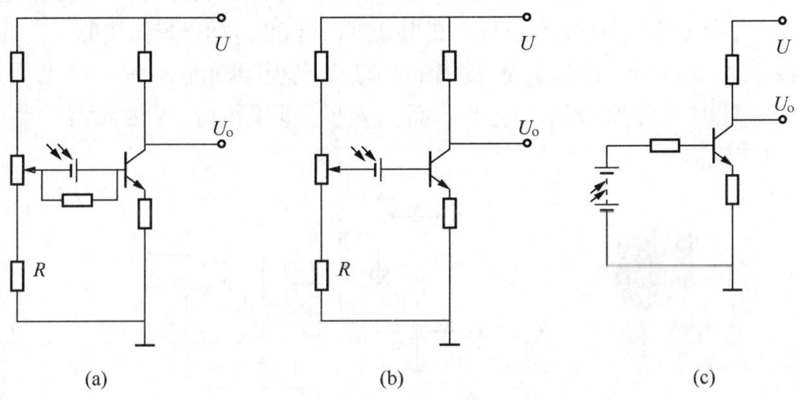

图 3.2.24 光电池测量电路

半导体光电元器件的光电转换电路也可以使用集成运算放大器。硅光敏二极管通过集成运放可得到较大输出幅度，如图 3.2.25（a）所示。当光照产生的光电流为 I_Φ 时，输出电压 $U_o=I_\Phi R_F$。为了保证光敏二极管处于反向偏置，在它的正极要加一个负电压。图 3.2.25（b）给出了硅光电池的光电转换电路，由于光电池的短路电流和光照呈线性关系，因此将它接在运放的正、反相输入端之间，利用这两端电位差接近于零的特点，可以得到较好的效果。在图中所示条件下，输出电压 $U_o=2I_\Phi R_F$。

3.2.2 任务实施：光电转速测量电路的设计与制作

采用透射型光电传感器及微型电动机设计一个光电式转速测量装置，输出计数脉冲信号，通过对计数脉冲进行计量就可以得到电动机的转速。

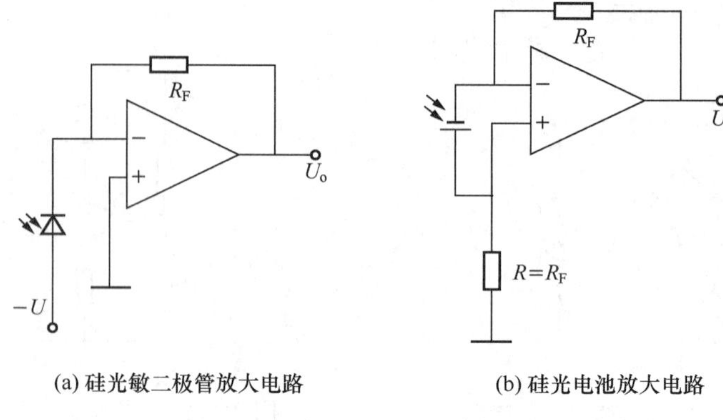

(a) 硅光敏二极管放大电路　　(b) 硅光电池放大电路

图 3.2.25　使用运放的光敏元件放大电路

1. 光电转速传感器的结构原理

光电转速传感器是根据光敏二极管的工作原理制造的一种感应接收光强度变化的电子器件，主要包含由调制光源、光敏元器件等组成的光学系统，以及放大器、开关或模拟量输出装置。光电转速传感器有反射型和透射型两大类，其外形及工作原理如图 3.2.26所示（以 H42B6 透射型为例），4 个接线柱分别为黑线、黄线接电源输入线，使 LED 发光，可根据需要制成各种频率的发光管；红线为信号输出线，白线为共地线。中间凹槽可设挡光板，当一侧发光管发出的光被挡光板阻断时，另一侧光敏元器件就接收不到光信号，此时传感器输出低电平；而挡光板不阻断时，光敏元器件受到光照，传感器输出相应的电信号。

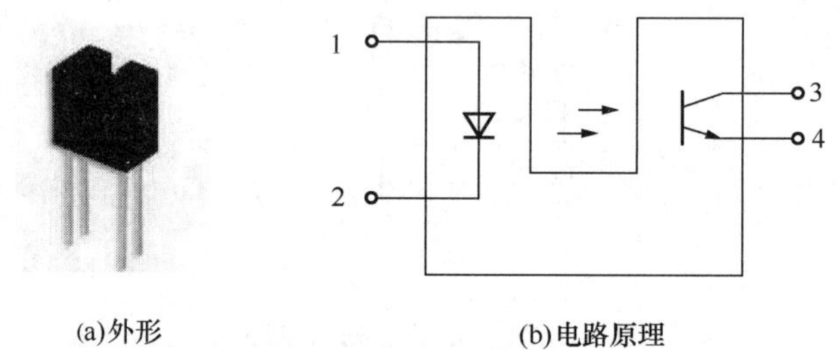

(a)外形　　(b)电路原理

1—电源正，黄色；2—电源负，黑色；3—信号正，红色；4—信号负，白色。

图 3.2.26　传感器外形与内部电路原理

2. 光电转速传感器检测装置

转速信号盘（视频）

1）转速信号盘

信号盘可以用厚度为 1mm 的薄钢板制成，也可以用不透光塑料或其他材质薄板制成，便于手工切割，尺寸要与电动机及传感器相匹配，直径一般为 10cm 左右，结构如图 3.2.27 所示。盘上共有 6 个齿，围绕盘中心有 4 个均匀分布的孔，两个大孔直径为 20mm，两个小孔直径为 10mm，主要用于在发动机上定位。盘中心还有一个与电动机转轴连接的中心孔，大小与电动机转轴一致。将信号盘与电动机转轴装在一起，使其随电动机转动；将传感器固定在支架上，垂直于转速盘，当转速盘旋转时，光电传感器就输出矩形脉冲信号，每6个脉冲对应电动机1个循环，精度有限，如要获得更高精度，可采用细分电路进行细分。

2）检测装置安装

检测装置结构如图3.2.28所示，将信号盘固定在电动机转轴上，光电转速传感器正对着信号盘。

图3.2.27　信号盘结构

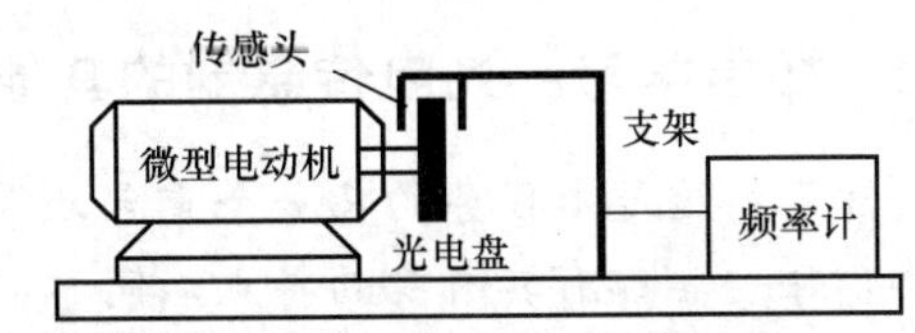

图3.2.28　检测装置结构示意图

测量头由光电转速传感器组成，而且测量头两端的距离与信号盘的距离相等。测量用器件封装后，固定装在贴近信号盘的位置，当信号盘转动时，光电元器件即可输出正负交替的周期性脉冲信号。信号盘旋转一周产生的脉冲数等于其上的齿数。因此，脉冲信号的频率大小就反映了信号盘转速的高低。该装置的优点是输出信号的幅值与转速无关，精确度高。如果将此装置外接放大、A/D转换和数字显示单元，则可成为数字式转速表。

3）信号处理电路的设计

被测转速经过光电传感器转换后，成为微弱的电脉冲信号，需要进行放大分析、整形处理、显示和记录等处理，这就需要引入中间转换电路。根据所用传感器H42B6的相关参数和装置的有关资料进行电路设计，如图3.2.29所示。

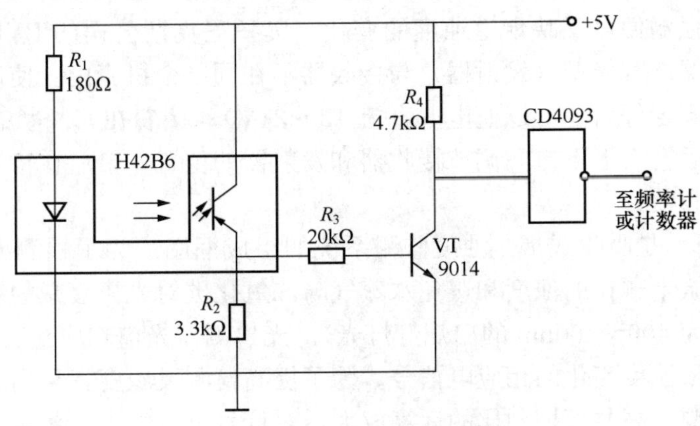

图3.2.29　信号转换电路

其中，R_1、R_4 起限流作用，R_2 起分流作用，R_3 为输出电阻，CD4093 是施密特触发器（4-2 输入与非门）。当信号盘上的齿槽旋转至与光电开关的透光位置重合时，触发器输出高电平；当齿形遮住传感器光电路时，触发器输出低电平，实现对信号盘齿数的计数。

3. 转速测量原理

这种测速法采用频率测量法，其测量原理为，在固定的测量时间内，计取转速传感器发生的脉冲个数（即频率），从而算出实际转速。设固定的测量时间为 T，计数器计取的脉冲个数为 N，则被测转速为

$$n=\frac{N}{6T} \tag{3.2.2}$$

3.2.3 拓展学习：光电传感器的其他应用

＊注意：这是本任务的又一个重点，常用的光电传感器有透射式、反射式和遮光式三大类，每一类都有其自身的特点，同学们在学习过程中要注意了解其性能特点，掌握其工作原理，弄清楚它们的型号表示方法，这样才能合理地选用这类传感器。

1. 透射式光电传感器的应用

光电开关的遮光与入光（视频）

透射式光电传感器是将发光管和光敏晶体管等，以相对的方向装在中间带槽的支架上。当槽内无物体时，发光管发出的光直接照在光敏晶体管的窗口上，从而产生一定大小的电流输出，当有物体经过槽内时则挡住光线，光敏晶体管无输出，以此可识别物体的有无。这类传感器适用于光电控制、光电计量等电路中，可检测物体的有无、运动方向、转速等。

防止工业烟尘污染是环保的重要任务之一。为了消除工业烟尘污染，首先要知道烟尘排放量，因此必须对烟尘源进行监测、自动显示和超标报警。

烟道里的烟尘浊度是通过光在烟道传输过程中的变化大小来检测的。如果烟道浊度增加，光源发出的光被烟尘颗粒的吸收和折射增加，到达光检测器的光减少。因此光检测器输出信号的强弱便可反映烟道浊度的变化。奥托尼克斯公司的 BYD3M-TDT 透射式小型光电传感器，其光源（发射器）与接收器不在同一个机壳内。使用时先将发射器和接收器对准并固定好后才可以通电（直流 12～24V）；接着在 ON 状态设定好发射器的中心位置，然后左右上下方向调节接收器和发射器的位置；最后在检测目标稳定后固定好发射器和接收器。

图 3.2.30 所示是吸收式烟尘浊度监测系统的组成框图。为了检测出烟尘中对人体危害性最大的亚微米颗粒的浊度和避免水蒸气与二氧化碳对光源衰减的影响，选取可见光作光源（波长为 400～700nm 的白炽灯灯光）。光检测器光谱响应范围为 400～600nm 的光电管，获取随浊度变化的相应电信号。为了提高检测灵敏度，采用具有高增闪、高输入阻抗、低零漂、高共模抑制比的运算放大器对信号进行放大。刻度校正被用来进行调零与调满刻度，以保证测试的准确性。显示器可显示浊度瞬时值。报警电路由多谐振荡器组成，当运算放大器输出浊度信号超过规定时，多谐振荡器工作，输出信号经放大

后推动喇叭发出报警信号。

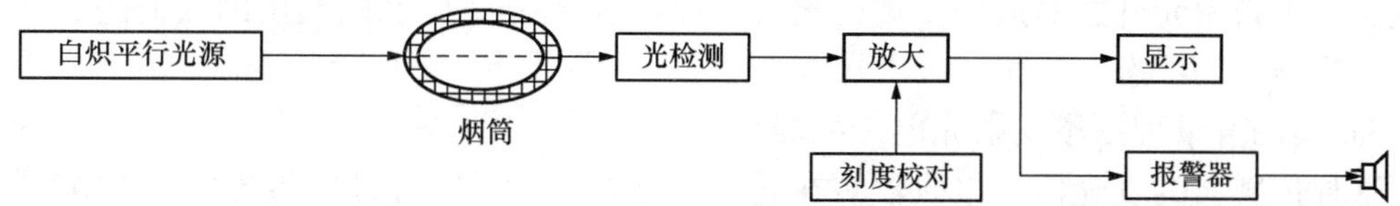

图 3.2.30 吸收式烟尘浊度监测系统组成框图

2. 漫反射型光电传感器

漫反射型光电传感器有时也被称作接近传感器。在这种传感器中，发光器和接收器装在同一个机壳中。发光器发出的光线射到目标物体上，目标物体将光线反射回来。其中一部分反射光被送回到接收器，接收器根据接收到的反射光将日标物体检测出来。由于目标物体的角度以及反射性能，发光器产生的能量大部分被损失掉，所以与镜面反射（回射）型和光束阻挡型光电传感器相比，漫射型光电传感器的敏感范围比较小。

该类传感器装简单置，不需要其他的元器件，如反射镜或者单独的接收器，但敏感范围及接收器的能力受目标物体的颜色、尺寸、表面粗糙度等因素的影响较大，故此着重研究漫射-聚焦型传感器。

1）漫射-聚焦型传感器

漫射-聚焦型传感器是效率较高的一种漫射型光电传感器，它的发光器透镜聚焦在传感器前面固定的一点上，接收器透镜也聚焦在同一点上，其敏感的范围是固定的，取决于聚焦点的位置。这种传感器能够检测焦点上的物体，允许物体前后偏离焦点一定距离，这个距离称为“敏感窗口”。当物体在敏感窗口以外，即在焦点之前或者之后时便检测不到。敏感窗口取决于目标的反射性能和灵敏度的调节状况。因为所射出来的光能是聚焦在一个点上面的，增益增大了很多，于是传感器很容易地就能检测到窄小的物体或者反射性能差的物体。

具有背景光抑制功能的漫射型光电传感器只能检测一定距离的目标物体，在这个距离以外的物体它便检测不到。在各种漫射型光电传感器中，这种类型的传感器敏感目标物体颜色的灵敏度是最低的。这种传感器的一个主要优点是，它不会检测背景物体，而普通的漫射型光电传感器往往会把背景物体误认为是目标物体。

含有背景光抑制功能的漫射型光电传感器可以在距离固定的情况下使用，也可以在距离变化的情况下使用。抑制背景光的方法从技术上讲有两种：一种是机械的方法；另一种是电子的方法。

对于具有机械式背景光抑制功能的漫射型光电传感器，它里面有两个接收元件：一个接收来自目标物体的光；另一个接收背景光。目标接收器 E_1 上的反射光的强度超过背景光接收器 E_2 上的反射光时，便把目标检测出来，产生输出信号。当背景光接收器上的反射光的强度超过目标接收器上的反射光时，不检测目标，输出状态不发生变化。在距离可变的传感器中，焦点可以用机械的方法进行调节。

对于具有电子式背景光抑制功能的漫射型传感器，在传感器中使用一只位置敏感元件（PSD）而不是使用机械元件。发光器发出一束光线，光束反射回来，从目标物体反射回来的光线和从背景物体反射回来的光线到达位置敏感元件的两个不同位置。传感器对到达位置敏感元件这两点的光进行比较，并将这个信号与事先设定的数值进行比较，从而决定输出的状态。

2）实用背景抑制漫反射光电传感器

这种传感器的发光器和接收器装在同一个机壳中，采用背景抑制技术，使由目标之外的物体反射光引起假切换的危险降低到最小。反射光通过传感器内一系列接收元件收集，并给出一个输出。如果目标移动并且从离预设距离更远的物体上得到反射时，接收的光线角度将改变；反过来，将影响接收元件的输出，并且传感器不响应。该背景抑制漫射光电传感器的控制（NPN）输出线路如图 3.2.31 所示。

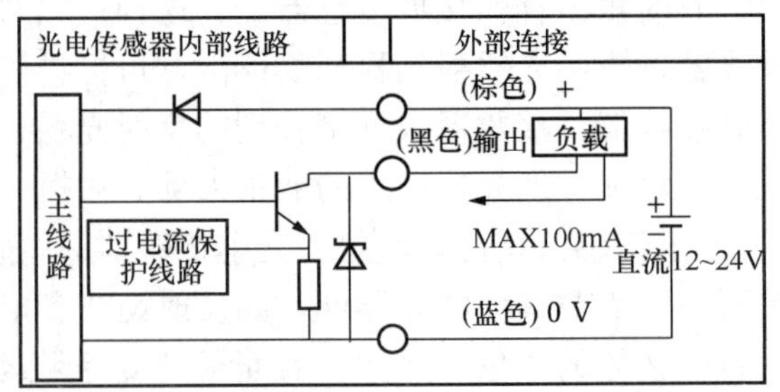

图 3.2.31　实用背景抑制漫反射光电传感器

镜面反射式光电传感器的发光器和接收器装在同一个机壳中，这与漫射型传感器是一样的。但是它使用一只反射镜把发光器产生的光线反射到接收器上。当目标物体阻挡了光电传感器送往反射镜的光线时，便把目标物体检测出来，其工作原理如图 3.2.32 所示。与漫射型传感器相比，镜面反射式传感器的敏感距离比较大，这是因为，与大多数目标物体的反射率相比，反射镜的反射效率很高。在镜面反射式传感器中，目标物体的颜色和表面粗糙度不会影响敏感距离，然而在漫射型传感器中，目标物体的颜色和表面粗糙度会影响敏感距离。

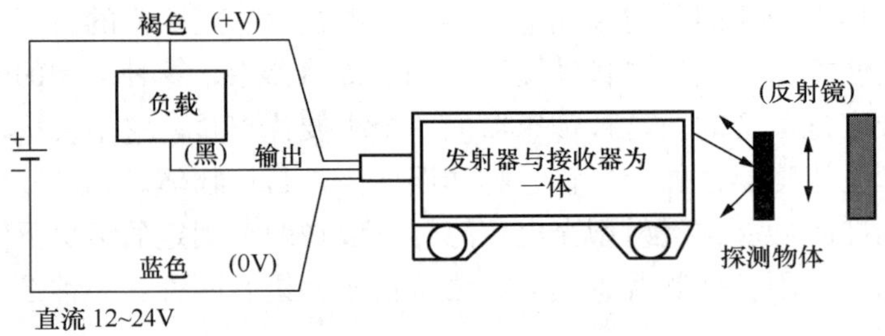

图 3.2.32　镜面反射式光电传感器工作原理图

图 3.2.33 为镜面反射式光电传感器使用示意图。应先将传感器和反射镜面对面安装，连接电源；再调节传感器或反射镜面的上下左右位置，使传感器的指示灯变亮；最后可靠安装两者，并校对，使其检测到目标；如果被测物的反射率比发射镜面高，它会发生误动作，因此，在传感器和被测物之间要留有足够的空间，或使被测物和光轴成 30°～45°的角度。

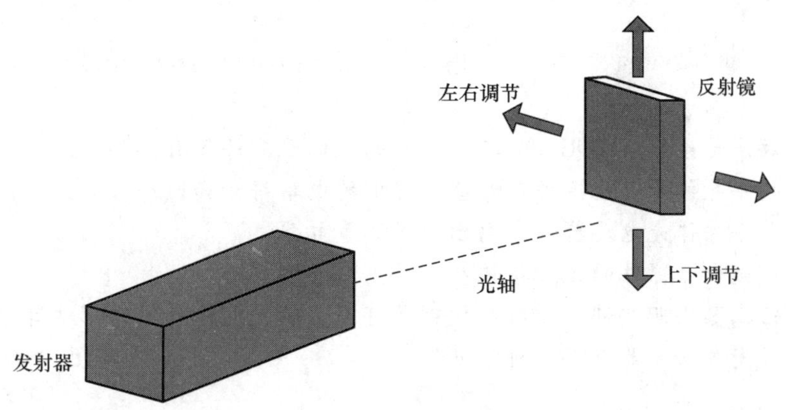

图 3.2.33　镜面反射式光电传感器使用示意图

3. 光电式带材跑偏检测器

带材跑偏检测器用来检测带型材料在加工中偏离正确位置的大小及方向，从而为纠偏控制电路提供纠偏信号，主要用于印染、送纸、胶片、磁带生产过程。光电式带材跑偏检测器原理如图 3.2.34 所示。光源发出的光线经过透镜 1 会聚为平行光束，投向透镜 2，随后被会聚到光敏电阻上。在平行光束到达透镜 2 的途中，有部分光线受到被测带材的遮挡，使传到光敏电阻的光通量减少。

光电式带材跑偏检测器（视频）

图 3.2.35 所示为测量电路简图。R_1、R_2 是同型号的光敏电阻。R_1 作为测量元件装在带材下方，R_2 用遮光罩罩住，起温度补偿作用。当带材处于正确位置（中间位）时，由 R_1～R_4 组成的电桥平衡，使放大器输出电压 U_o 为 0。当带材左偏时，遮光面积减少，光敏电阻 R_1 阻值减少，电桥失去平衡。差动放大器将这一不平衡电压加以放大，输出电压为负值，它反映了带材跑偏的方向及大小；反之，当带材右偏时，U_o 为正值。输出信号 U_o 一方面由显示器显示出来，另一方面被送到执行机构，为纠偏控制系统提供纠偏信号。

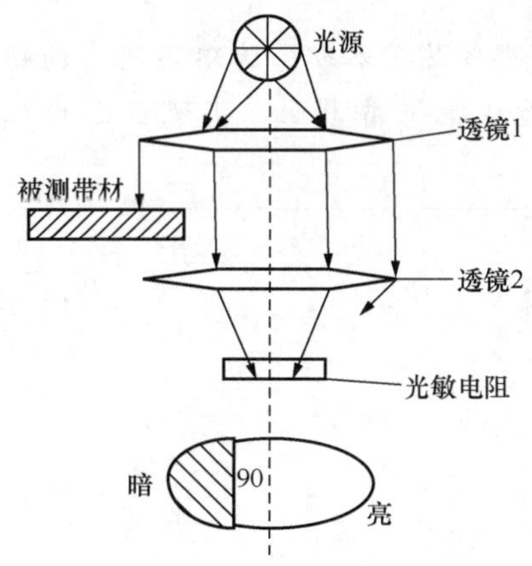

图 3.2.34　带材跑偏检测器工作原理

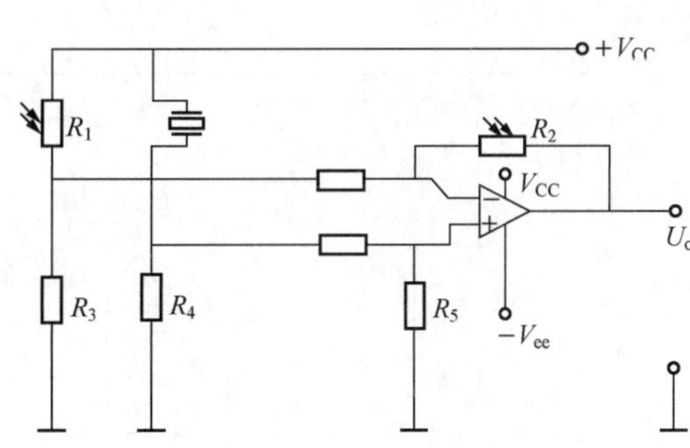

图 3.2.35　测量电路

思 考 题

1. 光电效应传感器有哪几种？与之对应的光电元器件各有哪些？
2. 常用的半导体光电元器件有哪些？它们的电路符号如何？
3. 对每种半导体光电元器件，画出一种测量电路。
4. 什么是光电元器件的光谱特性？
5. 光电传感器由哪些部分组成？被测量可以影响光电传感器的哪些部分？
6. 模拟式光电传感器有哪几种常见形式？

思政园地

大 国 工 匠

徐立平是中国航天科技集团公司第四研究院 7416 厂航天发动机固体燃料药面整形组组长，他的工作就是带领同事，为固体燃料发动机的推进剂药面“动刀”整形，以满足火箭及导弹飞行的各种复杂需要。这种工作岗位属国家一级危险岗位，但是他一干就是 30 多年，在这个全世界都无法完全用机械代替手工操作的岗位上，忍受着常人难以想象的危险与寂寞，以精湛技艺和过人胆识“雕刻”火药，将一件件大国利器送入云霄，从航天“蓝领”一步步成长为大国工匠。

他的手艺是勤学苦练十几年，练秃了几十把刀才练成的。固体发动机药面允许的最大误差是 0.5mm，而经过他的整形，误差不超过 0.2mm，堪称秦岭深处“一把刀”。

徐立平是大国工匠中的杰出代表，在最危险的岗位上练就了独门绝技。大国工匠们个个技艺精湛，有人能在牛皮纸一样薄的钢板上焊接而不出现一丝漏点，有人能把密封精度控制在头发丝的五十分之一，还有人检测手感堪比 X 光般精准，令人叹服。他们之所以能够匠心筑梦，凭的是传承和钻研，靠的是专注与磨砺。

爱岗敬业，是社会主义核心价值观的内容之一。筑就人生美丽梦想也好，践行核心价值观也罢，既不是虚无缥缈的，也不是高不可攀的。“成功之源”就根植在你我他的职业道德里、情感良心中。

大国工匠们的感人故事和生动实践表明，只有那些热爱本职、脚踏实地，勤勤恳恳、兢兢业业，尽职尽责、精益求精的人，才可能成就一番事业，实现自己的人生价值。

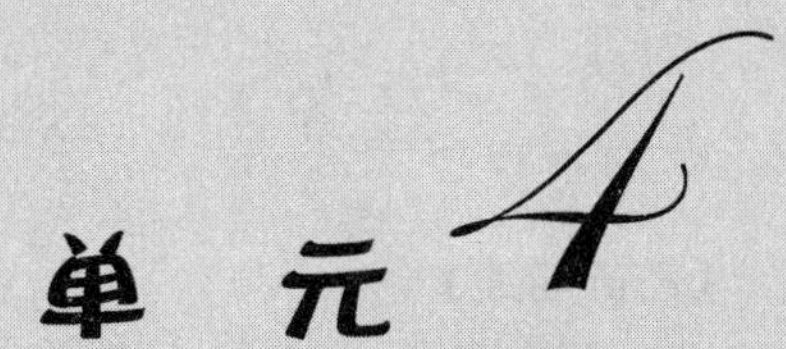

单元4 检测温度用典型传感器

温度是很多工业产品（如化工产品、轻工产品、农产品、冶金产品等）生产过程中最为关键的工艺参数之一，温度检测主要是为了保证产品生产过程中各个工艺环节的正常温度，进而确保产品品质并实现生产过程的自动化控制。在航天、航空、电力、水利、石油化工、机械、军工、医疗、纺织、汽车、煤炭、地震监测等各行业需要进行自动控制的场合，几乎都需要检测和控制温度。用于温度检测的传感器有许多，传统的有电阻式、热电式、集成式等；现代的有红外式、半导体式等；以输出信号分有模拟式和数字式两大类。本单元选取最典型的电阻式、热电式和红外辐射式及数字式4类温度传感器分4个学习任务进行介绍，使同学们了解和掌握温度量检测的常用方法和典型传感器的选用。

知识目标 ☞

1. 掌握工业生产中温度测量与控制的常用方法；
2. 掌握电阻式、热电式、红外式和数字式等典型温度传感器的结构原理；
3. 了解各种温度检测电路的工作原理；
4. 熟悉各种温度检测电路的设计方法，以及各种温度传感器和温度变送器的选用方法。

技能目标 ☞

1. 培养对温度传感器及各种电路器件的选用能力；
2. 培养对温度测量电路的设计制作能力；
3. 培养对测温电子产品的整体设计能力；
4. 培养对温度测控系统的设计与维护能力。

素质目标 ☞

1. 树立创先争优意识；
2. 培育创新创业精神；

任务 4.1　热电阻、热敏电阻与温度测量

【任务描述】

热电阻和热敏电阻是目前使用最广泛的温度检测与控制用传感器，也是比较传统的温度传感器。随着生产过程自动化程度的不断提高，绝大多数工业产品在生产过程中都需要对环境温度或是工艺温度进行精确控制，需要用到温度传感器。热电阻主要用于产品生产现场的温度检测；热敏电阻则主要用于生产设备关键部件及电子电路中的关键器件的温度控制。本任务主要探讨热电阻和热敏电阻的结构原理、测量电路及其应用情况，并在拓展学习部分介绍集成式温度传感器。

【任务分析】

本任务主要包括三部分，一是基础知识部分，主要包括热电阻和热敏电阻的结构原理分析、主要类型、基本应用电路分析和应用场合等内容；二是任务实施部分，通过典型热电阻和热敏电阻温度检测电路的设计与制作，训练学生从事电子检测产品设计与管理工作的能力；三是拓展学习部分，主要讨论热电阻和热敏电阻在生产实际中的应用情况，还将介绍集成式温度传感器的应用与发展情况，以及温度检测技术发展的最新成果，以拓宽学生的知识面。

4.1.1　基础知识：热电阻与热敏电阻

1. 热电阻

热电阻 Pt100
（视频）

热电阻是中低温区最常用的一种温度检测传感器。它的主要特点是测量精度高，性能稳定。其中铂热电阻的测量精确度是最高的，它不仅广泛应用于工业测温，而且被制成标准的温度基准仪。

1）热电阻测温原理及材料

热电阻测温是基于金属导体的电阻值随温度的增加而增加这一特性来进行温度测量的。

热电阻大都由纯金属材料制成，目前应用最多的是铂和铜，并已开始采用镍、锰和铑等材料。

（1）铂电阻。铂易于提纯，物理化学性质稳定，电阻率较大，能耐较高的温度，可作为复现温标的基准器。

铂电阻的电阻值与温度之间的关系可表示为

$$R_t = R_0(1 + At + Bt^2) \quad (t \text{ 为 } 0 \sim 650℃)$$

$$R_t = R_0[(1 + At + Bt^2 + C(t - 100)t^3] \quad (t \text{ 为 } -200 \sim 0℃) \qquad (4.1.1)$$

式中，R_t 为温度 t℃时的电阻值；R_0 为温度 0℃时的电阻值；A 为常数，$A=3.968\,47\times 10^{3}℃^{-1}$；$B$ 为常数，$B=5.847\times 10^{-7}℃^{-2}$；$C$ 为常数，$C=-4.22\times 10^{-12}℃^{-4}$。

（2）铜电阻。铂是贵重金属，因此在一些测量精度要求不高，测温范围较小（−50～150℃）的情况下，普遍采用铜电阻。铜电阻具有较大的电阻温度系数，材料容易提纯，铜电阻的阻值与温度之间接近线性关系，铜的价格比较便宜，所以铜电阻在工业上得到广

泛应用。铜电阻的缺点是电阻率较小，稳定性也较差，容易氧化。

铜电阻的电阻值与温度之间的关系为

$$R_t = R_0(1+\alpha t) \tag{4.1.2}$$

式中，R_t 为温度 t℃时的电阻值；R_0 为温度 0℃时的电阻值；α 为温度 0℃时的电阻温度系数。

铂电阻用 0.03～0.07mm 的铂丝绕在云母片制成的片形支架上，绕组的两面用云母片夹住绝缘；而铜电阻由直径为 0.1mm 的绝缘铜丝绕在圆形骨架上。为了使热电阻具有较长的使用寿命，热电阻通常加有保护套管。

2）热电阻的类型

（1）普通热电阻。从热电阻的测温原理可知，被测温度的变化是直接通过热电阻阻值的变化来测量的，因此热电阻体的引出线等各种导线电阻的变化会给温度测量带来影响。

（2）铠装热电阻。铠装热电阻是由感温元件（电阻体）、引线、绝缘材料、不锈钢套管组合而成的坚实体，它的外径一般为 $\phi2$～$\phi8$mm，最小可达 $\phi1$mm。与普通热电阻相比，它有下列优点。

① 体积小，内部无空气隙，热惯性小，测量滞后小。

② 机械性能好、耐振，抗冲击。

③ 能弯曲，便于安装。

④ 使用寿命长。

（3）端面热电阻。端面热电阻的感温元件由特殊处理的电阻丝材绕制，紧贴在温度计端面。它与一般轴向热电阻相比，能更正确和快速地反映被测端面的实际温度，适用于测量轴瓦和其他机件的端面温度。

（4）隔爆型热电阻。隔爆型热电阻通过特殊结构的接线盒，把其外壳内部爆炸性混合气体因受到火花或电弧等影响而发生的爆炸局限在接线盒内，生产现场不会引起爆炸。

2. 热敏电阻

*注意：热敏电阻是使用极为广泛的感温元件，因此它是本任务的重点和难点内容。学生要注重理解其工作原理及型号类型、规格的意义，弄清其选用方法和规则，并能根据实际需要选择合理的型号规格。

热敏电阻的应用（视频）

1）半导体热敏电阻的工作原理

热敏电阻是一种利用半导体制成的敏感元件，其特点是电阻率随温度变化而显著变化。热敏电阻因其电阻温度系数大，灵敏度高；热惯性小，反应速度快；体积小，结构简单；使用方便，寿命长，易于实现远距离测量等特点得到广泛应用。

热敏电阻的电阻值与温度之间的关系可表示为

$$R_t = R_0 e^{B\left(\frac{1}{t}-\frac{1}{t_0}\right)} \tag{4.1.3}$$

式中，R_t 为温度 t℃时的电阻值；R_0 为温度 t_0 时的电阻值；B 为常数，由材料、工艺及结构决定。

热敏电阻的热电特性曲线如图 4.1.1 所示。

按温度特性划分，热敏电阻有正温度系数热敏电阻、负温度系数热敏电阻和临界热

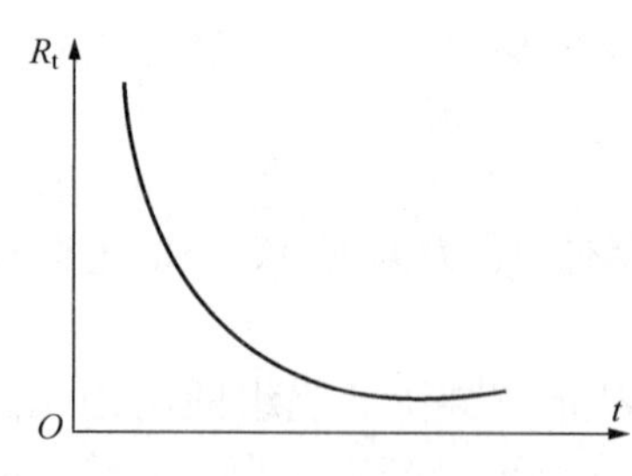

图 4.1.1 热敏电阻的热电特性

敏电阻几种类型。热敏电阻的结构形式可以分为柱状、片状、珠状和薄膜状等。

热敏电阻的缺点是互换性较差，同一型号产品的特性参数有较大差别，并且其热电特性是非线性的，给使用带来一定不便。尽管如此，热敏电阻灵敏度高、便于远距离控制、成本低、适合批量生产等突出的优点使得它的应用范围越来越广泛。随着科学技术的发展及生产工艺的成熟，热敏电阻的缺点已逐渐得到改进，并在温度传感器中占据显著的优势。

2）常用材料

（1）正温度系数热敏电阻的常用材料。随温度上升电阻值增加的热敏电阻为正温度系数热敏电阻。此种热敏电阻以钛酸钡（$BaTiO_3$）为基本材料，再掺入适量的稀土元素，利用陶瓷工艺高温烧结而成。纯钛酸钡是一种绝缘材料，但掺入适量的稀土元素［如镧（La）和铌（Nb）等］以后变成了半导体材料，被称为半导体化钛酸钡。它是一种多晶体材料，晶粒之间存在着晶粒界面，对于导电电子而言，晶粒之间的界面相当于一个位垒。当温度低时，由于半导体化钛酸钡内电场的作用，导电电子可以很容易越过位垒，所以电阻值较小；当温度升高到居里点温度（即临界温度，一般钛酸钡的居里点为120℃）时，内电场受到破坏，不能帮助导电电子越过位垒，所以表现为电阻值的急剧增加。这种材料的电阻值在未达居里点前随温度变化非常缓慢，具有恒温、调温和自动控温的功能，只发热，不发红，无明火，不易燃烧，交、直流 3～440V 均可，使用寿命长，非常适用于电动机等电器装置的过热探测。

（2）负温度系数热敏电阻的常用材料。随温度上升电阻值减小的热敏电阻为负温度系数热敏电阻。负温度系数热敏电阻以氧化锰、氧化钴、氧化镍、氧化铜和氧化铝等金属氧化物为主要原料，采用陶瓷工艺制造而成，这些金属氧化物材料都具有半导体性质，完全类似于锗、硅晶体材料，体内的载流子（电子和空穴）数目少，电阻较高；温度升高，体内载流子数目增加，自然电阻值降低。负温度系数热敏电阻类型很多，使用区分低温（－60～300℃）、中温（300～600℃）、高温（＞600℃）3 种，具有灵敏度高、稳定性好、响应快、寿命长、价格低等优点，广泛应用于需要定点测温的温度自动控制电路，如冰箱、空调、温室等的温控系统。

3）热敏电阻的型号

国产热敏电阻按电子行业标准 SJ/T 11167—1998《敏感元器件及传感器型号命名方法》制定型号，由 4 部分组成。

第一部分：主称，用字母 M 表示敏感元件。

第二部分：类别，用字母 Z 表示正温度系数热敏电阻器，或者用字母 F 表示负温度系数热敏电阻器。

第三部分：用途或特征，用一位数字（0～9）表示。一般数字 1 表示普通用途；2 表示稳压用途（负温度系数热敏电阻器）；3 表示微波测量用途（负温度系数热敏电阻器）；4 表示旁热式（负温度系数热敏电阻器）；5 表示测温用途；6 表示控温用途；7 表示消磁用途（正温度系数热敏电阻器）；8 表示线性型（负温度系数热敏电阻器)；9 表示恒温型（正温度系数热敏电阻器)；0 表示特殊型（负温度系数热敏电阻器)。

第四部分：序号，也由数字表示，代表规格、性能。往往厂家出于区别本系列产品的特殊需要，在序号后加“派生序号”，由字母、数字和“-”号组合而成。

例如，MZ11 表示序号为 1 的正温度系数型普通用途热敏电阻敏感元件。

又如：

MZ73A-1（消磁用正温度系数热敏电阻器）
M——敏感电阻器；
Z——正温度系数热敏电阻器；
7——消磁用；
3A-1——序号。

MF53-1（测温用负温度系数热敏电阻器）
M——敏感电阻器；
F——负温度系数热敏电阻器；
5——测温用；
3-1——序号。

4）热敏电阻的主要参数

各种热敏电阻器的工作条件一定要在其出厂参数允许范围之内。热敏电阻的主要参数有十余项：标称电阻值、使用环境温度（最高工作温度)、测量功率、额定功率、标称电压（最大工作电压)、工作电流、温度系数、材料常数、时间常数等。其中标称电阻值是在 25℃零功率时的电阻值，实际上总有一定误差，应在±10%之内。普通热敏电阻的工作温度范围较大，可根据需要从－55～＋315℃选择。值得注意的是，不同型号热敏电阻的最高工作温度差异很大，如 MF11 片状负温度系数热敏电阻器为＋125℃，而 MF53-1 仅为＋70℃，学生实验时应注意（一般不要超过 50℃)。

例如，MF11 普通负温度系数热敏电阻器的主要参数如下。

标称阻值：10～15kΩ。

额定功率：0.25W。

材料常数 B 的范围：1980～3630k。

温度系数：－(2.23～4.09)(10^{-2}/℃)。

耗散系数：≥5（mW/℃)。

时间常数：≤30s。

最高工作温度：125℃。

5）热敏电阻的选择

首选普通用途负温度系数热敏电阻，因它随温度变化一般比正温度系数热敏电阻易观察，电阻值连续下降明显。若选正温度系数热敏电阻，温度应在该元件居里点温度附近。

4.1.2　任务实施：热敏电阻温控电路的设计与制作

1. 目的要求

(1）本实训是一个热敏电阻在生产实际中应用的实例。通过实训，进一步掌握热敏电阻的工作特性，掌握热敏电阻的选择原则，理解热敏电阻在工程中的应用。

(2）根据学过的电子线路方面的知识，认真分析恒温控制器整机工作原理，分析热敏电阻在控制器中的作用，也可自己设计实训电路，经过指导教师的审查同意后实施。

（3）在掌握工作原理的基础上，首先设计元器件布置图和走线图，按图安装元件，避免盲目安装和焊接。

（4）安装调试时，要认真仔细，出现问题要首先按工作原理认真分析，避免盲目拆卸和调整，养成良好的工作习惯。问题解决不了，请指导教师帮助解决。

（5）在实训过程中，要注意安全，尤其是接触与市电相关联的电路和元器件时，在送电的情况下不要直接接触电路和元器件，注意调试工具的绝缘。

2. 原理及元器件选择

恒温控制器的制作实训是一个热敏电阻应用的实例，在生产实际中和日常生活中经常用到。热敏电阻作为温度传感器，其应用范围相当广泛，根据控制线路的不同可以达到各种控制目的。恒温控制电路实际上是一个闭环控制系统，系统框图如图 4.1.2 所示。可调电阻起温度给定的作用，热敏电阻作为反馈元件，检测实际温度，与给定温度进行比较，误差信号经过放大电路放大，再经控制电路控制加热器的通断，达到恒温控制的目的。

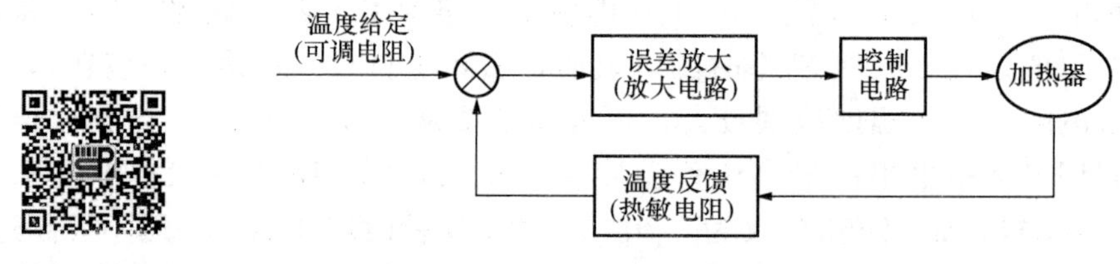

恒温控制电路（视频）

图 4.1.2 恒温控制电路框图

晶闸管恒温控制电路原理如图 4.1.3 所示，恒温控制器可以对控温设备实现连续加热，控制精度可达±0.1℃。由于采用无触点控制，电路工作的可靠性相对提高，因此可用作培植箱、孵化箱、房间等恒温场所的温度控制。

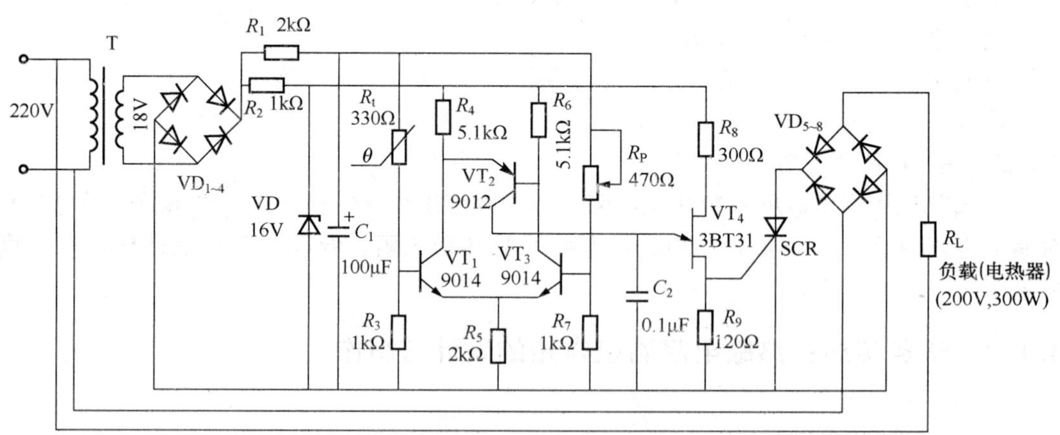

图 4.1.3 恒温控制电路原理图

图 4.1.3 中，R_1、R_2、R_p 和热敏电阻 R_t 构成温度测量电桥。电路的测温元件为 R_t。VT_1、VT_3 组成差分放大器。电桥平衡时，差分电路中 VT_1、VT_3 两管集电极电位相等，VT_2 处于截止状态，由 VT_4 单结晶体管组成的振荡器无信号输出，晶闸管

SCR 截止，负载（电热器）上不加电压，设备工作在恒温区。当恒温设备的温度低于控制点温度时，R_t 阻值变大，电桥失去平衡，VT_1 集电极电位高于 VT_3 集电极电位，VT_2 导通，VT_4 单结晶体管振荡器工作，输出触发信号触发晶闸管 SCR，使 SCR 按一定的角度导通，负载加上相应的电压，温度开始上升。随着温度的升高，热敏电阻 R_t 的阻值逐渐减小，当温度升至设定值时，电桥又处于平衡状态，VT_4 单结晶体管组成的振荡器停振，SCR 截止，切断负载电源，使设备恢复至恒温状态。

改变电位器 R_p 的值，可改变 SCR 的导通角，与此同时，也设定了被控温度值。

表 4.1.1 为恒温控制器元器件表。

表 4.1.1　恒温控制器元器件表

序号	名称	型号	数量/只
1	晶体管 VT_1、VT_3	9014　NPN	2
2	晶体管 VT_2	9012　PNP	1
3	单结晶体管 VT_4	3BT31	1
4	稳压管 VD	16V　0.2A	1
5	晶闸管 SCR	500V　5A	1
6	整流桥 $VD_{1\sim4}$	50V　1A	1
7	整流桥 $VD_{5\sim8}$	500V　5A	1
8	热敏电阻 R_t	202AT-1　330Ω	1
9	碳膜电阻 R_9	120Ω，±5%，1/4W	1
10	碳膜电阻 R_8	300Ω，±5%，1/4W	1
11	碳膜电阻 R_2、R_3	1kΩ，±5%，1/4W　其中 R_2 功率 1W	2
12	碳膜电阻 R_1、R_5	2kΩ，±5%，1/4W	2
13	碳膜电阻 R_4、R_6	5.1kΩ，±5%，1/4W	2
14	电容器 C_2	0.1μF	1
15	电解电容器 C_1	100μF，10V	1
16	可调电阻器 R_P	470Ω	1
17	变压器 T	220V/18V　5～10W	1
18	负载（电热器）R_L	220V，300W 电热炉	1

3. 所用元器件说明

（1）晶体管 VT_1、VT_3 两管特性应尽量一致，$\beta>60$，型号为 2SC1815 或 9014，最好使用差分对管，VT_2 可采用 9012 型 PNP 管，VT_4 单结晶管可选用了 BT31 或 33，$\eta>0.50$。

（2）C_2 值不能太小，否则晶闸管 SCR 导通角将变小。晶闸管 SCR 的耐压大于或等于 500V，若采用 3CT5 晶闸管，电路可输出约 1kW 的功率。

（3）热敏电阻选用在25℃时，阻值330Ω左右的热敏电阻。

（4）电阻阻值、电容器的容量误差要求不高。其中电阻 R_2 要求功率大一点，选用1W的电阻。

（5）变压器可以选用5～10W，原边电压220V，副边电压18～24V的变压器。

4. 安装调试

按照原理图，在线路板上设计好元器件安装位置走线，元器件布置尽可能与原理图的走向相近。安装、焊接晶体管等各器件。焊接好电路板即可和恒温箱加热器连接。如果恒温箱的空间不是太大，可用100～200W的灯泡作加热器。

注意，热敏电阻的安装位置对恒温控制器的正常工作影响较大，应选择安装在加热器的附近，不要太近也不要太远。

检查无误后，即可送电调试。如果电路连接正确，一般都能够正常工作。但需要根据被控温度进行调试。调试时，要特别注意，该电路220V市电与控制线路有电气连接，所以线路板是带市电的，不能直接触摸线路板和元器件。

调试步骤如下。

① 首先调整可调电阻器 R_P，阻值调至较小的位置，此时，加热器应通电加热，恒温箱内的温度逐渐升高。

② 用温度计监测恒温箱的温度，当恒温箱内的温度达到设定温度时，调整可调电阻器 R_P 使加热器断电停止加热。

③ 当温度稍有下降时，加热器重新通电再次加热，如此反复，达到恒温控制的目的。

④ 用温度计监测恒温箱的温度，如箱内温度与预想温度有偏差，微调可调电阻器 R_P 使箱内温度达到预想温度。

4.1.3 拓展学习：集成式温度传感器简介

由于硅PN结温度传感器具有优良的性能和低廉的价格，在常温区正在逐步替代传统的测温器件。硅PN结温度传感器与热敏电阻和热电阻相比，最大特点是输出特性近似于线性关系，而且精度高、体积小、使用方便、易于集成化，因此被广泛应用于家电、医疗器械、食品、化工、冷藏、粮库、农业、科研等多个领域。

硅PN结温度传感器的主要技术参数包括：测量范围为－50～150℃；灵敏度为－2.1～2.3mV/℃；互换精度一般优于±0.5℃；线性度优于±0.5℃；输出阻抗小于500Ω。可以制成二极管或晶体管型的和PN结温度传感器以及集成型的和PN结温度传感器。

和PN结温度传感器的工作原理是：基于半导体PN结的结电压随温度变化的特性进行温度测量的。二极管或晶体管的PN结的结电压是随温度变化而变化的。例如，硅管的PN结的结电压在温度每升高1℃时，下降约2mV。利用这种特性，一般可以直接采用二极管（如玻璃封装的开关二极管1N4148）或采用硅晶体管（可将集电极和基极短接）接成二极管来作硅PN结温度传感器。这种传感器尺寸小，热时间常数为0.2～2s，灵敏度高，测温范围为－50～＋150℃。其典型的温度曲线如图4.1.4所示。同型号的二极管或晶体管特性不完全相同，因此它们的互换性较差。

把晶体管和激励电路、放大电路、恒流电路以及补偿电路等集成在一个芯片上就构成了集成式温度传感器。

集成式温度传感器按输出信号可以分为电流型输出和电压型输出两种。电流型输出的典型产品如 AD590，灵敏度为 1μA/℃；电压型输出如 ICL8073，灵敏度为 1mV/℃。集成式温度传感器的测温精度一般为±0.1℃，测温范围为－50～150℃。随着集成技术和计算机技术的发展，现在能够和微型计算机直接接口的数字输出型温度传感器也正在迅速发展，如 DS18B20 等。

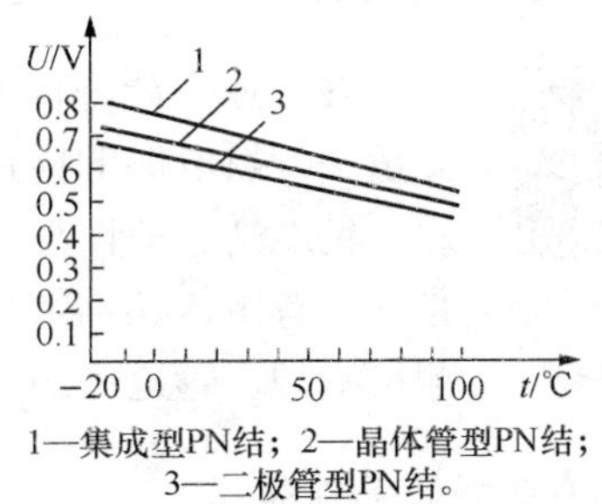

图 4.1.4 硅 PN 结温度传感器的温度曲线

硅 PN 结型温度传感器的主要性能参数有测温范围、最大功耗、输出电压、灵敏度、线性度、总偏差和响应时间等。

硅 PN 结型温度传感器在电力电子电路中可以用作增益、音量的自动控制或作为过热、过载等的保护电路，它还被广泛应用于工业自动控制、高空和深海探测、卫星火箭、医疗卫生等行业的温度测量和温度控制。

思考题

1. 如果热敏电阻器的阻值没有原理图规定的阻值，电路中其他元器件的参数应该怎样调整？

2. 试考虑：恒温控制电路中晶闸管的选择原则是什么？

3. 试考虑：该电路能不能作为其他用途的恒温控制（如房间恒温控制或冰箱温度控制）？如可以作上述用途，应注意哪些问题？

任务 4.2 热电偶传感器与温度测量

【任务描述】

这一任务主要包括两大部分，知识能力部分主要有热电偶工作原理、热电偶基本定律、热电偶种类及特点，以及简单测量电路等；职业能力部分安排了一个完整的热电偶测量温度电路的设计与制作，包括硬件电路设计、软件设计和实物电路制作等内容，以期训练学生应用热电偶设计温度测量电路的理论水平和实际能力。

【任务分析】

这一任务的知识能力部分主要是为了让学生掌握热电偶是如何将温度信息转换成电信号的，掌握处理电路单元的设计和有关集成器件的选择，掌握显示单元的设计和软件控制程序的编写，了解热电偶在温度控制系统中的应用，掌握热电偶温度控制系统的结构及其维护等岗位技能。

4.2.1 基础知识：热电偶传感器的结构原理及其测量电路

热电偶传感器（视频）

在工业生产过程中，温度是需要测量和控制的重要参数之一。在温度测量中，热电偶的应用极为广泛，它具有结构简单、制造方便、测量范围广、精度高、惯性小和输出信号便于远传等许多优点。另外，由于热电偶是一种有源传感器，测量时不需外加电源，使用十分方便，所以常被用作测量锅炉、管道内的气体或液体的温度及固体的表面温度。

1. 热电偶的工作原理

＊注意：这是本任务的第一个重点，教师在分析热电偶回路的电位时要根据学生对电路的掌握情况，把握好内容的深度，使学生更好地理解和掌握有关知识和概念。学生在学习时应及时复习有关电路的基本知识，做好一定的知识准备，这样才能保障学习的高效性。

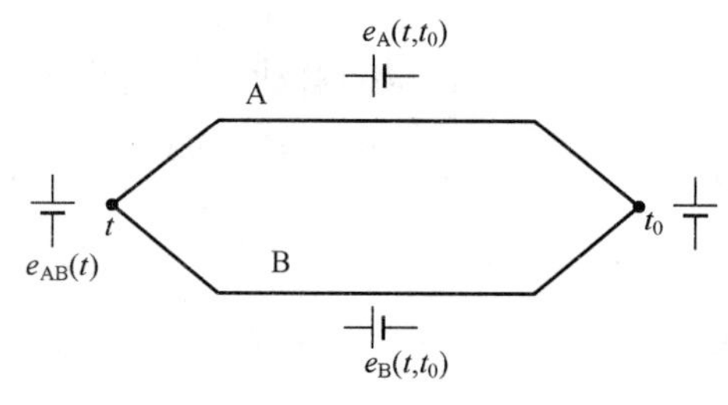

图 4.2.1 热电偶回路

当有两种不同的导体或半导体 A 和 B 组成一个回路，其两端相互连接时（见图 4.2.1），只要两接点处的温度不同，一端温度为 t，称为工作端或热端，另一端温度为 t_0，称为自由端（也称参考端）或冷端，回路中将产生一个电动势，该电动势的方向和大小与导体的材料及两接点的温度有关。这种现象称为“热电效应”，两种导体组成的回路称为“热电偶”，这两种导体称为“热电极”，产生的电动势则称为“热电动势”。

热电动势由两部分电动势组成，一部分是两种导体的接触电动势；另一部分是单一导体的温差电动势。当 A 和 B 两种不同材料的导体接触时，由于两者内部单位体积的自由电子数目不同（即电子密度不同），因此，电子在两个方向上扩散的速率就不一样。现假设导体 A 的自由电子密度大于导体 B 的自由电子密度，则导体 A 扩散到导体 B 的电子数要比导体 B 扩散到导体 A 的电子数多。所以导体 A 失去电子带正电荷，导体 B 得到电子带负电荷。于是，在 A、B 两导体的接触界面上便形成一个由 A 到 B 的电场。该电场的方向与扩散的方向相反，它将引起反方向的电子转移，阻碍扩散作用的继续进行。当扩散作用与阻碍扩散作用相等时，即自导体 A 扩散到导体 B 的自由电子数与在电场作用下自导体 B 到导体 A 的自由电子数相等时，便处于一种动态平衡状态。在这种状态下，A 与 B 两导体的接触处就产生了电位差，称为接触电动势。接触电动势的大小与导体的材料、接点的温度有关，与导体的直径、长度及几何形状无关。对于温度分别为 t 和 t_0 的两接点，可得接触电动势公式：

$$e_{AB}(t)=U_{At}-U_{Bt} \tag{4.2.1}$$

$$e_{AB}(t_0)=U_{At_0}-U_{Bt_0} \tag{4.2.2}$$

式中，$e_{AB}(t)$、$e_{AB}(t_0)$ 为导体 A、B 在接点温度 t 和 t_0 时形成的电动势；U_{At}、U_{At_0} 分别为导体 A 在接点温度为 t 和 t_0 时的电压；U_{Bt}、U_{Bt_0} 分别为导体 B 在接点温度为 t 和 t_0 时的电压。

对于导体 A 或 B，将其两端分别置于不同的温度场 t、t_0 中（$t>t_0$）。在导体内部，热端的自由电子具有较大的动能，向冷端移动，从而使热端失去电子带正电荷，冷端得到电子带负电荷。这样，导体两端便产生了一个由热端指向冷端的静电场。该电场阻止电子从热端继续跑到冷端并使电子反方向移动，最后也达到了动态平衡状态。这样，导体两端便产生了电位差，该电位差称为温差电动势。温差电动势的大小取决于导体的材料及两端的温度，即

$$e_A(t,t_0)=U_{At}-U_{At_0} \tag{4.2.3}$$

$$e_B(t,t_0)=U_{Bt}-U_{Bt_0} \tag{4.2.4}$$

式中，$e_A(t,t_0)$、$e_B(t,t_0)$ 为导体 A 和 B 在两端温度分别为 t 和 t_0 时形成的电动势。

导体 A 和 B 头尾相接组成回路，如果导体 A 的电子密度大于导体 B 的电子密度，且两接点的温度不相等，则在热电偶回路中存在着 4 个电动势，即两个接触电动势和两个温差电动势。热电偶回路的总电动势为

$$E_{AB}(t,t_0)=e_{AB}(t)-e_{AB}(t_0)+e_A(t,t_0)-e_B(t,t_0) \tag{4.2.5}$$

实践证明，在热电偶回路中起主要作用的是接触电动势，而温差电动势只占极小部分，可以忽略不计，故式（4.4.3）可以写成

$$E_{AB}(t,t_0)=e_{AB}(t)-e_{AB}(t_0) \tag{4.2.6}$$

2. 热电偶的基本定律

*注意：这是本任务的第二个重点，也是这一任务的难点。教师在讲解时要注意进行深入浅出的分析，要用通俗易懂的语言描述热电偶的每一个基本定律，并要进行举例说明，便于学生在学习时更好、更快地理解和掌握。

1）均质导体定律

如果热电偶回路中的两个热电极材料相同，无论两接点的温度如何，热电动势为零。

根据这个定律，可以检验两个热电极材料成分是否相同（称为同名极检验法），也可以检查热电极材料的均匀性。

2）中间导体定律

在热电偶回路中接入第三种导体，只要第三种导体的两接点温度相同，则回路中总的热电动势不变。

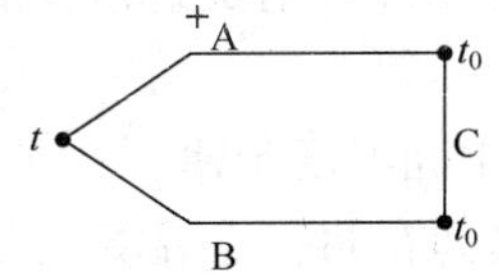

图 4.2.2　热电偶中接入第三种导体

如图 4.2.2 所示，在热电偶回路中接入第三种导体 C。设导体 A 与 B 接点处的温度为 t，A 与 C、B 与 C 两接点处的温度为 t_0，则回路中的总电动势为

$$E_{ABC}(t,t_0)=e_{AB}(t)+e_{BC}(t_0)+e_{CA}(t_0) \tag{4.2.7}$$

如果回路中三接点的温度相同，即 $t=t_0$，则回路总电动势必为零，即

$$e_{AB}(t_0)+e_{BC}(t_0)+e_{CA}(t_0)=0$$

或者

$$e_{BC}(t_0)+e_{CA}(t_0)=-e_{AB}(t_0) \tag{4.2.8}$$

将式（4.2.8）代入式（4.2.7），可得

$$E_{ABC}(t,t_0)=e_{AB}(t)-e_{AB}(t_0) \tag{4.2.9}$$

可以用同样的方法证明，断开热电偶的任何一个极，用第三种导体引入测量仪表，其总电动势也是不变的。

热电偶的这种性质在实际应用上有着重要的意义，它使我们可以方便地在回路中直接接入各种类型的显示仪表或调节器，也可以不焊接热电偶的两端而直接插入液态金属中或直接焊在金属表面进行温度测量。

3）标准电极定律

如果两种导体分别与第三种导体组成的热电偶所产生的热电动势已知，则由这两种导体组成的热电偶所产生的热电动势也就已知。

如图 4.2.3 所示，导体 A、B 分别与标准电极 C 组成热电偶，若它们所产生的热电动势已知，即

$$E_{AC}(t,t_0)=E_{AC}(t)-E_{AC}(t_0)$$

$$E_{BC}(t,t_0)=E_{BC}(t)-E_{BC}(t_0)$$

那么，导体 A 与 B 组成的热电偶，其热电动势可由下式求得

$$E_{AB}(t,t_0)=E_{AC}(t,t_0)-E_{BC}(t,t_0) \tag{4.2.10}$$

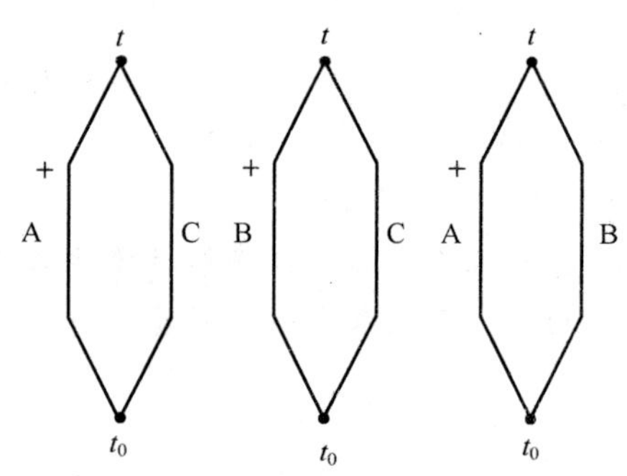

图 4.2.3　三种导体分别组成热电偶

标准电极定律是一个极为实用的定律。可以想象，纯金属的种类很多，而合金类型更多。因此，要得出这些金属相互组合成的热电偶的热电动势，其工作量是极大的。由于铂的物理、化学性质稳定，熔点高，易提纯，所以，通常选用高纯铂丝作为标准电极，只要测得各种金属与纯铂组成的热电偶的热电动势，则各种金属相互组合成的热电偶的热电动势可根据式（4.2.10）直接计算出来。

例如，热端为 100℃，冷端为 0℃时，镍铬合金与纯铂组成的热电偶的热电动势为 2.95mV，而康铜与纯铂组成的热电偶的热电动势为−4.0mV，则镍铬和康铜组成的热电偶所产生的热电动势为

$$2.95\text{mV}-(-4.0\text{mV})=6.95\text{mV}$$

4）中间温度定律

热电偶在两接点温度 t、t_0 时的热电动势等于该热电偶在接点温度为 t、t_n 和 t_n、t_0 时的相应热电动势的代数和。

中间温度定律可表示为

$$E_{AB}(t,t_0)=E_{AB}(t,t_n)+E_{AB}(t_n,t_0) \tag{4.2.11}$$

中间温度定律为补偿导线的使用提供了理论依据。它表明：若热电偶的热电极被导体延长，只要接入的导体组成热电偶的热电特性与被延长的热电偶的热电特性相同，且它们之间连接的两点温度相同，则总回路的热电动势与连接点温度无关，只与延长以后的热电偶两端的温度有关。

3. 热电偶材料

根据金属的热电效应原理，任意两种不同材料的导体都可以作为热电极组成热电

偶，但在实际应用中，用作热电极的材料应具备以下几方面的条件。

（1）温度测量范围广。要求在规定的温度测量范围内有较高的测量精确度，有较大的热电动势。温度与热电动势的关系是单值函数，最好呈线性关系。

（2）性能稳定。要求在规定的温度测量范围内使用时热电性能稳定，均匀性和复现性好。

（3）物理、化学性能好。要求在规定的温度测量范围内使用时不产生蒸发现象。有良好的化学稳定性、抗氧化性或抗还原性。

满足上述条件的热电偶材料并不多。目前，我国大量生产和使用的性能符合专业标准或国家标准并具有统一分度表的热电偶材料称为定型热电偶材料，共有 6 个品种。它们分别是铜-康铜、镍铬-康铜、镍铬-镍硅、铁-康铜、铂铑$_{10}$-铂及铂铑$_{30}$-铂铑$_{6}$。其中，镍铬-康铜热电偶材料将逐渐被淘汰。根据国际电工委员会（IEC）标准的规定，我国将发展镍铬-康铜、铁 康铜热电偶材料。此外，我国还生产一些未定型热电偶材料，如铂铑$_{13}$-铂、铱、铑$_{40}$-铱、钨铼$_{5}$ -钨铼$_{26}$等。

4. 热电偶种类

1）标准型热电偶

IEC 在 1975 年向世界各国推荐 7 种标准型热电偶。我国生产的符合 IEC 标准的热电偶有以下 6 种。

（1）铂铑$_{30}$-铂铑$_{6}$ 热电偶。这种热电偶分度号为“B”。它的正极是铂铑丝（铂 70%，铑 30%），负极也是铂铑丝（铂 94%，铑 6%），故俗称双铂铑。测温范围为 0～1800℃。其特点是测温上限高，性能稳定。在冶金反应、钢水测量等高温领域得到了广泛应用。表 4.2.1 为该热电偶的分度表。

表 4.2.1　铂铑$_{30}$-铂铑$_{6}$热电偶（B 型）分度表（ITS-90）

分度号：B　　　　冷端温度：0℃

t/℃	0	100	200	300	400	500	600	700	800	900
E/mV	0.000	0.033	0.178	0.431	0.787	1.242	1.792	2.431	3.154	3.957
t/℃	1000	1100	1200	1300	1400	1500	1600	1700	1800	
E/mV	4.834	5.780	6.786	7.848	8.956	10.099	11.263	12.433	13.820	

冷端温度为非 0℃时的校正表（修正值加上所查的热电动势）

t/℃	0	10	20	30	40	50
E/mV	0.000	−0.002	−0.003	−0.002	−0.000	0.002

（2）铂铑$_{10}$-铂热电偶。这种热电偶分度号为“S”。它的正极是铂铑丝（铂 90%，铑 10%），负极是纯铂丝。测温范围为 0～1700℃。其特点是热电性能稳定，抗氧化性强，宜在氧化性、惰性气体中工作。由于精度高，故国际温标中规定其为 630.74～1064.43℃温度范围内复现温标的标准仪器。常用作标准热电偶或用于高温测量。表 4.2.2为该热电偶的分度表。

表 4.2.2　铂铑$_{10}$-铂热电偶（S 型）分度表（ITS-90）

分度号：S　　　　冷端温度：0℃

t/℃	0	100	200	300	400	500	600	700	800	900
E/mV	0.000	0.646	1.441	2.323	3.259	4.233	5.239	6.275	7.345	8.449
t/℃	1000	1100	1200	1300	1400	1500	1600	1700		
E/mV	9.587	10.757	11.851	13.159	14.373	15.582	16.777	17.947		

冷端温度为非 0℃时的校正表（修正值加上所查的热电动势）

t/℃	0	10	20	30	40	50
E/mV	0.000	0.055	0.113	0.173	0.235	0.299

（3）镍铬-镍硅热电偶。这种热电偶分度号为“K”。它的正极是镍铬合金（镍 90.5%，铬 9.5%），负极为镍硅合金（镍 97.5%，硅 2.5%）。测温范围为－200～＋1300℃。其特点是测温范围很宽、热电动势与温度关系近似线性、热电动势大及价格低。缺点是热电动势的稳定性较 B 型或 S 型热电偶差，且负极有明显的导磁性。表 4.2.3为该热电偶的分度表。

表 4.2.3　镍铬-镍硅热电偶（K 型）分度表（ITS-90）

分度号：K　　　　冷端温度：0℃

t/℃	−200	−100	0	100	200	300	400	500	600	700
E/mV	−5.891	−3.554	0.000	4.096	8.138	12.209	16.397	20.644	24.905	29.129
t/℃	800	900	1000	1100	1200	1300				
E/mV	33.275	37.326	41.276	45.119	48.838	52.410				

冷端温度为非 0℃时的校正表（修正值加上所查的热电动势）

t/℃	0	10	20	30	40	50
E/mV	0.000	0.397	0.798	1.203	1.612	2.023

（4）镍铬-康铜热电偶。这种热电偶分度号为“E”。它的正极是镍铬合金，负极是铜镍合金（铜 55%，镍 45%）。测温范围为－200～＋1000℃。其特点是热电动势较其他常用热电偶大，适宜在氧化性或惰性气体中工作。表 4.2.4 为该热电偶的分度表。

表 4.2.4　镍铬-康铜热电偶（E 型）分度表（ITS-90）

分度号：E　　　　冷端温度：0℃

t/℃	−200	−100	0	100	200	300	400	500	600	700
E/mV	−8.825	−5.237	0.000	6.319	13.421	21.036	28.946	37.005	45.093	53.112
t/℃	800	900	1000							
E/mV	61.017	68.787	76.373							

冷端温度为非 0℃时的校正表（修正值加上所查的热电动势）

t/℃	0	10	20	30	40	50
E/mV	0.000	0.591	1.192	1.801	2.420	3.048

（5）铁-康铜热电偶。这种热电偶分度号为“J”。它的正极是铁，负极是铜镍合金。测温范围为－200～＋1200℃。其特点是价格便宜，热电动势较大，仅次于 E 型热电偶。缺点是铁极易氧化。表 4.2.5 为该热电偶的分度表。

表 4.2.5　铁-康铜热电偶（J 型）分度表（ITS-90）

分度号：J　　冷端温度：0℃

t/℃	－200	－100	0	100	200	300	400	500	600	700
E/mV	－7.890	－4.633	0.000	5.269	10.779	16.327	21.848	27.393	33.102	39.132
t/℃	800	900	1000	1100	1200					
E/mV	45.494	51.877	57.953	63.792	69.553					

冷端温度为非 0℃时的校正表（修正值加上所查的热电动势）

t/℃	0	10	20	30	40	50
E/mV	0.000	0.507	1.019	1.537	2.059	2.585

（6）铜-康铜热电偶。这种热电偶分度号为“T”。它的正极是铜，负极是铜镍合金。测温范围为－200～＋400℃。其特点是精度高，在 0～200℃范围内，可制成标准热电偶，准确度可达±0.1℃。缺点是铜极易氧化，故在氧化性气体中使用时，一般不能超过 300℃。表 4.2.6 为该热电偶的分度表。

表 4.2.6　铜-康铜热电偶（T 型）分度表（ITS-90）

分度号：T　　冷端温度：0℃

t/℃	－200	100	0	100	200	300	400
E/mV	－5.603	－3.379	0.000	4.279	9.288	14.862	20.872

冷端温度为非 0℃时的校正表（修正值加上所查的热电动势）

t/℃	0	10	20	30	40	50
E/mV	0.000	0.391	0.790	1.196	1.162	2.036

最后要说明的是，IEC 公布的标准型热电偶中，还有铂铑$_{13}$-铂，分度号为“R”。因在国际上只有少数国家采用，且其温度范围与铂铑$_{10}$-铂重合，所以我国不准备发展这个品种。

2）非标准型热电偶

非标准型热电偶包括铂铑系、铱铑系及钨铼系热电偶等。

铂铑系热电偶有铂铑$_{20}$-铂铑$_{5}$、铂铑$_{40}$-铂铑$_{20}$等种类，其共同的特点是性能稳定，适用于各种高温测量。

铱铑系热电偶有铱铑$_{40}$-铱、铱铑$_{60}$-铱等种类。这类热电偶长期使用的测温范围在 2000℃以下，且热电动势与温度关系线性好。

钨铼系热电偶有钨铼$_{3}$-钨铼$_{25}$、钨铼$_{5}$-钨铼$_{20}$等种类。它的最高使用温度受绝缘材料的限制，目前可使用到 2500℃左右，主要用于钢水连续测温、反应堆测温等场合。

5. 冷端补偿方法

从热电效应的原理可知，热电偶产生的热电动势与两端温度有关。只有使冷端温度恒定，热电动势才是热端温度的单值函数。由于热电偶分度表是在冷端温度为0℃时作出的，因此在使用时要正确反映热端温度，最好设法使冷端温度恒为0℃。但在实际应用中，热电偶的冷端通常靠近被测对象，且受到周围环境温度的影响，其温度不是恒定不变的。为此，必须采取一些相应的措施进行补偿或修正，常用的方法有以下几种。

1）冷端恒温法

（1）0℃恒温器。将热电偶的冷端置于温度为0℃的恒温器内（如冰与水的混合物），使冷端温度处于0℃。这种装置通常用于实验室或精密的温度测量。

（2）其他恒温器。将热电偶的冷端置于各种恒温器内，使之保持温度恒定，避免由于环境温度的波动而引入误差。这类恒温器可以是盛有变压器油的容器，利用变压器油的热惰性恒温；也可以是电加热的恒温器。这类恒温器的温度不为0℃，故最后还需对热电偶进行冷端温度修正。

2）补偿导线法

热电偶由于受材料价格的限制不可能做得很长，而要使其冷端不受测温对象的温度影响，必须使冷端远离温度对象，采用补偿导线就可以做到这一点。所谓补偿导线，实际上是一对材料化学成分不同的导线，在0～150℃温度范围内与配接的热电偶有一致的热电特性，但价格相对要便宜。若利用补偿导线，将热电偶的冷端延伸到温度恒定的场所，实际上相当于将热电极延长。根据中间温度定律，只要热电偶和补偿导线的两个接点温度一致，是不会影响热电动势输出的。下面举例说明补偿导线的作用。

采用镍铬-镍硅热电偶测量炉温：

热端温度为800℃，冷端温度为50℃。为了进行炉温的调节及显示，必须将热电偶产生的热电动势信号送到仪表室，仪表室的环境温度恒为20℃。

首先从镍铬-镍硅热电偶分度表查出冷端温度为0℃、热端温度为800℃时的热电动势 $E(800, 0)=33.275\text{mV}$；热端温度为50℃时的热电动势 $E(50, 0)=2.023\text{mV}$；热端温度为20℃时的热电动势为 $E(20, 0)=0.798\text{mV}$。

如果热电偶与仪表之间直接用铜导线连接，根据中间导体定律，输入仪表的热电动势为

$$\begin{aligned}E(800, 50)&=E(800, 0)-E(50, 0)\\&=33.275\text{mV}-2.023\text{mV}\\&=31.252\text{mV}\ (\text{相当于 }751.2℃)\end{aligned}$$

如果热电偶与仪表之间用补偿导线连接，相当于将热电偶延伸到仪表室，输入仪表的热电动势为

$$\begin{aligned}E(800, 20)&=E(800, 0)-E(20, 0)\\&=33.275\text{mV}-0.798\text{mV}\\&=32.477\text{mV}\ (\text{相当于 }780.8℃)\end{aligned}$$

与炉内的真实温度相差分别为751.2℃－800℃＝－48.8℃和780.8℃－800℃＝－19.2℃。

可见，补偿导线的作用是很明显的。

3）计算修正法

上述两种方法解决了一个问题，即设法使热电偶的冷端温度恒定。但是，冷端温度并非一定为 0℃，所以测出的热电动势还是不能正确反映热端的实际温度。为此，必须对温度进行修正。修正公式为

$$E_{AB}(t,t_0)=E_{AB}(t,t_1)+E_{AB}(t_1,t_0) \tag{4.2.12}$$

式中，$E_{AB}(t,t_0)$ 为热电偶热端温度为 t℃、冷端温度为 0℃时的热电动势；$E_{AB}(t,t_1)$ 为热电偶热端温度为 t℃、冷端温度为 t_1℃时的热电动势；$E_{AB}(t_1,t_0)$ 为热电偶热端温度为 t_1、冷端温度为 0℃时的热电动势。

例如，用镍铬-镍硅热电偶测炉温，当冷端温度为 30℃（且为恒定）时，测出热端温度为 t℃时的热电动势为 39.17mV，求炉子的真实温度。

由镍铬-镍硅热电偶分度表查出 $E(30,0)=1.203\text{mV}$，根据式（4.2.12）计算出 $E(t,t_0)=39.17\text{mV}+1.203\text{mV}=40.373\text{mV}$。

再通过分度表查出其对应的实际温度为 $t=977$℃。

4）电桥补偿法

计算修正法虽然很精确，但不适合连续测温。为此，有些仪表的测温线路中带有补偿电桥，利用不平衡电桥产生的电动势补偿热电偶因冷端波动引起的热电动势的变化。下面以 DBW 型温度变送器的输入回路为例加以说明。

DBW 型温度变送器，能与各种常用热电偶配合使用，将温度参数转换成 0～10mA 直流电流统一信号。其热电偶输入回路的简化图如图 4.2.4 所示。

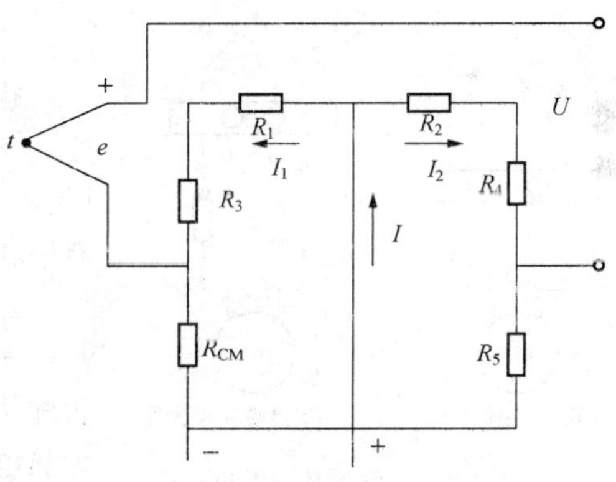

图 4.2.4　电桥补偿法

图中，e 为热电偶产生的热电动势，U 为回路的输出电压。回路中串接了一个补偿电桥。R_1～R_5 及 R_{CM} 均为桥臂电阻。R_{CM}是用漆包铜丝绕制成的，它和热电偶的冷端感受同一温度。R_1～R_5 均用锰铜丝绕成，阻值稳定。在桥路设计时，使 $R_1=R_2$，并且 R_1、R_2 的阻值要比桥路中其他电阻大得多。这样，即使电桥中其他电阻的阻值发生变化，左右两桥臂中的电流能几乎保持不变，从而认为其具有恒流特性。线路设计使得 $I_1=I_2=I/2=0.5\text{mA}$。

回路输出电压 U 为热电偶的热电动势 e、桥臂电阻 R_{CM} 的压降 U_{RCM} 及另一桥臂电阻 R_5 的压降 U_{R5} 三者的代数和：

$$U=e+U_{RCM}-U_{R5}$$

当热电偶的热端温度一定，冷端温度升高时，热电动势将会减小。与此同时，电阻 R_{CM} 的阻值将增大，从而使 U_{RCM} 增大，由此达到了补偿的目的。

自动补偿的条件应为

$$\Delta e=I_1R_{CM}\alpha\Delta t \tag{4.2.13}$$

式中，Δe 为热电偶冷端温度变化引起的热电动势的变化，它随所用的热电偶材料不同

而异；I_1 为流过 R_{CM} 的电流，即 0.5mA；α 为铜电阻 R_{CM} 的温度系数，一般取 0.003 91/℃；Δt 为热电偶冷端温度的变化范围。

现假设热电偶的冷端温度变化范围为 0～+50℃，材料采用铂铑$_{10}$-铂，查分度表得出 Δe 为 0.299mV，因此补偿电阻 R_{CM} 的阻值可以根据式（4.2.13）求出，即

$$\begin{aligned}R_{CM} &= \frac{1}{\alpha I_1}\left(\frac{\Delta e}{\Delta t}\right)\\ &= \frac{1}{0.003\,91\times 0.5}\times\frac{0.299}{50}\Omega\\ &\approx 3\Omega\end{aligned}$$

用同样的方法可以求出采用镍铬-镍硅热电偶时 R_{CM} 约为 20Ω。

需要说明的是，热电偶所产生的热电动势与温度之间的关系是非线性的，每变化 1℃所产生的毫伏数并非都相同，但补偿电阻 R_{CM} 的阻值变化却与温度变化呈线性关系。因此，这种补偿方法是近似的。但在实际使用时，由于热电偶冷端温度变化范围不会太大，这种补偿方法常被采用。

5）显示仪表零位调整法

当热电偶通过补偿导线连接显示仪表时，如果热电偶冷端温度已知且恒定时，可预先将有零位调整器的显示仪表的指针从刻度的初始值调至已知的冷端温度值上，这时显示仪表的示值即为被测量的实际温度值。

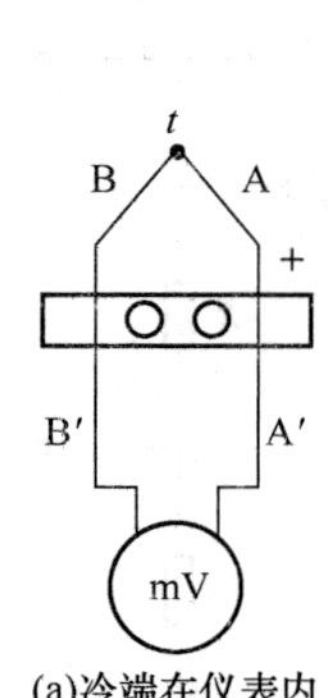

(a)冷端在仪表内

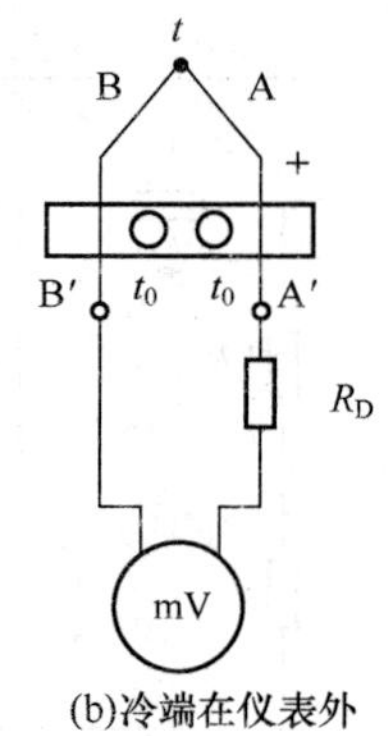

(b)冷端在仪表外

图 4.2.5 测量某点温度

6. 热电偶温度测量电路

热电偶测温电路有多种，有用于测量某一点温度的（见图 4.2.5），也有用于测量两点温度差的（见图 4.2.6），还有几个热电偶一起使用的，接法有串联和并联等，下面逐一进行介绍。

1）测量某一点的温度

图 4.2.5（a）、（b）都是一支热电偶和一个仪表配用的连接电路，用于测量某一点的温度。AB 为热电偶，A′B′为补偿导线。

这两种连接方式的区别在于：图 4.2.5（a）中的热电偶冷端被延伸到仪表内，图 4.2.5（b）中的热电偶冷端在仪表外，R_D 为连接冷端与仪表的导线电阻。

2）测量两点之间的温度差

图 4.2.6 是用两支热电偶和一个仪表配合测量两点之间温差的线路。图中用了两支型号相同的热电偶并配用相同的补偿导线。工作时，两支热电偶产生的热电动势方向相反，故输入仪表的是其差值，这一差值反映了两支热电偶热端的温差。为了减少测量误差，提高测量精度，要尽可能选用热电特性一致的热电偶，同时要保证两热电偶的冷端温度相同。

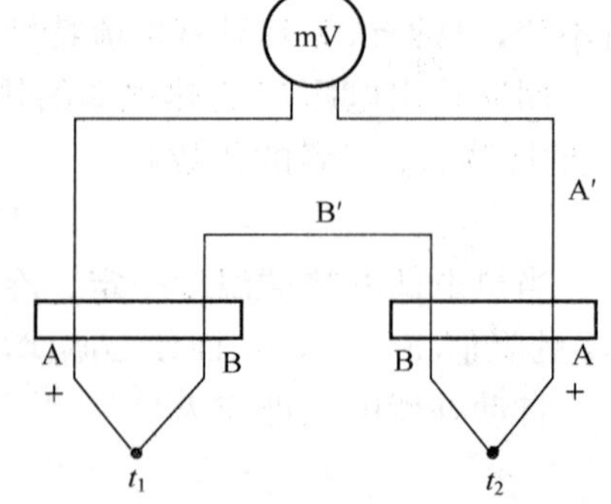

图 4.2.6 测量两点温差

3）热电偶并联线路

有些大型设备，需测量多点的平均温度。可以通过热电偶并联的测量电路来实现，如图 4.2.7 所示。将 n 支同型号热电偶的正极和负极分别连接在一起的线路称为并联测量线路。如果 n 支热电偶的电阻均相等，则并联测量线路的总热电动势等于 n 支热电偶热电动势的平均值，即

$$E_{并} = \frac{E_1 + E_2 + \cdots + E_n}{n} \tag{4.2.14}$$

热电偶并联线路中，当其中一支热电偶断路时，不会中断整个测温系统的工作。

4）热电偶串联线路

将 n 支同型号热电偶依次按正负极相连接的线路称为串联测量线路，如图 4.2.8 所示。串联测量线路的总热电动势等于 n 支热电偶热电动势之和，即

$$E_{串} = E_1 + E_2 + \cdots + E_n = nE \tag{4.2.15}$$

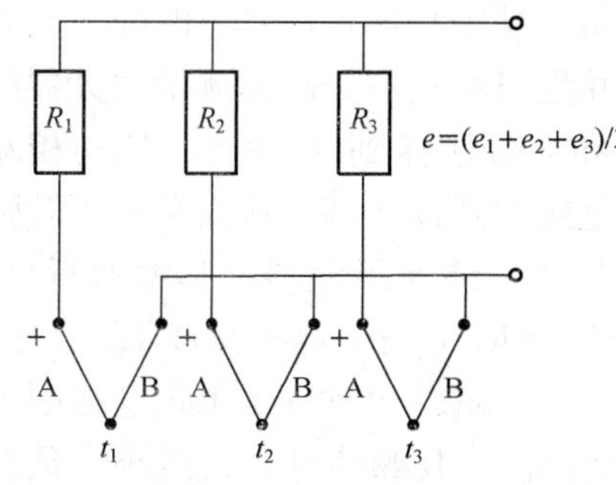

图 4.2.7　热电偶并联

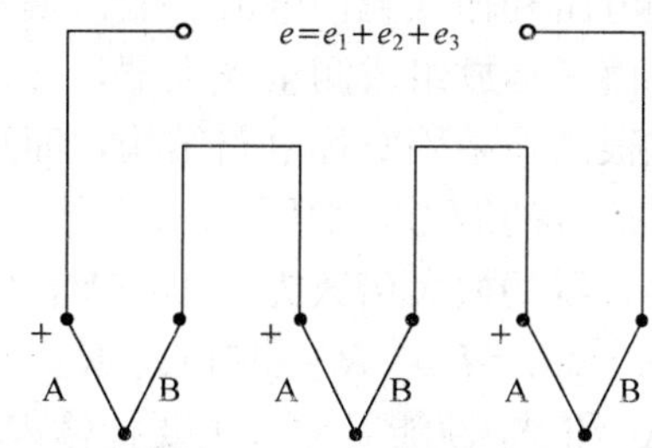

图 4.2.8　热电偶串联

串联线路的主要优点是热电动势大，仪表的灵敏度大为增加；缺点是只要有一支热电偶断路，整个测量系统便无法工作。

4.2.2　任务实施：热电偶测温电路的设计与制作

*注意：这是本任务的第三个重点，也是这一任务中最重要的内容。通过热电偶测温电路的设计与制作训练，培养学生对检测电路的认识，提高学生分析电路、选用器件的能力，为培养学生从事电子线路设计工作打下一定的基础，使学生通过训练提高自身的职业技能和岗位技能。

热电偶温度表由配套热电偶、外壳和核心测量电路等组成，其核心电路由测量放大电路、A/D转换电路和显示电路三大部分组成。一般用单片机作为信号处理和控制的核心，若对电路稍作改进，也可变成温度控制器或兼具温度控制与报警双重功能。

1. 温度表硬件电路的设计及器件选择

1）热电偶温度传感器及其冷端补偿方法的选择

可根据测量温度高低来选择，尽量选用金属型热电偶，以降低成本。如铁-康铜型热电偶，被测温度范围为 0～400℃，冷端补偿采用补偿电桥法，采用不平衡电桥产生

的电动势来补偿热电偶因冷端温度变化而引起的热电动势的变化。不平衡电桥由电阻 R_1、R_2、R_3（锰铜丝绕制）、R_{cu}（铜丝绕制）四桥臂和桥路稳压源组成，串联在热电偶回路中，如图 4.2.9 所示。R_{cu}与热电偶冷端同处于±0℃，而 $R_1=R_2=R_3=1k\Omega$。桥路电源电压为 4V，由稳压电源供电。R_S 为限流电阻，其阻值因热电偶不同而不同。电桥通常取在 20℃时平衡，这时电桥的 4 个桥臂电阻 $R_1=R_2=R_3=R_{cu}$，a、b 端无输出。当冷端温度偏离 20℃时，如升高时，R_{cu}增大，而热电偶的热电动势却随着冷端温度的升高而减小。U_{ab}与热电动势减小量相等，U_{ab}与热电动势叠加后输出的电动势则保持不变，从而自动完成冷端补偿。

2）测量放大电路及其芯片的选择

实际电路中，从热电偶输出的信号最多不过几十毫伏（<30mV），且其中包含工频、静电和磁偶合等共模干扰，对这种电路放大就需要放大电路具有很高的共模抑制比以及高增益、低噪声和高输入阻抗，因此宜采用测量放大电路。测量放大器又称数据放大器、仪表放大器或桥路放大器，它的输入阻抗高，易于与各种信号源匹配，而它的输入失调电压和输入失调电流及输入偏置电流小，并且温漂较小，因而测量放大器的稳定性好。由三运放组成测量放大器，差动输入端 a 和 b 分别接到 A_1 和 A_2 的同相端。输入阻抗很高，采用对称电路结构，而且被测信号直接加到输入端，从而保证了较强的抑制共模信号的能力，如图 4.2.9 所示。A_3 实际上是一差动跟随器，其增益近似为 1。测量放大器的放大倍数为：$A_V=V_0/(V_2-V_1)$，$A_V=R_f/[1+(R_{f1}+R_{f2})/R_W]$，这里的 $R_f=R_{f1}=R_{f2}=R_7=R_8=15k\Omega$，$R_W=R_{P1}=R_{P2}=0\sim22k\Omega$（可调）。在此电路中，只要运放 A_1 和 A_2 性能对称（主要指输入阻抗和电压增益），其漂移将大大减小，具有高输入阻抗和共模抑制比，对微小的差模电压很敏感，适宜测量远距离传输过来的信号，因而十分易于与微小输出的传感器配合使用。R_{P1}、R_{P2}是用来调整放大倍数的外接电阻，在此用多圈电位器。

实际电路中，A_1、A_2 采用低漂移高精度运放 OP-07 芯片，其输入失调电压温漂 αV_{IOS}和输入失调电流温漂 αI_{IOS}都很小，OP-07 采用超高工艺和“齐纳微调”技术，使 V_{IOS}、I_{IOS}、αV_{IOS}和 αI_{IOS}都很小，广泛应用于稳定积分、精密加法、比较检波和微弱信号的精密放大等。OP-07 要求双电源供电，使用温度范围为 0～70℃，一般不需调零，如果需要调零可采用 R_W 进行调整。A_3 采用 741 芯片，它要求双电源供电，供电范围为±(3～18)V，典型供电为±15V，一般应大于或等于±5V，其内部含有补偿电容，不需外接补偿电容。

3）A/D 转换电路及其芯片的选用

经过测量放大器放大后的电压信号，其电压范围为 0～5V，此信号为模拟信号，计算机无法接受，故必须进行 A/D 转换。实际电路中，选用 ICL7109 芯片，如图 4.2.10 所示。ICL7109 是一种高精度、低噪声、低漂移、价格低廉的双积分型 12 位 A/D 转换器。由于目前 12 位逐次逼近式 A/D 转换器价格较高，因此在速度要求不太高的场合，如用于称重测压力、测温度等各种传感器信号的高精度测量系统时，可采用廉价的双积分型 12 位 A/D 转换器 ICL7109。

ICL7109 内部有一个 14 位（12 位数据和一位极性、一位溢出）的锁存器和一个 14 位的三态输出寄存器，同时可以很方便地与各种微处理器直接连接，而无需外部加额外的锁存器。ICL7109 有两种接口方式，一种是直接接口；另一种是挂钩接口。在直接接口方式中，当 ICL7109 转换结束时，由 STATUS 发出转换结束指令到单片机，单片机对转换后的数据分高位字节和低位字节进行读数。在挂钩接口方式时，ICL7109 提供工业标准的数据交换模式，适用于远距离的数据采集系统。ICL7109 为 40 线双列直插式封装，各引脚功能参考相关文献。

4）ICL7109 与 89C51 的接口

此处采用直接接口方式，即 ICL7109 的 MODE 端接地，使其工作于直接输出方式。振荡器选择端（即 OS 端，引脚 24）接地，则 ICL7109 的时钟振荡器以晶体振荡器工作，内部时钟等于 58 分频后的振荡器频率，外接晶体为 6MHz，则时钟频率＝6MHz/58＝103kHz。积分时间＝2048×时间周期＝20ms，与 50Hz 电源周期相同。积分时间为电源周期的整数倍，可抑制 50Hz 的串模干扰。

在模拟输入信号较小时，如 0～0.5V 时，自动调零电容可选比积分电容 C_{INT}（C_2）大一倍，以减小噪声，C_{AZ}（C_3）的值越大，噪声越小，如果 C_{INT} 选为 0.15μF，则 $C_{AZ}=2C_{INT}=0.33\mu F$。

由传感器传来的微弱信号经放大器放大后为 0～5V，这时噪声的影响不是主要的，可把积分电容 C_{INT} 选大一些，使 $C_{INT}=2C_{AZ}$，选 $C_{INT}=0.33\mu F$，$C_{AZ}=0.15\mu F$，通常 C_{INT} 和 C_{AZ} 可在 0.1～1μF 间选择。积分电阻 R_{INT} 等于满度电压时对应的电阻值［当电流为 20μA、输入电压为 4.096V 时，R_{INT}（R_{13}）＝200kΩ］，此时基准电压 V_{RI}^{+} 和 V_{RI}^{-} 之间为 2V，由电阻 R_{14}、R_{15} 和电位器 R_{P4} 分压取得。

该电路中，CE 引脚接地，使芯片一直处于有效状态。RUN（运行/保持）引脚接＋5V，使 A/D 转换连续进行。

在进行 A/D 转换时，STATUS 引脚输出高电平。当 STATUS 引脚降为低电平时，由 P2.6 输出低电平信号到 ICL7109 的 HBEN，读高 4 位数据；由 P2.7 输出低电平信号到 LBEN，读低 8 位数据。该系统中尽管 CE 接地，RUN 接＋5V，A/D 转换连续进行。然而，如果 89C51 不查询 P1.0 引脚，那么就不会给出 HBEN、LBEN 信号，A/D 转换的结果也不会出现在数据总线 D_0～D_7 上。不需要采集数据时，不会影响 89C51 的工作，因此这种方法可简化设计，节省硬件和软件。

5）显示电路及其驱动芯片的选用

采用 3 位半 LED 数码管显示器，数码管的段控用 P1.0 口输出，位控由 RXD、TXD、INT0 控制。7407 是 6 位的驱动门，它是一个集电极开路门，当输入为“0”时，输出为“0”；输入为“1”时，输出断开，须接上位电路。共用两片 7407，分别作为段控和位控的驱动。数码管选共阳极接法，当位控为“1”时，该数码管选通，动态显示用软件完成，节省硬件开销。

硬件原理电路如图 4.2.9 和图 4.2.10 所示。其中，图 4.2.9 为热电偶信号的采集及基本放大电路；图 4.2.10 为单片机控制的 A/D 转换及显示电路部分原理图。

6）所用元器件清单

该设计所采用的主要元器件见表 4.2.7，型号可以用替代的，只要性能相近即可。

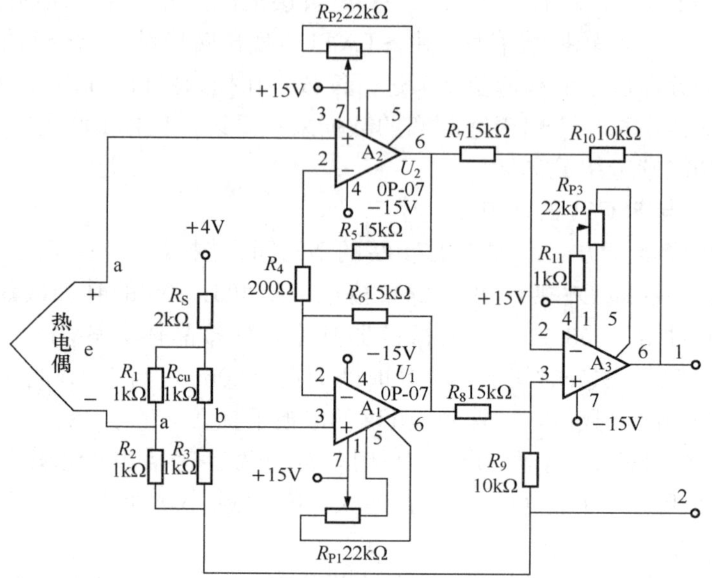

图 4.2.9 热电偶信号的采集及基本放大电路

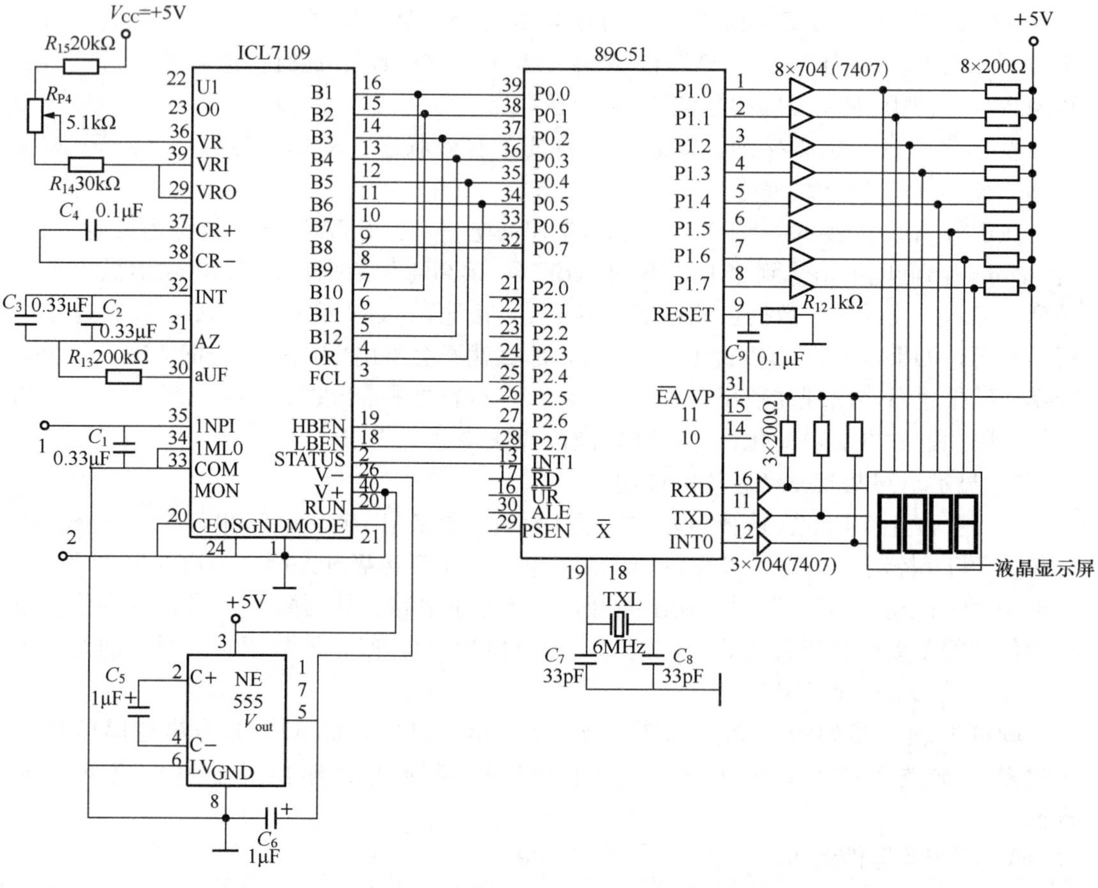

图 4.2.10 单片机控制的 A/D 转换及显示电路部分原理图

表 4.2.7 热电偶测温表所采用的元器件清单

序号	名称	型号	数量	序号	名称	型号	数量
1	热电偶传感器	SJ106	1 只	13	碳膜电阻	15kΩ	2 只
2	单片机	89C51	1 个	14		20kΩ	1 只
3	液晶显示屏	EDS803	1 个	15		30kΩ	1 只
4	仪表放大芯片	OP-07	3 片	16		200kΩ	1 只
5	A/D 转换芯片	ICL7109	1 片	17	电位器	22kΩ	3 只
6	晶振	SMD6×3.5	1 只	18		5.1kΩ	1 只
7	液晶驱动芯片	7407TTL	2 片	19	陶瓷电容	0.33μF	3 只
8	时钟芯片	NE555	1 片	20		0.1μF	2 只
9	碳膜电阻	200Ω	12 只				
10		1kΩ	6 只	21		33pF	2 只
11		2kΩ	1 只	22	电解电容	1μF	2 只
12		10kΩ	2 只				

2. 温度表的软件设计

1）程序流程设计

温度表的测温软件部分可以用 C 语言或汇编语言进行编写，主要包括主程序、定时中断程序、信号处理与转换程序及显示程序等。采用查表法进行温度数据处理，可归纳为以下几个模块。

ICL 模块：从 A/D 转换器读取结果的模块，它连续读 3 次，读出 3 个结果分别存放于内部 30H～35H 单元（双字节存放）。

WAVE 数字滤波模块：对 ICL 模块输出的 3 个结果进行排序，取中间的数作为选用的测量值。此模块可以避免因电路偶然波动而引起的脉冲量的干扰，使显示数据平稳。

MODIFY 模块：是补偿热电偶冷端器 25℃时的量值，相当于将仪表中的零点调到 25℃，称此模块为零点校正模块（此温度为室温）。

YA 查表模块：核心模块。表格数据是按一定规律增长的数据（0～655℃），表格中电压值与温度值一一对应，表格中的电压值是热电偶输出信号乘以放大倍数（150）以后的结果，变成十六进制数进行存放，低位在前，高位在后，因而它的数据地址可以代表温度值，用查找的内容的地址减去表格首地址 0270H 后再除以 2（双字节存放）即为温度值。此数据为十六进制数还需进行十六-十进制转换（CLEAN），再送显示器显示。

查表模块：采用二分查找法，DP 先找对半值（MIDDLE）同转换数据比较（COMPARE），看属哪一半，修改表格上下限值，再进行对半比较，经过若干次后，直到找到数据为止，如果找不到，也就是说被转换数据介于表格中两相邻值之间，则再调用取近似值模块（NEAR），选择与被转换数据接近的那个数据作为查找到的数据，然后调用温度值模块（FIND），整个查表模块就完成了从输入到输出的变化。

DIR：采用动态 3 位半显示，显示时间由实验测定，各模块设计完成后要进行测试，尽量使其内聚性强、模块间耦合性强，并采用数据耦合。

图 4.2.11～图 4.2.14 分别为温度表主程序、定时中断服务子程序、温度测量转换子程序和温度测量子程序的流程图。

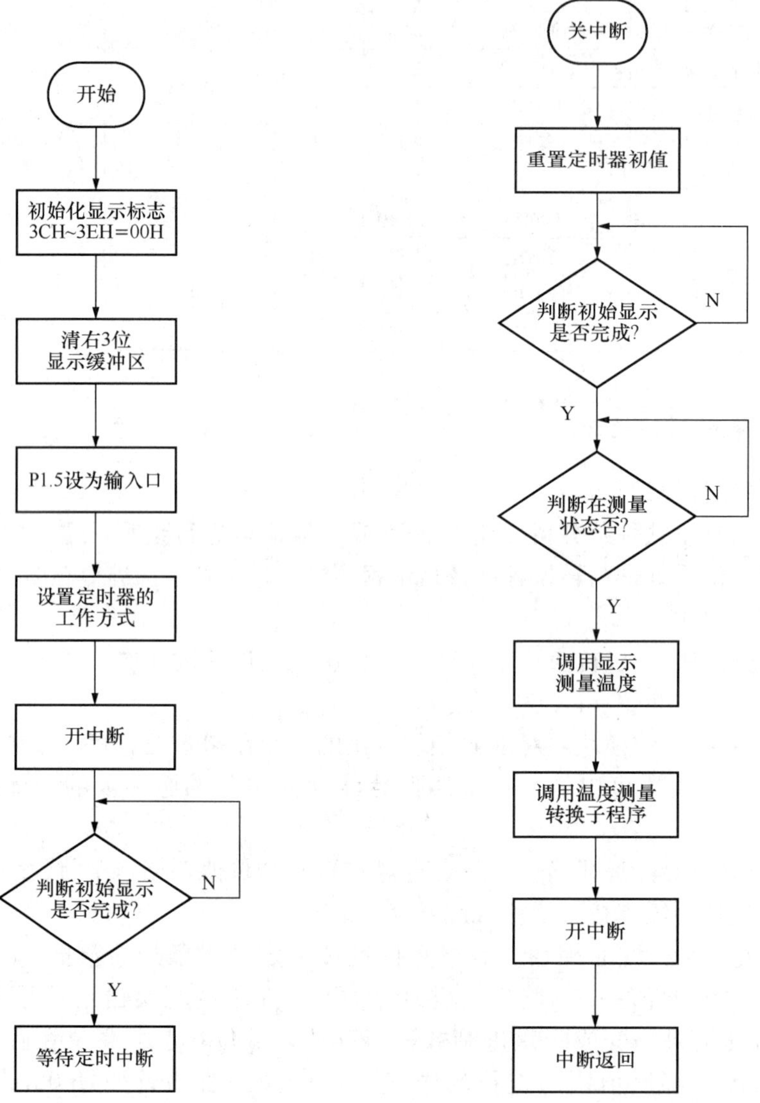

图 4.2.11　温度表主程序流程图　　　图 4.2.12　定时中断服务子程序流程图

2）源程序设计

温度表的汇编语言源程序略。

3）实物制作

(1）硬件电路制作。根据清单准备元器件或套件。电路制作的步骤如下。

① 检查所准备元器件的质量，发现问题及时更换。

② 元器件安装，可采用印刷电路板（PCB）或万能板进行，PCB 效果可靠些。安

装时一定要保证锡焊质量，认真检查每个焊点，检查每个元器件的连接是否正确。

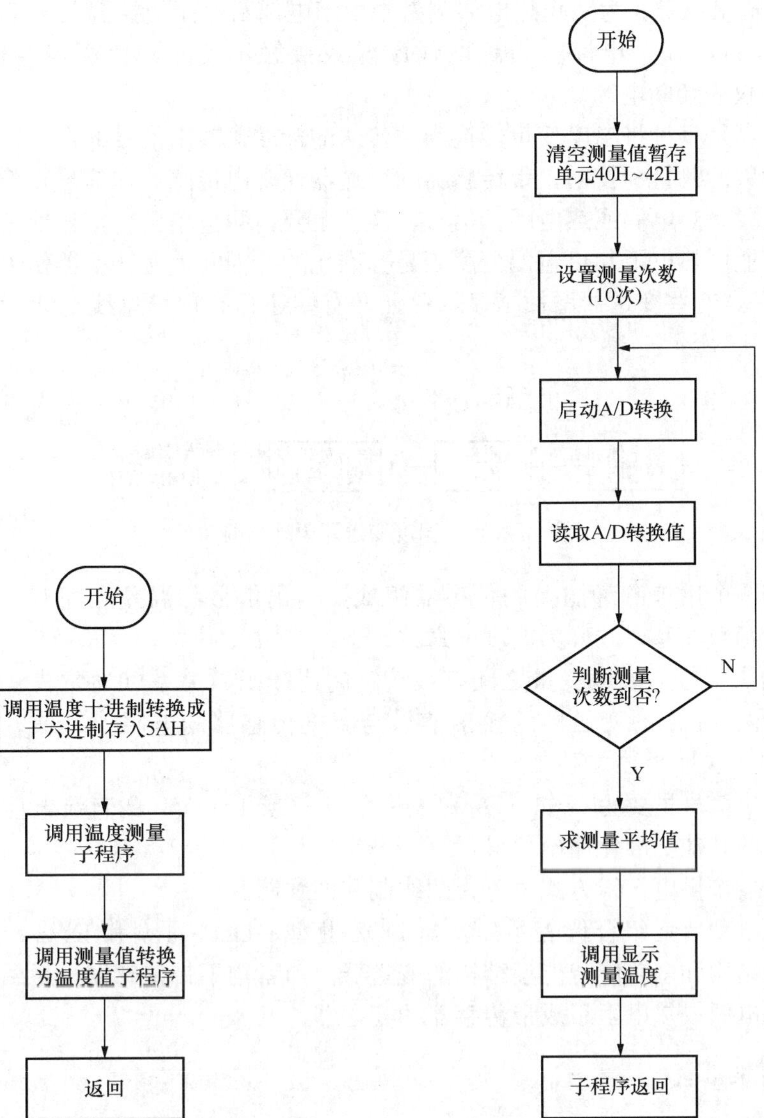

图 4.2.13　温度测量转换子程序流程图　　图 4.2.14　温度测量子程序流程图

（2）软件调试。先读懂所给程序，分析每部分的功能，如在功能上有另外的要求，应在教师的指导下对程序进行修改，可行再在计算机上对程序进行模拟，待正确无误后用编程器将所给软件烧入单片机。

4.2.3　拓展学习：热电偶温度变送器简介

1. 原理

热电偶温度变送器由基准源、冷端补偿、放大单元、线性化处理、*V-I* 转换、断偶处理、反接保护、限流保护等电路单元组成。它是将热电偶产生的热电动势经冷端补偿放大后，再经由线性电路消除热电动势与温度的非线性误差，最后放大转换为 4～20mA 的电流输出信号。为防止热电偶测量中由于电偶断丝而使控温失效造成事故，变送器中还设有断电保护电路。当热电偶断丝或接触不良时，变送器会输出最大值（28mA）以使仪表切断电源。

温度变送器是一种将温度变量转换为可传送的标准化输出信号的仪表，主要用于工业过程温度参数的测量和控制。带传感器的变送器通常由传感器和信号转换器两部分组成。传感器主要是热电偶或热电阻；信号转换器主要由测量单元、信号处理和转换单元组成（由于工业用热电阻和热电偶分度表是标准化的，因此信号转换器作为独立产品时也称为变送器），有些变送器增加了显示单元，有些还具有现场总线功能。其基本原理框图如图 4.2.15 所示。

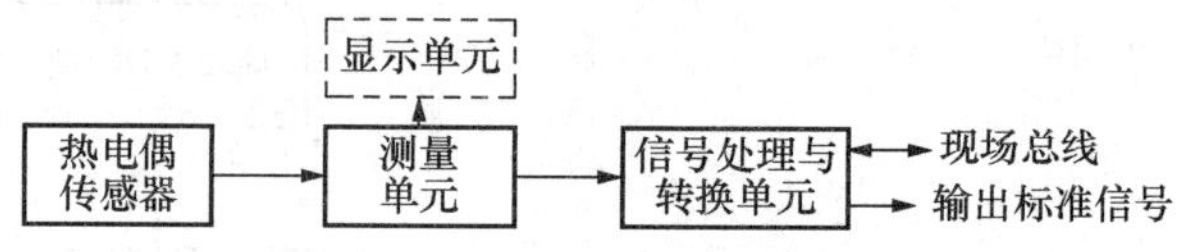

图 4.2.15 温度变送器原理框图

变送器由两个用来测量温差的传感器组成，输出信号与温差之间有一给定的连续函数关系，故称为温度变送器。

变送器输出信号与温度变量之间有一给定的连续函数关系（通常为线性函数），早期生产的变送器的输出信号与温度传感器的电阻值（或电压值）之间呈线性函数关系。

热电偶温度变送器（视频）

标准化输出信号主要为 0～10mA 和 4～20mA（或 1～5V）的直流电信号。不排除具有特殊规定的其他标准化输出信号。

温度变送器按供电接线方式可分为两线制和四线制。

变送器有电动单元组合仪表系列，如 DDZ-Ⅱ型、DDZ-Ⅲ型和 DDZ-S 型，也有小型化模块式的结构和多功能智能型结构的变送器。前者均不带传感器，后两类变送器可以方便地与热电偶或热电阻组成带传感器的变送器。

2. 主要技术参数

输入信号：热电偶为 K、E、J、B、S、T。智能型温度变送器的输入信号可通过手持器和 PC 任意设置。

输出信号：在量程范围内输出 4～20mA 的直流电信号，与热电偶的输入信号呈线性或与温度呈线性。智能型温度变送器输出 4～20mA 的直流电信号，同时叠加符合 HART 标准协议通信；隔离式温度变送器输入与输出相隔离，隔离电压为 500V，增加了抗共模干扰能力，更适合与计算机联网使用。

基本误差：0.5%FS、0.2%FS、智能型 0.2%FS。

接线方式：二线制、三线制、四线制。

显示方式：四位 LCD 显示现场温度，智能型四位 LCD 可通过 PC 或手持器设定，使之显示现场温度、传感器值、输出电流和百分比中的任意一种参数。

工作电压：普通型为 12～35V，智能型为 12～45V，额定工作电压为 24V。

允许负载电阻：500Ω（直流 24V 供电），在额定工作电压 24V 时，负载电阻可在 0～600Ω范围内选择使用。

工作环境：环境温度为－25～＋80℃（常规型），－25～＋70℃（数显型），－25～＋75℃（智能型）；相对湿度为 5%～95%；机械振动 $f \leqslant 50\text{Hz}$，振幅≤0.15mm；无腐蚀气体或类似的环境。

环境影响系数：$\delta \leqslant 0.05\%/℃$。

3. 主要特点

结构简单：无任何可动或弹性元器件，因此可靠性极高，维护量极少。

安装方便：内装式结构尤其显示出这一特点，无需任何专用工具。

调整方便：零位、量程两个电位器可在液位检测有效范围内任意进行零点迁移或量程的改变，两个调整互不影响。

用途广泛：适用于高温高压、强腐蚀等介质的液位测量。

思考题

1. 热电偶测温必须具备哪些条件？
2. 热电偶的中间导体定律有什么实际意义？
3. 热电偶的冷端温度补偿有哪些方法，各有何特点？
4. 现用一支镍铬-康铜（E 型）热电偶测温。其冷端温度为 30℃，动圈显示仪表（机械零位在 0℃）指示值为 400℃，则认为热端实际温度为 430℃，对不对？为什么？正确值是多少？
5. 测温电路如图 4.2.16 所示，热电偶的分度号为 K，表计的示值应为多少度？

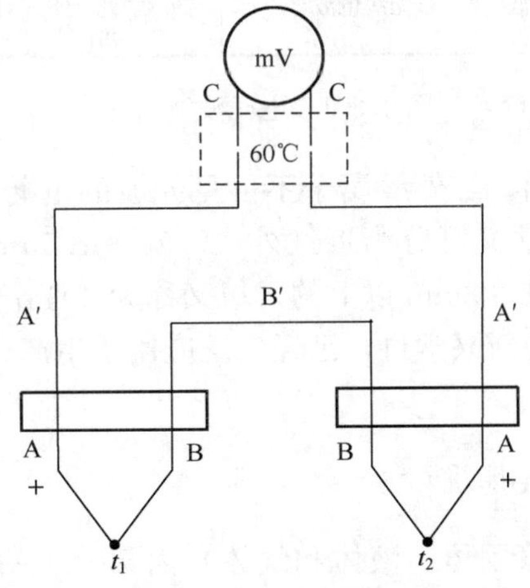

图 4.2.16 测温电路

任务 4.3　红外辐射式温度传感器与温度测量

【任务描述】

对于不适合接触式测量的高温和超高温场合，需要用到非接触式测温方式。红外辐射是自然界所有物体都具有的普遍特性，红外辐射式温度传感器是已经得到广泛应用的一种非接触式测温方法。这里主要探讨红外辐射温度传感器的结构原理、测量电路及其应用情况，并在拓展学习中简单介绍红外辐射式传感器的其他应用。

【任务分析】

本任务主要包括三部分，一是基础知识部分，主要包括红外辐射式温度传感器的结构原理分析、基本应用电路分析和应用场合等内容；二是任务实施部分，通过热释电温度传感器探测电路的设计与制作，训练学生从事电子检测产品设计与管理工作的能力；三是拓展学习部分，主要讨论红外辐射式传感器的其他应用情况，及时了解检测技术发展的最新成果，以拓宽学生的知识面。

4.3.1　基础知识：红外辐射式温度传感器的结构原理及其测量电路

红外传感器是利用物体产生红外辐射的特性，实现自动检测的传感器。在物理学中我们已经知道，可见光、不可见光及无线电等都是电磁波，它们之间的差别只是波长不同而已。下面是将各种不同的电磁波按照波长（或频率）排成如图 4.3.1 所示的波谱图，称为电磁波谱。

红外传感器（视频）

波长　10^4km　10km　1km　1m　1cm　1mm　1μm　1nm　0.1nm

频率　3×10^{-1}　3×10^{2}　3×10^{5}　3×10^{8}　3×10^{10}　3×10^{11}　3×10^{14}　3×10^{17}　3×10^{18}　3×10^{21}

名称	声波	无线电波	红外线	可见光	紫外线	X射线	γ射线

图 4.3.1　电磁波波谱图

从图 4.3.1 中可以看出，红外线属于不可见光波的范畴，它的波长一般在 0.76～600μm 之间。而红外区通常又可分为近红外（0.76～1.5μm）、中红外（1.5～10μm）和远红外（10μm 以上），在 300μm 以上的区域又称为“亚毫米波”。近年来，红外辐射技术已成为一门发展迅速的新兴学科，已经广泛应用于生产、科研、军事、医学等各个领域。

1. 红外辐射的产生及其性质

红外辐射是由于物体（固体、液体和气体）内部分子的转动及振动而产生的。这类振动过程是物体受热而引起的，只有在绝对零度（－273.15℃）时，一切物体的分子才会停止运动。所以在绝对零度时，没有一种物体会发射红外线。换言之，在一般的常温下，所有的物体（如火焰、汽车、飞机、动/植物和人体等）都是红外辐射的发射源。

红外线和所有的电磁波一样，具有反射、折射、散射、干涉及吸收等性质，但它的特点是热效应非常大。红外线在真空中传播的速度 $c=3\times10^8$ m/s，而在介质中传播时，由于介质的吸收和散射作用使它产生衰减。红外线的衰减遵循如下规律：

$$I = I_0 e^{-Kx} \tag{4.3.1}$$

式中，I 为通过厚度为 x 的介质后的通量；I_0 为射到介质时的通量；e 为自然对数的底；K 为与介质性质有关的常数。

金属对红外辐射衰减非常大，一般金属材料基本上不能透过红外线；大多数的半导体材料及一些塑料能透过红外线；液体对红外线的吸收较大，如厚 1mm 的水对红外线的透明度很小，当厚度达到 1cm 时，水对红外线几乎完全不透明；气体对红外辐射也有不同程度的吸收，如大气（含水蒸气、二氧化碳、臭氧、甲烷等）对波长为 1～5μm 和 8～14μm 的红外线是比较透明的，对其他波长的红外线透明度就差了。而介质的不均匀，晶体材料的不纯洁、有杂质或悬浮小颗粒等，都会引起红外辐射的散射。

温度越低的物体，辐射的红外线波长越长。由此在工业上和军事上根据需要有选择地接收某一范围的波长，就可以达到测量的目的。

2. 红外传感器的类型

能把红外辐射转换成电量变化的装置，称为红外传感器，主要有热敏型和光电型两大类。

热敏型是利用红外辐射的热效应制成的，其核心是热敏元件。由于热敏元件的响应时间长，一般在毫秒数量级以上。另外，在加热过程中，不管什么波长的红外线，只要功率相同，其加热效果也是相同的，假如热敏元件对各种波长的红外线都能全部吸收的话，那么热敏探测器对各种波长基本上都具有相同的响应，所以称其为“无选择性红外传感器”。这类传感器主要有热释电红外传感器和红外线温度传感器两大类。

光电型是利用红外辐射的光电效应制成的，其核心是光电元件。因此它的响应时间一般比热敏型短得多，最短的可达到毫微秒数量级。此外，要使物体内部的电子改变运动状态，入射辐射的光子能量必须足够大，它的频率必须大于某一值，也就是必须高于截止频率。由于这类传感器以光子为单元起作用，只要光子的能量足够，相同数目的光子基本上具有相同的效果，因此常常称其为“光子探测器”。这类传感器主要有红外二极管、晶体管等。

4.3.2　任务实施：红外热释电报警电路的设计与制作

*注意：这是本任务的一个重点，红外传感器不仅在温度测量中有很多应用，而且在安全保卫中也有很多应用。这里介绍的红外报警电路就是安全保卫中最基本的报警电路，通过这个电路的设计与制作能让学生获得更多电路分析与设计方面的技能，更好地培养自身的职业技能和职业精神。教师在教学过程中不仅要注意教授学生相关知识和技能，还要注意培养学生在工作中的相互帮助和团队协作意识。

1. 目的要求

（1）通过这一电路的设计与制作了解红外传感器的结构原理，弄清各种红外传感器型号的表示方法，了解其应用范围和适用场合，学会正确选用这类传感器。

（2）复习热释电红外传感器、温度电阻及热电偶等常用温度传感器的结构原理，弄清楚各类传感器的性能特点和适用场合，会看温度传感器的型号意义，会正确选用温度传感器，为具体制作做好准备。

（3）按提供的电路原理图和整机装配图进行部件和整机的安装，一定要先看懂图样后再做，有问题一定要先搞懂后再操作，以免损坏元器件而无法完成制作。

（4）制作完成后仔细调试，在调试中碰到问题可在老师的指导下逐步解决，如最后实在达不到所要求的效果，应查找原因，在总结中认真分析其中的经验教训。

2. 原理及所需元器件

利用热释电红外传感器和模拟声集成电路制作的电子警犬，当在其前方警戒范围内有人走动时，它就会发出逼真的狗吠声。

1）工作原理

电子警犬电路如图 4.3.2 所示。当有人在传感器警戒范围内走动时，由人体发出的微量红外线通过菲涅尔透镜 F 聚焦后，在热释电传感器 BH_1 的内部敏感元件上引起温度变化而产生电极化，从而在传感器的外接电阻 R_1 两端输出传感信号。此传感信号相当微弱，将它送至信号处理器 IC_1 的 $1IN_+$ 输入端（引脚 14），经二级放大、双向鉴幅、延时处理后，最终从 IC_1 的输出端 U_o（引脚 2）输出高电平延时脉冲信号。因为 IC_1 的控制端 A 选定为不可重触发工作方式（引脚 1 接地），所以输出脉冲信号的延迟时间 T_x 与重复触发无关。延迟时间 T_x 由外接元件 R_7、C_6 的数值决定，即

$$T_x = 49 \times 10^3 R_7 C_6$$

而触发封锁时间 T_1 由 IC_1 的引脚 5、引脚 6 的外接元件 R_8、C_7 所决定，即

$$T_1 = 24 R_8 C_7$$

IC_1 输出（引脚 2）的高电平脉冲信号经电阻 R_9 接至晶体管 VT_1 的基极，VT_1 与发光二极管 LED 及电阻 R_{10} 组成射极跟随器。于是，当有控制信号输出时 LED 发光，否则不发光。VT_1 射极跟随器输出直接与模拟声音集成电路 IC_2 的触发输入端（TRIG）相接。因此，当 IC_1 有控制信号输出时，将触发 IC_2 工作，使 IC_2 输出狗吠模拟声的电信号，驱动扬声器 B 发出“汪—汪，汪—汪”的狗吠声，重复三次，然后自动停止，等待下一次触发。

试验表明，虽然 IC_1 输出控制信号经 R_9 后也能直接触发 IC_2 工作，但有时会使 IC_1 受到 IC_2 干扰而产生自激，引入 VT_1 构成射极跟随器，能有效排除这种干扰的影响。

另外，如图 4.3.2 所示，IC_1 的触发禁止端 U_C（引脚 9）接高电平（电源正端）为允许触发状态。

2）元器件选择

电子警犬所用的元器件见表 4.3.1。

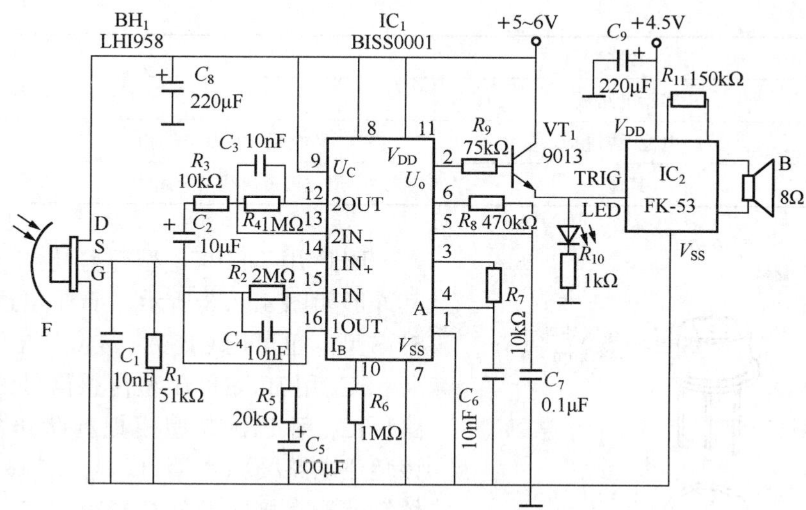

图 4.3.2　电子警犬电路原理图

表 4.3.1　电子警犬所需元器件

序号	名称	型号	数量
1	热释电红外传感器	LHI958	1只
	晶体管	9013	1只
2	红色发光二极管	ϕ5mm 或 ϕ3mm	1只
3	模拟狗吠声集成电路 IC_2	FK-53 或 H28N 或 HFC5201	1片
4	传感信号处理集成电路 IC_1	BISS0001	1片
5	碳膜电阻或金属膜电阻	51kΩ，±5%，1/8W	1只
		10kΩ，±5%，1/8W	2只
		1MΩ，±5%，1/8W	2只
		2MΩ，±5%，1/8W	1只
		1kΩ，±5%，1/8W	1只
		150kΩ，±5%，1/8W	1只
		20kΩ，±5%，1/8W	1只
		75kΩ，±5%，1/8W	1只
		470kΩ，±5%，1/8W	1只
6	铝电解电容器	100μF，16V	1只
		220μF，16V	2只
		10μF，16V	1只
7	瓷介、涤纶或玻璃釉电容器	10nF	4只
		0.1μF	1只
8	电动扬声器	ϕ50～ϕ70	1只
9	按钮		1只
10	直流插座	外径 ϕ5.5mm，内径 ϕ2mm	1只

续表

序号	名称	型号	数量
11	实验电路板	ICB-88	1块
12	电池及搭扣	9V叠层电池及电池扣	1节
13	其他	尼龙被覆导线及金属线	1米

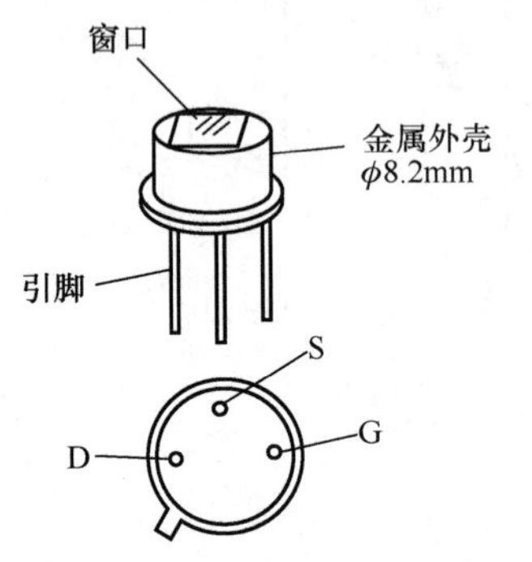

图 4.3.3 LHI1958 型热释电红外传感器外形

BH_1 用 LHI958 型热释电红外传感器，其外形如图 4.3.3 所示。菲涅尔透镜用市售 SNS 型，也可用 CE-024 或 Q-1A 等型号。

IC_1 用 BISS0001 型传感信号处理集成电路。IC_2 用 FK-53 型模拟狗吠声集成电路，该集成电路模拟声逼真，且无须外接功放晶体管就能直接驱动外接扬声器工作，使用极为方便。

IC_2 也可采用 H28N 或 HFC5201，HFC5201 的应用电路如图 4.3.4 所示。其中，外接振荡电阻 R_C 可用来改变发声频率，阻值大时频率低，可模拟老狗叫声；阻值小时频率高，可模拟小狗叫声。实际使用时应通过试听来选定 R_C 的阻值。

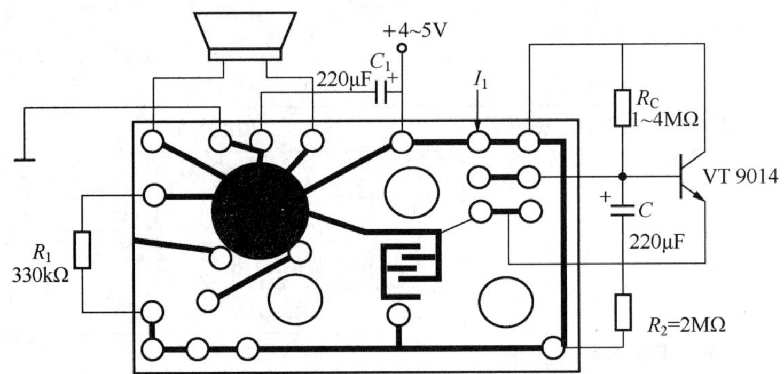

图 4.3.4 HFC5201 语音芯片的应用电路

VT_1 用 9013 型小功率 NPN 型硅晶体管，$h_{FE}\geqslant 180$。LED 用 ϕ5mm 或 ϕ3mm 红色发光二极管。$R_1\sim R_{11}$ 用 1/8W 金属膜或碳膜电阻。C_2、C_5、C_8、C_9 用耐压≥16V 的普通铝电解电容器，C_1、C_3、C_4、C_6、C_7 均可用瓷介、涤纶或玻璃釉电容器。B 用 0.25～0.5W、ϕ50～ϕ70 的内磁式电动扬声器。电源用 4 节 1.5V 的 5 号电池串联，或者用 9V 叠层电池（6F22 型）经 78L05 型集成稳压器输出稳定的 5V 电压作为 BH_1 及 IC_1 的电源。4.5V 电源用 3 节 5 号电池。这两组电源相互独立，有利于防止电路产生自激。

3. 制作

首先在集成电路实验插板（如市售的 SYB-130 型面包板）上对电路进行试验，再着手设计 PCB，或采用市售通用实验 PCB 作元器件布局设计。

IC_1 的输入端（引脚 14）悬空或接触不良、R_1 接触不良、R_4 及 R_5 阻值过大等都会引起电路自激而影响正常工作，找到原因后即可排除故障。BISS0001 集成电路不能直接焊在电路板上，必须通过插座接插完成连接。

如果买不到菲涅尔透镜，可拿一张文摘卡或明信片用小刀刻一排宽度和间隔约为 1.5mm 的狭缝，作为菲涅尔透镜的替代品，如图 4.3.5 所示。实验表明，其效果虽不及菲涅尔透镜好，但它可使热释电传感器的探测距离成倍增加。

图 4.3.5　自制菲涅尔透镜替代品

4. 调试

装在热释电传感器前面的菲涅尔透镜或其替代品应弯曲成圆柱面，传感器位于菲涅尔透镜焦距附近，通过多次探测试验对比后确定它们之间的最佳相对位置。一般警戒距离可达 4m 以上。

电子警犬的安装位置应选择能让走动的人进入红外探测器的可靠视场范围之内且不易被发现之处。根据实际需要，探测器和扬声器也可以相距较远分别安装。

4.3.3　拓展学习：红外辐射式传感器的其他应用

*注意：这是本任务的又一个重点，红外辐射式传感器在温度的在线监测、高温及超高温的不接触测量及遥控报警等场合得到了广泛的应用。在学习时要注意弄清各类红外辐射式传感器的性能特点和适用场合，学会根据实际情况合理选用。

1. 用于在线温度监测

在锻造厂里，工件在锻造之前需要在加热炉内加温到 900℃，其误差不得超过 ±5℃，否则会影响锻件的质量，所以控制锻件的温度是一个关键问题。以往的办法是由工人目测温度，看到差不多了，把烧红的锻件取出放在锻锤下进行锻压。现在则采用红外辐射测温计，通过加热炉口可以直接对准工件的表面测量出工件的温度，如图 4.3.6所示。

当锻件加热到 900℃时，红外探测器便输出电信号，启动电动机将锻件从加热炉中由传送带送到锻锤下进行锻压加工。这样利用红外探测器就可对整个工作过程实现自动控制。

市售的 HBW-B 型红外测温仪是非接触式数字显示仪表，它利用被测物的热辐射来确定物体温度，测温范围超过 600℃。测量距离是根据被测物目标大小来确定的，被测物目标越大，测量距离越远。测量误差小于量程上限的 1%。

HBW-B 型测温仪由传感器（探头）和仪器箱两部分组成，中间由五芯屏蔽电缆线连接。

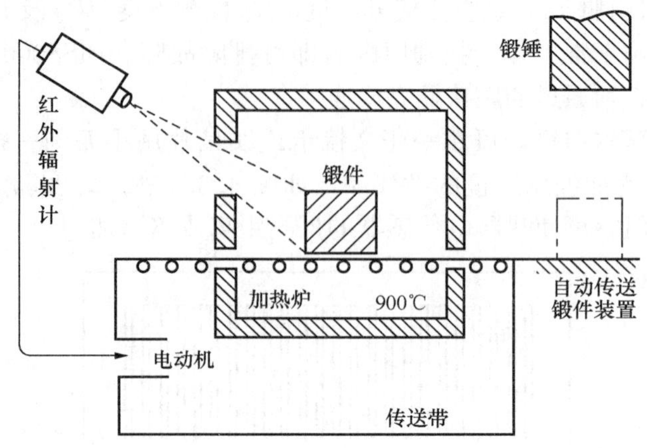

图 4.3.6　红外辐射测温计示意图

红外感温器是一个典型的红外测温传感器，它的探测元件是硅光电池，工作波段为 0.65～1.1μm，感温器之间具有互换性。

仪器箱（电子信号处理器）具有十分完备的功能，除了辐射系数修正、线性化处理两种必备的功能外，它还有平均值、峰值、轧钢测温、超量程报警等 8 种功能可供用户选择采用。

HBW-B 型仪表广泛用于冶金、机械等各种场合和陶瓷、玻璃等各种材料。对响应速度快、运动物体、高温、高压等不能应用接触式（如热电偶）测温仪表的场合尤其有效。

2. 红外体温测试仪

红外体温测试仪应用人体红外辐射原理来测定人体温度，测定一个人的体温只需 0.02s，可以在短时间内对大批人员迅速测定体温，并有针对性地对体温超过一定值的人员进行快速有效筛选，便于医疗卫生部门进一步复查，并采取相应的隔离、诊断、治疗等措施。使用红外体温测试仪测量体温时，由于其快速非接触的特点，被测人员无须停留等待，医护人员便可测得他们的体温，既省去了患者许多麻烦，也节省了宝贵的医务人力资源。

红外体温测试仪采用非接触式测温法，只要用红外体温测试仪的镜头对准被测对象的头部进行扫描，其体温就可立刻在显示屏上显示出来，从而有效避免了其他常规测温法可能造成的交叉感染，是一种最安全的体温测试仪。

下面具体介绍 HT-F03A 型便携式红外线体温计。

HT-F03A 型额温型红外线体温计（以下简称额温计）是一种利用红外接收原理测量人体体温的测量计。使用时，只需将探测窗口对准被测对象的额头位置，就能快速、准确地测得其温度。

1）基本工作原理

一切温度高于绝对零度的物体均会依据其本身温度的高低发射一定的红外辐射能量。辐射能量的大小及波长的分布与物体表面的温度有着十分密切的关系。人体温度在 36～37℃时放射的红外波长为 9～13μm。依据此原理，通过准确地测定人体额头的表面温度，修正额头与实际体温的温差，便能显示准确的体温。

2）产品特点

专为测量人体额头温度而设计，环境温度、额头温度动态补偿；独家采用HEIMANN红外测温探头，测量精度高，性能更稳定；具有体温偏高时的声音提示功能；可存储20次测量数据；背光型液晶数字显示；有华氏、摄氏两种温度模式选择；具有自动关机节电功能；体积小巧，结构合理，操作方便。

3）主要技术指标

正常工作条件：环境温度为10～40℃；相对湿度为≤85%；电源为直流3V（2节AA电池）。

基本尺寸与重量：159mm×89mm×38mm(长×宽×高)；220g。

示值分辨率：0.1℃。

测量范围：30～50℃。

消耗功率：≤50mW。

示值误差：±0.2℃。

测量时间：≤0.5s。

测量距离：50～150mm。

自动关机时间：5s。

3. 红外夜视仪

红外夜视仪（视频）

红外夜视仪是利用光电转换技术的军用夜视仪器，分为主动式和被动式两种：前者用红外探照灯照射目标，接收反射的红外辐射形成图像；后者不发射红外线，依靠目标自身的红外辐射形成“热图像”，故又称为“热成像仪”。

目前市面上销售的红外夜视仪都是主动式的。被动式红外夜视仪一般不叫夜视仪，都改名为热成像仪。所以以下主要介绍主动式红外夜视仪。红外夜视仪的主要产地是美国、俄罗斯和德国，近几年中国也开始生产。

1）红外成像技术简述

夜间可见光很微弱，但人眼看不见的红外线却很丰富。红外夜视仪可以帮助人们在夜间进行观察、搜索、瞄准和驾驶车辆。尽管人们很早就发现了红外线，但受到红外元器件的限制，红外遥感技术发展很缓慢。直到1940年德国研制出硫化铅和几种红外透射材料后，才使红外遥感仪器的诞生成为可能。此后德国首先研制出主动式红外夜视仪等几种红外探测仪器，但它们都未能在第二次世界大战中实际使用。

同一时期，美国也在研制红外夜视仪，虽然试验成功的时间比德国晚，但却抢先将其投入实战应用。1945年夏，美军登陆进攻冲绳岛，隐藏在岩洞坑道里的日军利用复杂的地形，夜晚出来偷袭美军。于是美军将红外夜视仪安装在枪炮架上，当日军趁黑夜偷袭时，立即被一阵准确的枪炮击倒，伤亡惨重。红外夜视仪初上战场，就在肃清冲绳岛上顽抗的日军战斗中发挥了重要作用。

主动式红外夜视仪具有成像清晰、制作简单等特点，但其致命的弱点是自身发射红外光，会被敌人的红外探测装置发现。20世纪60年代，美国首先研制出被动式热像仪，它不发射红外光，不易被敌发现，并具有透过雾、雨等进行观察的能力。

1982 年 4～6 月，英国和阿根廷之间爆发马尔维纳斯群岛战争。4 月 13 日深夜，英军攻击阿军据守的最大据点斯坦利港。3000 名英军突然出现在阿军防线前。英国的所有枪支、火炮都配备了红外夜视仪，能够在黑夜中清楚地发现阿军目标。而阿军却缺少夜视仪，不能发现英军，只能被动挨打。在英军火力准确的打击下，阿军支持不住，英军趁机发起冲锋。到黎明时，英军就占领阿军防线上的几个主要制高点，阿军完全处于英军的火力控制下。6 月 14 日晚 9 时，1.4 万名阿军不得不向英军投降。英军凭借领先的红外夜视技术赢得了一场兵力悬殊的战斗。

2）红外夜视仪工作原理

想要理解夜视仪的原理，就必须对光的内在特性有所了解。光的能量大小与其波长有关：波长越短，能量越高。在可见光中，紫光的能量最高，红光的能量最低。与可见光光谱相邻的是红外线。红外线分为三类：近红外线（近 IR），与可见光相邻，其波长范围是 0.76～1.5μm；中红外线（中 IR），波长范围是1.5～10μm；远红外线（热 IR），占据了红外线光谱中最大的一部分，其波长在 10μm 以上。其中，近红外线和中红外线已应用到各种电子设备中，如遥控器。

远红外线与其他两种红外线的主要区别是，远红外线是由物体发射出来的，而不是从物体上反射出来的。物体之所以能够发射红外线，是因为其原子发生了某种变化。

原子微观理论认为：原子是永恒运动的，它们不停地振动、移动和旋转。原子有几种不同的激发状态。换言之，它们具有不同的能量。如果将大量的能量赋予一个原子，它就会摆脱基态能级而达到激发水平。激发水平取决于以热、光或电等形式施加到原子上的能量的多少。

原子由原子核（包括质子和中子）和电子云构成。可以将电子云中的电子设想成在不同轨道上围绕着原子核运动。现在还无法观察到电子的离散轨道，但把这些轨道设想成原子不同的能级会更容易理解。换句话说，如果我们向原子施加一定的热能，可以预见的是，一些处于低能轨道的电子会转移到高能轨道上，即离原子核更远。

电子转移到高能轨道后，最终仍要回到基态。在此过程中，电子会以光子（一种光线粒子）的形式释放能量。可以发现，原子不断地以光子的形式释放能量。举例来说，烤面包炉内的发热器之所以会变成亮红色，就是因为原子被热力激发，释放出了红色的光子。激发态的电子比未受激发的电子具有更高的能量，并且正是由于电子吸收了若干能量才达到了激发水平，它会将这一能量释放出来以回归基态。这一能量会以光子的形式（光能）被释放出来。发射出的光子具有特定的波长（颜色），这取决于释出光子时电子的能量。

任何生物都要耗费能量，很多没有生命的物品也是如此。能量消耗会产生热量。反过来，热能会促使物体中的原子发射出位于远红外线光谱中的光子。物体温度越高，释出的红外线光子的波长就越短。如果物体的温度非常高，它发出的光子甚至能进入可见光光谱，从红光开始，然后是橙光、黄光、蓝光，直至白光。

夜视仪工作过程如下。

① 用一种特制的透镜，能够将视野内物体发出的红外线汇聚起来。

② 红外线探测器单元上的相控阵能够扫描汇聚的光线。探测器单元能够生成非常详细的温度样式图，称为温谱图。大约只需 1/30s，探测器阵列就能获取温度信息，并

制成温谱图。这些信息是从探测器阵列视域场中数千个探测点上获取的。

③ 探测器单元生成的温谱图被转换为电脉冲。

④ 这些脉冲被传送到信号处理单元——一块集成了许多芯片的电路板，它可以将探测器发出的信息转换为显示器能够识别的数据。

⑤ 信号处理单元将信息发送给显示器，从而在显示器上呈现出各种色彩，色彩强度由红外线的发射强度决定。将从探测器传来的脉冲组合起来，就生成了图像。

成像设备：多数热成像设备的扫描速率为 30 次/s。它们能检测的温度范围为 −20～2000℃，能检测出的温差约为 0.2℃。

热成像设备一般有非冷却型和低温冷却型两大类。

① 非冷却型：这种热成像设备最为常见。其红外探测器封装在一个单元内，可在室温下工作。这种系统可以迅速激活，工作时完全静音，并且具有内置的电池。

② 低温冷却型：这种系统价格更高，而且操作不当很容易损毁。这种热成像设备将探测器封装在一个外包装内，并将其冷却至 0℃以下。由于冷却了探测器，因此这种系统具有极高的分辨率和灵敏度。低温冷却型系统可以“看到”300m 以外 0.1℃的温差，所以该系统足以判断出一个人手里是不是拿着一把枪。

3）红外夜视仪分类

（1）按成像管代数分类。红外夜视仪最为主要的指标是成像管（NVD）的代数，理论上讲，其代数越高，观察距离越远，越清晰。

NVD 已有多年的历史。NVD 技术发展道路上的每一次重大突破都会催生新一代产品，这些产品可分为五代。

① 最早一代，即第 0 代。最早的夜视系统由美国军方研制，它们被应用在第二次世界大战和朝鲜战争的战场上，这些 NVD 系统采用主动红外线技术。这意味着 NVD 上须附有一个称为红外辐射源的发射单元。该单元能发射出一束近红外线，类似于普通闪光灯发出的光束。这种光束不能为肉眼所见，它们会从物体上反射出来，然后返回 NVD 的透镜。这种系统使阳极与阴极相连，以便对电子进行加速。这种方法的问题是，电子加速会使图像扭曲，而且还会大大缩减管道的寿命。这项技术最早用于军事时，还存在一个重要问题：敌方在短时间内就能仿制出这种系统，这使敌军士兵也可以用自己的 NVD 系统观测到设备发射出的红外光束。

② 第一代。这一代 NVD 放弃了主动红外技术，转而采用被动红外技术。这种 NVD 能够利用月亮和星星发出的环境光线放大周围的反射红外线，因而曾被美军称为星光。这意味着它们不需要红外线发射源，但也意味着在多云或没有月亮的夜晚，它们的工作效果不是很好。第一代 NVD 采用与最早一代相同的图像增强管技术，同样靠阴极和阳极进行电子加速，所以仍然存在图像扭曲和管道寿命较短的问题。

③ 第二代。图像增强技术的重大进步催生了第二代 NVD。它们的分辨率比第一代设备更高，性能更为出色，可靠性也更好。第二代技术最大的特点是，它们具备了在极弱的光线条件下（如在一个没有月亮的夜晚）生成图像的能力。NVD 敏感度得以增加，是因为图像增强附加了微通道板（MCP）。由于 MCP 能够增加电子数目而非仅对原有电子加速，所以图像扭曲的程度显著下降，而亮度也高于前几代 NVD。

④ 第三代。第三代技术的原理与第二代相比并无本质区别，但这一代 NVD 的分辨

率和灵敏度要更好。这是因为其光电阴极由砷化镓制成，这种物质有助于提高光子转换为电子的效率。另外，MCP 上还覆有一个离子壁垒层，能够有效提高管道寿命。

⑤ 第四代。通常我们提到的第四代技术亦称“无胶片门限”技术。总体上讲，这一代系统的性能在强光和弱光两种环境中都有较大幅度的改善。

MCP 去除了第三代技术加入的离子壁垒，因而背景噪声有所降低，同时信噪比得以提升。去除离子胶片在自动门限供电系统中的引入，使得光电阴极的电压能够迅速接通和切断，从而让 NVD 能够对发光条件的波动做出即时反应。这项技术的进步对于 NVD 系统来说具有关键意义，具备了这种能力，用户可以迅速从强光环境转移到弱光环境（或从弱光环境到强光环境），而图像不会产生任何颠簸。举例来说，请想象一个随处可见的电影场景：一名特工在使用夜视仪目镜时，如果有人打开了附近的电灯，他就会“失明”。有了最新的门限电源技术，光线条件的变化不会产生这样的现象，改进的 NVD 能够立即对光环境的变化做出反应。

很多低价夜视镜采用第 0 代或第一代技术，设备的敏感度较低。第二代、第三代和第四代 NVD 一般价格较高，但如果保养得当，可以使用较长时间。还有一点，在极其昏暗乃至几乎不能采集到环境光线的地方，使用红外辐射源对于任何一款 NVD 都是有益的。

每根图像增强管都要进行严格的测试，以判断它能否达到军用标准。达标的管子被归为军用规格（MILSPEC）。哪怕只有一项指标不符合军用标准，管子就会被归为普通规格（COMSPEC）。

（2）按观测目镜分类。红外夜视仪按观测目镜可以分为单筒和双筒两种。

4）红外夜视仪的主要品牌

目前，全球销售的红外夜视仪品牌约有 20 个，主要的品牌如下。

① YUKON，中文译名为育空河、育兰、玉兰。白俄罗斯品牌，老牌的红外夜视仪品牌，主要生产第一代夜视仪产品，以高性能、低价格著称。近年来，YUKON 对第二代及第三代夜视仪的生产有比较大的突破，新品层出不穷。

② Trueyard，中文译名为图雅得。美国品牌，美国大型的光电产品生产企业，产品主力集中在第一代+夜视仪产品上，也生产部分第三代夜视仪（但仅限美国军方采购），在美国民用夜视仪领域极具影响力，是美国夜视仪销售第一品牌。Trueyard 拥有非常多的专利技术，同时有自有品牌的镜头生产厂，其产品性能可以和准第三代产品媲美。

③ RHO。俄罗斯品牌，俄罗斯军方采购品牌，俄罗斯著名军工企业，生产第三代及第四代夜视仪。高端夜视仪品牌的代名称，在全球军队领域具有非常高的知名度。在民用方面，占据了全球第三代及第四代夜视仪 60%的市场份额。

④ ATN。美国品牌，美国军用夜视仪知名品牌，以生产第三代及第四代夜视仪为主。在美国军方有比较大的影响力。

⑤ Bushnell，中文译名为博士能。美国品牌，主要以望远镜而闻名世界，生产第二代夜视仪，在美国民用夜视仪领域占据第二品牌位置。

⑥ ORPHA，中文译名为奥尔法。德国品牌，德国知名的军工企业，主要生产第二代夜视仪，在德国具有很高的影响力。

其他的品牌还有施华洛世奇、蔡斯等昂贵的夜视仪品牌（走贵族线路，性价比不高）。另外还有一些俄罗斯的夜视仪在市面销售，一般都是小的品牌或者根本就没有品牌。

5）红外夜视仪选购要点

购买夜视仪，按照以下的排序顺序进行选择。

① NVD：在购买时一定要经商家确认 NVD 的代数。因为夜视仪包装和说明书上一般都没有标明是几代 NVD。当然，如果您要买第二代或第三代夜视仪，最好能买有明确标注是几代 NVD 的夜视仪，以免自己的权益受到侵害。目前，市面上如俄罗斯的 RHO 夜视仪在产品包装及机器上都标明了使用的是第几代 NVD。

② 镜头：看镜头口径和放大倍数。在不考虑体积的情况下，当然是越大越好。在同样 NVD 的情况下，原则上是口径越大，观测距离越远，图像越清晰。

③ 图像增强技术：一般带有这种技术的夜视仪，在相同条件下图像亮度会更好，也更清晰。

④ 红外发射器：它的性能好坏，也直接影响成像质量。

⑤ 分辨率：镜头的分辨率非常重要，分辨率越高显示的图像越清晰。

至于夜视仪标称的观测距离、辨识距离，由于没有正规的标准，各家说法不一，其实没有任何参考意义。一般来说：第一代的距离为 100～250m，第二代的距离为 200～350m，第三代的距离为 300～500m，能够看清物体。具体还要综合镜头质量与大小、图像处理技术、红外发射器、分辨率等因素而决定。

6）红外夜视仪应用领域

一般来讲，夜视仪的用途包括军用、执法、狩猎、野外观察、监视、安全、导航、隐蔽目标观测、娱乐等。

夜视仪最早被用来在夜间对敌方目标进行定位。目前，军队系统仍然大范围使用夜视仪，除了上述用途以外，还包括导航、监视、瞄准等用途。警方和安全部门经常使用热成像和图像增强这两种技术，特别是用它们进行监视。猎手和热爱大自然的人们依靠 NVD，就能在夜间驾轻就熟地穿过森林。

侦探和私家侦探会利用夜视仪探查人们是否有不轨行为。不少商业机构也会利用安装在固定位置的夜视摄像头监测周围环境。

热成像技术真正令人惊奇的是，它能够揭示出一个地区有没有人类活动过的痕迹——即便四周没有任何肉眼可见的明显标记，它还是能告诉人们，一块土地曾被挖开并填埋过一些东西。执法部门也能借此发现一些罪犯企图隐瞒的事证，包括赃款、毒品以及尸体等。此外，利用热成像技术能发现某些区域（如墙壁）最近发生的变化，这能为一些案件提供重要线索。

很多人已经开始探索夜幕下的神奇世界，您可以根据需求挑选适合自己的夜视仪。

7）红外夜视仪在国内的发展现状

与国外相比，我国对夜视仪的研究起步较晚。从 20 世纪 60 年代开始，在中国科学院上海技术物理研究所、昆明物理研究所和一些高校的共同努力下，我国军用领域的夜视技术研究工作有了较快的发展。

随着我国夜视仪生产企业数量的不断增加，未来夜视仪产品研发将重点关注民用市场，如汽车用夜视仪、摄像用夜视仪等产品将成为未来市场发展的重点。

随着中国经济的继续高速增长，我国夜视仪市场需求将会大幅增长，国内品牌将进一步在产品质量和技术方面取得突破，占领更大的市场份额。我国夜视仪企业在投资时应把握好夜视仪行业的发展趋势，第一，必须进一步加强技术投资，提高生产工艺水平、压缩成本、改善产品质量，应在引进国外先进技术的基础上消化吸收，再进行自主研发；第二，必须努力提高产品质量，提高设备稳定性、性能参数和使用寿命，并不断降低故障率；第三，由于不同产品的需求具有多样性，就需要一系列不同要求的夜视仪技术来应对不同需求的产品，需要在产品创新上不断取得进步；第四，必须关注产品的发展趋势，如激光夜视仪等，投资和开发出适应行业发展趋势和市场需求的新产品。

思 考 题

1. 热释电红外线传感器是如何工作的？为什么要用菲涅尔透镜来导光？
2. 自制的菲涅尔透镜替代品为什么要弯成圆柱形？
3. 红外线温度传感器有哪些主要类型？它与其他温度传感器有什么显著区别？
4. 红外线光电开关有哪些特性？

任务 4.4 数字式温度传感器与温度测量

【任务描述】

随着单片机技术的不断完善和普遍应用，温度检测中越来越多地需要使用到单片机。传统的模拟式传感器使用起来比较麻烦，需要进行模数转换。为了简化信号处理系统，近几十年来开发出了许多基于单片集成电路的数字式温度传感器，使得温度测量系统大大简化。这里主要介绍典型的数字式温度传感器 DS18B20 的结构原理、测量电路及其应用情况，并在拓展学习部分简单介绍其他的数字式温度传感器。

【任务分析】

本任务主要包括三部分，一是基础知识部分，简单介绍有关智能传感器的基本知识，DS18B20 数字式温度传感器的结构原理分析、基本应用电路分析和应用场合等内容；二是任务实施部分，在单片机实训室中用 89C51 与 DS18B20 组成温度测量电路，进行温度测量试验，以期训练学生用单片机组成检测电路系统的能力；三是拓展学习部分，主要介绍其他的智能传感器，使学生了解传感检测技术的最新发展趋势。

4.4.1 基础知识：智能传感器与 DS18B20 数字式温度传感器

*注意：这是本任务的第一个重点，智能传感器随着微电子技术和新材料的迅速发展而不断发展，现在已经在许多场合得到了广泛的应用。教师在教学中要及时更新有关新技术和新器件，使学生了解智能传感器的发展前沿。

1. 智能传感器简介

智能传感器（intelligent sensor 或 smart sensor）自 20 世纪 70 年代初出现以来，随着微处理器技术的迅猛发展及测控系统自动化、智能化的发展，要求传感器准确度高、可靠性高、稳定性好，而且具备一定的数据处理能力，并能够自检、自校、自补偿。近年来，随着微处理器技术、信息技术、检测技术和控制技术的迅速发展，对传感器提出了更高的要求，不仅要具有传统的检测功能，而且要具有存储、判断和信息处理功能。促使传统传感器产生了一个质的飞跃，由此诞生了智能传感器。所谓智能传感器，就是一种带有微处理器的，兼有信息检测、信号处理、信息记忆、逻辑思维与判断功能的传感器，即智能传感器就是将传统的传感器和微处理器及相关电路组成一体化的结构。

智能传感器这一概念，最初是在美国宇航局开发宇宙飞船过程中，需要知道宇宙飞船在太空中飞行的速度、位置、姿态等数据，为使宇航员在宇宙飞船内能正常工作、生活，需要控制舱内的温度、湿度、气压、空气成分等，因而需要安装各式各样的传感器；而且宇航员在太空中进行各种实验也需要大量的传感器。这样一来，要处理众多的传感器获得的信息，就需要大量的计算机，这在宇宙飞船上显然是行不通的。因此，宇航局的专家们就希望有一种传感器能解决这些问题。于是，就出现了智能传感器。智能传感器可以对信号进行检测、分析、处理、存储和通信，具备人类的记忆、分析、思考和交流等能力，所以称之为智能传感器。

计算机软件在智能传感器中起着举足轻重的作用。由于“电脑”的加入，智能传感器可通过各种软件对信息检测过程进行管理和调节，使之工作在最佳状态，从而增强了传感器的功能，提升了传感器的性能。此外，利用计算机软件能够实现很多硬件难以实现的功能，可降低传感器的制作难度。

智能传感器系统的一般构成框图如图 4.4.1 所示。其中作为系统“大脑”的微型计算机，可以是单片机、单板机，也可以是微型计算机系统。

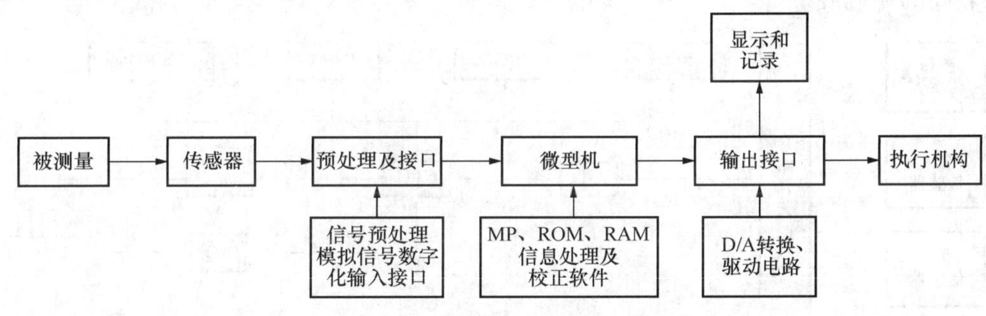

图 4.4.1 智能传感器的结构框图

智能传感器的分类（视频）

1）智能传感器的分类

智能传感器按其结构分为模块式智能传感器、混合式智能传感器和集成式智能传感器三种。

（1）模块式智能传感器。这是一种高级的智能传感器，它由许多互相独立的模块组成。将微型计算机、信号处理电路模块、输出电路模块、显示电路模块和传感器装配在同一壳体内，组成模块式智能传感器。这种传感器的集成度不高、体积较大，但它是一种比较实用的智能传感器。

模块式智能传感器一般由图 4.4.2 所示的几部分构成。

（2）混合式智能传感器。它将传感器、微处理器和信号处理电路等各部分以不同的组合方式集成在几个芯片上，然后装配在同一壳体内。目前，混合式智能传感器作为智

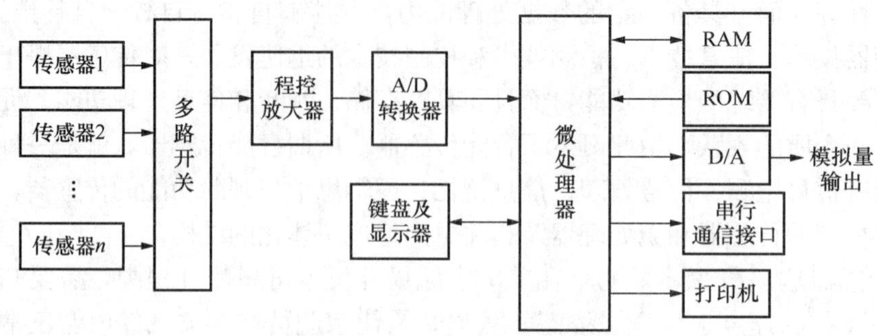

图 4.4.2 模块式智能传感器的构成

能传感器的主要类型而被广泛应用。ST3000 系列变送器就是最典型的混合式智能传感器。

ST3000 系列变送器的原理结构如图 4.4.3 所示。ST3000 系列智能压力、差压变送器，就是根据扩散硅应变电阻原理进行工作的。在硅杯上除制作了感受差压的应变电阻外，还同时制作出感受温度和静压的元件，即把差压、温度、静压三个传感器中的敏感元件都集成在一起，组成带补偿电路的传感器，将差压、温度、静压这三个变量转换成三路电信号，分时采集后送入微处理器。微处理器利用这些数据信息，能产生一个高精确度的输出。图中 ROM 中存有微处理器工作的主程序。PROM 中所存内容则根据每台变送器的压力特性、温度特性而有所不同，它是在加工完成之后，经过逐台检验，分别写入各自的 PD 中使之依照其特性自行修正，保证在材料工艺水平稍有下降时仍然能获得较高的精确度。

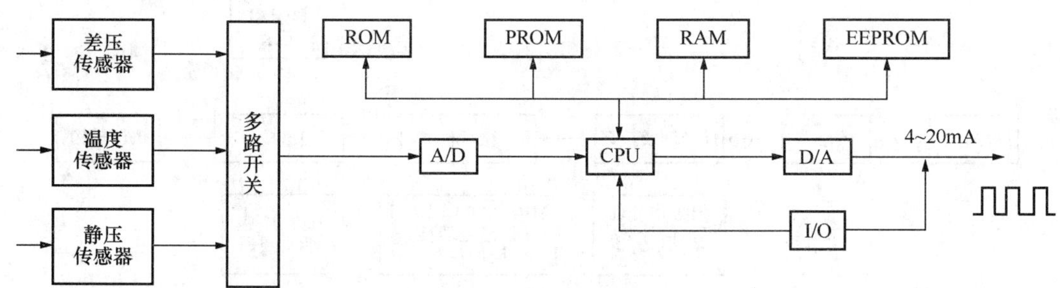

图 4.4.3 ST3000 系列变送器的原理结构

（3）集成式智能传感器。它将一个或多个敏感元件与微处理器、信号处理电路集成在同一芯片上。它的结构一般是三维器件，即立体器件。这种结构是在平面集成电路的基础上，一层一层向立体方向制作多层电路。这种传感器具有类似人的五官与大脑相结合的功能。它的智能化程度是随着集成化程度提高而不断提高的。目前，集成式智能传感器技术发展迅速，势必在未来的传感器技术中发挥重要的作用。如图 4.4.4 所示为三维多功能单片智能传感器的结构。在硅基片上分层集成了敏感元件、电源、记忆、传输等多个部分，将光电转换等检测功能和特征抽取等信息处理功能集成在一块硅基片上。利用这种技术，可实现多层结构，将传感器功能、逻辑功能和记忆功能等集成在一个硅基片上，这是集成式智能传感器的一个重要发展方向。

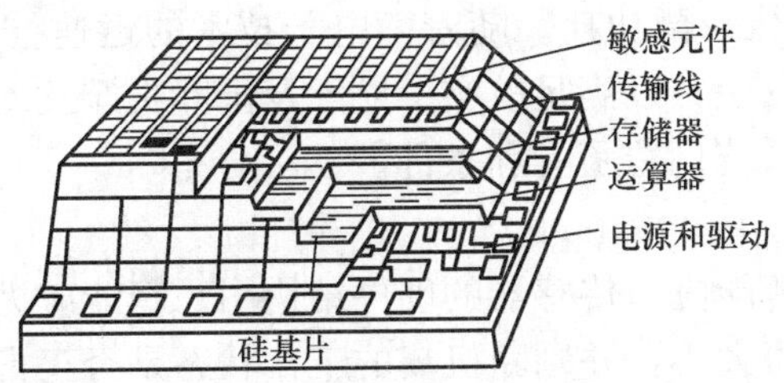

图 4.4.4　三维多功能单片智能传感器的结构

2）智能传感器的功能

智能传感器是具有判断能力、学习能力和创造能力的传感器。智能传感器具有以下功能。

① 具有自校准功能。操作者输入零值或某一标准量值后，自校准软件可以自动地对传感器进行在线校准。

② 具有自补偿功能。智能传感器在工作中可以通过软件对传感器的非线性、温度漂移、响应时间等进行自动补偿。

③ 具有自诊断功能。智能传感器在接通电源后，可以对传感器进行自检，检查各部分是否正常。在内部出现操作问题时，能够立即通知系统，通过输出信号表明传感器发生故障，并可诊断发生故障的部件。

④ 具有数据处理功能。智能传感器可以根据内部的程序自动处理数据，如进行统计处理、剔除异常数值等。

⑤ 具有双向通信功能。智能传感器的微处理器与传感器之间构成闭环，微处理器不但接收、处理传感器的数据，还可以将信息反馈至传感器，对测量过程进行调节和控制。

⑥ 具有信息存储和记忆功能。

⑦ 具有数字信号输出功能。智能传感器输出数字信号，可以很方便地和计算机或接口总线相连。

3）智能传感器的特点

与传统传感器相比，智能传感器主要有以下特点。

① 利用微处理器不仅能提高传感器的线性度，而且能够对各种特性进行补偿。微型计算机将传感器元器件特性的函数及其参数记录在存储器上，利用这些数据可进行线性度及各种特性的补偿。即使传感元件的输入输出特性是非线性关系，但也不重要，重要的是传感元器件具有良好的重复性和稳定性。

② 提高了测量可靠性，测量数据可以存取，使用方便。对异常情况可做出应急处理，如报警或故障显示。

③ 测量精度高，对测量值可以进行各种零点自校准和满度校正，还可以进行非线性误差补偿等，这些新技术使测量精度及分辨率都得到了大幅度提高。

④ 灵敏度高，可进行微小信号的测量。

⑤ 具有数字通信接口，能与微型计算机直接连接，相互交换信息。

⑥ 多功能。能进行多参数、多功能测量是新型智能传感器的一大特色。

⑦ 超小型化，微型化，微功耗。随着微电子技术的迅速推广，智能传感器正朝着短、小、轻、薄的方向发展，以满足航空、航天及国际尖端技术领域的需求，并且为开发便携式、袖珍式检测系统创造了有利条件。

4）智能传感器的应用

图 4.4.5 所示的是智能应力传感器的硬件结构图。智能应力传感器用于测量飞机机翼上各个关键部位的应力大小，并判断机翼的工作状态是否正常以及故障情况。它共有 6 路应力传感器和 1 路温度传感器。其中，每一路应力传感器由 4 个应变片构成的全桥电路和前级放大器组成，用于测量应力大小；温度传感器用于测量环境温度，从而对应力传感器进行误差修正。采用 8031 单片机作为数据处理和控制单元。多路开关根据单片机发出的命令轮流选通各个传感器通道，0 通道作为温度传感器通道，1～6 通道分别为 6 个应力传感器通道。程控放大器则在单片机的命令下分别选择不同的放大倍数对各路信号进行放大。该智能传感器具有较强的自适应能力，它可以判断工作环境因素的变化，进行必要的修正，以保证测量的准确性。

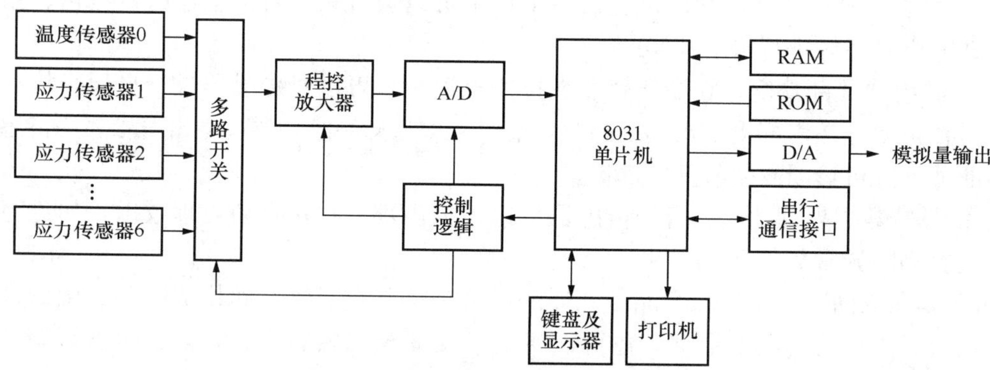

图 4.4.5 智能应力传感器的硬件结构图

智能应力传感器具有测量、程控放大、转换、处理、模拟量输出、打印键盘监控及通过串口与计算机通信的功能。其软件采用模块化和结构化的设计方法，软件结构如图 4.4.6所示。主程序模块完成自检、初始化、通道选择以及各个功能模块调用的功能。其中，信号采集模块主要完成数据滤波、非线性补偿、信号处理、误差修正以及检索查表等功能；故障诊断模块的任务是对各个应力传感器的信号进行分析，判断飞机机翼的工作状态及是否存在损伤或故障。

目前，智能传感器正向单片集成化方向发展，单片集成化智能传感器就是借助于半导体技术将传感器部分与信号放大电路、接口电路和微处理器等制作在同一块芯片上而形成的大规模集成电路。它是具有对外界信息进行检测、逻辑判断、自行诊断、数据处理、自适应能力的集成一体化多功能传感器。因此，单片集成化智能传感器具有多功能、一体化、集成度高、体积小、适宜大批量生产、使用方便等优点，是智能传感器发展的必然趋势，它的发展将取决于半导体集成化工艺水平的进步与提高。单片集成智能传感器能够减小系统的体积，降低制造成本，提高测量精度，增强传感器功能，是目前国际上传感器研究的热点，也是未来传感器发展的主流方向。近几十年已经有单片集成化智能温度传感器、湿度传感器、压力传感器等产品

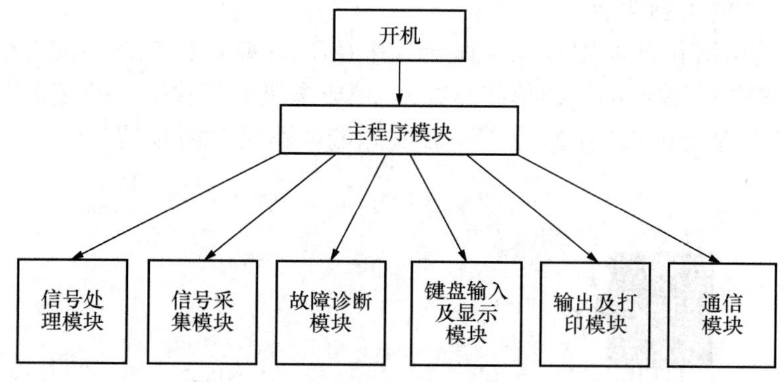

图 4.4.6　智能应力传感器的软件结构图

问世，将来必将有更多的单片集成化智能传感器出现，使传感器的智能化程度大大提高，检测系统更加快捷、准确。

2. DS18B20 数字式温度传感器

*注意：这是本任务的第二个重点，DS18B20 是已经广泛应用的智能传感器中最典型的一个，在各种温度测量和控制中都有应用。教师在教学中要对其工作原理分析透彻，使学生知道这种温度传感器的优势及使用方法。

DS18B20 是美国 DALLAS 半导体公司继 DS1820 之后推出的一种改进型智能温度传感器，它采用独特的单线总线（1-wire）专利技术。单线总线是 DALLAS 公司独特的专有技术，通过串行通信接口（I/O）直接输出被测温度值，输出 9～12 位的二进制数据，分辨率为 0.0625～0.5℃。传感器和数字转换电路都被集成在一起，每个 DS18B20 都具有唯一的 64 位序列号。DS18B20 只需一个数据输入/输出口，因此多个 DS18B20 可以并联到 3 根或 2 根线上，CPU 只需一根端口线就能与诸多 DS18B20 进行通信，而它们只需简单的通信协议就能加以识别，占用微处理器的端口较少，可节省大量的引线和逻辑电路。用户还可自设定非易失性温度报警上下限值，并可用报警搜索命令识别温度超限的 DS18B20。由于温度计采用数字输出形式，故不需要 A/D 转换器。因此，DS18B20 非常适合远距离多点温度检测系统。

1）DS18B20 的性能特点

① 只需一个端口即可实现通信。

② 可用数据线供电，电压范围为 3.0～5.5V。

③ 实际应用中不需要任何外部元器件即可实现测温。

④ 测温范围为－55～＋125℃，在－10～＋85℃时精度为±0.5℃。

⑤ 可编程的分辨率为 9～12 位，对应的分辨温度为 0.5℃、0.25℃、0.125℃和 0.0625℃。

⑥ 负压特性：电源极性接反时，温度计不会因发热而烧毁，但不能正常工作。

⑦ 内部有温度上下限报警设置。非易失性温度报警触发器 TH 和 TL 可通过软件写入用户报警上下限值。

⑧ 每个芯片唯一编码，支持联网寻址，零功耗等待。

2）DS18B20 的引脚功能

DS18B20 的引脚排列如图 4.4.7 所示，采用 3 引脚 PR-35 封装或 8 引脚 SOIC 封装；I/O 为数据输入/输出端（即单线总线），属于漏极开路输出，外接上拉电阻后常态下呈高电平；V_{DD}是可供选用的外部＋5V 电源端，不用时需接地；GND 为地；NC 为空脚。

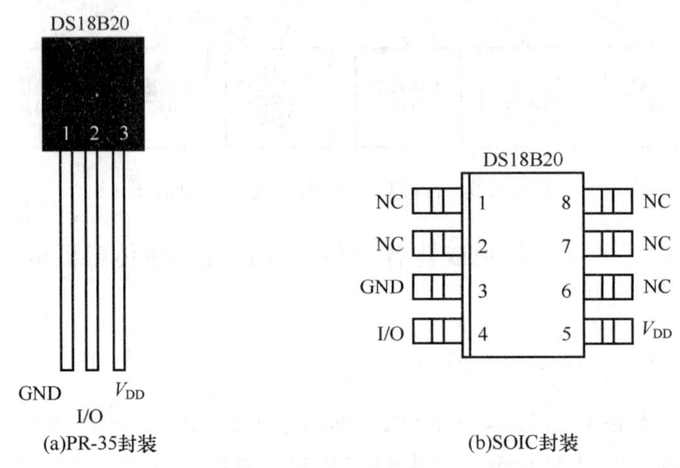

图 4.4.7　DS18B20 的引脚排列

3）DS18B20 的内部结构

DS18B20 的内部结构如图 4.4.8 所示，主要包括下列 7 部分。

① 寄生电源。

② 温度传感器。

③ 64 位光刻 ROM 与单线接口；64 位光刻 ROM 从高位到低位依次为 8 位 CRC、48 位序列号和 8 位家族代码（28H）。

④ 高速暂存器，即便携式 RAM，用于存放中间数据；配置寄存器为高速暂存存储器中的第五个字节。DS18B20 在工作时按此寄存器中设置的分辨率将温度转换成相应精度的数值。该寄存器的 R_0、R_1 为分辨率设置位，出厂时 R_0、R_1 置为默认值（$R_0=1$，$R_1=1$，即 12 位分辨率），用户可根据需要改写配置寄存器以获得合适的分辨率。

⑤ 高温触发寄存器 TH 和低温触发寄存器 TL，分别用来存储用户设定的温度上下限 t_H 和 t_L 值。

⑥ 存储与控制逻辑。

⑦ 8 位循环冗余校验码（CRC）发生器。

光刻 ROM 中的 64 位序列号是出厂前被光刻好的，可以看作是该 DS18B20 的地址序列码。64 位光刻 ROM 从低位到高位的排列是：8 位（28H）产品类型标号，48 位 DS18B20 自身的序列号，8 位循环冗余校验码（CRC＝X8＋X5＋X4＋1）。光刻 ROM 的作用是使每一个 DS18B20 都各不相同，这样就可以实现一根总线上挂接多个 DS18B20 的目的。DS18B20 中的温度传感器可完成对温度的测量，用 16 位符号扩展的二进制补码读数形式提供，以 0.0625℃/LSB 形式表达，这 16 位符号中的前 5 位为符

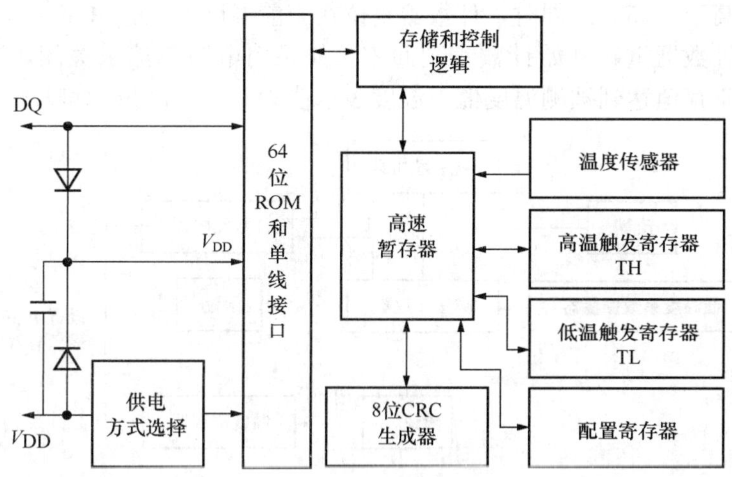

图 4.4.8 DS18B20 的内部结构

号位，用于表示温度＋和－。温度计算：当符号位 $S=0$ 时，直接将二进制位转换为十进制；当 $S=1$ 时，先将补码变为原码，再计算十进制值。例如，＋125℃的数字输出为 07D0H，＋25.0625℃的数字输出为 0191H，－25.0625℃的数字输出为 FF6FH，－55℃的数字输出为 FC90H。

高速暂存器是一个 9 字节的存储器。开始两个字节包含被测温度的数字量信息；第 3、4、5 字节分别是 TH、TL、配置寄存器的临时拷贝，每一次上电复位时被刷新；第 6、7、8 字节未用，表现为全逻辑 1；第 9 字节读出的是前面所有 8 字节的 CRC 码，可用来保证通信正确。

高低温报警触发器 TH 和 TL、配置寄存器均由 1 字节的 EEPROM 组成，使用一个存储器功能命令可对 TH、TL 或配置寄存器写入。其中配置寄存器的格式为

TM	R1	R0	1	1	1	1	1

TM 是测试模式位，用于设置 DS18B20 在工作模式还是在测试模式。在 DS18B20 出厂时该位被设置为 0。R1、R0 决定温度转换的精度位数：R1R0＝“00”，9 位精度，最大转换时间为 93.75ms；R1R0＝“01”，10 位精度，最大转换时间为 187.5ms；R1R0＝“10”，11 位精度，最大转换时间为 375ms；R1R0＝“11”，12 位精度，最大转换时间为 750ms；未编程时默认为 12 位精度。

4）DS18B20 的测温原理

DS18B20 内部测温电路的工作原理如图 4.4.9 所示。低温度系数振荡器用于产生稳定的频率 f_0，高温度系数振荡器则相当于 T-f 转换器，能将被测温度 T 转换成频率信号 f。内部计数器对一个受温度影响的振荡器的脉冲计数，低温时振荡器的脉冲可以通过门电路，而当到达某一设置高温时振荡器的脉冲无法通过门电路。通常，计数器设置为－55℃时的值。图中还隐含着计数门，当计数门打开时，DS18B20 就对低温度系数振荡器产生的时钟脉冲 f_0 进行计数，进而完成温度测量。计数门的开启时间由高温度系数振荡器来决定。每次测量前，首先将－55℃所对应的基数分别置入减法计数器、温度寄存器中。如果计数器到达零之前，门电路未关闭，则温度寄存器的值将增加，这

表示当前温度高于−55℃。同时，计数器复位在当前温度值上，电路对振荡器的温度系数进行补偿，计数器重新开始计数直到回零。如果门电路仍然未关闭，则重复以上过程，直至温度寄存值达到被测温度值。温度表示值为9位，高位为符号位。

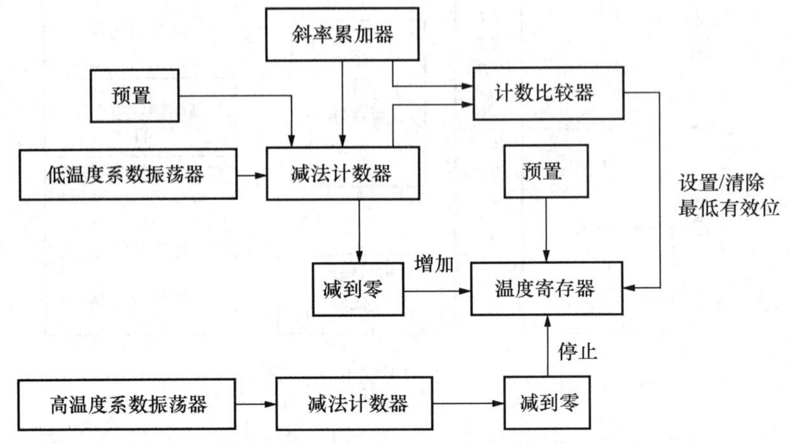

图 4.4.9 DS18B20 内部测温电路的工作原理

对DS18B20的使用，多采用单片机实现数据采集。处理时，将DS18B20信号线与单片机一位口线相连，单片机可挂接多片DS18B20，从而实现多点温度检测系统。系统对DS18B20的操作以ROM命令和存储器命令形式出现。

5）DS18B20的工作时序

由于DS18B20是在一根I/O线上读写数据和命令，即在一根I/O线上实现数据的双向传输。因此，对读写的数据位有着严格的时序要求。DS18B20有严格的通信协议来保证各位数据传输的正确性和完整性。该协议定义了几种信号的时序：初始化时序、读时序、写时序。所有时序都是将主机作为主设备，单总线器件作为从设备。而每一次命令和数据的传输都是从主机主动启动写时序开始，如果要求单总线器件回送数据，在进行写命令后，主机需启动读时序完成数据接收。数据和命令的传输都是低位在先。

DS18B20的复位时序如图 4.4.10 所示。

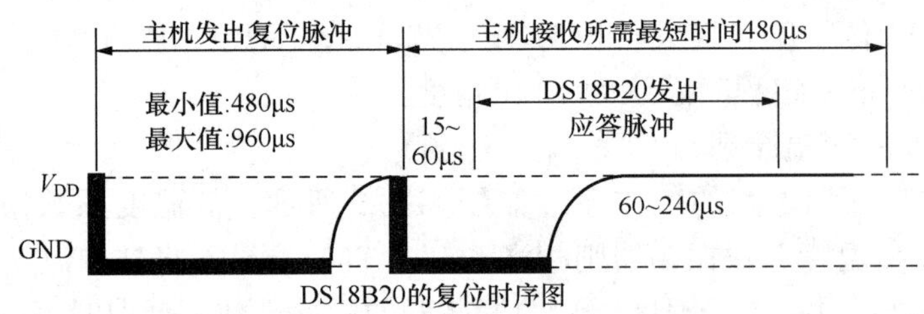

图 4.4.10 DS18B20 的复位时序图

DS18B20的读时序分为读0时序和读1时序两个过程。DS18B20读时序时，单总线被拉低之后，在15μs之内就得释放单总线，以让DS18B20把数据传输到单总线上。DS18B20完成一个读时序过程至少需要60μs。DS18B20的读时序如图 4.4.11所示。

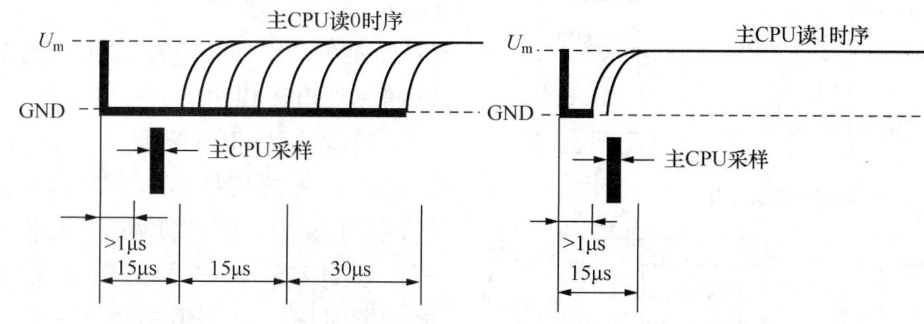

图 4.4.11 DS18B20 的读时序图

DS18B20 的写时序如图 4.4.12 所示。

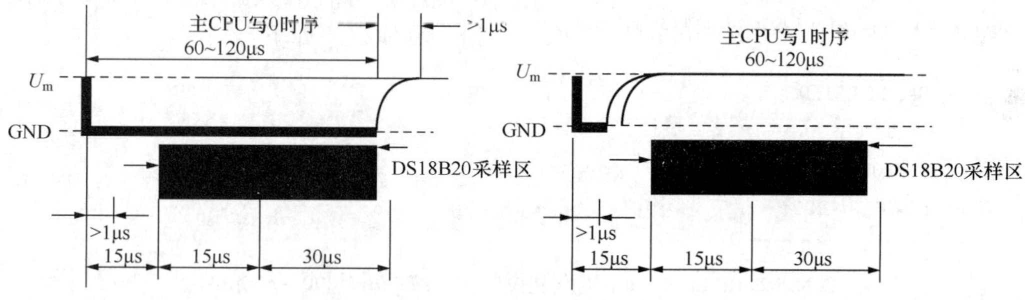

图 4.4.12 DS18B20 的写时序图

DS18B20 的写时序也分为写 0 时序和写 1 时序两个过程。DS18B20 写 0 时序和写 1 时序的要求不同，当要写 0 时序时，单总线要被拉低至少 60μs，保证 DS18B20 能够在 15～45μs 之间正确采样 I/O 总线上的“0”电平；当要写 1 时序时，单总线被拉低之后，在 15μs 之内就能释放单总线。

6）DS18B20 的控制命令

DS18B20 的控制命令主要有 6 条转存器命令：

指令	代码	操作说明
温度转换	44H	启动 DS18B20 进行温度转换
读暂存器	BEH	读暂存器 9 字节内容
写暂存器	4EH	将数据写入暂存器的 TH、TL 字节
复制暂存器	48H	把暂存器的 TH、TL 字节写到 EEPROM 中
重新调 EEPROM	B8H	把 EEPROM 中的 TH、TL 字节写到暂存器的 TH、TL 字节
读电源供电方式	B4H	启动 DS18B20 发送电源供电方式的信号给 CPU

7）DS18B20 与单片机的典型接口

DS18B20 与单片机有两种连接方法：一种是 V_{DD} 接外部电源，I/O 与单片机的一条 I/O 线相连；另一种是用寄生电源供电，V_{DD}、GID 接地，I/O 接单片机的任一条 I/O，I/O 口接 5.1kΩ 的上拉电阻。图 4.4.13以 MCS-51 系列单片机为例，给出了 DS18B20 与微处理器的典型连接。图 4.4.13（a）中 DS18B20 采用寄生电源方式，其 V_{DD} 和

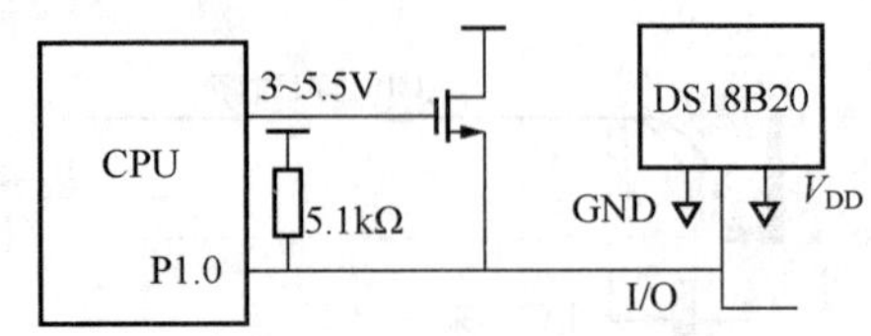

(a)寄生电源工作方式

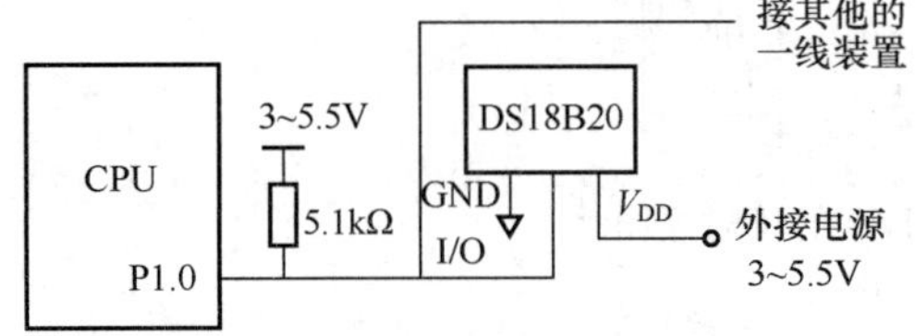

(b)外接电源工作方式

图 4.4.13　DS18B20 与微处理器的典型连接图

GND 端均接地；图 4.4.13（b）中 DS18B20 采用外接电源方式，其 V_{DD}端用 3～5.5V 电源供电。

假设单片机系统所用的晶振频率为 12MHz，一线仅挂接一个 DS18B20 芯片，使用默认的 12 位转换精度，外接供电电源。根据 DS18B20 的初始化时序、写时序和读时序，分别编写以下三个子程序：INIT 为初始化子程序，WRITE 为写（命令或数据）子程序，READ 为读数据子程序，所有的数据读写均由最低位开始。具体程序如下：

```
DAT EQU P1.0
INIT：CLR EA
INI10：SETB DAT
MOV R2,#200
INI11：   CLR DAT
          DJNZ R2,INI11       ;主机发复位脉冲持续 3μs×200 = 600μs
          SETB DAT            ;主机释放总线,口线改为输入
          MOV R2,#30
IN12：    DJNZ R2,INI12       ;DS18B20 等待 2μs×30 = 60μs
          CLR C
          ORL C,DAT           ;DS18B20 数据线变低(存在脉冲)吗?
          JC INI10            ;DS18B20 未准备好,重新初始化
          MOV 6,#80
INI13：   ORL C ,DAT
          JC INI14            ;DS18B20 数据线变高,初始化成功
          DJNZ R6,INI13       ;数据线低电平可持续 3μs×80 = 240μs
          SJMP INI10          ;初始化失败,重来
INI14：   MOV R2,#240
IN15：    DJNZ R2,INI15       ;DS18B20 应答最少 2μs×240 = 480μs
          RET
;-------------------------------------------------------------------
WRITE：   CLR EA
MOV  R3,#8                    ;循环 8 次,写 1 字节
WR11：  SETB DAT
MOV  R4,#8
          RRC A               ;写入位从 A 中移到 CY
          CLR DAT
WR12：    DJNZ R4,WR12        ;等待 16μs
          MOV DAT,C           ;命令字按位依次送给 DS18B20
```

```
        MOV R4,#20
WR13:   DJNZ R4,WR13      ;保证写过程持续 60μs
        DJNZ R3,WR11      ;未送完 1 字节继续
        SETB DAT
        RET
;-----------------------------------------------------------
READ:   CLR EA
        MOV R6,#8         ;循环 8 次,读 1 字节
RD11:   CLR DAT
        MOV R4,#4
        NOP               ;低电平持续 2μs
        SETB DAT          ;口线设为输入
RD12:   DJNZ R4,RD12      ;等待 8μs
        MOV C,DAT         ;主机按位依次读入 DS18B20 的数据
        RRC A             ;读取的数据移入 A
        MOV R5,#30
RD13:   DJNZ R5,RD13      ;保证读过程持续 60μs
        DJNZ R6,RD11      ;读完 1 字节的数据,存入 A 中
        SETB DAT
        RET
;-----------------------------------------------------------
```

主机控制 DS18B20 完成温度转换必须经过初始化、ROM 操作指令、记忆操作指令三个步骤。必须先启动 DS18B20 开始转换，再读出温度转换值。假设一线仅挂接一个芯片，使用默认的 12 位转换精度，外接供电电源，可写出完成一次转换并读取温度值子程序 GETWD。

```
GETWD:LCALL INIT
      MOV A ,#0CCH
      LCALL WRITE     ;发跳过 ROM 命令
      MOV A,#44H
      LCALL WRITE     ;发启动转换命令
      LCALL INIT
      MOV A,#0CCH     ;发跳过 ROM 命令
      LCALL WRITE
      MOVA,#0BEH      ;发读内存命令
      LCALL WRITE
      LCALL READ
      MOV WDLSB,A     ;温度值低位字节送 WDLSB
      LCALL READ
MOV WDMSB,A           ;温度值高位字节送 WDMSB     RET
```

子程序 GETWD 读取的温度值高位字节送 WDMSB 单元，低位字节送 WDLSB 单元，再按照温度值字节的表示格式及其符号位，经过简单的变换即可得到实际温

度值。

4.4.2 任务实施：用 DS18B20 与 89C51 组成智能温度测量装置

*注意：这是本任务的第三个重点，用 DS18B20 与单片机构成温度测量系统十分简便，通过这种训练能进一步让学生掌握这种传感器的使用方法与技巧，并能让他们体会到智能传感器的优越性，同时，通过这一训练也能让学生更熟悉单片机的应用情况和使用方法。

1. 硬件组成

由 DS18B20 单线智能温度传感器和 89C51 单片机组成的智能温度测量装置系统的组成如图 4.4.14 所示。温度传感器 DS18B20 将被测环境温度转换成带符号的数字信号（以十六进制补码形式表示，分高、低两个字节）。传感器可置于离装置 150m 以内的任何地方，输出引脚直接与单片机的 P3.4 相连，传感器采用外部电源供电。89C51 是整个测量装置的核心，内带 4KB 的 FlashROM，128 字节的 RAM。显示器模块由四位一体的共阳板数码管和 4 个 9015 组成。可以实现的主要技术指标有：测量温度范围为 −55～125℃；测量温度精度为±0.5℃；反应时间小于等于 500ms；测量温度的距离小于 150m。

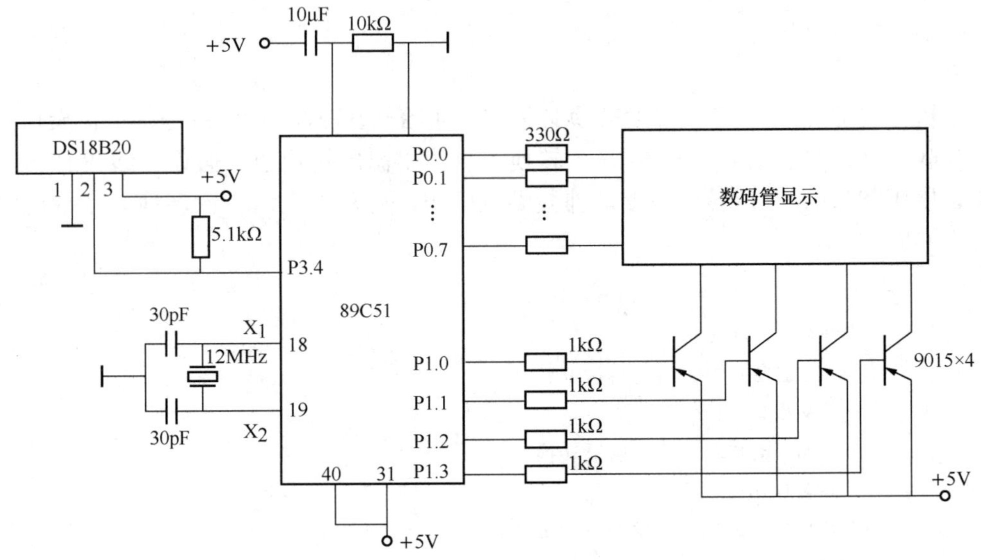

图 4.4.14 智能温度测量装置系统的组成

2. 系统测温工作原理

89C51 单片机向 DS18B20 发出复位信号，收到复位信号成功后，再发出温度转换信号，DS18B20 温度转换成功后，单片机读温度值信号。接下来单片机对读取的数据进行处理，然后送数码管显示，从而实现温度的实时测量。

3. 测温软件

主程序流程如图 4.4.15 所示。系统通电启动后，DS18B20 开始工作，读取温度信息并将其转换成数字信号送单片机进行数据处理，由单片机转换成温度二进制码后送显示电路进行温度显示，这一过程不断重复，直到输入终止命令。

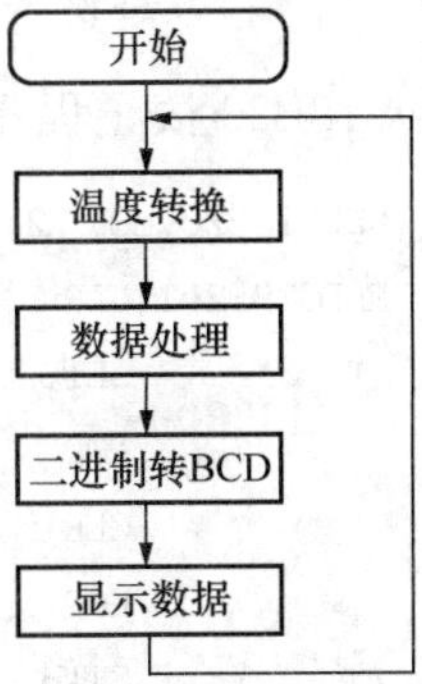

开始 → 温度转换 → 数据处理 → 二进制转BCD → 显示数据 → (返回温度转换)

图 4.4.15　系统测温主程序流程图

4. 系统测温的部分软件

1）系统主程序

```
ORG 0000H
I/O BIT P3.4
START:LCALL RST18B20           ;调 DS18B20 初始化程序
      MOV A,#OCCH              ;写 CCH 到 DS18B20,以便跳过 ROM 匹配
      LCALL WIDS18B20          ;WIDS18B20 是写 DS18B20 子程序
      JNB F1,START             ;若 DS18B20 不存在,则重新开始
      MOV A, #44H              ;发温度转换命令
LCALL WIDS18B20
LCALL DSPlay                   ;调显示子程序
LCALL RST18B20
MOV A, #OBEH                   ;发读温度命令
LCALL WIDS18B20
LCALL RDDS18B20                ;RDDS18B20 是读子程序
LCALL ZWDS18B20                ;ZWDS18B20 是温度计算子程序
LCALL DSPlay
SJMP START
```

2）DS18B20 初始化子程序

```
RST18B20:SETB I/O
         CLR I/O
         MOV RO,#OFAH           ;延时 500μs
         DJNZ RO,$
         SETB I/O               ;释放总线
         MOV RO,#15H            ;在 60μs 内检测是否出现应答信号
RST18B201:JNB I/O,RST18B202
          DJNZ RO,RST18B201
          CLR F1                ;清标志位,表示 DS18B20 不存在
          SJMP RST18B203
RST18B202:SETB F1               ;标志位置 1,表示 DS18B20 存在
          MOV RO,#OFAH          ;延时 500μs
          DJNZ RO,$
RST18B203:SETB I/O
```

```
RET
```

3）DS18B20 读子程序

```
RDDS18B20:MOV R2,#8
RDDS18B201:CLR C
          SETB I/O
          NOP
          CLR I/O
          NOP
          SETB I/O
          MOV R3,#7
          DJNZ R3,$
          MOV C,I/O
          MOV R3,#23
          DJNZ R3,$
          RRC A
          DJNZ R2,RDDS18B201
          RET
```

4）DS18B20 写子程序

```
WIDS18B20:  MOV R2,#8
            CLR C
WIDS18B201: CLR DO
            MOV R3,#06H
            DJNZ R3,$
            RRC A
            MOV DO,C
            MOV R3,#23
            DJNZ R3,$
            SETB DO
            NOP
            DJNZ R2,WIDS18B201
            SETB DO
            RET
```

5. DS18B20 使用注意事项

主机控制 DS18B20 完成温度转换时，在每一次读写之前，都要对 DS18B20 进行复位，而且该复位要求主 CPU 将数据线下拉 500μs，然后释放。DS18B20 收到信号后先等待 16～60μs，之后再发出 60～240μs 的低脉冲。主 CPU 收到此信号即表示复位成功。实际上，较小的硬件开销需要相对复杂的软件进行补偿。由于 DS18B20 与微处理器间采用串行数据传送方式，因此，在对 DS18B20 进行读写编程时，必须严格保证读写时序，否则将无法正确读取测温结果。

对于在单总线上所挂 DS18B20 的数量问题，一般人们会误认为可以挂任意多个 DS18B20，而在实际应用中并非如此。若单总线上所挂 DS18B20 超过 8 个时，则需要解决微处理器的总线驱动问题。因此，在进行蓄电池单体多点测温系统设计时，该问题要加以注意。

连接 DS18B20 的总线电缆是有长度限制的。试验中，当采用普通信号电缆且其传输长度超过 50m 时，读取的测温数据将发生错误。而将总线电缆改为双绞线带屏蔽电缆时，正常通信距离可达 150m，如采用带屏蔽层且每米绞合次数更多的双绞线电缆，则正常通信距离还可以进一步加长。这种情况主要是由总线分布电容使信号波形产生畸变造成的。因此，在用 DS18B20 进行长距离测温系统设计时，要充分考虑总线分布电容和阻抗的匹配问题。

在 DS18B20 测温程序设计中，当向 DS18B20 发出温度转换命令后，程序总要等待 DS18B20 的返回信号。这样，一旦某个 DS18B20 接触不好或断线，在程序读该 DS18B20 时就没有返回信号，从而使程序进入死循环。因此，在进行 DS18B20 硬件连接和软件设计时，应当给予足够的重视。

4.4.3 拓展学习：智能温度传感器发展趋势

网络化智能温度传感器使传感器由单一功能、单一检测向多功能和多点检测发展；从被动检测向主动进行信息处理方向发展；从就地测量向远距离实时在线测控发展。网络化使得传感器可以就近接入网络，传感器与测控设备间无须点对点连接，大大简化了连接线路，易于系统的维护和扩充。

进入 21 世纪后，智能温度传感器正朝着高精度、多功能、总线标准化、高可靠性及安全性、开发虚拟传感器和网络传感器、研制单片测温系统等高科技的方向迅速发展。

1）提高测温的分辨率

在 20 世纪 90 年代中期，最早推出的智能温度传感器采用的是 8 位 A/D 转换器，其测温精度较低，分辨率只能达到 1℃。目前，国外已相继推出多种高精度、高分辨率的智能温度传感器，用的是 9～12 位 A/D 转换器，分辨率一般可达 0.5～0.0625℃。由美国 DALLAS 半导体公司新研制的 DS1624 型高分辨率智能温度传感器，能输出 13 位二进制数据，其分辨率高达 0.03125℃，测温精度为±0.2℃。为了提高多通道智能温度传感器的转换速率，也有的芯片采用高速逐次逼近式 A/D 转换器。以 AD7817 型 5 通道智能温度传感器为例，它对本地传感器，每一路远程传感器的转换时间分别仅为 27μs 和 9μs。

2）增加智能温度传感器的测试功能

新型智能温度传感器的测试功能也在不断增强。例如，DS1629 型单线温度传感器增加了实时日历、时钟（RTC），使其功能更加完善。DS1624 还增加了存储功能，利用芯片内部 256 字节的 E2PROM 存储器，可存储用户的短信息。另外，智能温度传感器正从单通道向多通道的方向发展，这就为研制和开发多路温度测控系统创造了良好条件。

智能温度传感器都具有多种工作模式可供选择，主要包括单次转换模式、连续转换模式、待机模式，有的还增加了低温极限扩展模式，操作非常简便。对某些智能温度传感器而言，主机（外部微处理器或单片机）还可通过相应的寄存器来设定其 A/D 转换速率、分辨率及最大转换时间。

智能温度控制器是在智能温度传感器的基础上发展而成的，典型产品有 DS1620、DS1623、TCN75、LM76、MAX6625。智能温度控制器适配各种微控制器，构成智能温控系统；它们还可以脱离微控制器单独工作，自行构成一个温控仪。

3）温度传感器总线技术的标准化与规范化

目前，智能温度传感器的总线技术也实现了标准化、规范化，所采用的总线主要有单线（1-wire）总线、I^2C 总线、SMBUS 总线和 SPI 总线。温度传感器作为从机可通过专用总线接口与主机进行通信。

4）可靠性及安全性

传统的 A/D 转换器大多采用积分式或逐次比较式转换技术，其噪声容限低，抑制混叠噪声及量化噪声的能力比较差。新型智能温度传感器（如 TMP03/04、LM74、LM83）普遍采用了高性能的 Σ - Δ 式 A/D 转换器，它能以很高的采样速率和很低的采样分辨率将模拟信号转换成数字信号，再利用过采样、噪声整形和数字滤波技术提高有效分辨率。Σ-Δ 式 A/D 转换器不仅能滤除量化噪声，而且对外围元器件的精度要求低。为了避免在温控系统受到噪声干扰时产生误动作，AD7416/7417/7817、LM75/76、MAX6625/6626 等智能温度传感器的内部都设置了一个可编程的“故障排队”计数器，专门用于设定允许被测温度值超过上下限的次数。仅当被测温度连续超过上限或低于下限的次数达到或超过所设定的次数 n(n=1，2，3，4）时，才能触发中断端。若故障次数不满足上述条件或故障不是连续发生的，故障计数器就复位而不会触发中断端。这意味着，假定 $n=3$ 时，那么偶然受到一次或两次噪声干扰，都不会影响温控系统的正常工作。

5）虚拟温度传感器和网络温度传感器

（1）虚拟温度传感器。虚拟温度传感器是基于传感器硬件和计算机平台并通过软件开发而制成的。利用软件可完成传感器的标定及校准，以实现最佳性能指标。最近，美国 B&K 公司已开发出一种基于软件设置的 TEDS 型虚拟传感器，其主要特点是每只传感器都有唯一的产品序列号并且附带一张软盘，软盘上存储着对该传感器进行标定的有关数据。使用时，传感器通过数据采集器接至计算机，首先从计算机输入该传感器的产品序列号，再从软盘上读出有关数据，然后自动完成传感器的检查、传感器参数的读取、传感器设置和记录工作。

（2）网络温度传感器。网络温度传感器是包含数字传感器、网络接口和处理单元的新一代智能传感器。数字传感器首先将被测温度转换成数字量，再送给微控制器做数据处理，最后将测量结果传输给网络，以便实现各传感器之间、传感器与执行器之间、传感器与系统之间的数据交换及资源共享。在更换传感器时，无须进行标定和校准，可做到“即插即用”，这样就极大地方便了用户。

思考题

1. 简述单片智能温度传感器 DS18B20 的工作原理和结构。

2. 设计一个利用单片智能温度传感器 DS18B20 的测量原理图，并写出 DS18B20 的读写子程序。

3. 谈谈你对智能传感器发展方向的预测。

思政园地

我国传感器领域著名专家学者

改革开放以来，我国的传感器与检测技术领域得到了迅猛发展，在许多被国外垄断的技术方面取得了突破，涌现了众多影响巨大的专家学者。

尤政，江苏省扬州人，中共党员，2013 年当选中国工程院机械与运载工程学部院士，兼任中国科协副主席、教育部科技委常务副主任、国务院学位委员会仪器学科评议组召集人、中国仪器仪表学会理事长、中国机械工程学会副理事长，主要从事智能微系统及其应用研究。他在我国率先开展微纳航天器的技术创新及其工程实践，作为总负责人主持设计、建造、发射和在轨运行 TH-1、NS-1、NS-2 等多颗微纳卫星，其中 NS-1 卫星是当时世界上在轨飞行的最小“轮控三轴稳定卫星”，为我国空间微系统与微卫星的科技进步做出了重要贡献；突破了多项核心技术，研制了微型 MEMS 储能器件及能源微系统、MEMS 太阳敏感器、微/纳型星敏感器、MEMS 开关/继电器、MEMS 扫描镜及探测微系统等一系列具有国际先进水平的器件与微系统，且有多种产品已经在航空、航天等领域实现应用。

黄如，江苏省南京市人，2015 年当选中国科学院信息技术科学部院士，微电子器件专家，主要从事微电子低功耗器件及工艺研究。1991 年毕业于东南大学电子工程系，1994 年获该校硕士学位，1997 年于北京大学获博士学位。她提出并研制出面向低功耗高可靠电路应用的准 SOI 新结构器件和面向超低功耗电路应用的肖特基—隧穿混合控制新机理器件；发展了适用于 10nm 以下集成电路的围栅纳米线器件理论及技术，系统揭示了器件关键特性的新变化及其物理根源，提出了可大规模集成的新工艺方法，成功研制出低功耗围栅纳米线器件及模块电路；发现了纳米尺度器件中涨落性和可靠性耦合的新现象及其对电路性能的影响，提出新的涨落性/可靠性分析表征方法及模型。

像尤政、黄如一样的专家学者都具备胸怀祖国、服务人民的爱国精神，勇攀高峰、敢为人先的创新精神，追求真理、严谨治学的求实精神，淡泊名利、潜心研究的奉献精神，集智攻关、团结协作的协同精神，甘为人梯、奖掖后进的育人精神。我们应该以传感器技术专业领域的这些专家学者为榜样，从榜样的身上汲取力量，立志为全面建设社会主义现代化国家、实现中华民族伟大复兴的中国梦贡献自己的力量。

单元 5

检测有害气体及湿度用典型传感器

有害气体是生产过程自动化控制系统中最常见的被控量之一；湿度是环境中除温度和气压外一个重要的质量指标，对农业生产及电子产品使用都有很大的影响。因此，在工农业生产现场及人们生活中都需要进行有害气体及湿度的检测，以保证生产、生活的正常进行，也是确保产品质量的重要手段。在农产品生产、石油化工、机械电子、医疗卫生等许多行业都有进行有害气体和环境湿度检测的需求。用于有害气体与湿度检测的传感器也有很多，主要有电阻式、电容式、半导体式等。本单元选取几种典型的有害气体及湿度传感器分2个任务进行介绍，使同学们了解和掌握有害气体及湿度检测的常用方法和典型传感器的选用。

知识目标 ☞

1. 掌握工农业生产中有害气体及湿度测量与控制的常用方法；
2. 掌握电阻式、电容式和半导体式等典型气体传感器及湿度传感器的结构原理；
3. 了解各种有害气体和湿度检测电路的工作原理；
4. 熟悉各种有害气体和湿度检测电路的设计方法及器件的选用方法。

技能目标 ☞

1. 培养对有害气体传感器及各种电路器件的选用能力；
2. 培养对有害气体测量电路的设计制作能力；
3. 培养对有害气体测量用电子产品的整体设计能力；
4. 培养对有害气体检测系统的设计与维护能力。

素质目标 ☞

1. 培养安全生产和绿色发展意识；
2. 树立安全、绿色的职业观。

任务5.1 电阻式气敏传感器与有害气体检测

【任务描述】

电阻式气敏传感器是最基本的气敏传感器，它既可用于各种氧化性有害气体的检测，也可用于各种还原性有害气体的检测，在工农业生产及安保产品中使用广泛，在火灾报警、农产品生产、环境监测等许多领域是一种很常见的气体传感器。本任务主要探讨这类传感器的结构原理、测量电路及其主要类型和应用案例。

【任务分析】

本任务主要包括三部分，一是基础知识部分，主要包括电阻式气敏传感器的结构原理分析、主要类型、基本应用电路分析和应用场合等内容；二是任务实施部分，通过典型电阻式气敏传感器测量电路的设计与制作，训练学生从事电子检测产品设计与管理工作的能力；三是拓展学习部分，主要讨论用于检测各种有害气体的电阻式气敏传感器及其新型器件，及时了解气敏电阻发展的最新成果，以拓宽学生的知识面。

5.1.1 基础知识：气敏电阻的结构原理及其测量电路

在现代社会的生产和生活中，人们往往会接触到各种各样的气体，需要对它们进行检测和控制。例如，化工生产中气体成分的检测与控制，煤矿瓦斯浓度的检测与报警，环境污染情况的监测，煤气泄漏与火灾报警，燃烧情况的检测与控制，等等。电阻式气敏传感器就是一种将检测到的有害气体的成分和浓度转换为电信号的传感器。

1. 气敏电阻的工作原理及其特性

1）气敏电阻的工作原理

气敏电阻是一种半导体敏感元件，它是利用气体的吸附而使半导体本身的电导率发生变化这一机理来进行检测的。人们发现，某些氧化物半导体材料［如二氧化锡（SnO_2）、氧化锌（ZnO）、三氧化铁（Fe_2O_3）、氧化镁（MgO）、氧化镍（NiO）、钛酸钡（$BaTiO_3$）等］具有气敏效应。

常用的电阻式气敏传感器主要有接触燃烧式气敏传感器、电化学气敏传感器和半导体气敏传感器等。

① 接触燃烧式气敏传感器的检测元件一般为铂金属丝（也可表面涂铂、钯等稀有金属催化层），使用时对铂丝通以电流，保持300～400℃的高温，此时若与可燃性气体接触，可燃性气体就会在稀有金属催化层上燃烧，因此铂丝的温度会上升，铂丝的电阻值也上升；通过测量铂丝电阻值变化的大小，就能够知道可燃性气体的浓度。

② 电化学气敏传感器一般利用液体（或固体、有机凝胶等）电解质，其输出形式可以是气体直接氧化或还原产生的电流，也可以是离子作用于离子电极产生的电动势。

③ 半导体气敏传感器具有灵敏度高、响应快、稳定性好、使用简单的特点，应用极其广泛。

半导体气敏元件有N型和P型之分。N型在检测时阻值随气体浓度的增大而减小；P型阻值随气体浓度的增大而增大。像SnO_2金属氧化物半导体气敏材料，属于N型半导体，在 200～300℃时它吸附空气中的氧，形成氧的负离子吸附，使半导体中的电子密度减少，从而使其电阻值增加。当遇到能供给电子的可燃气体（如 CO 等）时，原来吸附的氧脱附，而由可燃体以正离子状态吸附在金属氧化物半导体表面；氧脱附放出电子，可燃气体以正离子状态吸附也要放出电子，从而使氧化物半导体导带电子密度增加，电阻值下降。可燃性气体不存在了，金属氧化物半导体又会自动恢复氧的负离子吸附，使电阻值升高到初始状态。这就是半导体气敏元件检测可燃气体的基本原理。

目前，国产的气敏元件有两种，一种是直热式，加热丝和测量电极一同烧结在金属氧化物半导体管芯内；另一种是旁热式，这种气敏元件以陶瓷管为基底，管内穿加热丝，管外侧有两个测量极，测量极之间为金属氧化物气敏材料，经高温烧结而成。

以 SnO_2 气敏元件为例，它是由 0.1～10μm 的晶体集合而成，这种晶体是作为 N 型半导体而工作的，在正常情况下，处于氧离子缺位的状态。当遇到离解能较小且易于失去电子的可燃性气体分子时，电子从气体分子向半导体迁移，半导体的载流子浓度增加，因此电导率增加。而对于 P 型半导体来说，它的晶格是阳离子缺位状态，当遇到可燃性气体时其电导率减小。

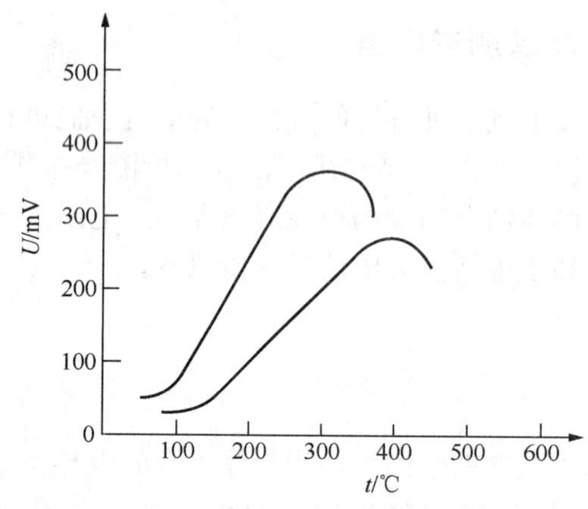

图 5.1.1　气敏电阻灵敏度与温度的关系

气敏电阻的温度特性如图 5.1.1 所示，图中纵坐标为灵敏度，即由于电导率的变化所引起在负载上所得到的信号电压。由曲线可以看出，SnO_2 在室温下虽能吸附气体，但其电导率变化不大；然而，当温度增加后，电导率就会发生较大的变化。因此，气敏元件在使用时需要加温。

此外，在气敏元件的材料中加入微量的铅、铂、金、银等元素以及一些金属盐类催化剂，可以获得低温时的灵敏度，也可增强对气体种类的选择性。

2）气敏电阻的主要特性

（1）稳定性。稳定性是指传感器在整个工作时间内基本响应的稳定性，取决于零点漂移和区间漂移。零点漂移是指在没有目标气体时，整个工作时间内传感器输出响应的变化；区间漂移是指传感器连续置于目标气体中的输出响应变化，表现为传感器输出信号在工作时间内的降低。理想情况下，传感器在连续工作条件下，每年的零点漂移应小于 10%。

（2）灵敏度。灵敏度是指传感器输出变化量与被测输入变化量之比，主要依赖于传感器结构所使用的技术。大多数气体传感器的设计原理都采用生物化学、电化学、物理和光学原理。首先要考虑的是选择一种敏感技术，它对目标气体的阀限或最低爆炸限要有足够的灵敏性。

（3）选择性。选择性也被称为交叉灵敏度。可以通过测量由某一种浓度的干扰气体所产生的传感器响应来确定这个响应等价于一定浓度的目标气体所产生的传感器响应。这种特性在追踪多种气体的应用中是非常重要的，因为交叉灵敏度会降低测量的重复性和可靠性。理想传感器应具有高灵敏度和高选择性。

（4）抗腐蚀性。抗腐蚀性是指传感器暴露于高腐蚀性目标气体中的承受能力。在气体大量泄漏时，探头应能够承受期望气体体积分数的 10～20 倍，在返回正常工作条件下，传感器漂移和零点校正值应尽可能小。

气敏传感器的基本特征，即灵敏度、选择性以及稳定性等，主要通过对材料的选择来确定。选择适当的材料可使气敏传感器的敏感特性达到最优。

2. 常用的气敏电阻

气敏电阻根据加热的方式可分为直热式和旁热式两种。直热式气敏电阻消耗功率大，稳定性较差，故应用逐渐减少；旁热式气敏电阻性能稳定，消耗功率小，其结构上往往加有封压双层的不锈钢丝网防爆，因此安全可靠，应用面较广。

1）ZnO 系气敏电阻

ZnO 属于 N 型金属氧化物半导体，也是一种应用较广泛的气敏元件。通过掺杂而获得对不同气体的选择性，如掺铂可对异丁烷（C_4H_{10}）、丙烷（C_3H_8）、乙烷（C_2H_6）等气体有较高的灵敏度；而掺钯则对氢气（H_2）、一氧化碳、甲烷（CH_4）烟雾等有较高的灵敏度。这种气敏元件的结构特点是：在圆形基板上涂敷 ZnO 主体成分，当中加以隔膜层与催化剂分成两层而制成。例如，生活环境中的一氧化碳浓度为 0.8～1.15mL/L 时，人就会出现呼吸急促，脉搏加快，甚至晕厥等状态，达 1.84mL/L 时，则有在几分钟内死亡的危险，因此对一氧化碳检测必须快而准。利用 SnO_2 金属氧化物半导体气敏材料，通过颗粒超微细化和掺杂工艺制备 SnO_2 纳米颗粒，并以此为基体掺杂一定催化剂，经适当烧结工艺进行表面修饰，制成旁热式烧结型一氧化碳敏感元件，能够探测 CO 含量为 0.005％～0.5％的气体。

2）氧化铁系气敏电阻

当还原性气体与多孔的 λ-Fe_3O_4 接触时，气敏电阻的晶粒表面受到还原作用转变为 Fe_3O_4，其电阻率迅速降低。这种敏感元件用于检测烷类气体特别灵敏。

3）型号命名方式

气敏电阻器的型号命名由三部分组成，各部分的含义见表 5.1.1。

表 5.1.1　气敏电阻器的型号命名及含义

第一部分：主称		第二部分：用途或特征		第三部分：序号
字母	含义	字母	含义	
QM	气敏电阻器	J	酒精检测用	用数字表示序号
		K	可燃气体检测用	
		Y	烟雾检测用	
		N	N 型气敏元件	
		P	P 型气敏元件	

3. 如何选用气敏传感器

1）根据测量对象与测量环境选择

根据测量对象与测量环境确定传感器的类型。要进行一项具体的测量工作，首先要考虑采用何种原理的传感器，这需要分析多方面的因素之后才能确定。因为，即使是测量同一物理量，也有多种原理的传感器可供选用，而哪一种原理的传感器更为合适，则需要根据被测量的特点和传感器的使用条件考虑以下一些具体问题：量程的大小；被测位置对传感器体积的要求；测量方式为接触式还是非接触式；信号的引出方法是有线或是无线；传感器的来源为国产还是进口，价格能否承受，还是自行研制。在考虑上述问题之后就能确定选用何种类型的传感器，然后再考虑传感器的具体性能指标。

2）根据灵敏度选择

通常，在传感器的线性范围内，希望传感器的灵敏度越高越好。因为只有灵敏度高时，与被测量变化对应的输出信号的值才比较大，有利于信号处理。但要注意的是，传感器的灵敏度高，与被测量无关的外界噪声也容易混入，也会被放大系统放大，影响测量精度。因此，要求传感器本身应具有较高的信噪比，尽量减少从外界引入的干扰信号。传感器的灵敏度是有方向性的。当被测量是单向量，而且对其方向性要求较高，则应选择其他方向灵敏度小的传感器；如果被测量是多维向量，则要求传感器的交叉灵敏度越小越好。

3）根据响应特性（反应时间）选择

传感器的频率响应特性决定了被测量的频率范围，必须在允许频率范围内保持不失真的测量条件，实际上传感器的响应总有一定延迟，希望延迟时间越短越好。传感器的频率响应高，可测的信号频率范围就宽，而由于受到结构特性的影响，机械系统的惯性较大，因为频率低的传感器其可测信号的频率也较低。在动态测量中，应考虑信号的特点（稳态、瞬态、随机等）响应特性，以免产生过大的误差。

4）根据线性范围选择

传感器的线性范围是指输出与输入成正比的范围。从理论上讲，在此范围内，灵敏度保持定值。传感器的线性范围越宽，其量程越大，并且能保证一定的测量精度。在选择传感器时，当传感器的种类确定以后，首先要看其量程是否满足要求。但实际上，任何传感器都不能保证绝对的线性，其线性度也是相对的。当所要求的测量精度比较低时，在一定的范围内，可将非线性误差较小的传感器近似地看作是线性的，这会给测量带来极大的方便。

4. 气敏电阻的应用

*注意：这是气敏电阻学习的重点。随着生活水平的提高，人们对环境的要求越来越高。为了监测周围的空气质量，气敏传感器的应用也越来越多，因此要清楚气敏传感器的工程应用状况，学会合理选用这类传感器。

气敏电阻在防灾报警中应用较广泛。例如，可制成液化石油气、天然气、城市煤气、煤矿瓦斯及有毒气体等方面的报警器，也可用于对大气污染进行监测，以及在医疗上用于对氧气（O_2）、二氧化碳（CO_2）等气体的测量。生活中，则可用于空调机、烹调装置、酒精浓度探测等方面。

燃气泄漏报警器（视频）

气敏元件的参数主要有加热电压、电流，测量回路电压，灵敏度，响应时间，恢复时间，标定气体［0.1%丁烷（C_4H_{10}）气体］中电压、负载电阻值等。下面介绍两类典型气敏电阻的基本情况。

1）QM-N5 型气敏元件

① 原理。QM-N5 型气敏元件是 SnO_2 为主体材料的 N 型半导体气敏元件，当元件接触还原性气体时，其电导率随气体浓度的增加而迅速升高。

② 特点。用于可燃性气体（如 CH_4、C_4H_{10}、H_2 等）的检测，灵敏度高，响应速度快，输出信号大，寿命长，工作稳定可靠。

③ 性能指标。具体性能指标见表 5.1.2。

表 5.1.2　QM-N5 型气敏元件的性能指标

参数名称	性能指标	参数名称	性能指标
加热电压 U_h/V	交流或直流 5±0.2	响应时间 t/s	≤10
回路电压 U_c/V	最大直流 24	恢复时间 t/s	≤30
负载电阻 R_l/kΩ	2	元件功耗/W	≤0.7
清洁空气中的电阻 R_a/kΩ	≤2000	检测范围/ppm	50～10 000
灵敏度 $S(S=R_a/R_{dg})$	≥4（在 1000ppmC_4H_{10}中）	使用寿命/年	2

* 注：R_a 为在空气中的阻值；R_{dg}为在 1000ppm 浓度 C_4H_{10}中的阻值。

2）QM-J3 型半导体气敏元件

① 工作原理。QM-J3 型半导体气敏元件是以金属氧化物锡酸锌（$ZnSnO_3$）为主体材料的 N 型半导体气敏元件，当元件接触还原性气体时，其电导率随气体浓度的增加而迅速升高。

② 特点。用于乙醇（C_2H_5OH）等有机液体蒸气的检测；对汽油蒸气有抗干扰能力；灵敏度高；响应速度快；寿命长；工作稳定可靠。

③ 性能指标。具体性能指标见表 5.1.3。

表 5.1.3　QM-J3 型半导体气敏元件的性能指标

参数名称	性能指标	参数名称	性能指标
加热电压 U_h/V	交流或直流 5±0.5	分辨率 D（$D=R_{ig}/R_{dg}$）	≥3（在 100ppm 汽油蒸气中）
回路电压 U_c/V	最大直流 24	响应时间 t/s	≤10
负载电阻 R_l/kΩ	4	恢复时间 t/s	≤30
清洁空气中的电阻 R_a/kΩ	≤2000	检测范围/ppm	50～5000
灵敏度 $S(S=R_a/R_{dg})$	≥5（在 100ppmC_2H_5OH 中）		

* 注：R_a 为在空气中的阻值；R_{dg}为在 100ppm 浓度 C_2H_5OH 中的阻值；R_{ig}为在 100ppm 汽油蒸气中的阻值。

5.1.2　任务实施：酒精测量电路及空气清新器电路的设计与制作

1. 酒精测量电路的设计与制作

1）目的要求

① 复习常用气敏传感器的结构原理，弄清楚各种气敏传感器的性能特点和适用场合，能理解它们的型号意义，会正确选用这类传感器。

② 按提供的电路原理图和整机装配图进行部件和整机的安装，一定要先看懂图样、解决问题后再操作，以免损坏元器件而无法完成制作。

③ 制作完成后仔细地进行调试，要有耐心、信心和恒心，直到得到最佳状态为止。

④ 在调试中遇到问题可在老师的指导下逐步解决，如果实在达不到所要求的效果，应查找原因，在总结中认真分析经验教训，为今后的工作打下基础。

2）原理及所需器件

① 工作原理。该探测仪采用酒精气体敏感元件作为探头，由一块集成电路对信号进行比较放大，并驱动一排发光二极管按信号电压高低依次显示。对刚饮过酒的人，只要向探头吹一口气，探测仪就能显示出酒精气体的浓度。若把探头靠近酒瓶口，它也能轻而易举地识别出瓶内盛的是白酒还是黄酒，并判断出酒精的含量。酒精探测仪的电路原理如图 5.1.2 所示。

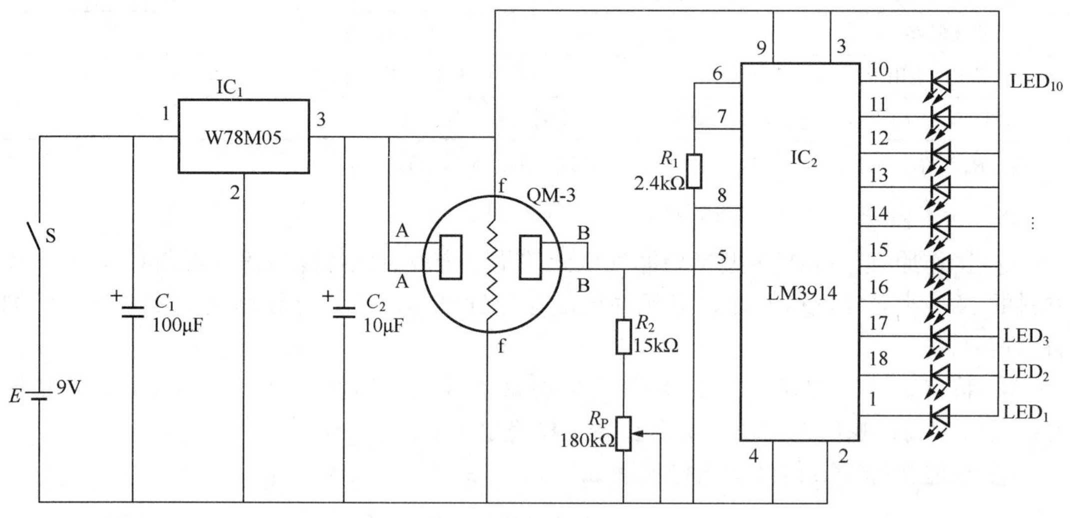

图 5.1.2 酒精探测仪电路原理图

该电路采用干电池供电，并经三端稳压器 IC_1 稳压，输出稳定的 5V 电压作为气敏传感器 QM-3 和集成电路 IC_2 的共同电源，同时也作为 10 个共阳极发光二极管的电源。因此，外部电路就相当简单。

气敏传感器的输出信号送至 IC_2 的输入端（引脚 5），通过比较放大，驱动发光二极管依次发光。10 个发光二极管按 IC_2 的引脚 10～18、1 的次序排列，对输入电压作线性 10 级显示。输入灵敏度可以通过电位器 R_P 调节，即对“地”电阻调小时灵敏度下降；反之，灵敏度增加。IC_2 的引脚 6 与引脚 7 互为短接，且串联电阻 R_1 接地。改变 R_1 阻值可以调整发光二极管的显示亮度，当阻值增加时亮度减弱；反之，更亮。IC_2 的引脚 2、引脚 4、引脚 8 均接地。引脚 3、引脚 9 接电源＋5V（集成稳压器 IC_1 的输出端）。分别并联在 IC_1 输入与输出端的电容 C_1、C_2 可防止杂波干扰，使 IC_1 输出的直流电压保持平稳。

发光二极管集成驱动器 LM3914 结构如图 5.1.3 所示。其内部的缓冲放大器最大限度地提高了该集成电路的输入电阻（引脚 5），电压输入信号经过缓冲器（增益为零）同时送到 10 个电压比较器的异相（－）输入端。10 个电压比较器的同相（＋）输入端分别接到 10 个等值电阻（1kΩ）串联回路的 10 个分压端。因为与串联回路相接的内部参考电压为 1.2V，所以相邻分压端之间的电压差为 1.2V÷10＝0.12V。为了驱动 LED_1 发光，集成电路 LM3914 的引脚 1 输出应为低电平，因此要求电压比较器异相端的输入电压≥0.12V。同理，要使 LED_2 发光，异相端输入电压应≥0.12V×2＝0.24V；要使 LED_{10} 发光，异相端输入电压应≥0.12V×10＝1.2V。

IC_2 的引脚 9 为点、条方式选择端，当引脚 9 与引脚 11 相接时为点状显示；当引脚 9 与引脚 3 相接时，则为条状显示。在图 5.1.2 所示电路中采用条状显示方式。

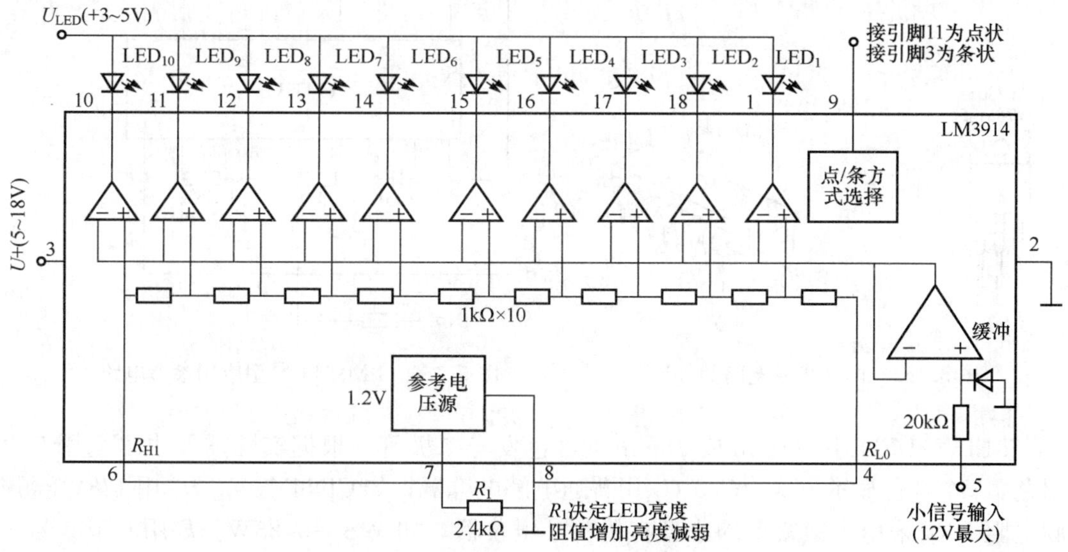

图 5.1.3　发光二极管集成驱动器 LM3914 结构图

② 元器件选择。酒精探测器选用的元器件见表 5.1.4。

表 5.1.4　酒精探测仪元器件表

序号	名称	型号	数量
1	酒精气敏传感器	QM-3	1 只
2	集成稳压器	W78M05 或 W7805	1 只
3	发光二极管集成驱动器	LM3914	1 片
4	红色发光二极管	ϕ5mm 或 ϕ3mm	10 只
5	碳膜电阻或金属膜电阻	2.4kΩ，±5%，1/8W	1 只
		15kΩ，±5%，1/8W	1 只
6	电位器	WS-2-0.25W	1 只
7	电解电容器	100μF，16V	1 只
		10μF，16V	1 只
8	按钮		1 只
9	直流插座	外径 ϕ5.5mm，内径 ϕ2mm	1 块
10	实验电路板	ICB-88	1 只
11	电池及搭扣	搭扣型电池 5 号 6 节及搭扣	1 组
12	其他	尼龙被覆导线及金属线	1m

酒精气敏传感器采用国产的 QM-3 型，它属于 QM 系列气敏元器件的一种。IC_1 采用三端固定输出集成稳压器 W78M05 或 W7805。它们的额定最大输出电流不同，但静态电流均为 8mA，外形如图 5.1.4（a）所示。IC_2 用 LM3914 型发光二极管集成驱动器，其外形如图 5.1.4（b）所示。典型应用参考电路如图 5.1.5 所示。

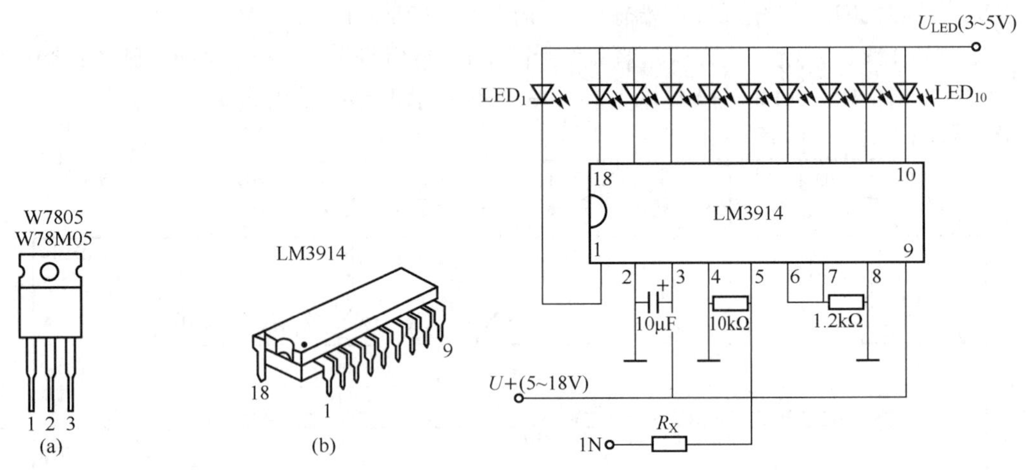

图 5.1.4　两种集成电路的外形　　　　图 5.1.5　LM3914 典型应用参考电路

LED_1～LED_{10} 用 ϕ3mm 或 ϕ5mm 的红色发光二极管，根据实际需要也可采用 5 个绿色、5 个红色显示方式。C_1、C_2 用普通电解电容器，如 CD11-16V。R_1 用 1/8W 金属膜电阻。R_P 采用半锁紧型的小型有机实芯电位器，如 WS-2-0.25W。E 用 6 节 5 号干电池串联，也可用输出整流电压为 9V 的桥式整流电源代替，同时应将 C_1 的容量增至 450～1000μF。S 用小型拨动式或按钮式开关，触点额定电流≥0.2A。

3）元器件检测

在正式焊接电路前，先检测元器件的性能是完全必要的。

（1）对集成电路 LM3914 的检测。按图 5.1.5 中 LM3914 应用部分的接线方式，在实验接插板（面包板）上用数字万用表对 LM3914 单独进行检测。输入信号电压用直流 3V 经 10kΩ 电位器分压连续可调取代。测定结果（取近似值）见表 5.1.5，而且当电源电压在 4～7V 范围内改变时，LM3914 的输入和输出关系以及总的工作电流均能保持一致，重复性好，否则就有问题。

表 5.1.5　LM3914 输入电压与显示关系

输入电压/V	LED 显示（序号）	IC_2 的总电流/mA
＜0.13	无	4.2
0.13～0.24	1	12
0.27～0.37	1～2	19
0.40～0.50	1～3	26
0.52～0.62	1～4	34
0.63～0.74	1～5	41

续表

输入电压/V	LED 显示（序号）	IC_2 的总电流/mA
0.75～0.88	1～6	49
0.89～1.00	1～7	56
1.01～1.12	1～8	64
1.13～1.24	1～9	71
≥1.27	1～10	77

（2）对气敏传感器 QM-3 的检测。采用如图 5.1.6 所示的简单电路可以检查 QM-3 型气敏传感器的好坏。当电源开关 S 断开时，传感器加热电流为零，实测 A、B 之间的电阻大于 20MΩ。S 接通，则 f—f 之间的电流从开始的 155mA 降至 153mA 而稳定。加热开始几秒钟后 A、B 之间的电阻迅速下降至 1MΩ 以下，然后又逐渐上升至 20MΩ 以上并保持不变。此时若将内盛酒精棉花的小瓶瓶口靠近传感器，可以看到数字万用表显示值马上由原来大于 20MΩ 溢出显示为左端“1”降至 1～0.5MΩ 以下。移开小瓶 15～40s 后，A、B 之间的电阻又恢复至大于 20MΩ。此种反应可以重复试验，但要注意使空气恢复到洁净状态。

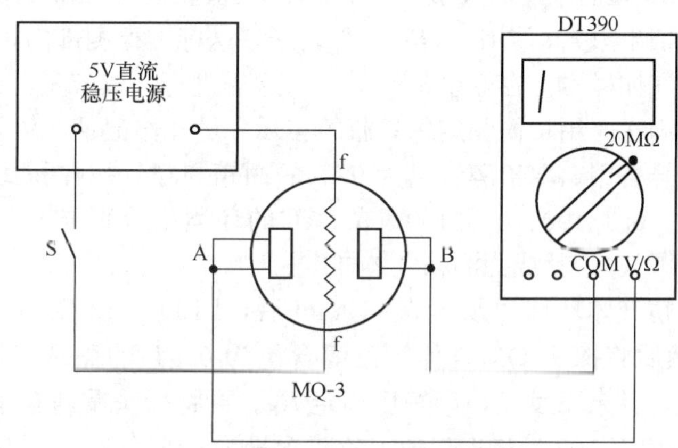

图 5.1.6　用数字万用表检测气敏传感器

4）制作和应用

（1）制作。探测仪电路板如图 5.1.7 所示。电路板尺寸为 70mm×50mm。只要事先经过检查，元器件性能均良好，焊接电路板时操作正确，无虚焊、假焊、错焊，不烫坏元器件，那么电路焊接完成后无须进行调整就可正常工作。气敏传感器 QM-3 一般适宜在温度不超过 50℃、相对湿度低于 95%的环境中使用。另外，氧气浓度也会影响探头的灵敏度。

（2）试验。试验探测仪时，应事先准备一只口径约 ϕ40mm、高约 70mm 的有盖小瓶，瓶内盛放一小块浸过酒精的药棉，平时盖紧瓶盖不让酒精气体外逸。试验时调节 R_P 至最大值，然后打开瓶盖，逐渐靠近已经预热的 QM-3 探头，可以看到安装在探测仪上的 10 个发光二极管 LED_1～LED_{10} 将依次点亮。因为从瓶口附近直至瓶内存有不同浓度的酒精气体，越接近药棉处，酒精气体浓度越高。调节电位器 R_P 的阻值可以调整

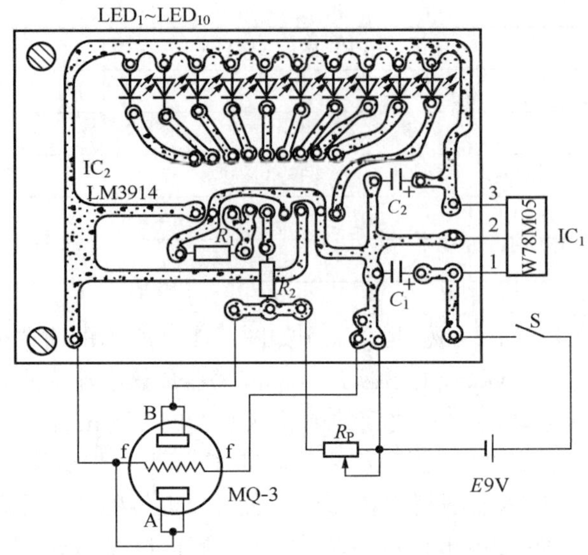

图 5.1.7 简易酒精探测仪的电路板

探测仪的灵敏度，R_P 阻值较小时灵敏度较低，R_P 阻值较高时灵敏度较高。在业余条件下，可先将 R_P 阻值调至较高使用。若有条件，最好送标准检测部门校准并将 R_P 锁住。

（3）自制酒精气体样本。在业余条件下可以这样进行：取容量≥1000mL 的饮料空瓶 5 只，洗净后注满水，用量筒测定每只瓶的实际容量并作记录，然后倒去水擦干瓶子内壁后将其一一编号备用。取乙醇含量为 97％的酒精与空气按体积比分别为 0.1/100、0.2/100、0.3/100、0.4/100、0.5/100，在 20℃的环境中分别与 5 只瓶中的空气充分混合（瓶口盖紧不漏气），就成为酒精气体样本。

探测仪在无酒精气体环境中预热 5～10min 后，LED_1～LED_{10} 应均不发光；否则，需适当调节 R_P。然后将探头 QM-3 伸入乙醇含量为 0.5％的酒精气体中，调节 R_P 使 LED_1～LED_5 发光，其余不发光，调好后锁定 R_P。再将探头重新置于无酒精气体环境中时，LED 应全部熄灭。而后将探头伸入乙醇含量为 0.2％的酒精气体中，只有 LED_1 和 LED_2 发光，说明工作正常。

2. 空气清新器电路的设计与制作

1）基本原理

自动空气清新器能在室内空气污浊或有害气体达到一定浓度时，自动产生负氧离子，保持空气清新。其电路工作原理如图 5.1.8 所示。

电路分为两部分，以 QM-N5 为中心元件的电路组成空气检测开关电路，它可以检测可燃气体。当室内的有害气体达到一定浓度时，由于 B 点电位升高使 VT_1 饱和导通，起到了检测开关的作用。R_t 为负温度系数热敏电阻，用来补偿 QM-N5 由于温度变化引起的偏差。以 TWH8751 为中心器件的电路组成负氧离子发生器，其振荡频率约为 1kHz，在 T_2 次级可得到 5kV 左右的高压。放电端采用开放式，大大提高了负氧离子的浓度，降低了臭氧的浓度，使到达外面的负氧离子增加。TWH8751 的引脚 2 即同相

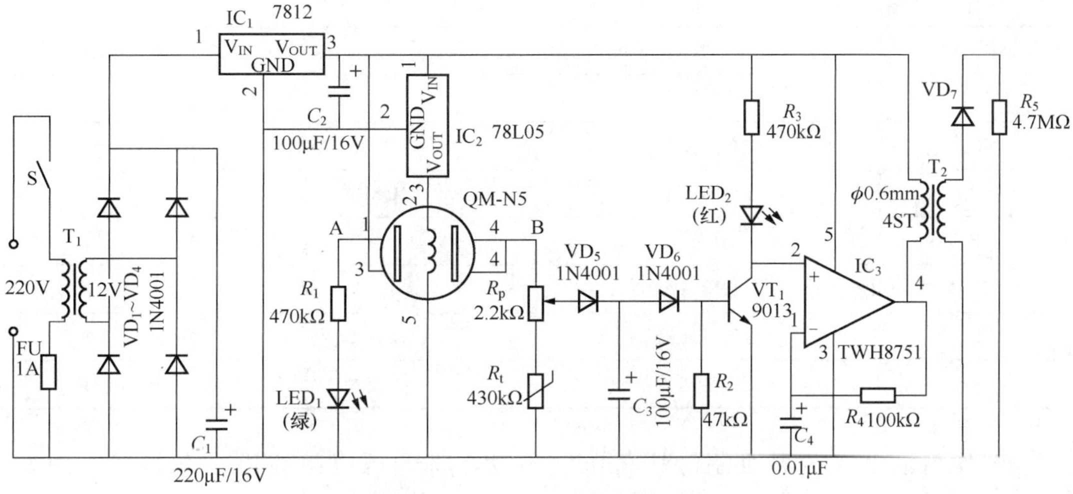

图 5.1.8　自动空气清新器电路原理图

输入端为高电位时，振荡器停振。在正常室内环境下，A、B 之间电阻很大，B 点电位很低，VT_1 截止，TWH8751 的引脚 2 为高电位，振荡器不工作，没有负氧离子产生；当室内的有害气体浓度超过了 R_P 设定的临界值，VT_1 饱和导通，TWH8751 的引脚 2 为低电位，振荡器起振，产生负氧离子。在一定程度上负氧离子可以消除室内的烟雾，达到清新空气利于身体健康的目的。

2）元器件选择与制作

元器件清单见表 5.1.6。

表 5.1.6　空气清新器所用元器件清单

编号	名称	型号	数量
R_1、R_3	电阻	470kΩ　1/8W	2 只
R_2	电阻	47kΩ　1/8W	1 只
R_4	电阻	100kΩ　1/8W	1 只
R_5	电阻	4.7MΩ　1W	1 只
R_P	可调电阻	2.2kΩ	1 只
R_t	热敏电阻	430kΩ　负温度系数	1 只
C_1	电解电容	220μF/16V	1 只
C_2、C_3	电解电容	100μF/16V	2 只
C_4	涤纶电容	0.01μF	1 只
VD_1～VD_6	整流二极管	1N4001	6 只
VD_7	硅堆	18kV	1 只
LED_1、LED_2	发光二极管	绿、红	2 只
IC_1	三端稳压 IC	LM7812	1 个

续表

编号	名称	型号	数量
IC_2	三端稳压 IC	78L05	1个
IC_3	功率开关 IC	TWH8751	1个
QM	气敏传感器	QM-N5	1只
S	开关	按钮	1个
FU	保险管	1A	1只
T_1	电源变压器	12V/15W	1个
T_2	高频变压器	自制	1个

T_2 用行输出变压器改制，其高压包不动，将低压绕组线圈全部拆除，用 $\phi=0.6$mm 的漆包线重绕 45 匝。其他元器件无特殊要求。放电端子用大头针做成，在长 170mm、宽 40mm 的敷铜板上钻三排眼，每排 16 个，均为 $\phi=1$mm。将大头针一一插入孔中并焊牢，要使焊点圆滑，不能有毛刺。挑选大头针时要注意长短一致，且尖头越尖越好。整机装入一个 180mm×110mm×80mm 的 ABS 工程塑料盒中。使用时，可调节 R_P 旋钮以使整机有合适的灵敏度。

5.1.3 拓展学习：气敏传感器的主要类型及其发展趋势

1. 气敏传感器的主要类型

1）半导体气敏传感器

半导体气敏传感器在气敏传感器中约占 60%，根据其机理可分为电导型和非电导型。

（1）电导型分为表面型、容积控制型和热线型三类。

① 表面型半导体气敏传感器。SnO_2 半导体气敏传感器是典型的表面型气敏元件，其传感原理是 SnO_2 为 N 型半导体材料。当施加电压时，半导体材料温度升高，被吸附的氧接受了半导体中的电子形成了 O_2 或 O_2 原性气体 H_2、CO、CH_4 存在时，使半导体表面电阻下降，电导上升，电导变化与气体浓度成比例。NiO 为 P 型半导体，氧化性气体使电导下降，对 O_2 敏感。ZnO 半导体传感器也属于此种类型。

② 容积控制型半导体气敏传感器。这种传感器所用传感材料为 Fe_2O_3、TiO_2（氧化钛）、CoO-MgO-SnO_2（氧化钴-氧化镁-二氧化锡）等半导体材料，它主要基于晶格缺陷变化导致电导率变化，其电导变化与敏感气体浓度成正比。容积控制型半导体气敏传感器可检测液化石油气、酒精、燃烧炉尾气等，可用于各种发动机的空燃比控制系统中。

③ 热线型气敏传感器。这是一种利用热导率变化制成的半导体传感器，又称热线型半导体传感器，是在铂丝线圈上涂敷 SnO_2 层，铂丝除起加热作用外，还有检测温度变化的功能。施加电压半导体变热，表面吸氧，使自由电子浓度下降，可燃性气体存在时，由于燃烧耗掉氧自由电子浓度增大，热导率随自由电子浓度的增加而增大，热扩散

率相应增高，使铂丝温度下降，阻值减小，铂丝阻值变化与气体浓度呈线性关系。这种传感器体积小、稳定、抗毒，可检测低浓度气体，在可燃气体检测中有重要作用。

（2）非电导型 FET 场效应晶体管气敏传感器。钯-FET 场效应晶体管传感器是利用钯吸收 H_2 并扩散达到半导体硅和钯的界面，减少钯的功耗，这种传感器对 H_2、CO 等可燃气体十分敏感。非电导型 FET 场效应晶体管气敏传感器体积小，便于集成化，多功能，是具有发展前途的气敏传感器。

2）固体电解质气敏传感器

固体电解质气敏传感器使用固体电解质气敏材料做气敏元件，通过测量气敏材料在通过气体时产生的电动势来测量气体的浓度，也称为电化学池，分为阳离子传导和阴离子传导，是选择性强的传感器。研究较多达到实用化的是氧化锆（ZrO_2）固体电解质传感器，其机理是利用隔膜两侧两个电池之间的电位差等于浓差电池的电动势。稳定的氧化锆固体电解质传感器已成功地应用于钢水中氧的测定和发动机空燃比成分测量等。

为弥补固体电解质导电的不足，近年来多在固态电解质上蒸镀一层气体敏感膜，把周围环境中的气体分子数量和介质中可移动的粒子数量联系起来，以实现对某种特定气体成分的检测。

3）接触燃烧式气敏传感器

接触燃烧式气敏传感器适用于 H_2、CO、CH_4 等可燃气体的检测。可燃气体接触表面催化剂铂、钯时燃烧、发热，燃烧热与气体浓度有关。这类传感器的应用面广，体积小，结构简单，稳定性好；缺点是选择性差。

4）电化学气敏传感器

电化学气敏传感器常用的有以下两种。

（1）恒电位电解式气敏传感器。这种传感器是将被测气体在特定电场下电离，由流经的电解电流测出气体浓度。这种传感器灵敏度高，改变电位可选择不同的被检测气体，对毒性气体检测有重要作用。

（2）电池式气敏传感器。在氢氧化钾（KOH）电解质溶液中，铂-铅或银-铅电极构成电池，已成功用于检测 O_2，其灵敏度高；缺点是透水、逸散、吸潮，电极易中毒。

5）光学气敏传感器

（1）直接吸收式气敏传感器。红外线气敏传感器是典型的吸收式光学气敏传感器，是根据气体分别具有各自固有的光谱吸收谱检测气体成分，非分散红外吸收光谱对 SO_2（二氧化硫）、CO、CO_2、NO（一氧化氮）等气体具有较高的灵敏度。

另外，紫外线吸收、非分散紫外线吸收、相关分光、二次导数、自调制光吸收法对 NO、NO_2（二氧化氮）、SO_2、CH（ CH_4）等气体具有较高的灵敏度。

（2）光反应气敏传感器。光反应气敏传感器是利用气体反应产生色变引起光强度吸收等光学特性改变，传感元件是理想的，但是气体光感变化受到限制，传感器的自由度小。

（3）基于气体光学特性的新型气敏传感器。光导纤维温度传感器为这种类型，在光纤顶端涂敷触媒与气体反应、发热。温度改变，导致光纤温度改变。利用光纤测温已达到实用化程度，检测气体也是成功的。

此外，利用其他物理量变化测量气体成分的传感器在不断开发，如声表面波传感器

检测 SO_2、NO_2、H_2S（硫化氢）、NH_3（氨气）、H_2 等气体也有较高的灵敏度。

2. 气敏传感器的发展方向

1）新型气敏材料与制造工艺

对气敏传感器材料的研究表明，金属氧化物半导体材料 ZnO，SiO_2，Fe_2O_3 等已趋于成熟化，特别是在 C_2H_5OH、CO 等气体检测方面。现在这方面的工作主要有两个方向：一是利用化学修饰改性方法，对现有气体敏感材料进行掺杂、改性和表面修饰等处理，并对成膜工艺进行改进和优化，提高气敏传感器的稳定性和选择性；二是研制开发新的气体敏感材料，如复合型和混合型半导体气敏材料、高分子气敏材料，使得这些新材料对不同气体具有高灵敏度、高选择性、高稳定性。由于有机高分子敏感材料具有材料丰富、成本低、制膜工艺简单、易于与其他技术兼容、在常温下工作等优点，已成为研究的热点。

2）新型气敏传感器的研制

用传统的作用原理和某些新效应，优先使用晶体材料（硅、石英、陶瓷等），采用先进的加工技术和微结构设计，研制新型传感器及传感器系统，如光波导气敏传感器、高分子声表面波和石英谐振式气敏传感器的开发与使用，微生物气敏传感器和仿生气敏传感器的研究。随着新材料、新工艺和新技术的应用，气敏传感器的性能更趋完善，使传感器的小型化、微型化和多功能化具有长期稳定性好、使用方便、价格低廉等优点。

3）智能型气敏传感器

随着人们生活水平的不断提高和对环保的日益重视，对各种有毒、有害气体的探测，对大气污染、工业废气的监测以及对食品和居住环境质量的检测都对气敏传感器提出了更高的要求。纳米、薄膜技术等新材料研制技术的成功应用为气敏传感器集成化和智能化提供了很好的前提条件。气敏传感器将在充分利用微机械与微电子技术、计算机技术、信号处理技术、传感技术、故障诊断技术、智能技术等多学科综合技术的基础上得到发展。研制能够同时监测多种气体的全自动数字式智能气敏传感器是该领域的重要研究方向。

思考题

1. 简述半导体气敏传感器的分类及其基本工作原理。
2. 简述半导体气敏材料的气敏机理。
3. MQ-3 型气敏传感器是如何工作的？主要对哪些气体敏感？
4. 环境不同时传感器的使用会出现什么情况？

任务 5.2　湿敏传感器与湿度检测

【任务描述】

湿度是空气质量的重要指标之一，对工农业生产及机电设备使用都非常重要，湿度检测较难，湿度传感器发展历史较短。现有的湿度传感器主要有湿敏电阻式、湿敏电容式和集成湿度传感器三类。本任务主要探讨这三类传感器的结构原理、测量电路、主要类型和应用情况。

【任务分析】

本任务主要包括三部分，一是基础知识部分，主要包括半导体湿敏电阻及湿敏电容的结构原理分析、主要类型、基本应用电路分析和应用场合等内容；二是任务实施部分，通过温度测量电路的设计与制作，训练学生从事电子检测产品设计与管理工作的能力；三是拓展学习部分，主要讨论集成湿度传感器的最新发展情况，使学生了解湿度检测的最新技术。

5.2.1　基础知识：湿敏传感器的结构原理及其测量电路

湿度是指大气中的水蒸气含量，通常采用绝对湿度和相对湿度两种表示方法。绝对湿度是指在一定温度和压力条件下，每单位体积的混合气体中所含水蒸气的质量，单位为 g/m^3，一般用符号 AH 表示；相对湿度是指气体的绝对湿度与同一状态下可能达到的最大湿度之比，一般用符号%RH 表示。相对湿度给出大气的潮湿程度，它是一个无量纲的量，在实际使用中多使用相对湿度这一概念。

湿敏传感器（视频）

湿敏传感器是能够感受外界湿度变化，并通过元件材料的物理或化学性质变化，将湿度转换成有用信号的元件。湿度检测较之其他物理量的检测显得困难，这首先是因为空气中水蒸气的含量要比空气少得多；另外，液态水会使一些高分子材料和电解质材料溶解，一部分水分子电离后与溶入水中的杂质结合成酸或碱，使湿敏材料不同程度地受到腐蚀和老化，从而丧失其原有的性质；再者，湿度信息的传递必须靠水对湿敏元件直接接触来完成，因此湿敏元件只能直接暴露于待测环境中，不能密封。通常，对湿敏元件有下列要求：在各种气体环境下稳定性好，响应时间短，寿命长，有互换性，耐污染和受温度影响小等。微型化、集成化及廉价是湿敏元件的发展方向。

湿度的检测已广泛应用于工业、农业、国防、科技和生活等各个领域，湿度不仅与工业产品质量有关，而且是环境条件的重要指标。

1. 湿敏电阻

随着现代工业技术的发展，纤维、造纸、电子、建筑、食品、医疗等部门提出了高精度、高可靠性测量和控制湿度的要求。因此，各种湿敏元件不断出现。利用湿敏电阻进行湿度测量和控制具有灵敏度高，体积小，寿命长，不需维护，可以进行遥测和集中控制等优点。

湿敏电阻是利用湿敏材料吸收空气中的水分而导致本身电阻值发生变化这一原理而制成的。

1）湿敏电阻的型号命名方法

湿敏电阻的型号可分为三部分，第一部分用字母表示主称；第二部分用字母表示用途或特征；第三部分用数字表示序号，各部分的含义见表 5.2.1。

例如：MS01-A（通用型号湿敏电阻器）

M——敏感电阻器

S——湿敏电阻器

01-A——序号

表 5.2.1 湿敏电阻器的型号命名及含义

第一部分：主称		第二部分：用途或特征		第三部分：序号
字母	含义	字母	含义	用数字或数字与字母混合表示序号，以区别电阻器的外形尺寸及性能参数
MS	湿敏电阻	无	通用型	
		K	控制温度用	
		C	测量湿度用	

2）常见类型及其应用

（1）半导体陶瓷湿敏元件。通常，用两种以上的金属氧化物半导体材料混合烧结成多孔陶瓷，这些材料有 $ZnO\text{-}LiO_2\text{-}V_2O_5$ 系、$Si\text{-}Na_2O\text{-}V_2O_5$ 系、$TiO_2\text{-}MgO\text{-}Cr_2O_3$ 系和 Fe_3O_4 等，前三种材料的电阻率随湿度的增加而下降，故称为负特性湿敏半导体陶瓷，最后一种材料的电阻率随湿度的增加而增大，故称为正特性湿敏半导体陶瓷（以下简称半导瓷）。

① 负特性湿敏半导瓷的导电原理。由于水分子中的氢原子具有很强的正电场，当水在半导瓷表面吸附时，就有可能从半导瓷表面俘获电子，使半导瓷表面带负电。如果该半导瓷是P型半导体，则由于水分子附着使表面电动势下降，将吸引更多的空穴到达其表面，于是其表面层的电阻下降。若该半导瓷为N型，则由于水分子的附着使表面电动势下降，如果表面电动势下降较多，不仅使表面层的电子耗尽，同时吸引更多的空穴达到表面层，有可能使到达表面层的空穴浓度大于电子浓度，出现所谓表面反型层，这些空穴称为反型载流子。它们同样可以在表面迁移而表现出电导特性，使N型半导瓷材料的表面电阻下降。由此可见，不论是N型还是P型半导瓷，其电阻率都随湿度的增加而下降。图 5.2.1 给出了几种负特性半导瓷阻值与相对湿度的关系。

② 正特性湿敏半导瓷的导电原理。正特性材料的结构、电子能量状态与负特性材料有所不同。当水分子附着在半导瓷的表面使电动势变低时，导致其表面层电子浓度下降，但这还不足以使表面层的空穴浓度增加到出现反转程度，此时仍以电子导电为主，于是表面电阻将由于电子浓度的下降而加大，这类半导瓷材料的表面电阻将随湿度的增加而加大。如果对某一种半导瓷，它的晶粒间的电阻并不比晶粒内电阻大很多，那么表面层电阻的加大对总电阻并不起多大作用。不过，通常湿敏半导瓷材料都是多孔的，表面电阻占比很大，故表面层电阻的升高必将引起总电阻值的明显升高。但由于晶体内部低阻支路仍然存在，正特性半导瓷的总电阻值的升高没有负特性材料的阻值下降那么明显。图 5.2.2 给出了 Fe_3O_4 正特性半导瓷湿敏电阻值与相对湿度的关系曲线。

从图 5.2.1 和图 5.2.2 可以看出，当相对湿度从 0～100%RH 时，负特性材料的阻值均下降三个数量级，而正特性材料的阻值只增大了约 1 倍。

（2）典型半导瓷湿敏元件。

① $MgCr_2O_4\text{-}TiO_2$（氧化镁复合氧化物二氧化钛）湿敏元件。$MgCr_2O_4\text{-}TiO_2$ 湿敏材料通常制成多孔陶瓷型“湿-电”转换元件，它是负特性半导瓷，$MgCr_2O_4$ 为P型半导体，它的电阻率低，电阻-湿度特性好，结构如图 5.2.3 所示，在 $MgCr_2O_4\text{-}TiO_2$ 陶瓷

片的两面涂覆有多孔金电极，金电极与引出线烧结在一起。为了减少测量误差，在陶瓷片外设置由镍铬丝制成的加热线圈，以便对元件加热清洗，排除恶劣环境对元件的污染。整个元件安装在陶瓷基片上，电极引线一般采用铂-铱合金。$MgCr_2O_4$-TiO_2 陶瓷湿敏传感器的相对湿度与电阻值之间的关系如图 5.2.4 所示。传感器的电阻值既随所处环境的相对湿度的增加而减小，又随周围环境温度的变化而有所变化。

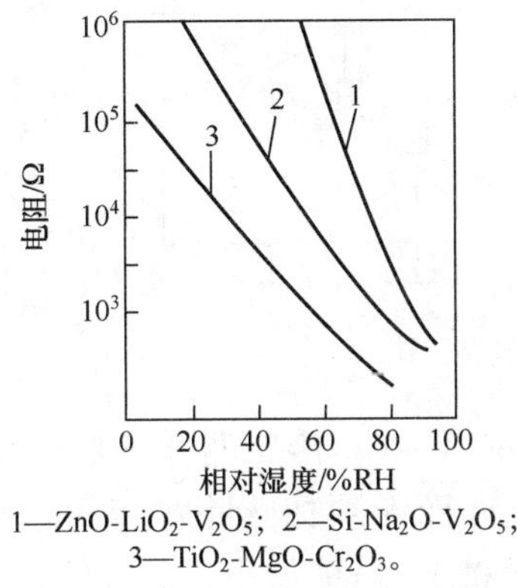

1—ZnO-LiO_2-V_2O_5；2—Si-Na_2O-V_2O_5；3—TiO_2-MgO-Cr_2O_3。

图 5.2.1　几种半导瓷的湿敏负特性

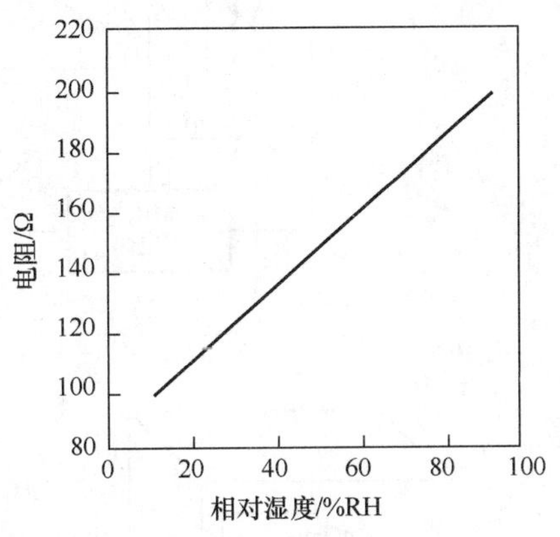

图 5.2.2　Fe_3O_4 半导瓷正湿敏特性图

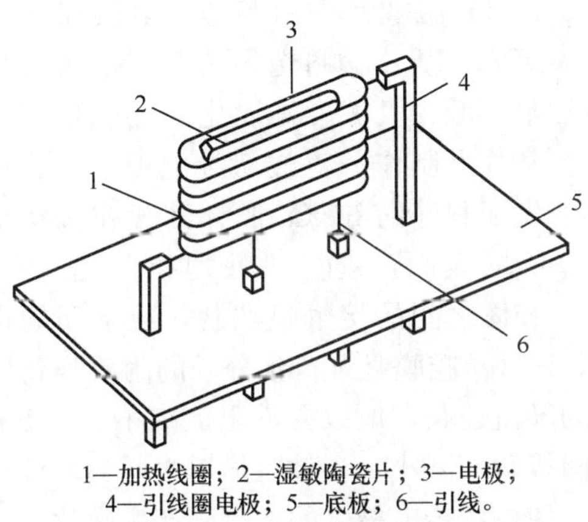

1—加热线圈；2—湿敏陶瓷片；3—电极；4—引线圈电极；5—底板；6—引线。

图 5.2.3　$MgCr_2O_4$-TiO_2 陶瓷湿敏传感器的结构

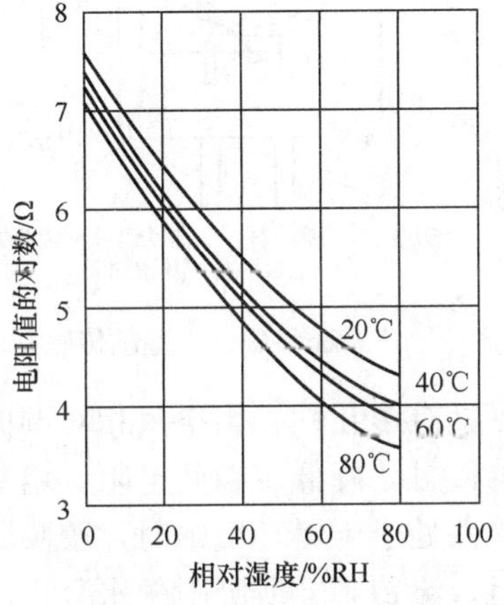

图 5.2.4　$MgCr_2O_4$-TiO_2 陶瓷湿敏传感器的相对湿度与电阻值之间的关系

图 5.2.5 是这种湿敏元件应用的一种测量电路。图中 R 为湿敏电阻，R_t 为温度补偿用热敏电阻。为了使检测湿度的灵敏度最大，可使 $R=R_t$。这时传感器的输出电压通过跟随器并经整流和滤波后，一方面送入比较器 1 与参考电压 U_1 比较，其输出信号控制某一湿度；另一方面送入比较器 2 与参考电压 U_2 比较，其输出信号控制加热电路，以便按一定时间加热清洗。

② ZnO-Cr_2O_3（氧化锌-三氧化二铬）湿敏元件。ZnO-Cr_2O_3 湿敏元件的结构是将多孔材料的金电极烧结在多孔陶瓷圆片的两表面上，并焊上铂引线，然后将湿敏元件装入有网眼过滤的方形塑料盒中，用树脂固定，其结构如图 5.2.6 所示。

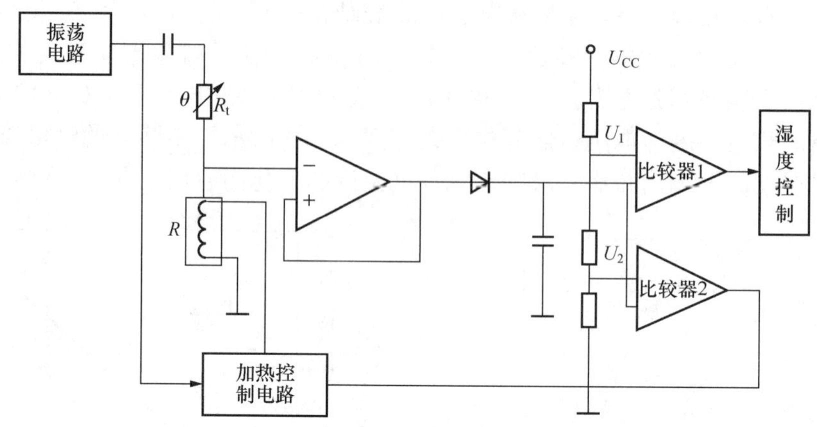

图 5.2.5　湿敏电阻测量电路

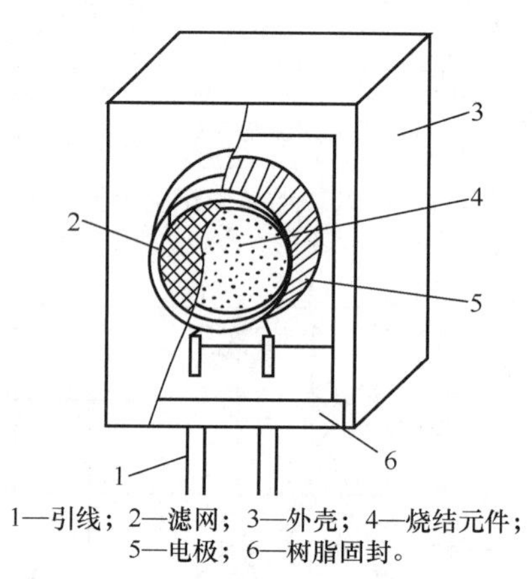

1—引线；2—滤网；3—外壳；4—烧结元件；5—电极；6—树脂固封。

图 5.2.6　ZnO-Cr_2O_3 湿敏传感器的结构

ZnO-Cr_2O_3 传感器能连续稳定地测量湿度，而无须加热除污装置，因此功耗低于 0.5W，体积小、成本低，是一种常用测湿传感器。

③ Fe_3O_4（四氧化三铁）湿敏元件。Fe_3O_4 湿敏元件由基片、电极和感湿膜组成。基片材料选用滑石板，该材料吸水率低、机械度高、化学性能稳定。在基片上制作一对梭状金电极，然后将预先配制好的 Fe_3O_4 胶体液覆在梭状金电极的表面，进行热处理和老化。Fe_3O_4 胶体之间的接触呈凹状，粒子间的空隙使薄膜具有多孔性，当空气相对湿度增大时，Fe_3O_4 胶膜吸湿。水分子的附着强化颗粒之间的接触，降低了粒间电阻，增加了更多的导流通路，所以元件阻值减小。当 Fe_3O_4 湿敏元件处于干燥环境中时，胶膜脱湿，粒间接触面减小，元件阻值增大。当环境温度不同时，涂覆膜上所吸附的水分也随之变化，使梭状金电极之间的电阻产生变化。

Fe_3O_4 湿敏元件在常温、常湿下性能比较稳定，有较强的抗结露能力，测湿范围广，有较为一致的湿敏特性和较好的温度-湿度特性，但元件有较明显的湿滞现象，响应时间长，吸湿过程［(60%→98%) RH］需要 2min，脱湿过程［(98%→12%) RH］需 5～7min。

④ LiCl（氯化锂）湿敏电阻。氯化锂湿敏电阻是利用吸湿性盐类潮解，离子电导率发生变化而制成的测湿元件。它由引线、基片、感湿层与电极组成。

氯化锂通常与聚乙烯醇组成混合体。在氯化锂的溶液中，Li 和 Cl 均以离子的形式存在，其中 Li^+ 对水分子的吸引力强，离子水合程度高。当溶液置于一定湿度场中时，若环境相对湿度高，溶液将吸收水分，使浓度降低，因此其溶液电阻率增高；反之，环境相对湿度变低时，则溶液浓度升高，其电阻率下降，从而实现对湿度的测量。氯化锂湿敏元件在 150℃时的电阻值与相对湿度的特性曲线如图 5.2.7 所示。由图可知，在

50%～80%相对湿度范围内，电阻值的对数与湿度的变化为线性关系。

为了扩大湿度测量的线性范围，可以将多个氯化锂含量不同的元件组合使用，如将测量范围分别为（10%～20%）RH、(20%～40%)RH、(40%～70%)RH、(70%～90%)RH 和（80%～99%)RH 等 5 种元件配合使用，就可自动地转换完成整个湿度范围的湿度测量。

氯化锂湿敏元件的优点是滞后小，不受测试环境风速的影响，检测精度高达±5%，但其耐热性差，不能用于露点以下测量，元件性能重复性不理想，使用寿命短。

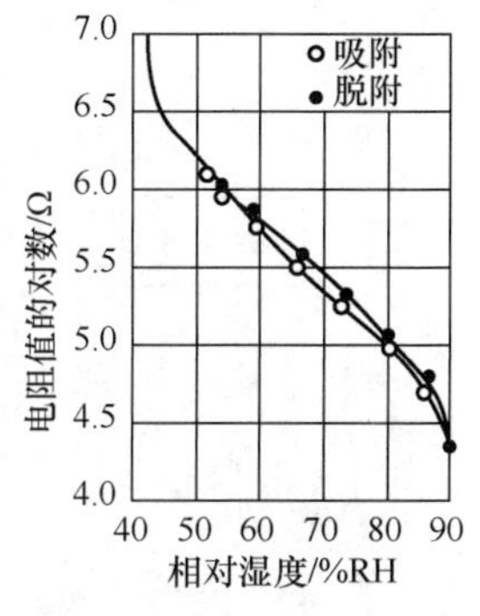

图 5.2.7　氯化锂电阻值与相对湿度特性曲线

图 5.2.8 所示是氯化锂湿敏电阻的结构图。它是在聚碳酸酯基片上制成一对梳状金电极，然后浸涂溶于聚乙烯醇的氯化锂胶状溶液，其表面再涂上一层多孔保护膜而成。氯化锂是潮解性盐，这种电解质溶液形成的薄膜能随着空气中水蒸气的变化而吸湿或脱湿。感湿膜的电阻随空气相对湿度的变化而变化，当空气湿度增加时，感湿膜中盐的浓度降低。

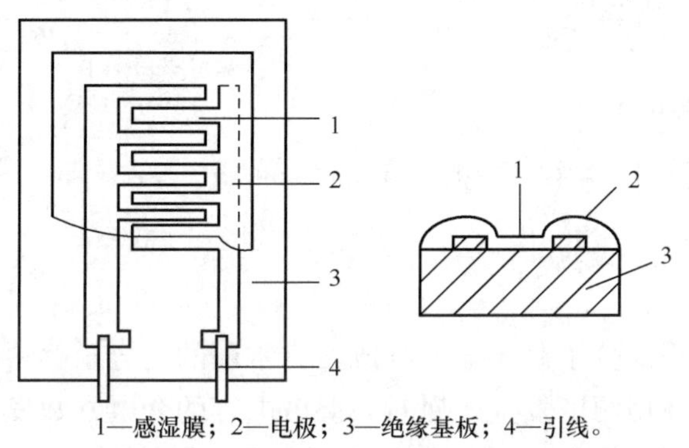

1—感湿膜；2—电极；3—绝缘基板；4—引线。

图 5.2.8　氯化锂湿敏电阻的结构图

图 5.2.9 是一种相对湿度计的电原理框图。测量探头由氯化锂湿敏电阻 R_1 和热敏电阻 R_2 组成，并通过三线电缆接至电桥上。热敏电阻作为温度补偿用，测量时先对指示装置的温度补偿进行适当修正，将电桥校正至零点，就可以从刻度盘上直接读出相对湿度值。电桥由分压电阻 R_5 组成两个臂，另外，R_1 和 R_3 或 R_2 和 R_4 组成另外两个臂，R_1、R_3 为测量边，R_2、R_4 为修正温度补偿边。电桥由振荡器供给交流电压。电桥的输出经放大器放大后，通过整流电路送给电流表指示。

（3）有机高分子膜湿敏电阻。有机高分子膜湿敏电阻是在氧化铝（Al_2O_3）等陶瓷基板上设置梳状电极，然后在其表面涂覆既具有感湿性能，又有导电性能的高分子材料的薄膜，再涂覆一层多孔的高分子膜保护层。这种湿敏元件是利用水蒸气附着在感湿薄膜上，电阻值与相对湿度相对应这一性质。由于使用了高分子材料，所以适用于高温气体中湿度的测量。图 5.2.10 是三氧化二铁-聚乙二醇高分子膜湿敏电阻的结构与特性曲线。

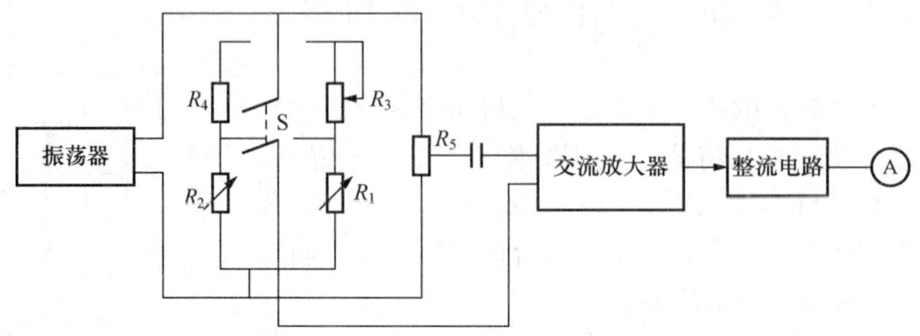

图 5.2.9　相对湿度计的电原理框图

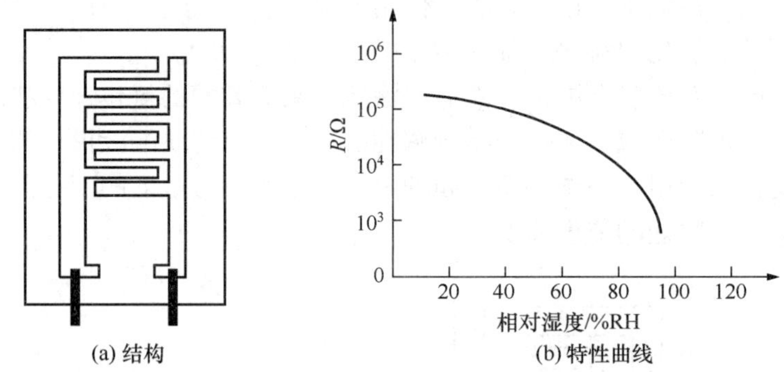

图 5.2.10　高分子膜湿敏电阻的结构与特性曲线

2. 湿敏电容

湿敏电容一般是用高分子薄膜电容制成的，常用的高分子材料有聚苯乙烯、聚酰亚胺、醋酸纤维等。当环境湿度发生改变时，湿敏电容的介电常数发生变化，使其电容量也发生变化，其电容变化量与相对湿度成正比。湿敏电容的主要优点是灵敏度高，产品互换性好，响应速度快，湿度的滞后量小，便于制造，容易实现小型化和集成化，其精度一般比湿敏电阻要低一些。国外生产湿敏电容的主要厂家有 Humirel 公司、Philips 公司、Siemens 公司等。以 Humirel 公司生产的 SH1100 型湿敏电容为例，其测量范围是（1%～99%）RH，在 55%RH 时的电容量为 180pF（典型值）。当相对湿度从 0 变化到 100%时，电容量的变化范围是 163～202pF，温度系数为 0.04pF/℃，湿度滞后量为±1.5%，响应时间为 5s。

1）湿敏电容的发展历史

1935 年，Vilho Vaisala 教授在他的第一封销售函中对毛发湿度传感器是这样评价的：自然，它具有和毛发湿度计同样的弱点。但在后来若干年中没有人能研究出更好、更可靠的方法。直到 1973 年，芬兰技术研究中心经过十几年的努力，才使湿度测量技术形成一种全新的方法，即利用电容对环境湿度的敏感性来测量湿度，诞生了湿敏电容。

湿度传感器的使用要求很多，温度范围为－90～＋60℃，湿度为 0～100%RH。因此，要求湿度传感器应具备以下特点：最好是电阻式或电容式的，便于全部实现电测；

传感器没有可动件，使用更稳定可靠，且便于大批量生产；传感器可用于整个湿度量程0～100%RH，且要体积小、响应快、精度高、稳定性好。

2）湿敏电容的特点

湿敏电容具有高性价比、优良的线性、低能耗、长时间饱和下快速脱湿、较好的抗污染性、高可靠性和长时间稳定性等一系列优良的使用性能。

3）湿敏电容的主要参数

量程范围：0～99%RH，最小为−40～+125℃适用温度。

供电电压：交流10V。

标称容值：120±10pF。

平均灵敏度：0.30pF（最小为0.27；最大为0.33）/%RH。

湿度效应：+1℃，+0.015pF。

功耗因数：<0.01。

湿滞回差：<1%RH。

线性误差：<±2%RH。

反应时间：<10s。

工作频率：5～100kHz（推荐20kHz）。

恢复时间：150h结露<20s。

长期稳定性：<1%RH/年。

4）湿敏电容的应用

湿敏电容广泛应用于洗衣机、空调、录音机、微波炉等家用电器及工业、农业等方面。

除了电阻式、电容式湿敏元件之外，还有电解质离子型湿敏元件、重量型湿敏元件（利用感湿膜重量的变化来改变振荡频率）、光强型湿敏元件、声表面波湿敏元件等。湿敏元件的线性度及抗污染性差，在检测环境湿度时，湿敏元件要长期暴露在待测环境中，很容易被污染而影响其测量精度及长期稳定性。

3. 湿敏传感器的应用

土壤湿度检测器（视频）

1）湿度检测器

图5.2.11所示是湿度检测器电路。由555时基电路、湿度传感器C_H等组成多谐振荡器，在振荡器的输出端接有电容器C_2，它将多谐振荡器输出的方波信号变为三角波。当相对湿度变化时，湿度传感器C_H的电容量将随着改变，它将使多谐振荡器输出的频率及三角波的幅度都发生相应的变化，输出的信号经VD_1、VD_2整流和C_4滤波后，可从电压表上直接读出与相对湿度相应的指数来。R_P电位器用于仪器的调零。

2）高湿度显示器

图5.2.12是高湿度显示器电路。它能在环境相对湿度过高时做出显示，告知人们应采取排湿措施了。湿度传感器采用SM01-A型湿敏电阻，当环境的相对湿度在(20%～90%)RH变化时，它的电阻值在几十千欧到几百欧范围内改变。为防止湿敏电阻产生极化现象，采用变压器降压供给检测电路9V交流电压，湿敏电阻R_H和电阻R_1

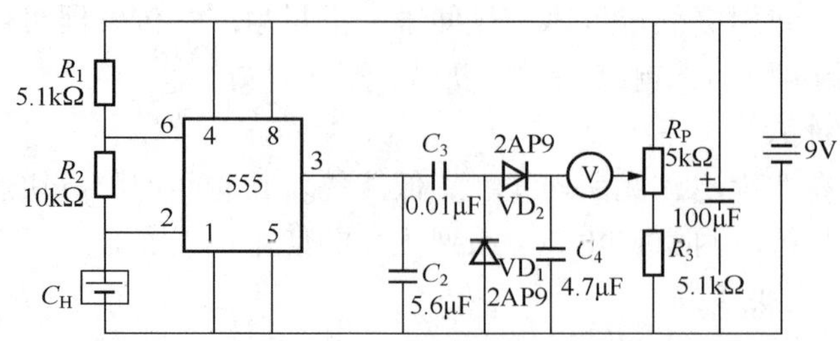

图 5.2.11　湿度检测器电路

串联后接在它的两端。当环境湿度增大时，R_H 阻值减小，电阻 R_1 两端电压会随之升高，这个电压经 VD_1 整流后加到由 VT_1 和 VT_2 组成的施密特电路中，使 VT_1 导通，VT_2 截止，VT_3 随之导通，发光二极管 VD_4 发光。高湿度显示电路可应用于蔬菜大棚、粮棉仓库、花卉温室、医院等对湿度要求比较严格的场合。

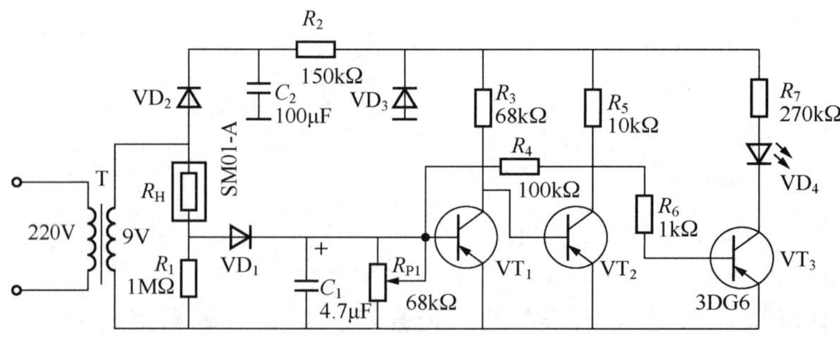

图 5.2.12　高湿度显示器电路

5.2.2　任务实施：湿度控制电路的设计与制作

1. 湿度控制电路的工作原理及所需器件

该控制器能广泛用于对湿度有一定要求的地方，如车间、实验室、档案室、仓库等场合。其电路原理图如图 5.2.13 所示。环境湿度较高时，继电器 J 吸合，接通热风机（去湿机），开始对环境去湿，直到湿度下降到给定值时（如 80%RH），继电器 J 释放，断开热风机（或去湿机）电源。同时，微安表可以直观地读出限度的数值。

图 5.2.13 中 RSG 为一湿敏电阻，最高工作温度为 100℃，测湿范围为 30%～95%，其阻值随环境湿度的变化而改变，在环境湿度为 80%时，其阻值小于 40Ω。由于这种电阻必须用交流供电，所以图中先经过变压器 T 将 220V 交流电压变成 8V 交流电压。经限流电阻 R_1 到湿敏电阻 RSG，又经 VD_1～VD_4 整流，C_2、C_3、R_2 滤波，于是有直流电流流过微安表。显然，环境湿度越高，RSG 阻值越小，流过微安表的电流就越大，相应地图中 A 点的电位也越高。当 A 点的电位能使 VT_1、VT_2 导通时，继电器触点 K_1 闭合，使热风机（或去湿机）工作；相反，当湿度较低时，热风机（或去湿机）则处于断开状态。调试时将湿敏电阻用导线引出与干湿温度计一起固定在距热风机（或去湿机）3m 左右的地方，使电炉通电，根据干湿温度计的数值，调整 R_P 使微安表指

示为 10μA 并将这一点刻度记为 50%RH（当然干湿温度计的数值也是 50%RH），然后根据湿度调整情况，在微安表上刻度。另外，如果所需控制的环境湿度为 80%RH，当干湿温度计上的读数为 80%RH 时，调节 R_P 使 VT_1、VT_2 导通，继电器 J 的线圈 K 吸合即可。注意在调整较高湿度时，可将一水盆放在电炉上增加环境湿度。继电器为 JRX-Z21 型。

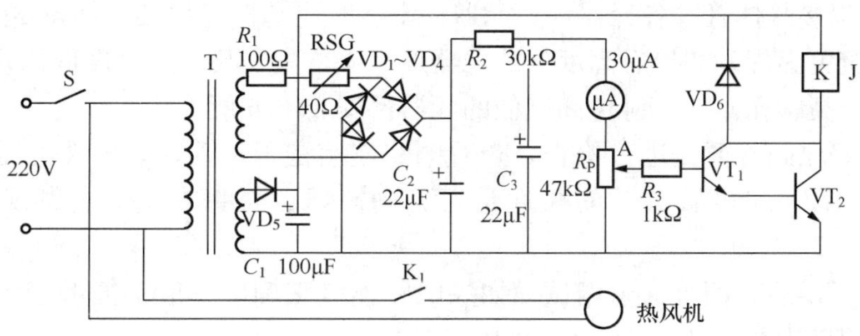

图 5.2.13　湿度控制器电路原理图

湿度控制器所需元件见表 5.2.2。

表 5.2.2　湿度控制器元件表

序号	名称	型号	数量
1	晶体管	9014	2 只
2	继电器	JRX-Z21	1 只
3	二极管	1N4001	6 只
4	碳膜电阻	100Ω，±5%，1/4W	1 只
5	碳膜电阻	30kΩ、1kΩ，±5%，1/8W	各 1 只
6	电解电容器	100μF，25V	1 只
7	电解电容器	22μF，25V	2 只
8	可调电阻器	47kΩ	1 只
9	湿敏电阻	40Ω	1 只
10	其他	尼龙被覆导线及金属线	3m

2. 所用元器件分析

晶体管 VT_1、VT_2 两管选用 $\beta>100$ 的晶体管，型号为 9014 或 2SC1815。二极管 VD_1～VD_4 组成整流桥，可以用 4 个分立二极管，也可用额定电流为 0.5A 以上的整流桥。湿敏电阻选用在环境湿度为 80%RH 时，其阻值为 40Ω 左右的湿敏电阻。电阻阻值、电容器的容量误差要求不高。其中电阻 R_1 要求功率大一点，选用 1/4W 的电阻。变压器可以选用 5～10W，原边电压为 220V，副边电压为 8V 和 16V 两个绕组的变压器。8V 绕组作为适度监测电源，16V 绕组作为控制电源。

3. 安装调试

按照原理图，首先制作控制电路板，电路板可选用万能实验板。

① 规划电路板上元器件安装位置。元器件应布置尽可能与原理图相对应，但要考虑需要调整的元器件位置（如可调电阻 R_P），应不受周围元器件的影响。

② 根据原理图和电路板上的元器件布置，规划电路的走线。走线要尽量整齐、短捷。如果元器件布置与原理图上相对应，则电路的走线与原理图自然相似，便于理解和查找。

③ 安装焊接晶体管等各元器件。元器件安装时应掌握好焊接时间，尽量做到快捷、焊接牢靠，避免虚焊。如果有高度低的元器件，应首先安装焊接高度低的元器件，再安装焊接高度较高的元器件，避免高度低的元器件安装不方便。

④ 焊接好电路板要先进行检查，查看电路连接是否正确；有极性的元器件（如电解电容、晶体管、二极管等）的极性是否正确；焊点是否有虚焊。发现问题要及时处理。

⑤ 检查无误后，即可送电调试。如果电路连接正确，一般都能够正常工作，但需要根据被控湿度进行调试。

调试时要注意，由于湿度控制是一个大惯性环节，控制系统反应时间较长，所以调试时一定要耐心细致。

4. 调试步骤

① 将湿敏电阻用导线引出与干湿温度计一起固定在距热风机（或去湿机）3m 左右的地方，使电炉通电，根据干湿温度计的数值，在微安表上刻度。

② 根据所需的控制湿度进行调整，如果所需控制的环境湿度为 80%，当干湿温度计上的读数为 80%时，调节 R_P 使 VT_1、VT_2 导通，继电器 K 吸合热风机（或去湿机）开始除湿。注意，在调整较高湿度时，可将一水盆放在电炉上以增加环境湿度。

③ 当湿度下降到规定数值时，VT_1、VT_2 截止，继电器 K 断开，热风机停止除湿。

④ 当湿度上升时，加热器重新通电再次加热，如此反复，达到恒湿控制的目的。

*注意：湿敏电阻的安装位置对控制器的正常工作影响较大，湿敏电阻离加热器应有一定距离。湿敏电阻作为湿度传感器，其应用范围较为广泛，经常应用于农业、档案、纺织等行业有湿度要求的场所作湿度控制。湿敏电阻的阻值随着湿度的增大而减小，利用湿敏电阻的这一特性，配合不同的控制电路，可以组成各种湿度控制电路。

5.2.3 拓展学习：集成湿度传感器简介

目前，市场上有很多湿度控制器采用的传感器是凝露传感器。湿度传感器就其检测范围来说，一般分为两种，一种是凝露传感器；另一种是宽范围湿度传感器。凝露传感器是一种开关量传感器，它的工作点是 93%RH，当湿度大于 93%RH 时，传感器内电阻急剧增加，当环境湿度小于 93%RH 时，传感器电阻量基本不发生变化。而 93%RH 就是通常所说的凝露点。宽范围湿度传感器能在湿度为（10%～95%）RH 的条件下工作，采用这种传感器时，一般预调工作点为 75%RH。

在工农业生产、气象、环保、国防、科研、航天等部门，经常需要对环境湿度进行测量及控制。但在常规的环境参数中，湿度是最难准确测量的一个参数。用干湿球湿度计或毛发湿度计来测量湿度的方法，早已无法满足现代科技发展的需要。这是因为测量湿度要比测量温度复杂得多。温度是个独立的被测量，而湿度却受其他因素（大气压强、温度）的影响。此外，湿度的标准也是一个难题。国外生产的湿度标定设备价格十分昂贵。

近年来，国内外在湿度传感器研发领域取得了很大进步。湿敏传感器正在从单一的湿敏元件向集成化、智能化、多个参数检测的方向发展，为开发新一代湿度/温度测控系统创造了有利条件，也将湿度测量技术提高到了新的档次。

1. 湿敏元件的特性

湿敏元件是最简单的湿度传感器。湿敏元件主要有电阻式、电容式两大类。湿敏元件具有结构简单、使用方便、成本低廉等优点，但其输出线性度和稳定性较低，且只能输出模拟信号，构成测量电路时信号处理较复杂，其实际应用受到较大限制。

2. 集成湿度传感器的性能特点及产品分类

目前，国外生产集成湿度传感器的主要厂家及典型产品包括 Honeywell 公司生产的 HIH-3605 和 HIH-3610 型集成湿度传感器，Humirel 公司生产的 HM1500、HM1520、HF3223 和 HTF3223 型集成湿度传感器，Sensiron 公司生产的 SHT11 和 SHT15 型集成湿度传感器。这些产品可分成下列 4 种类型。

1）电压输出式集成湿度传感器

典型产品有 HIH3605、HIH-3610、HM1500、HM 1520 型 4 种集成湿度传感器。主要特点是采用恒压供电，内置放大电路，能输出与相对湿度呈比例关系的电压信号，响应速度快，重复性好，抗污染能力强。

2）频率输出式集成湿度传感器

典型产品为 HF3223 型集成湿度传感器，属于频率输出式集成湿度传感器，采用模块化结构。在 55%RH 时的输出频率为 8750Hz（典型值），当从 10%RH 变化到 95%RH 时，输出频率就从 9560Hz 减小到 8030Hz。这种传感器具有线性度好、抗干扰能力强、便于配数字电路或单片机、价格低廉等优点。

3）频率/温度输出式集成湿度传感器

典型产品为 HTF3223 型集成湿度传感器。除具有 HF3223 型集成湿度传感器的功能以外，还增加了温度信号输出端，利用负温度系数（NTC）热敏电阻作为温度传感器。当环境温度变化时，其电阻值也相应改变，并且从 NTC 端输出，配上相应的测量仪表即可测量出湿度值。

4）单片智能湿度/温度传感器

2002 年，Sensiron 公司在世界上率先研制成功 SHT11、SHT15 型单片智能湿度/温度传感器，外形尺寸仅为 7.6mm×5mm×2.5mm。出厂前，每只传感器都在温度室中做过精密标准，标准系数被编成相应的程序存入校准存储器中，在测量过程中可对相对湿度进行自动校准。它们不仅能准确测量相对湿度，还能测量温度和露点。测量相对湿度的范围是 0～100%RH，分辨率达 0.03%RH，最高精度为±2%RH。测量温度的范围是－40～＋123.8℃，分辨率为 0.1℃。测量露点的精度＜±1℃。在测量湿度、温度时，A/D 转换器的位数分别可达 12 位、14 位。利用降低分辨率的方法可以提高测量速率，减小芯片的功耗。SHT11、SHT15 型单片智能湿度/温度传感器的产品互换性好，响应速度快，抗干扰能力强，不需要外部元件，适配各种单片机，可广泛用于医疗设备及温度/湿度调节系统。

3. 集成湿度传感器典型产品的技术指标

集成湿度传感器的测量范围一般为 0～100%RH。但有的厂家为保证精度指标而将测量范围限制为（10%～95%）RH。设计 3.3V 低压供电的湿度/温度测试系统时，可选用 SHT11、SHT15 型单片智能湿度/温度传感器。这种传感器在测量阶段的工作电流为 550μA，平均工作电流为 28μA（12 位）或 2μA（8 位）。上电时默认为休眠模式（sleep mode)，电源电流仅为 0.3μA（典型值）。测量完毕只要没有新的命令，就自动返回休眠模式，能使芯片功耗降至最低。此外，还具有低电压检测功能。当电源电压低于 2.45V±0.1V 时，状态寄存器的第 6 位立即更新，使芯片停止工作，从而起到保护作用。

1）SHT11、SHT15 型单片智能湿度/温度传感器的性能特点

① SHT11、SHT15 型单片智能湿度/温度传感器与其他湿度传感器不同，它代表传感器与变送器（transmitter）的有机结合，它能在同一个位置测量相对湿度和温度。

② SHT11、SHT15 型单片智能湿度/温度传感器有 14 位 A/D 转换器和二线串行接口，能输出经过校准的相对湿度和温度的串行数据，适配各种单片机构成相对湿度/温度检测系统。利用单片机还可以对测量值进行非线性补偿和温度补偿。

③ 默认的测量温度和相对湿度的分辨率分别为 14、12 位。若将状态寄存器的第 0 位置成“1”，则分辨率依次降为 12、8 位。通过降低分辨率可以提高测量速率，减小芯片的功耗。

④ 产品互换性好，响应速度快，抗干扰能力强，不需要外部元件。

⑤ 测量相对湿度的范围为 0～100%RH，分辨率达 0.03%RH，最高精度为 ±2%RH。测量温度的范围是－40～＋123.8℃，分辨率为 0.1℃。测量露点的精度＜±1℃。

⑥ 超小型器件，外形尺寸仅为 7.62mm（长）×5.08mm（宽）×2.5mm（高），质量为 0.1g。

⑦ 采用＋5V 电源供电，电源电压允许范围是 2.4～5.5V。在测量阶段的工作电流为 550μA，平均工作电流为 28μA（12 位）或 2μA（8 位）。

2）SHT11、SHT15 型单片智能湿度/温度传感器的工作原理

SHT11、SHT15 型单片智能湿度/温度传感器采用表面安装式 LCC-8 封装，引脚排列如图 5.2.14所示。U_{DD}、GND 端分别接电源和公共地。DATA 为串行数据输入/输出端（I/O）。SCK 为串行时钟输入端，当 $U_{DD}>4.5$V 时，最高时钟频率 $f_{max}=$ 10MHz；当$U_{DD}<4.5$V 时，$f_{max}=1$MHz。

SHT11、SHT15 型单片智能湿度/温度传感器的内部电路框图如图 5.2.15 所示，主要包含相对湿度传感器、带隙式温度传感器、放大器、14 位 A/D 转换器、校准存储器（EEPROM）、易失存储器（RAM）、状态寄存器、循环冗余校验码（CRC）寄存器、二线串行接口、控制单元、加热器及低电压检测电路。测量原理是首先利用两只传感器分别产生相对湿度及温度的信号，然后经过放大，分别送至 A/D 转换器进行模数

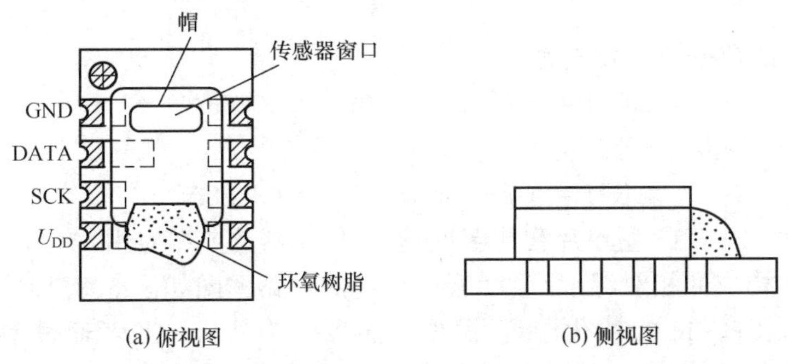

图 5.2.14　SHT11、SHT15 的引脚排列

转换、校准和纠错，最后通过二线串行接口将相对湿度及温度的数据送至 μC（主机）。由于 SHT11、SHT15 型单片智能湿度/温度传感器输出的相对湿度读数值与被测相对湿度呈非线性关系，为了获得相对湿度的准确数据，必须利用主机对读数值进行非线性补偿。此外，当环境温度 $T_A \neq 25℃$ 时，还需要对相对湿度传感器进行温度补偿。

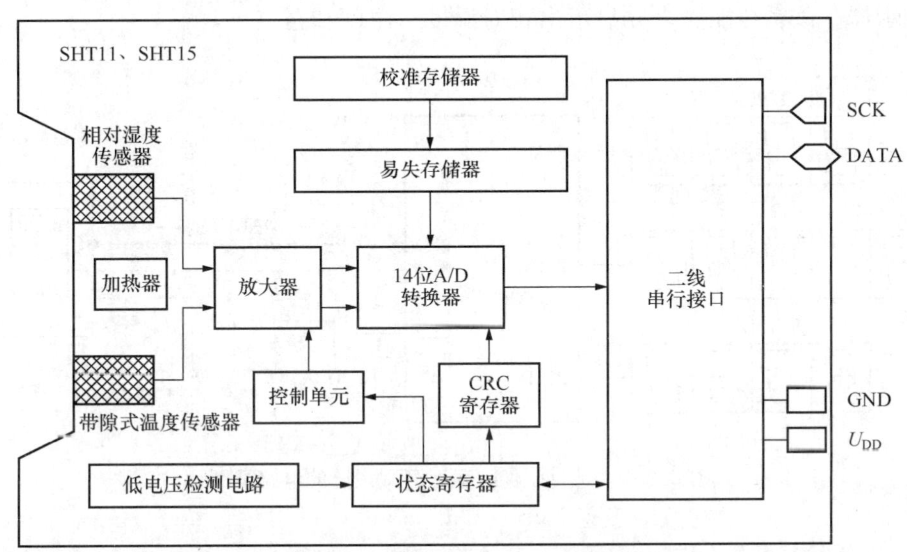

图 5.2.15　SHT11、SHT15 型单片智能湿度/温度传感器的内部电路框图

3) SHT11、SHT15 型单片智能湿度/温度传感器的补偿方法

(1) 非线性补偿方法。该传感器输出的相对湿度读数值（N）与被测相对湿度（RH）呈非线性关系。为了获得相对湿度的准确数据，必须对读数值进行非线性补偿。

对于 12 位的相对湿度的非线性补偿公式为

$$\%RH = C_1 + C_2 N + C_3 = -4 + 0.0405N - 2.8 \times 10^{-6}$$

对于 8 位的相对湿度的非线性补偿公式为

$$\%RH = -4 + 0.648N - 7.2 \times 10^{-4}$$

需要指出的是，上两式中的 N 值并不相同。例如，12 位数据 1000 就对应于 8 位数据 62.5(1000/24=62.5)。依此类推。

(2) 温度补偿方法。当环境温度 $T_A \neq 25℃$ 时，该传感器还需要对相对湿度传感器进行温度补偿。

对于 12 位的数据补偿公式为

$$\Delta RH = (T-25)(0.01+0.00008N)\%$$

对于 8 位的数据补偿公式为

$$\Delta RH = (T-25)(0.01+0.00128N)\%$$

4) SHT11、SHT15 型单片智能湿度/温度传感器的典型应用

由 SHT15 构成的相对湿度/温度测试系统的电路框图如图 5.2.16 所示。89C51 单片机作为主机，SHT15 智能化湿度/温度传感器作为从机，二者通过串行总线进行通信。二线串行接口包括串行时钟线（SCK）和串行数据线（DATA）。SCK 用来接收 μC（主机）发送来的串行时钟信号，使 SHT11、SHT15 与主机保持同步。DATA 为三态引出端，既可以输入数据，也可以输出测量数据，不用时呈高阻态。仅当 DATA 的下降沿过后且 SCK 处于上升沿时刻，才能更新数据。为了使数据信号为高电平，在数据线与 U_{DD}端之间需要接一只 10kΩ 的上拉电阻。该上拉电阻通常已包含在单片机的 I/O 接口电路中。R 为上拉电阻，C 为电源退耦电容。P0 口、P2 口和 P3 口分别接 3 组 LED 显示器。该系统能测量并显示出相对湿度、温度和露点。

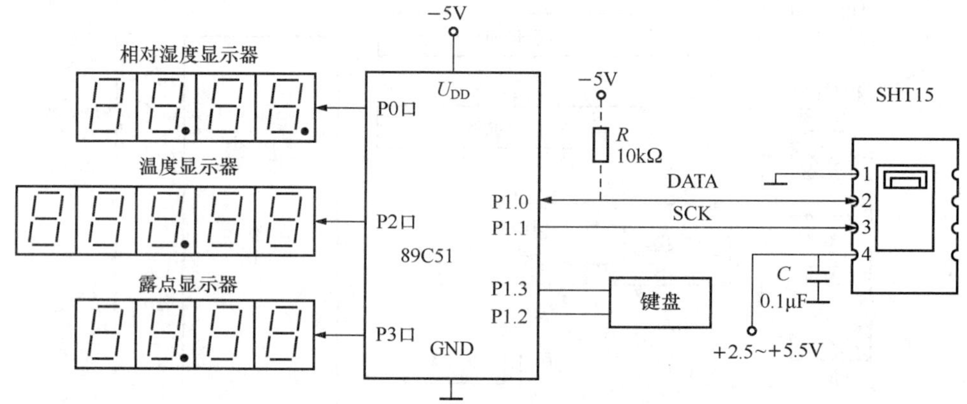

图 5.2.16 相对湿度/温度测试系统的电路框图

思考题

1. 为什么湿度检测较其他物理量的检测困难？
2. 简述负特性湿敏半导瓷的导电原理。
3. 气敏传感器在环境监测中有哪些应用？
4. 气敏传感器在安全生产和绿色发展中有何作用？

思政园地

安全生产与绿色发展

安全生产事故一旦发生，难免造成人身伤亡，给人们带来大量财产损失和人身伤病。因此，我们要重视安全生产，要树立安全为本的生产观，在工作和生活中要时刻关注安全状况，尽量降低发生安全事故的概率，最大限度地保护自己和同事的生命安

全。安全包括许多方面，如消防安全、交通安全和设备操作安全等，下面列举几个典型案例。

某公司在车间制气釜停工检修过程中发生中毒窒息事故，造成4人死亡、9人中毒，直接经济损失873万元。事故发生的原因是在停产期间，制气釜内的气态物料未进行退料、隔离和置换，釜底部聚集了高浓度的氧硫化碳与硫化氢混合气体，维修作业人员在没有采取任何防护措施的情况下进入制气釜底部作业，吸入有毒气体造成中毒窒息。在救援过程中，救援人员在没有采取防护措施的情况下多次向釜内探身、呼喊、拖拽施救，致使现场9人不同程度中毒。

某公司机械加工车间三级车工张某，在车床加工零件时，磁铁座千分表放在车床外导轨上，他用185r/min的转速校好零件后，在没有停车的情况下，右手就从转动零件上方跨过去拿千分表。由于身体靠近零件，衣服下面两个衣扣未扣好，衣襟散开，被零件突出的支臂钩住，他的衣服和右边身体瞬间被绞进零件与车床轨道之间，头部被严重挤压，受伤过重，最终抢救无效死亡。

绿色发展是中国式现代化的必然要求。我们要实现中国式现代化，必须保证在发展过程中不破坏生态环境，使人们在享受现代化带来的生活质量提升的同时，能够享受绿水青山带来的美好生态。我们在发展各种高端制造业、现代农业等产业时一定要注重资源的循环利用，尽量把碳排放控制在最低限度，并尽早实现“碳中和”目标。

安全生产意识和绿色发展意识同样重要，我们一定要强化这两种意识，自觉将其融入自己的日常生活和未来工作中，并尽自己所能带动影响更多的人，这样才能使我们的国家更美丽、家庭更幸福。

单元 6

检测流量用典型传感器

流量是生产过程自动化控制系统中最常见的被控量之一，尤其是在化工行业，许多化工产品的生产中，都需要随时检测各种介质（液体、气体、蒸汽和固体等）的流量，以便对生产过程进行自动控制、保证产品质量。

随着生产过程自动化的不断深入和智能生产的普及，生产工艺日趋复杂，对流量检测与控制的要求也越来越高。例如，工艺条件、介质及流体的流动状态等非常复杂，检测范围从每秒数滴到每小时数百吨，流体流动管道直径从几毫米到 1 米以上等。面对如此复杂的情况，检测方法也越来越多，主要有体积流量和质量流量两大类。前者有容积法和速度法两种，后者有直接法和推导法两种。容积法又可分为椭圆板齿轮、腰轮、旋转活塞和刮板法，速度法则有流体力学法、电学法、声学法、热学法和光学法等。但就目前工业生产中的实际应用情况看，无论是一般检测或特殊检测，无论是大流量或小流量，无论介质及工况如何，大部分都是利用节流原理（速度法中的流体力学方法）进行流量检测，故本书着重介绍节流式和涡街式流量传感器结构原理及其实际应用，另外，简单介绍几种较常用的流量测量用传感器。

知识目标 ☞

1. 掌握过程自动化控制中常用的流量检测方法；
2. 掌握节流式、涡街式、电磁式等典型流量传感器的基本结构和应用方法；
3. 了解各种流量检测传感器的工作原理；
4. 熟悉各种流量检测传感器的性能特点和选用方法。

技能目标 ☞ 1. 培养对常用流量器及各种配套器件的选用能力；
2. 培养对流量传感器及测量仪表的维护使用能力。

素质目标 ☞ 1. 培养锲而不舍的“钉钉子精神”；
2. 培育一丝不苟、精益求精的工作态度；
3. 树立质量高于一切的意识。

任务 6.1 节流式流量传感器及其应用

【任务描述】

节流式流量传感器是最基本的液体流量传感器，它既可用于各种气体和液体流量的测量，也可用于各种气体和液体流量的控制，在化工产品生产和液体输送管路系统中使用广泛，在钢铁企业、化工企业、环境监测等许多领域，是一种很常见的流量传感器。本任务主要探讨这类传感器的结构原理、测量方式及其主要类型和实际应用。

【任务分析】

本任务主要包括三部分，一是基础知识部分，主要包括流量测量基本概念，节流式流量传感器的结构原理分析、基本应用分析和应用场合介绍等内容；二是任务实施部分，通过分析介绍节流式流量传感器的选用、安装与维护，结合实际操作训练，培养学生对节流式流量传感器选型应用和日常维护职业能力；三是拓展学习部分，主要介绍涡街式流量传感器结构原理及其应用情况，以拓宽学生的知识面。

6.1.1 基础知识：节流式流量传感器结构原理

节流式流量传感器是测量流量中最经典的传感器，其结构由节流装置、导压管和差压变送器等组成；其工作原理是：被测气体或液体流经节流装置时在节流装置的两侧会产生压力差，利用导压管将压力差引导到差压变送器，差压变送器就将压力差转换成标准电流或电压信号。由于节流装置两侧的压力差与流量成固定比例关系，而压差与输出电信号成固定数学关系，所以就实现了将流量大小转换成电信号的目的。

1. 节流装置

*注意：这是本任务的学习重点之一，教师在讲解标准节流装置的结构原理时要充分利用实物、视频、图纸等教具，分析清楚其工作原理，使学生彻底弄清楚标准节流装置的结构，明白流量转化为压差的过程。

差压式流量测量是利用流体流经节流装置时在节流装置前后产生的静压力差来实现流量测量的，故又称为节流式流量测量。差压式流量传感器由节流装置、导压管及流量变送器组成，是目前工业生产中应用最广泛的一种流量测量仪表，约占整个流量仪表的 70%。

流量测量节流装置结构简单，使用寿命长，适应性广，几乎能够测量各种工况下的单相流体和高温、高压下的介质流量。节流装置的设计计算都有统一的标准规定、要求和计算所需要的通用的实验数据资料。因此，这些“标准化”了的节流装置（统称“标准节流装置”）可以根据计算结果直接投入制造和使用，不必用实验方法进行单独标定。常用的节流装置有孔板、喷嘴及文丘里管。

1）节流现象与差压式测压原理

连续流动的流体遇到安插在管道内的节流装置时（节流装置中间有个圆孔，孔径比管道内径小），流体流通面积突然缩小，在压头的作用下，流体的流速增大，挤过节流孔，形成流束收缩。当挤过节流孔之后，流速又由于流通面积的变大和流束的扩大而降低。与此同时，在节流装置前后的管壁处的流体静压力产生差异，形成静压差 Δp，$\Delta p=p_1-p_2$，且 $p_1>p_2$，此即节流现象，如图 6.1.1 所示。因此，节流装置的作用在于造成流束的局部收缩，从而产生压差。流过的流量越大，在节流装置前后所产生的压差也就越大，因此，可通过测量压差计量流体流量的大小。

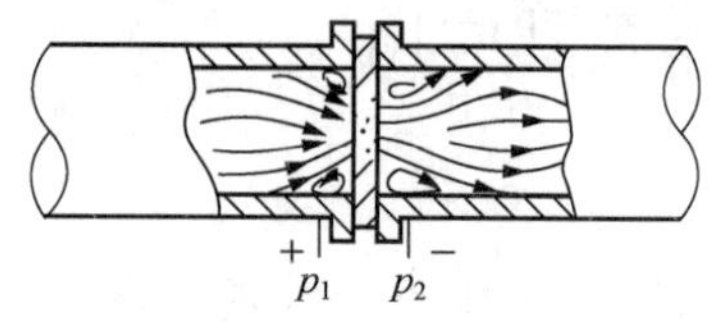

图 6.1.1 流体流经孔板时的节流现象

流体流过节流装置产生压差的原理称节流原理。流体流过节流装置所产生的压差和流量的关系式为

$$Q_V = 0.003\,999\alpha\varepsilon d^2\sqrt{\Delta p/\rho} \tag{6.1.1}$$

$$Q_M = 0.003\,999\alpha\varepsilon d^2\sqrt{\Delta p\rho} \tag{6.1.2}$$

式中，Q_V为流体的体积流量（m^3/h）；Q_M为流体的质量流量（kg/h）；d 为工作状态下节流装置的孔径（mm）；Δp 为压差（Pa）；ρ 为工作状态下流体的密度（kg/m^3）；α 为流量系数；ε 为流体的膨胀校正系数。

式（6.1.1）和式（6.1.2）说明，当 α、d 和 ε 不变时，流量与压差的平方根成正比，它们之间有恒定的关系，根据这个压差就可以测出相应的流量值。

流体的膨胀校正系数 ε，对液体而言，因液体是不可压缩的，所以 $\varepsilon=1$；对气体而言，$\varepsilon<1$，它与各种因素有关，可根据压差与工作压力的比值和被测气体的性质，从有关资料中查到。

流量系数 α，是一个影响因素复杂、变化范围大的重要系数。如果在测量过程中，不能保持 α 为恒定值，则其流量测量误差将会较大。在节流装置形式一定、孔径比（d/D）一定的条件下，当雷诺数大于某一界限值时，流量系数将不再随雷诺数变化，而趋向定值。所以，只有在所需测量范围内（$Q_{min}\sim Q_{max}$）α 都保持常数的条件下，压差和流量之间才有恒定的对应关系。这是在计算节流装置和使用差压式流量传感器时必须注意的。

2）标准节流装置

由式（6.1.1）和式（6.1.2）可知，只有 α、d 和 ε 不变时，压差和流量之间才有

恒定的对应关系。但流量系数 α 和流体的膨胀校正系数 ϵ 受多种因素影响，需由试验求出。不同几何形状及取压方式的节流装置，α 和 ϵ 值各不相同，流量和差压的关系需单独标定后才可知，因此使用很不方便。所以节流装置必须标准化。

通过对节流装置的大量研究，已经开发出了标准节流装置。对于标准化的节流装置，只要按照规定进行设计、安装和使用，不必进行标定，就能得到准确的流量系数和膨胀系数，从而进行准确的流量测量。标准节流装置是由节流件、取压装置和节流件上游侧阻力件、下游侧阻力件及它们之间的直管段所组成。如图 6.1.2 所示为全套标准节流装置。标准节流装置同时规定了其所适应的流体种类、流体流动条件及对管道条件、安装条件、流体参数的要求。

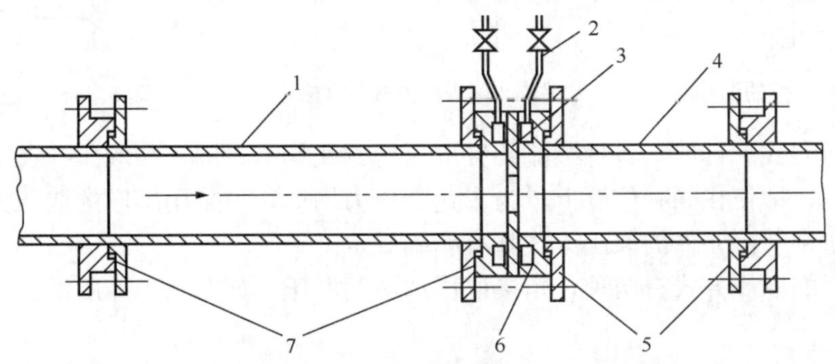

1—上游直管段；2—导压管；3—孔板；4—下游直管段；5、7—连接法兰；6—取压环室。

图 6.1.2　全套标准节流装置

（1）标准节流件。标准节流件有标准孔板、标准喷嘴和文丘里管三种结构形式。

① 标准孔板的结构非常简单，它实际上是一块中间带圆孔的圆板，圆孔与管道同心，圆孔比管道的直径小，它由进口端面 A、圆筒形的流入面 B 和圆锥形的流出面 F 所组成，如图 6.1.3 所示的就是最常用的标准孔板。标准孔板的开孔直径 d 是一个非常重要的尺寸，对制成的孔板，应至少取 8 个大致相等的角度测量并求取直径的平均值。任一孔径的单测值与平均值之差不得大于 0.05%。根据所用孔板的取压方式，孔径比 $\beta=d/D$（D 为管道直径）不小于 0.20 或 0.23，不大于 0.75 或 0.80。孔板开孔上游侧的直角入口边缘 G、出口上边缘 I 和下边缘 H 均应锐利无毛刺和划痕。标准孔板的进口圆筒形部分应与管道同心安装；孔板必须与管道轴线垂直，其偏差不得超过 $\pm1°$。

② 标准喷嘴的制造要比孔板难，它是一块带短喇叭的圆板，流入面的截面是逐渐变化的。如图 6.1.4 所示，标准喷嘴的廓形由进口端面 A、收缩部分第一圆弧曲面 B 与第二圆弧曲面 C、圆筒形喉部 E 和出口边缘保护槽 F 所组成。圆筒形喉部的直径即为节流件的开孔直径，开孔直径 d 应是不少于 8 个单测值的算术平均值，其中 4 个是在圆筒形喉部终端，并分别在大致相距 45°角的位置上测得。任一单测值与开孔直径 d 的平均值间的偏差不得超过 $\pm$0.05%。各段形线之间须相切，不得有任何不光滑的部分。

③ 文丘里管像一个长喇叭管，如图 6.1.5 所示，其内表面的形状和流体的线性非常接近，流体通过时速度是逐渐变化的，压力损失很小，但由于其内部表面是一个特殊的曲面，制造工艺复杂，成本较高。

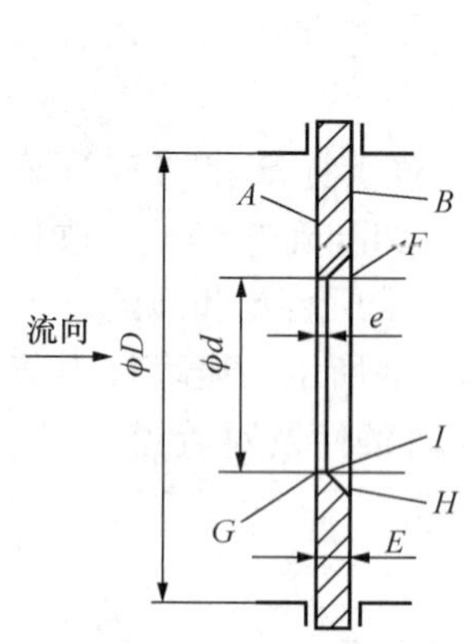

图 6.1.3　标准孔板的结构

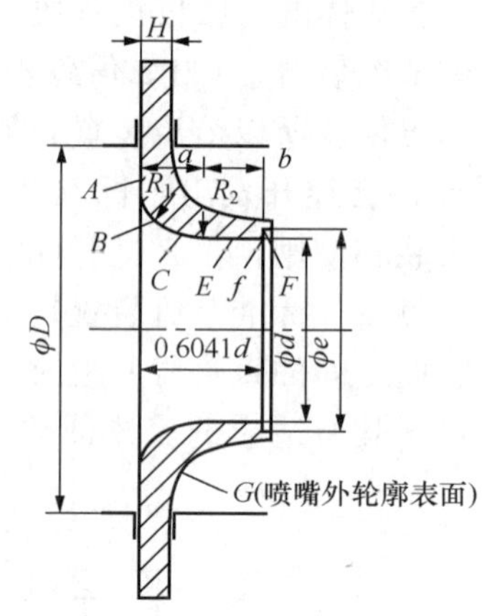

图 6.1.4　标准喷嘴的结构

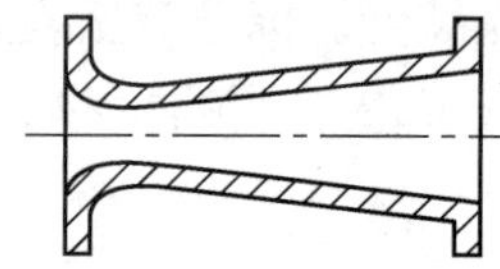

图 6.1.5　文丘里管的结构

（2）取压方式。目前，各种节流装置取压的方式均不相同，即取压孔在节流装置前后的位置不同，即使在同一位置上，为了达到压力均衡，也采用不同的取压方法。标准节流装置的每种节流元件的取压方式都有明确规定。

标准孔板的取压方式有两种，角接取压和法兰取压，如图 6.1.6 所示。

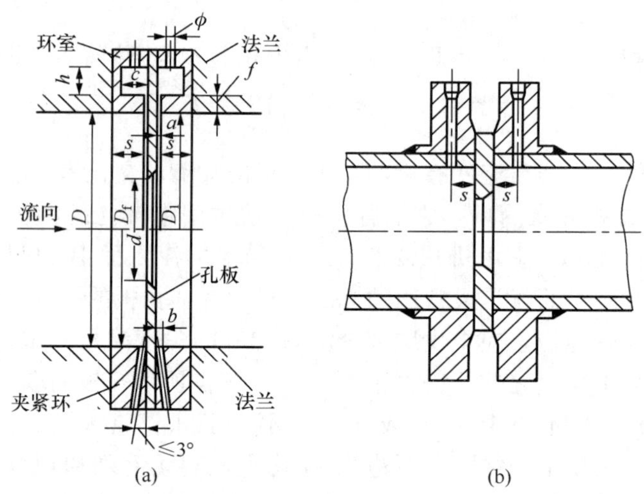

a—角接取压（上半部为环室角接取压，下半部为单独钻孔角接取压）；b—法兰取压。

图 6.1.6　标准孔板的取压方式

① 采用角接取压时，孔板上、下游侧取压孔的轴线分别与孔板上、下游侧端面的距离等于取压孔径的一半或取压环隙宽度的一半，也就是取压口应紧靠节流元件上、下游端面。

角接取压又有单独钻孔取压和环室取压两种方式。单独钻孔取压是在孔板前后夹紧环上各钻一取压孔［见图 6.1.6（a）下半部情况］，压力信号管直接接在两孔上；环室取压则是在孔板上、下端各装一环室［见图 6.1.6（a）上半部情况］，压力信号由孔板与环室空腔之间的缝隙引到环室空腔，再由环室通到压力信号管道。环室的作用主要是均衡端面边缘部分的压力。环腔截面 $h \times c$ 应不小于 $\pi Da/2$。环室缝隙也可以采用不连续的缝隙，但至少应等角均分为4段，缝隙总面积应小于 $2hc$。

单独钻孔的取压孔直径 b 及环室缝隙宽度 a 规定为：$\beta \leqslant 0.65$ 时，$0.005D \leqslant a$（或 b）$\leqslant 0.03D$；$\beta > 0.65$ 时，$0.01D \leqslant a$（或 b）$\leqslant 0.02D$。并且 b 应在4～10mm之间取值，a 应在1～10mm之间取值。

② 采用法兰取压时，标准孔板夹于两片法兰之间；上、下游侧取压孔中心距离孔板上、下端面为25.4±0.8mm，取压孔径不大于 $0.08D$，并在6～12mm之间取值，孔轴线必须垂直于管道轴线［见图6.1.6（b）］。

标准喷嘴的取压方式采用角接取压，其结构形式与标准孔板角接取压结构形式相同，如图6.1.7所示。

3）流体条件和管道条件

流经标准节流装置的流量与压差的关系，是在特定的流体与流体流动条件下，以及在节流件上游侧 $1D$ 处管道截面上已形成典型紊流流速分布并且无旋涡的条件下通过实验获得的。若流体及其流动条件改变或靠近节流件上游侧有旋涡，则它们之间的关系就要发生变化。因此适用于标准节流装置的流体、流动条件、管道条件和安装要求必须符合标准的规定。

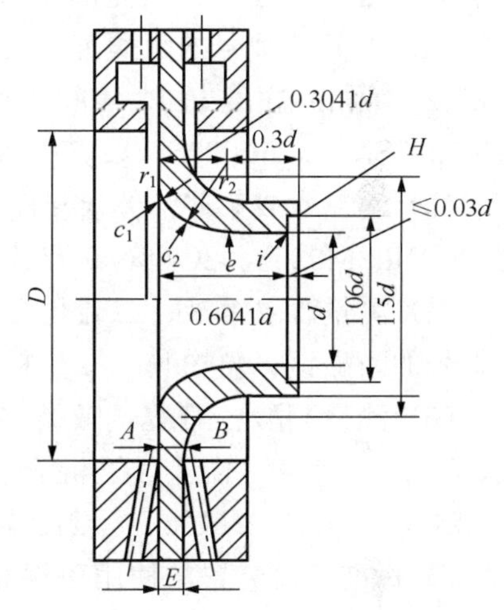

图6.1.7 标准喷嘴的取压方式

（1）流体条件。标准节流装置只适用于圆管中单相、均质的流体或具有高度分散的胶体溶液。它要求流体必须充满管道，在流经节流装置时流体不发生相变，流速小于声速，同时流速应是恒定的或者只随时间做轻微而缓慢的变化。流体在流经节流件前，应达到紊流状态，流线必须与管道轴线平行，不得有旋涡。

（2）管道条件。安装节流装置的管道应该是直的（可用目测检查）。在节流件上游侧 $0D$、$0.5D$、$1D$ 和 $2D$ 处各取与管道轴线垂直的一个截面。在每个截面上，以大致相等的角距离取4个内径单测值，共得16个单测值，并求其算术平均值。任意单测值与算术平均值比较，其偏差应不大于±0.3%。符合该要求的算术平均值即为设计节流件时的 D 值。

在节流件下游侧 0～$2D$ 处同样取两个截面，与上述方法相同，得到8个单测值，其任意单测值与算术平均值的偏差不大于±2%。

管道内部应该洁净。在节流件上游侧 $10D$ 长度的管道内，当管道内壁相对平均表面粗糙度 K/D 小于表6.1.1所规定的限值时，则可认为是光管（实验条件），可使用光管流量系数；若大于表6.1.1所规定的限值，则为粗糙管，应该使用糙管流量系数。

表6.1.1 光管相对平均表面粗糙度 K/D 极限值

β^2		0.063	0.071	0.10	0.15	0.20	0.30	0.40	0.50	0.60	0.64
$(K/D)\times 10^4 \leqslant$	孔板	55.0	42.0	20.0	8.7	6.3	4.7	4.2	4.0	3.9	3.9
	喷嘴			31.0	12.2	7.7	5.3	4.6	4.2	3.9	3.9

为了保证流体有典型紊流状态，不发生旋涡或旋转流等不正常流动状态，对节流件前后的直管段要求不小于一定的数值。该值与节流件上游侧局部阻力件形式和节流件孔径比有关。

4）制造节流装置的材料

标准节流装置在使用过程中，会由于被测介质的腐蚀或机械磨损而产生变形。例如，如孔板开孔入口处边缘变钝，会引起流量系数增大，进而产生测量误差。因此，正确选择节流装置的材料，是保证工作可靠和测量精度的一个重要措施。适合于不同测量介质的常用材料如下。

（1）测量水蒸气、湿空气和某些气体时，对于孔板，可采用 Crl7、1Crl8Ni9Ti、Cr23Nil8 及其他牌号的耐酸钢；对于喷嘴和文丘里管可采用耐酸铸铁。

（2）测量温度超过 400℃ 和高压下的过热蒸汽的流量时，可采用 Cr6Si、Crl8Ni25Si、Cr25Ni20Si2 及其他牌号的耐热钢。

（3）测量水或某些液体流量时，可采用黄铜、青铜、硅铝合金、耐酸铸铁，也可采用 Crl8Nil2M02Ti、2Crl8Ni9 及其他牌号的耐酸钢。

（4）测量含氯溶液、二硫化碳溶液、氧化铝溶液等腐蚀性溶液的流量时，可采用各种牌号的耐酸钢、硬橡胶、氟塑料等。

（5）测量硝酸、醋酸、碱类（浓度为 5％～15％）、有机物质（四氯化碳、乙醇、酚、原油）、空气、湿空气、混合气体（氢、氧和氮）等流量时，可采用 1Crl8Ni9Ti、Cr23Nil8、Crl8Nil2M02Ti、Cr25Ni20Si2 等合金钢。

5）标准节流装置的使用条件

使用标准节流装置进行流量测量时，必须满足如下条件。

（1）被测介质应充满全部管道截面，并沿着内径不小于 50mm 的圆形管道流动；对于文丘里管其管径不应小于 100mm，也不能大于 800mm。

（2）管道内的流速是稳定的，或者实际上可以认为是稳定的（当流速稳定时，在同一点的流速和压力不随时间而变化）。

（3）被测介质通过节流装置时，其相态不变，如液体不蒸发，过热蒸汽仍然是过热的，溶解在液体中的气体不析出等。同时是单相存在的；对于成分复杂的介质，只有其性质与单一成分的介质类似时，才能使用。

（4）测量气体（蒸汽）流量时所析出的冷凝水或灰尘，或测量液体流量时所析出的气体或沉淀物，既不得聚积在管道中的节流装置附近，也不得聚积在连接管内。

（5）在测量能引起节流装置堵塞的介质流量时，必须进行定期清洗（吹洗或清刷）。

（6）在离开节流装置两端面 $2D$ 的管道内表面上，没有任何凸出物和肉眼可见的粗糙与不平现象。

2. 膜片式差压流量变送器结构原理

由于膜片式差压变送器的输出是电量信号，故它的流量显示部分——显示仪表可以方便地装在远离生产现场的仪表室的表盘上。膜片式流量变送器的结构原理如图 6.1.8 所示。膜片是压成三角形、梯形或正弦波形等波浪起伏纹的圆形金属片。膜片中心位移和差压间的关系与膜片直径、厚度、材料、波纹形状、波纹深度和波纹数目有关。膜片式流量变送器一般适用于测量微差压。当差压引入后，膜片在差压作用下发生位移，通过连杆7使差动变压器的铁芯8在差动变压器线圈中随之移动。初级线圈与次级线圈ⓐ和ⓑ的耦合程度随差压的增大而增强，而与次级线圈ⓒ和ⓓ的耦合程度则被削弱。次级线圈ⓐ和ⓑ的输出电压U_{ab}大于次级线圈ⓒ和ⓓ的输出电压U_{cd}，次级线圈的总输出电压$U_{ac}=U_{ab}-U_{cd}$与被测差压$\Delta p=p_1-p_2$之间呈线性关系，从而使位移信号变为电压信号输出。

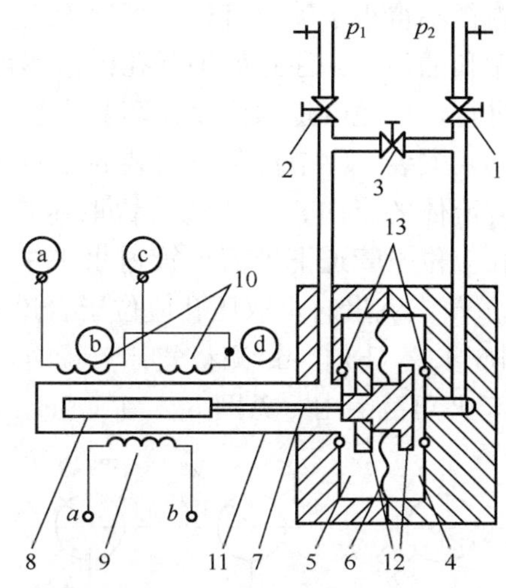

1—高压端切断阀；2—低压端切断阀；3—平衡阀；4—高压室；5—低压室；6—膜片；7—连杆；8—铁芯；9、10—差动变压器的初级和次级线圈；11—非磁性材料的密封套管；12—保护用挡板阀；13—保护用密封环。

图6.1.8　膜片式流量变送器结构原理图

膜片的最大允许变形量（位移）为1mm。由于误操作或其他原因使膜片承受过大的差压时，与膜片夹紧在一起的挡板阀12将压紧密封环13，使测量室的液体被封闭，阻止膜片继续变形。因此，在使用前应排除气泡，充满工作液，如测量气体时，应灌满水或变压器油。另外，差压测量室中液体应保持洁净，如有固体颗粒，则会影响密封环和挡板间的紧贴密封，以致起不到保护作用。

如果把两片波纹膜片的周边滚焊起来形成膜盒使用，则可产生较大的位移；几个膜盒串联起来所产生的位移则更大。

6.1.2　任务实施：节流式流量传感器的安装与维护

*注意：这是本任务学习的重中之重，通过这部分内容的学习，一是要让学生掌握标准节流装置、差压导引管和膜片式流量变送器的安装和调整方法，了解安装中应注意的问题，有条件的应当让学生在企业师傅的指导下参与安装工作；二是要让学生学会如何做好节流式流量传感器的日常维护工作，为学生将来走上仪表维护工作岗位打好基础。

1. 标准节流装置的安装

（1）安装位置。①流体在节流装置前后应始终保持单相流体，即气体或液体，蒸汽不应含水。②流体在节流装置前后有足够的直管段。一般孔板前为10～20D，孔板后为5D，D为管道内径。

（2）安装前的检查。①管道直径是否符合设计要求。②节流装置孔径必须与设计相符。③节流装置加工精度必须符合要求。④节流装置用的垫圈内径不得小于管径，可比管径大2～3mm。⑤节流装置用的法兰焊接后必须与管道垂直，不得歪斜。法兰中心与管道中心应重合；焊缝必须平整光滑。⑥节流装置管道前后至少两倍管道直径的距离内无明显不光滑的凸块，无电、气焊的熔渣，无露出的管接头、铆钉等。⑦环室取压时，环室内径不得小于管道直径，可比管道直径稍大。⑧孔板、环室及法兰等在安装前应清除积垢和油污，并注意保护开孔锐边不得碰伤。节流装置安装应在管道吹洗干净后及试压前进行，以免管道内污物损坏节流装置或堵塞取压口。

（3）安装。①节流装置安装的方向必须使孔板的圆柱形锐孔和喷嘴的喇叭形曲面部分对着流体的流向。②节流装置取压口的方位应符合以下规定：a. 测量液体流量时，取压孔应位于管道下半部与管道水平中心线成 0°～45°夹角范围内［见图 6.1.9（a）］。b. 测量蒸汽流量时，取压孔应位于管道上半部与管道水平中心线成 0°～45°夹角范围内［见图 6.1.9（b）］。c. 测量气体流量时，取压孔应位于管道上半部与管道垂直中心线成 0°～45°夹角范围内［见图 6.1.9（c）］。在垂直管道上，两个差压取压口可在管道的同一侧或分别位于两侧。③节流装置与垫圈的中心必须与管道的中心重合，其偏心度不得超过以下规定：当 $d/D>0.6$ 时，应 $<0.01D$；当 $d/D>0.4$ 时，应 $<0.015D$；当 $d/D<0.4$ 时，应 $<0.02D$。④在靠近节流装置的引压短管上，必须安装切断阀。此阀门不得装在隔离器或冷凝器的后面。⑤节流装置安装好后，应对管径、孔径等做安装记录。⑥节流装置的设计及变更的计算数据应有完整的原始资料。

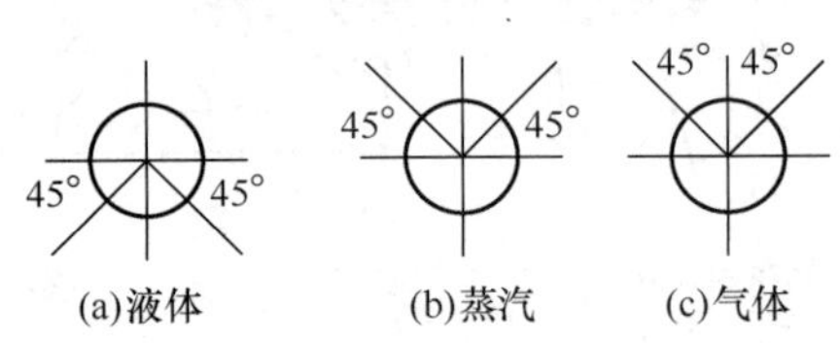

图 6.1.9　测量不同介质时，节流装置取压口方位规定示意图

2. 差压引压导管的安装

（1）引压导管应按最短距离铺设，它的总长度应不大于 50m，但不得小于 3m。管线的弯曲处应为均匀的圆角，拐弯曲率的半径不小于管外径的 10 倍。

（2）引压导管管路的铺设应保持垂直或与水平面之间成不小于 1∶10 的倾斜度，并加装气体、凝液、微粒的收集器和沉淀器等，定期进行排除。

（3）引压导管应既不受外界热源的影响，又应注意保温、防冻。

（4）测量对流量变送器有腐蚀作用的介质时，为了防腐应加装充有中性隔离液的隔离罐；对蒸汽流量测量时，则应加装冷凝罐。

（5）全部引压管路应保证密封，无渗漏现象。

（6）引压管路中应装有必要的切断、冲洗、排污等所需要的阀门，安装前必须将管线清理干净。

（7）导压管内径的选择与导压管长度有关，见表 6.1.2。

表 6.1.2　导压管长度内径

被测流体	导压管内径/mm		
	$L<1.6$	$1.6\leqslant L<4.5$	$4.5\leqslant L<9$
水、水蒸气、干气体	7～9	10	13
湿气体	13	13	13
低中黏度的油品	13	19	25
浑浊液体或气体	25	25	38

*注：L—导压管长度（m）。

3. 膜片式差压流量变送器的维护

膜片式差压流量变送器的日常维护主要如下。

(1) 定期打开平衡阀，关闭高、低压阀检查零位。装有检查开关的仪表，定期将开关拨到检查位置，指示（或记录笔）应指在零位。零位不对，按零位调整方法调零。

(2) 观察指示和记录情况，当指示波动大，影响正常读数时，可通过调节高、低压阀的开启度来改变阻尼特性，直到达到要求为止。

(3) 仪表指针或记录笔摆动不停，可以适当降低放大器的灵敏度，但不应过小，否则会降低仪表的精度。一般调整时，以指针或记录笔最多摆动三次后即停止在新的平衡位置为宜。

(4) 观察记录仪表的记录纸上的记录曲线是否有间断，记录纸运行时间和工作时间是否对准。无记录墨水时，应及时添加。添加墨水时，先取下记录纸面板，取出墨水瓶加入墨水，然后再在墨水瓶盖上的弯管上插上毛细管，用手捏鼓气（或用嘴吹），使墨水从通往记录笔的毛细管内上升，直到墨水从记录笔尖内流出为止。如果笔尖有堵塞现象，可用细钢丝疏通。

(5) 记录仪表每天要定时更换记录纸，采用钟表驱动记录纸时，要定期上发条。

(6) 定期对导压管线进行排污或排液处理。排污或排液时应先停表后，再打开排污或排液阀。

膜片式差压变送器常见的故障与处理方法见表6.1.3。

表6.1.3 膜片式差压变送器常见的故障与处理方法

故障现象	处理方法
当有差压时，仪表无指示	检查流量变送器与仪表之间的接线是否正确，线头是否脱落；打开流量变送器罩壳，观察流量变送器内部接线是否脱落；用万用表测量差动变压器线圈的电阻值，初级约70Ω，次级约110Ω，电阻值测不出或相差很大，则线圈断路或短路；按电气线路检查方法，检查电气线路是否正常；拆出测量室，检查膜片是否损坏
仪表零位偏差大	检查和调节仪表的机械零位；检查测量室内有无气体或液滴，进一步排除气体或液滴
在校验中发现动作正常，但偏差大，在运行中有跳动现象	检查仪表本身是否正常；清洗测量室内的隔离套管，清洗时注意不要损坏膜片或弄断线圈
仪表指示灯不亮、仪表不工作	检查差动变压器测量系统连接导线是否接错和断线；切断电源，将电源开关拨在“开”字处，用万用表测量220V输入端子的电阻，正常应为600～700Ω，如果测不出电阻，可先检查保险丝、开关，再检查变压器；检查指示灯两端电阻，如测得电阻为15～25Ω，说明指示灯良好，如无阻值，则更换指示灯；取下指示灯，从两接片上测量电压，应为14V左右，电阻为150Ω左右，否则检查电源变压器14V绕组及差动变压器初级是否断线或短路；检查放大器印刷电路板与插座接触是否良好，焊线是否脱落；取下放大器印刷电路板，检查板上是否有明显的断线或短路

续表

故障现象	处理方法
指示灯亮而仪表不工作	取下放大器印刷电路板，检查板上是否断线或短路；测量放大器上各级电压值，从电压值正常与否确定故障所在；检查直流可逆电机线圈是否断线或短路
当流量增加时，仪表指针向流量减小方向移动	将差压变送器的初级绕组对换一下，或者将电源火线与地线对换一下即可
人体接触壳体，指示有明显的变化	仪表接地不好，将仪表壳体及信号线屏蔽层良好接地

4. 膜片式差压变送器的检修

（1）差动变压器的检修：差动变压器的线圈损坏后，一般均应更换新的差动变压器或重新绕制，重新绕制线圈的方法如下。

① 拆出原有的线圈骨架，若骨架已坏，可按原尺寸用绝缘棒重新制作。

② 绕制初级线圈，取直径为 0.17mm 的高强度漆包线，采用双线并绕法，均匀密绕 725 匝。

③ 次级取直径为 0.17mm 的高强度漆包线，用同样的方法在初级线圈外层绕 1250 匝。在初级和次级线圈之间要衬垫一层牛皮纸或其他绝缘纸。

④ 将绕好的差动变压器进行平衡试验。在初级线圈上加以 6V、50Hz 的交流电压，用真空管毫伏计测量次级线圈的不平衡电压，逐圈拆去其中某一段的数匝，使不平衡电压降到 0.2mV 以下。

⑤ 将经平衡试验好后的差动变压器线圈，放到 70℃左右的烘箱内烘 4h，拿出浸绝缘清漆。再在 100℃的烘箱内烘干，然后自然冷却，焊上引出线，再用黄蜡绸包好。

（2）测量室的拆卸和装配：当单向保护密封环脱落，膜片损坏或清洗测量室时，需对测量室进行拆装，拆装的步骤如下。

① 取下 4 个紧固螺栓，旋出高压室与三通阀连接的接头，取出高、低压室和膜片。

② 用软毛刷清洗高、低压室和膜片。

③ 检查单向保护密封环是否损坏或脱落。

④ 清洗干净，更换密封环后，按拆卸相反次序安装好。

⑤ 装配时注意不要使铁芯与隔离套管的内孔卡住，单向保护环和单向保护板之间的距离保持在 1.2～1.5mm 之间。

（3）膜片的更换：膜片损坏或更改差压测量范围时，首先按上述步骤拆出测量室，再松开单向保护板，取出膜片及密封垫，选择符合要求的新膜片换上。更换膜片后，需重新调整铁芯与差动变压器线圈的相对位置，使铁芯处于线圈的中间。

调整方法是：把线圈的次级接到真空管毫伏表上，慢慢旋转调整螺母，使毫伏表的读数为最小值。再按调整的方法重新校验。

6.1.3　拓展学习：涡街流量传感器

涡街流量传感器（视频）

涡街流量传感器是一种新型的流量传感器，其输出信号是与流量成正比的脉冲频率信号，可远距离传输，不受流体的温度、压力、黏度等因素的影响。它可以用来测量各种管道中的液体、气体、蒸汽的流量，是目前工业控制、能源计量及节能管理中常用的新型流量仪表。

1. 工作原理

涡街流量传感器是利用流体力学中卡门涡街的原理制作的一种仪表，它是把一个称作旋涡发生体的对称形状的物体（如圆柱形、棱柱形、T柱形等）垂直插在管道中，流体绕过旋涡发生体时，出现附面层分离，在旋涡发生体的左右两侧和后方会交替产生旋涡，如图6.1.10所示，左右两侧旋涡的旋转方向相反。这种旋涡列通常被称为卡门旋涡列，也称卡门涡街。

由于旋涡之间的相互影响，旋涡列一般是不稳定的，但卡门从理论上证明了当两旋涡列之间的距离 h 和同列的两个旋涡之间的距离 L 满足 $h/L=0.281$ 时，非对称的旋涡列就能保持稳定。此时旋涡的频率 f 与流体的流速 v 及旋涡发生体的宽度 d 满足下式：

$$f = S_t \frac{v}{d}$$

式中，S_t为斯特劳哈尔数。

由此可得体积流量

$$Q_v = S_0 v = S_0 \frac{d}{S_t} f = \xi f \qquad (6.1.3)$$

式中，S_0为流通截面面积；ξ为仪表常数，其物理意义是指涡街流量传感器中流过单位体积流体时流量传感器所发出的脉冲数。

由式（6.1.3）可见，当流量的管道内径 D 和旋涡发生体的宽度 d 的值确定时，在一定雷诺数 Re 范围内（即斯特劳哈尔数 S_t为常数的范围内），体积流量 Q_v与旋涡频率 f 成线性关系，如图6.1.11所示。因此，只要测出旋涡的频率 f 就能求得流过流量传感器管道流体的体积流量 Q_v，这就是涡街流量传感器的测量原理。

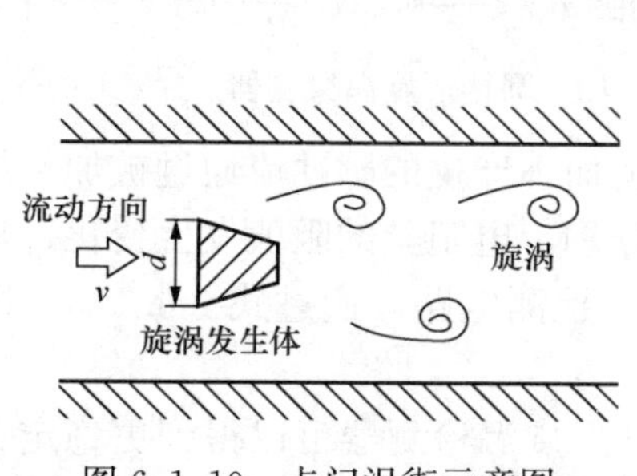

图6.1.10　卡门涡街示意图

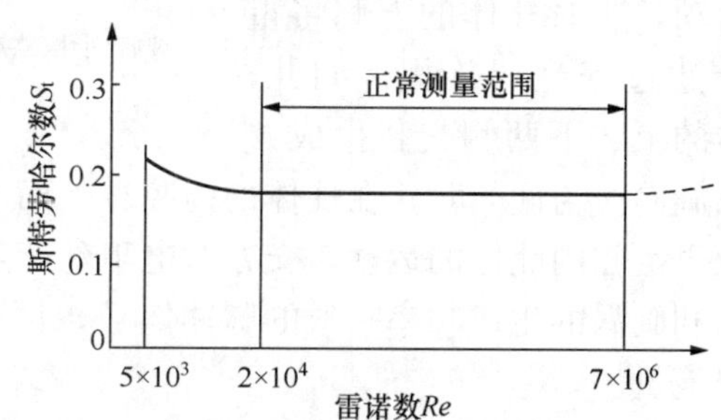

图6.1.11　正常范围与雷诺数的关系

2. 涡街流量传感器的结构

涡街流量传感器由变送器和转换器两部分组成。

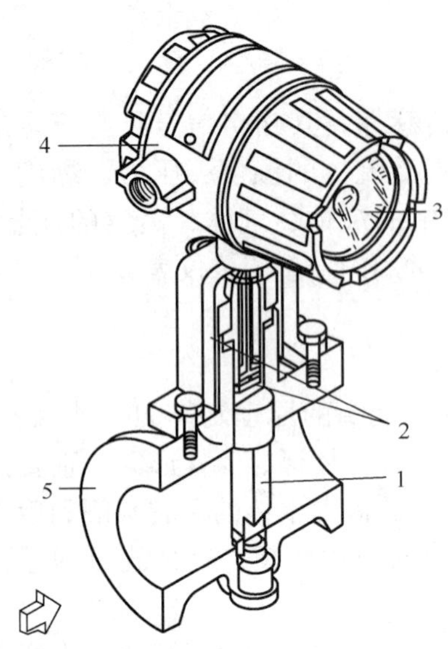

1—旋涡发生体；2—压电元件；
3—输出指示器；4—转换器；5—壳体。

图 6.1.12 涡街流量传感器的结构

1）变送器

大口径管道用的涡街流量变送器为插入式，中小口径的结构如图 6.1.12 所示。转换器装于变送器上面。变送器的主要部件是旋涡发生体和旋涡检测器。

（1）旋涡发生体。常见的旋涡发生体有圆柱形、棱柱形、T 柱形等。圆柱形的斯特劳哈尔数较大，稳定性也强，压力损失小，但是旋涡强度较低。T 柱形的稳定性高，旋涡强度大，但压力损失较大。棱柱形的压力损失适中，旋涡强度较大，稳定性也较好，所以用得较多。

（2）旋涡检测器。旋涡频率的检测是通过旋涡检测器来实现的。旋涡检测器一方面能使流体绕过检测器时在其后形成稳定的涡列，另一方面能准确测出旋涡产生的频率。目前使用的旋涡检测器主要有以下三种类型。

① 圆柱形旋涡检测器：圆柱形旋涡检测器如图 6.1.13所示，它是一根中空的长管，管中空腔由隔板分成两部分。管的两侧开两排小孔。隔板中间开孔，孔上粘有铂电阻丝。铂丝通常被通电加热到高于流体温度 10℃左右。当流体绕过圆柱时，如在下侧产生旋涡，由于旋涡的作用使圆柱体的下部压力高于上部压力。部分流体从下孔被吸入，从上部小孔吹出。结果将使下部旋涡被吸在圆柱表面，越转越大，而没有旋涡的一侧由于流体的吹除作用，将使旋涡不易发生。下侧旋涡生成之后，它将脱离圆柱表面向下运动，这时柱体的上侧将重复上述过程生成旋涡。如此，柱体的上、下两侧交替生成并放出旋涡。与此同时，在柱体的内腔自下而上或自上而下产生的脉冲流通过被加热的电阻丝。空腔内流体的运动，交替对电阻丝产生冷却作用，电阻丝的阻值发生变化，从而输出和旋涡的生成频率一致的脉冲信号，再送入频率检测电路，通过式（6.1.3）即可求出流量。

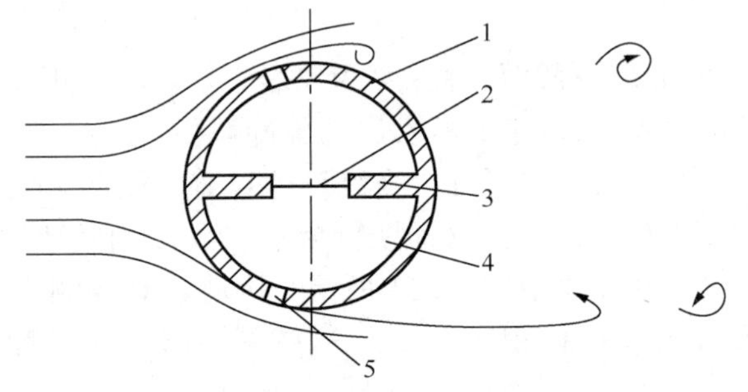

1—圆柱形检测器；2—铂电阻丝；3—中间隔板；4—空腔；5—导压孔。

图 6.1.13 圆柱形旋涡检测器

② 棱柱形旋涡检测器：如图 6.1.14 所示的棱柱形旋涡检测器可以得到更稳定、更强烈的旋涡。埋在棱柱体正面的两个热敏电阻组成电桥的两臂，并以恒流源提供微弱的电流进行加热。在产生旋涡的一侧，因流速变低，使热敏电阻的温度升高，阻值减小。因此，电桥失去平衡，产生不平衡输出。随着旋涡的交替形成，电桥将输出一个与旋涡频率相等的交变电压信号，该信号通过放大、整形及 D/A 转换送至积算器和指示器进

行积算和显示。

③ T 柱形旋涡检测器：如图 6.1.15 所示，流体通过 T 柱形旋涡发生体，出现旋涡时，使粘贴在 T 柱形旋涡发生体两侧的敏感元件交替地受到旋涡的作用，输出相应频率的电信号。敏感元件有应变片、压电陶瓷片、电感交换元件、电容变换元件等。

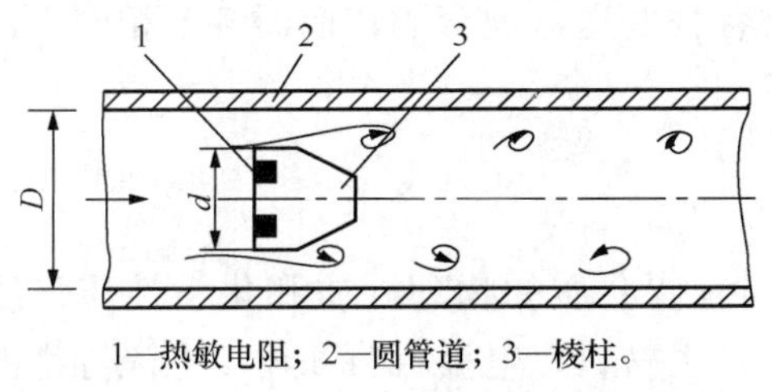

1—热敏电阻；2—圆管道；3—棱柱。

图 6.1.14　棱柱形旋涡检测器

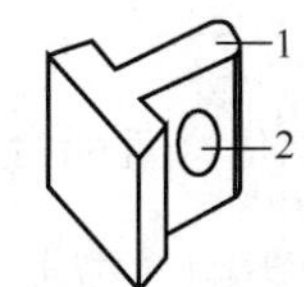

1—T形柱；2—压电元件。

图 6.1.15　T 柱形旋涡检测器

美国罗斯蒙特（Rosemount）公司的 8800 型智能涡街流量变送器，其检测原理为压电方式，如图 6.1.16 所示。元件接收旋涡频率信号后，产生的电脉冲信号经抗干扰滤波、A/D 转换后，送入数字式跟踪滤波器。它能跟踪旋涡频率并对噪声信号进行抑制，使滤波后的数字信号正确地反映流量值，且每单位流量对应一定的频率数。微处理器接收到跟踪滤波器的数字信号后，一方面经 D/A 转换输出 4～20mA 直流电流信号，另一方面可从数字通信模块将脉冲信号旁路，直接送到信号传输线上，使高频脉冲叠加在直流信号上送往现场通信器。

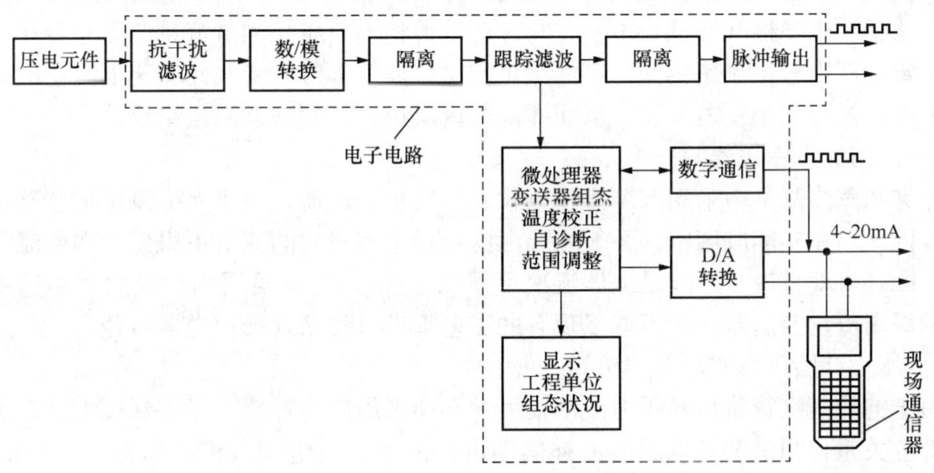

图 6.1.16　8800 型智能涡街流量变送器

变送器本身所带的显示器也由微处理器提供信息，显示以工程单位表示的流量值及组态状况。供现场通信器的数字信号符合工业标准的 HART 总线可寻址远程转换通信协议，只要符合该协议的现场通信器或包含这种功能的设备都可接收到数据。数字通信和模拟信号输出同时进行。

组态结果存入 EEPROM 中，在意外停电后仍然保持记忆，一旦恢复供电，变送器就立即按已设定的工作方式投入运行。以上种种措施和智能差压变送器大致相同。8800

型变送器可在12～42V电压下正常工作，但需要用通信功能时，电源必须为18～42V。

2）转换器

转换器的作用是将旋涡检测器发出的频率信号放大、整形，变换成统一的标准信号（4～20mA直流电流）输出并输出方波脉冲信号（作为供给流量积算之用）。因此，转换器必须根据检测器中不同的敏感元件配以不同的测量电路，以便对检出的信号进行处理，如阻抗变换、滤波、整形、放大等。由于与各种变送器配套的转换器各不相同，这里不做具体展开。

3. 涡街流量传感器的选用

选用什么种类的涡街流量传感器应根据被测流体介质的物理性质和化学性质来决定，应确保涡街流量传感器的通径、流量范围、衬里材料、电极材料和输出电流等都能适应被测流体的性质和流量测量的要求。

1）精度要求选择

要根据测量要求和使用场合选择仪表的精度等级，做到经济合算。例如，用于贸易结算、产品交接和能源计量的场合，应选择如1.0级、0.5级等较高的精度等级或更高等级；用于过程控制的场合，应根据控制要求选择不同的精度等级；有些仅检测过程流量，无须做精确控制和计量的场合，可以选择精度等级稍低的，如1.5级、2.5级，甚至4.0级，这时可以选用价格低廉的插入式涡街流量传感器。

2）可测量的介质

涡街流量传感器的满度流量可以在测量介质流速0.5～12m/s范围内选用，范围比较宽。选择仪表规格（口径）不一定与工艺管道相同，应视测量流量范围是否在流速范围内确定，即当管道流速偏低，不能满足流量仪表要求时或者在此流速下测量准确度不能保证时，需要缩小仪表口径，从而提高管内流速，得到满意测量结果。

3）涡街流量变送器的选择

在饱和蒸汽测量中采用VA型压电式涡街流量变送器，由于涡街流量传感器量程范围宽，因此，在实际应用中，一般主要考虑测量饱和蒸汽的流量不得低于涡街流量传感器的下限，也就是说必须满足流体流速不得低于5m/s。要根据用汽量的大小选用不同口径的涡街流量变送器，而不能以现有的工艺管道口径来选择变送器口径。

4）压力补偿压力变送器的选择

由于饱和蒸汽管路长，压力波动较大，必须采用压力补偿，考虑到压力、温度及密度的对应关系，测量中只采用压力补偿即可，由于管道饱和蒸汽压力在0.3～0.7MPa范围内，压力变送器的量程选择1MPa即可。

4. 涡街传感器的安装

（1）为了保证测量精度，流量传感器安装位置的前后应有必要长度的直管段。上游侧如有缩径阻力件时要有15D长的直管段；如有同平面的弯头时要有20D长的直管段；下游侧的直管段长应为5D以上。

（2）涡街流量传感器可以水平、垂直或其他位置安装，但测量液体时如果是垂直安装，应使液体自下向上流动，以保证管路中总是充满液体。

(3) 新安装或大检修后的管道，在未进行吹扫净化处理之前，不能先装流量传感器。

(4) 本体与管道法兰连接使用的密封垫圈，其内径应略大于本体内径，以免夹紧后突入管内造成测量误差。

(5) 要安装在没有冲击和振动的管线上。蒸汽管路由于可能有冲击和振动，要安装支架。

(6) 周围温度和气体条件也应考虑。应尽量避免周围有高温热辐射源，也应避开环境温度变化大的地方，如难以避免，应采取隔热措施。另外，还要尽量避免周围有腐蚀性气体。

(7) 虽然防水型涡街流量传感器具有相当好的防水结构，但也不要浸在水中使用。

(8) 为方便维护检查和保护仪表，应尽量采用有旁路阀门的安装方法。

5. 涡街流量传感器的使用与维护

(1) 开表之前，应重新复查接线是否正确，对大地绝缘电阻是否良好。

(2) 在管道未通入流体时，仪表的指示不应有变动，否则应找出干扰来源，采取措施予以排除。

(3) 检查仪表的密封点是否有泄漏，为此应在安装完毕后先进行试压，试压压力不应超过仪表公称压力的1.5倍。

(4) 启用仪表时，应缓慢放入流体，以免因放入流体过快造成气液冲击产生水锤现象损坏仪表。对于安装在蒸汽管道上的仪表，在送汽前应将管道内的冷凝水排放完，然后再慢慢送汽。

(5) 运行使用中的仪表要保持清洁，定期巡回检查。

思 考 题

1. 节流式流量传感器由哪几部分组成？各个部分分别起什么作用？
2. 标准节流装置的流体条件是什么？
3. 标准节流装置的使用条件有哪些？
4. 膜片式差压流量变送器的日常维护主要有哪些？
5. 应该如何选用涡街流量传感器？

任务6.2　转子流量传感器及其应用

【任务描述】

本任务主要学习用于小流量测量的转子流量传感器以及其他几种常见流量传感器的结构原理、性能特点和适用场合；学习如何选用转子流量传感器及如何对其进行实地安装和日常维护。

【任务分析】

本任务主要包括三部分，一是基础知识部分，主要包括转子流量传感器的结构原理和基本应用分析；二是任务实施部分，通过对转子流量传感器的选择、安装及维护分析，结合流量测量工程实例分析，训练学生对流量传感器选型应用和日常维护的能力；三是拓展学习部分，主要讨论电磁流量传感器和涡轮流量传感器的结构原理、工程应用及其集成化智能发展趋势，以拓宽学生的知识面。

6.2.1 基础知识：转子流量传感器的结构原理

转子流量传感器（视频）

在工业生产中经常遇到小流量的测量，因其流体的流速低，要求测量仪表具有较高的灵敏度，才能保证一定的精度。节流装置对管径小于50mm、低雷诺数的流体的测量精度是不高的，而转子流量传感器则适宜测量管径50mm以下管道的流量。

1. 基本测量原理

转子流量传感器与前面所讲的差压式流量传感器在工作原理上是不相同的。差压式流量传感器，是在节流面积（如孔板面积）不变的条件下，以差压变化来反映流量的大小，而转子流量传感器却是以压降不变，利用节流面积的变化来测量流量的大小，即转子流量传感器采用的是恒压降、变节流面积的流量测量法。

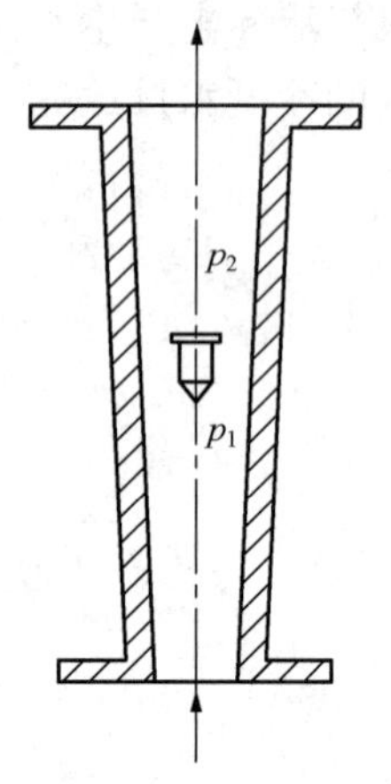

图 6.2.1 转子流量传感器的工作原理图

图6.2.1是转子流量传感器的工作原理图，它由两个部分组成，一部分是由下往上逐渐扩大的圆锥形管；另一部分是放在锥形管内随被测介质流量大小做上下浮动的转子（又称浮子）。工作时，被测流体（气体或液体）由锥形管下部进入，沿着锥形管向上运动，流过转子与锥形管之间的环隙，再从锥形管上部流出。当流体流过锥形管时，位于锥形管中的转子受到一个向上的力，使转子浮起。当这个力正好等于浸没在流体中的转子的重力时，则作用在转子上的上下两个力达到平衡，此时转子就停浮在一定的高度上。假如被测流体的流量突然由小变大时，作用在转子上的力就加大，因为转子在流体中的重力是不变的，即作用在转子上的向下力是不变的，所以转子就上升。由于转子在锥形管中的位置升高，造成转子与锥形管间环隙增大，即流通面积增大。随着环隙的增大，流过此环隙的流体流速变慢，因而，流体作用在转子上的力也就变小。当流体作用在转子上的力再次等于转子在流体中的重力时，转子又稳定在一个新的高度上。这样，转子在锥形管中的平衡位置的高低与被测介质的流量大小相对应。因此，根据转子的高度，就可测得流体流过转子流量传感器的流量值。这就是转子流量传感器测量流量的基本原理。

2. 转子流量传感器的结构类型

*注意：这是转子流量传感器学习的重点和难点内容，教师在讲授过程中要结合实例、实物或者视频等多种教学资源进行，帮助学生理解转子流量传感器的结构原理。

转子流量传感器一般按其锥形管材料的不同，分为玻璃管转子流量传感器和金属管转子流量传感器两种类型。

1）玻璃管转子流量传感器

玻璃管转子流量传感器的锥形管用玻璃制成，流量标尺直接刻度在管壁上，在安装现场即可就地读取所测流量数值。因此，它又被称为直读式转子流量传感器，通常由支承连接件、锥管、转子等部分组成。

支承连接件根据流量传感器不同的型号和口径有法兰连接、螺纹连接和软管连接三种。

锥形管材料一般为高硼硬质玻璃或有机玻璃等。锥形管的锥度根据流量大小而定，一般在（1：20）～（1：200）范围内。锥形管的使用压力在 1.96×10^{6} Pa 以下，温度在－20～＋120℃范围之内。

转子的材料根据被测介质的性质和所测流量的大小而定。有铜、铝、不锈钢、钢、硬橡胶、玻璃、胶木、有机玻璃等。转子常见的形状有三种，如图 6.2.2 所示。Ⅰ型大都使用在气体、小流量且流量系数比较小的地方，为使转子稳定在锥形管中心，可在转子上部边缘开些斜槽。Ⅱ型一般使用在液体、大流量且流量系数比较大的地方，为使转子稳定在锥形管的中心，在锥形管中装有导向杆。Ⅲ型应用较少，其特点是介质黏度变化对流量指示器影响比较小。

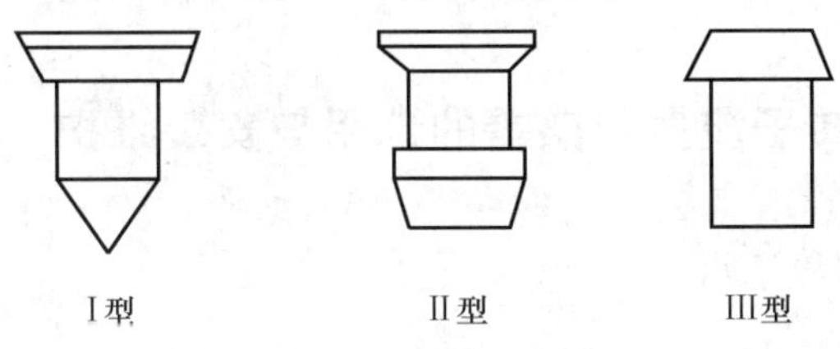

图 6.2.2　转子的形状

2）金属管转子流量传感器

金属管转子流量传感器有两大类：电远传转子流量传感器（除有表头指示流量外并输出 0～10mA 或 4～20mA 的标准直流电流信号）和气远传转子流量传感器（除有表头指示流量外并输出 0.02～0.1MPa 的标准气压信号）。这两种转子流量传感器都由变送器和转换器两大部分组成。变送器的主要组成部分与玻璃管转子流量传感器的结构基本相同，不同之处是：①锥形管一般用不锈钢制造；②进出口均用法兰与管道连接，且为底进侧出的流向；③转子的位移带动磁钢或铁芯做上下移动。

磁钢或铁芯的位移通过磁耦合或电耦合传给转换器，经放大后转换成相应的电信号或气信号输出。

图 6.2.3 所示为采用磁耦合的电远传转子流量传感器原理示意图。当流体流过锥形管时，转子随流量的变化产生位移，此位移通过磁钢 1 和 2 的耦合传出，经 9、10、11 第一套四连杆机构，变成线性转角，指针在刻度盘上指示出流量值。同时再经 3、4、5 第二套四连杆机构带动铁芯 6 在差动变压器 7 中上下移动，使差动变压器的次级产生一个不平衡电动势，此不平衡电动势经电转换器 8 输出统一标准的电流信号，传给显示仪表，以指示瞬时流量和累积流量；也可以输出给调节器作为控制信号对流量进行自动控制。

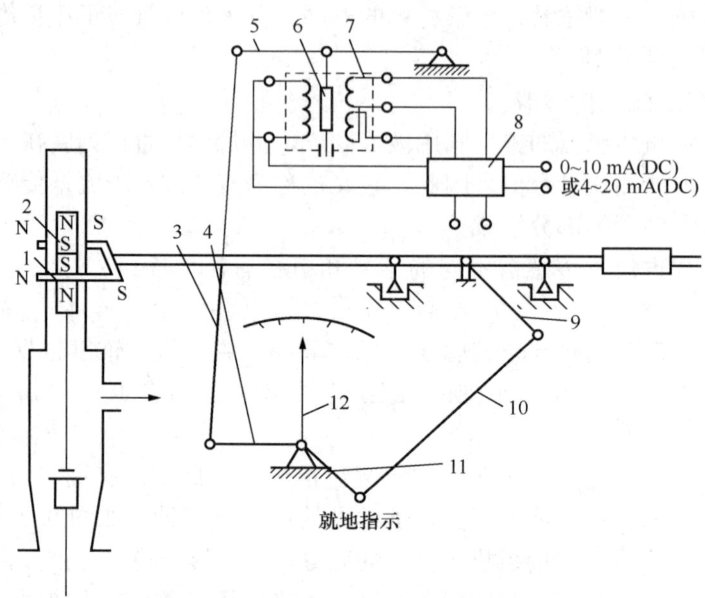

1、2—磁钢；3、4、5—第二套四连杆机构；6—铁芯；7—差动变压器；8—电转换器；9、10、11—第一套四连杆机构；12—指针。

图 6.2.3　电远传转子流量传感器原理示意图

6.2.2　任务实施：转子流量传感器的选用与安装维护

1. 转子流量传感器的选用

*注意：这是本任务的另一个学习重点，教师应该结合工程实践，通过某个流量测量实例讲解如何进行转子流量传感器的选用，不能仅简单地介绍选用原则。

转子流量传感器应按以下原则选用。

（1）当被测介质有腐蚀性时，可选用防腐型转子流量计，如防腐型金属管转子流量传感器和防腐型玻璃管转子流量传感器。

（2）当被测介质易结晶、易汽化或高黏度时，可选用带夹套的金属管转子流量传感器，在夹套中通以加热或冷却介质。

（3）当被测介质为中小流量或微小流量，且压力小于 1MPa、温度低于 100℃的洁净透明、无毒、无燃烧和爆炸危险且对玻璃无腐蚀、无黏附的流体时，可采用玻璃转子流量传感器。

（4）当被测介质为易汽化、易凝结、有毒、易燃、易爆、不含磁性物质、不含纤维和磨损物质，以及对不锈钢无腐蚀性的小流量流体，当需就地指示或远传信号时，可选用普通型金属管转子流量传感器。

2. 转子流量传感器的安装

转子流量传感器要求垂直安装，倾斜度不大于 50°。特殊的金属管转子流量传感器可与水平管道连接，安装位置应振动较小，易于观察和维护，应设上、下游切断阀和旁路阀。对于脏污介质，必须在流量计的进口处加装过滤器。在安装转子流量传感器时还应注意以下方面。

(1) 应注意流量传感器的耐压、浮子和连接部分的材质等能否满足要求。

(2) 应注意锥管是否垂直，流体流向是否正确。

(3) 应注意仪表前后管道有无牢固的支撑。

(4) 若介质温度高于70℃时，应加装保护罩，以防冷水溅到玻璃管上引起炸裂。

(5) 流量传感器前面装全开阀，后面装流量调节阀。若可能产生倒流，流量传感器下游应装逆止阀。对于脏污流体，应在入口处安装过滤器。对于脉动流体，上游侧应设置缓冲器。

(6) 当被测介质不洁净，仪表需要经常清洗时，应设置旁路管，建议按图6.2.4所示的方式安装。

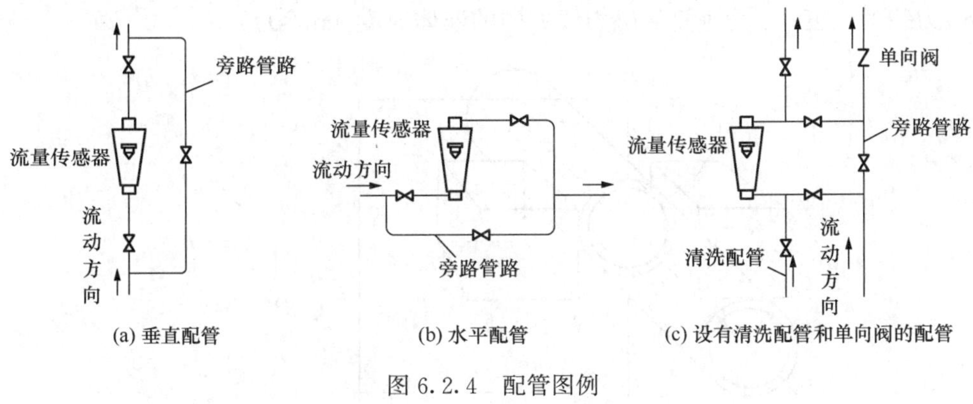

图6.2.4 配管图例

3. 转子流量传感器的使用维护

(1) 流量传感器的正常流量值最好选在表的上限刻度的1/3～2/3范围内。

(2) 搬动仪表时，应将浮子顶住，以免浮子将玻璃管打坏。

(3) 流量传感器在系统中正确安装完毕后，应缓慢打开上游的全开阀，然后用下游的流量调节阀调节流量。当流量传感器停止计量时，应先缓慢关闭全开阀，然后再关流量调节阀。

(4) 当被测流体的状态参数与流量传感器标定时的状态不同时，必须对刻度示值进行修正。

6.2.3 拓展学习：其他流量传感器

1. 电磁流量传感器

电磁流量传感器的工作原理（视频）

电磁流量传感器是根据法拉第电磁感应定律制成的一种测量导电性液体流量的常用仪表。它主要由电磁流量变送器和转换器两部分组成。变送器安装在被测介质的管道中，被测介质的流量经它变换成感应电动势。转换器将代表流量的感应电动势转换为4～20mA直流统一标准信号输出，以便进行流量的远传指示记录；或与调节器配合使用，进行流量的自动控制。

1）结构原理

由电磁感应定律可知，导体在磁场中运动而切割磁力线时，在导体中便会有感应电动势产生，这就是发电机原理。如图 6.2.5 所示，设在均匀磁场中，垂直于磁场方向有一个直径为 D 的管道，管道由不导磁的材料制成，内衬绝缘衬里。当导电的液体在管道中流动时割磁力线，在和磁场及流动方向垂直的方向上将产生感应电动势，此感应电动势的方向可以由右手定则判断。例如，在管道垂直断面上同一直径的两端安装一对磁极，则电极间产生和流速成比例的感应电动势：

电磁流量传感器的参数设置（视频）

$$E_X = BDv \tag{6.2.1}$$

式中，E_X为感应电动势（V）；B 为磁感应强度（T）；D 为管道直径（m），即导体垂直切割磁力线的长度；v 为垂直于磁力线方向的液体速度（m/s）。

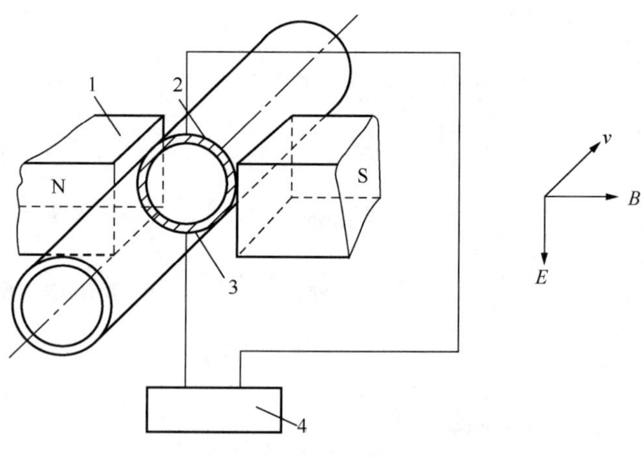

1—磁极；2—导管；3—电极；4—仪表。

图 6.2.5 电磁流量传感器原理图

体积流量 Q_v（m^3/s）与流速 v 的关系为

$$Q_v = \frac{1}{4}\pi D^2 v \tag{6.2.2}$$

将式（6.2.2）代入式（6.2.1）得

$$E_X = \frac{4B}{\pi D}Q_v = KQ_v \tag{6.2.3}$$

式中，$K=4B/\pi D$ 称为仪表常数，在管道直径 D 已确定并维持磁感应强度 B 不变时，K 为常数。这时感应电动势则与体积流量具有线性关系。因此测量感应电动势即可反映流量。

2）主要特点

（1）电磁流量传感器的主要优点如下。

① 变送器结构简单、无可动部件，也没有阻碍流体流动的阻力件、节流件等。因此，可以用来测量泥浆、污水、矿浆、化学纤维等介质的流量。并且流体流过变送器时，几乎没有压力损失，可大大减少泵等原动力的消耗。选择合适的衬里材料，还可以

测量具有腐蚀性介质的流量。

② 电磁流量传感器可测量单相、液固两相导电性介质的流量，并且不受被测介质的温度、黏度、密度、压力等的影响。因此，电磁流量传感器经水标定以后，就可用于测量其他导电性介质的流量，而不需要修正。

③ 电磁流量传感器的测量范围宽，一般量程比为 10∶1，最高可达 100∶1，只要介质流速对于管道轴心是对称的，则电磁流量传感器测得的体积流量仅与介质的平均流速成正比，而与介质流动状态无关。

④ 电磁流量传感器动态响应快，可测量瞬时脉动流量，并且具有良好的线性，精度为 1.5 级和 1 级。适应的管道口径一般为 2mm～3m。

(2) 电磁流量传感器的局限性和不足之处如下。

① 电磁流量传感器不能用于测量气体、蒸汽以及含有大量气泡的液体，也不能用于测量电导率很低的液体，如石油制品、有机溶剂等。

② 由于变送器测量管衬里材料和绝缘材料的温度限制，目前一般工业电磁流量传感器还不能测量高温介质的流量。

3) 电磁流量变送器结构

电磁流量变送器的结构如图 6.2.6 所示。它由测量导管、励磁线圈和磁轭、铁芯、法兰盘、接线盒及外壳等组成。

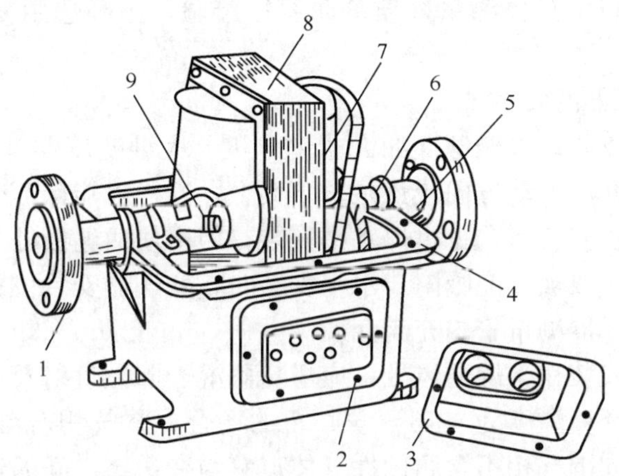

1—法兰盘；2—外壳；3—接线盒；4—密封橡胶；5—测量导管；
6—密封垫圈；7—励磁线圈；8—铁芯；9—调零电位器。

图 6.2.6 电磁流量变送器结构示意图

测量导管由一根直管与两端两个法兰组成，内衬绝缘衬里。为了使磁力线穿透测量导管进入被测介质，防止磁力线被测量导管短路，测量导管需由非导磁材料制成。为了减少测量导管的涡电流，一般应选用高电阻率材料制作测量导管，并且管壁应尽量薄。因此，测量导管一般用 1Crl8Ni9Ti 耐酸不锈钢、玻璃钢等制成。

在测量导管的内侧及法兰密封面上，有一层完整的绝缘衬里。绝缘衬里的主要作用是防止感应电动势信号被测量导管短路。所以绝缘衬里必须是电绝缘材料，并具有一定的耐高温、耐高压及耐磨特性。常用的绝缘衬里材料有聚四氯乙烯、聚三氟氯乙烯、耐酸搪瓷等。

励磁线圈用来产生交变磁场，在导管和线圈外边放一个磁轭，以便得到较大的磁通量并能在测量导管中形成均匀磁场。

4）电磁流量传感器的选用

合理选用及正确安装电磁流量传感器，对提高测量精度和延长仪表的使用寿命，都是极其重要的。

电磁流量传感器包括变送器和转换器两部分，它的选用重点主要是如何正确选用变送器，转换器只要与之配套即可。应从以下几个方面考虑变送器的选用。

(1) 口径与量程的选择：选用变送器时，首先应确定它的口径和流量测量范围，或确定变送器测量导管内流体的流速范围。根据生产工艺预计的最大流量值选择变送器的满量程刻度，并且使用中变送器的常用流量最好能超过满量程的50%，以获得较高的测量精度。变送器量程确定后，口径是根据测量管内流体流速与水头损失的关系来确定的，流速以2～4m/s为宜。通常选用变送器的口径与管道口径相同或略小些。

(2) 工作压力的选择：变送器使用时的压力必须低于规定的工作压力。

(3) 温度的选择：被测介质的温度不能超过变送器衬里材料的允许温度，介质温度还受到电气绝缘材料、漆包线等耐温性能的限制。

(4) 衬里材料及电极材料的选择：变送器的衬里材料及电极材料必须根据被测介质的物理化学性质来正确选择，否则变送器会因为衬里和电极的腐蚀而很快损坏。因此，必须根据生产工艺过程中具体测量介质的防腐蚀经验，正确选用变送器的电极和衬里材料。

5）电磁流量传感器的安装

变送器的安装地点要远离磁源（如大功率电机、大型变压器等），不能有振动。最好是垂直安装，并且介质流动方向应该是自下而上，这样才能保证变送器测量管内始终充满介质。当不能垂直安装时，也可以水平安装，但要使两电极处于同一水平面上，以防止电极被沉淀物沾污或被气泡吸附。水平安装时，变送器安装位置的标高应略低于管道的标高，以保证变送器测量管内充满介质。

另外，变送器应安装在干燥通风处，应避免雨淋、阳光直射及环境温度过高。

转换器应安装在环境温度为－10～＋45℃的场合；空气相对湿度不大于85%；安装地点无强烈震动，周围气相不含腐蚀性气体。它与变送器之间的连接电缆长度一般不超过30m。

6）电磁流量传感器的使用与维护

电磁流量传感器在使用过程中，若变送器附近的电力设备有较强的漏电流，或在安装变送器的管道上存在较大的杂散电流，或在变送器附近进行电焊，都将引起干扰电动势的增加，进而影响仪表正常运行，这一点在使用中要特别重视。

另外，使用电磁流量传感器时，被测介质内不能含有大量磁性物质。仪表投入正常工作后，各电位器不得随意调节，管路应无泄漏。

电磁流量传感器在使用过程中，测量导管内壁可能积垢，垢层的电阻低，严重时可能使电极短路，表现为流量信号越来越小或突然下降。此外，测量导管衬里也可能被腐蚀或磨损，导致出现电极短路现象，造成严重的测量误差，甚至仪表无法继续工作。因此，必须定期维护清洗变送器内部，保持测量导管内部清洁、电极板光亮。

电磁流量传感器常见故障及处理方法见表 6.2.1。

表 6.2.1　电磁流量传感器常见故障及处理方法

故障现象	可能原因	处理方法
无液体流过而仪表有指示	1. 仪表零点偏离 2. 接地不良 3. 变送器与转换器间信号线断开	调整好零点 良好接地 接好线
有液体流过而仪表无指示	1. 接线断开或短路 2. 转换器工作不正常 3. 变送器没有励磁电流 4. 衬里损坏	接好线 排除转换器故障 更换变送器保险丝 修好衬里
仪表指示不稳定	1. 流体本身的波动 2. 管路中有泄漏 3. 衬里损坏，灵敏度下降 4. 连线不牢 5. 液体中有不均匀气体、固体块流过 6. 接地不良	 堵住漏处 修好衬里 接好线 正常现象的瞬时误差 良好接地

2. 涡轮流量传感器

涡轮流量传感器是一种速度式流量传感器，它具有测量精度高、反应快及耐高压等特点，在工业生产中应用日益广泛。

在流体流动的管道里，安装一个可以自由转动的叶轮，当流体通过叶轮时，流体的动能使叶轮旋转。流体的流速越高，动能就越大，叶轮转速也就越高。在规定的流量范围和一定的流体黏度下，转速与流速成线性关系。因此，测出叶轮的转速或转数，就可以确定流过管道的流体总量。日常生活中使用的自来水表、油量计等，大都是利用这种原理制成的，这种仪表称为速度式仪表。涡轮流量传感器正是利用相同的原理，在结构上加以改进后制成的。

1）涡轮流量传感器的结构原理

当流体通过涡轮叶片与管道之间的间隙时，由于叶片前后的压差产生的力推动叶片，使涡轮旋转。在涡轮旋转的同时，高导磁性的涡轮周期性地扫过磁钢，使磁路的磁阻发生周期性的变化，线圈中的磁通量也随之发生周期性的变化，线圈中感应出电脉冲信号。在一定的流量范围内，该电脉冲信号的频率 f 与涡轮的转速成正比，也即与流量 Q 成正比。这个电信号经前置放大器放大后，送往显示仪表。

被测流量 Q 与脉冲频率 f 之间的关系为

$$f = KQ \tag{6.2.4}$$

式中，K 为比例常数。这样，显示仪表即可通过脉冲数求得流体流过的瞬时流量，以及某段时间内的累积流量。

涡轮流量传感器主要由以下几部分组成，具体结构如图 6.2.7 所示。

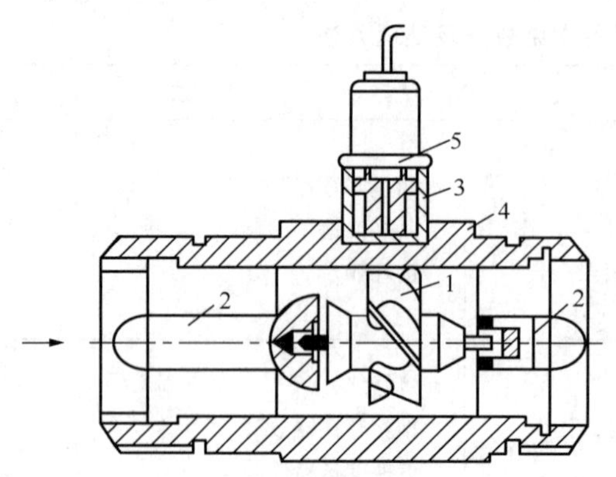

1—涡轮；2—导流器；3—磁电感应转换器；4—外壳；5—前置放大器。

图 6.2.7 涡轮流量传感器结构

（1）涡轮：用高导磁率的不锈钢材料制成，置于摩擦力很小的滚珠轴承中。涡轮芯上装有螺旋形叶片，流体作用于叶片上使之旋转。

（2）导流器：由导向环及导向座组成，使流体到达涡轮前先导直，以避免因流体的自旋而改变流体与涡轮叶片的作用角，从而保证仪表的精度。在导流器上还装有滚珠轴承，用以支承涡轮。

（3）磁电感应转换器：它由线圈和磁钢组成，用以将叶片的转速转换成相应的电信号，以供给前置放大器进行放大。

（4）外壳：由非导磁的不锈钢制成，用以固定和保护内部零件，并与流体管道相连接。

（5）前置放大器：用以放大磁电感应转换器输出的微弱电信号，以便进行远传送。

2）涡轮流量传感器的安装

（1）涡轮流量传感器应水平安装，进出口处前后的直管段应不小于 $15D$ 和 $5D$。变送器与前置放大器之间的距离不超过 3m。

（2）安装变送器时应按图 6.2.8 所示进行管路配置。消气器主要用来消除与液体介质混在一起的游离气体，这些气体占有一定的体积，会造成测量结果的不真实。过滤器主要用来将流经管道的被测流体介质中的各种杂质（如颗粒、纤维、铁磁物质等）滤掉，不会进入涡轮变送器内，以保护轴与轴承不受损坏。

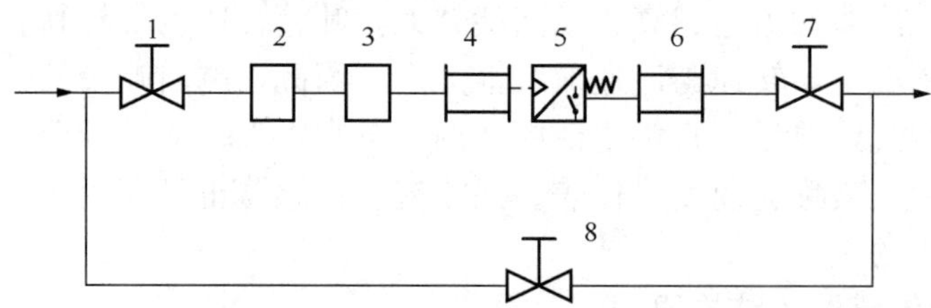

1、7—截止阀；2—消气器；3—过滤器；4—变送器前直管段；5—涡轮流量变送器；6—变送器后直管段；8—旁路阀。

图 6.2.8 涡轮流量传感器变送器安装管路配置图

（3）变送器应安装在不受外界电磁场影响的地方，否则应在变送器的磁电感应转换器上加设屏蔽罩。

（4）涡轮流量传感器变送器与显示仪表都应有良好的接地，连接电缆应采用屏蔽电缆。

3）涡轮流量传感器的使用与维护

（1）变送器与显示仪表连接使用，通常采用流量运算积算仪作为显示仪表，以测出流量的瞬时值和累积值。流量运算积算仪的任务是将流量变送器产生的与流量成比例的电脉冲频率信号，按各自的系数换算并转换成 4～20mA 的直流电流输出。

（2）变送器比例常数 K 在一般情况下除受介质的黏度影响外，几乎只与其几何参数有关。因此，一台变送器设计、制造完成后，其仪表常数即已确定，这个值要经过标定才能确切得出。通常生产厂家用常温下的洁净的水对出厂涡轮变送器进行标定，并在校验单上给出仪表常数等有关数据。由于仪表常数受被测介质黏度变化的影响，因而用户测量黏度不大于 10mPS 的液体流量时，若涡轮流量变送器公称直径大于 25mm，则可直接使用生产厂用水标定的结果，否则要想保证有足够精确的测量结果时，用户应用实测介质重新标定仪表常数。

③ 由于变送器在工作时叶轮要高速旋转，即使润滑情况良好时也仍有磨损产生。这样，在使用过一定的时间之后，因磨损而致使涡轮变送器不能正常工作，就应更换轴或轴承，并经重新标定后才能使用。

④ 涡轮流量传感器常见故障与处理方法见表 6.2.2。

表 6.2.2　涡轮流量传感器常见故障与处理方法

故障现象	可能原因	处理方法
显示仪表不工作	1. 信号检测器、前置放大器和显示仪表间短路或断路 2. 信号检测器断线，无脉冲输出 3. 显示仪表本身故障 4. 变送器叶轮不旋转	1. 检查线路，使之正常 2. 更换信号检测器（或信号检测放大器） 3. 参照显示仪表说明书排除故障 4. 检修变送器
显示仪表指示不稳定或不符合流量变化的规律	1. 有较强的外磁场干扰 2. 显示仪表故障 3. 叶轮上挂有脏物，或信号检测器下方壳体内壁处有铁磁物体等 4. 轴承严重磨损，叶轮与壳体内壁相碰 5. 流量太小，信号太弱	1. 良好屏蔽、接地，并使之远离动力线，还应参照显示仪表说明书排除外磁场干扰 2. 参照显示仪表说明书排除故障 3. 检修清洗变送器后，其前应加装有效的过滤器 4. 更换轴和轴承 5. 按正常流量范围应用

思　考　题

1. 转子流量传感器的结构形式有哪几种，各有何特点？
2. 应该如何选择转子流量传感器？
3. 电磁式流量传感器有什么特点？适用于什么场合？
4. 如何维护涡轮流量传感器？

思政园地

发扬“钉钉子精神”

2013年3月7日，习近平总书记在参加上海代表团审议时，以朴素的话语提出了一个意蕴深远的命题——“钉钉子精神”。钉钉子是要一锤一锤接着敲，才能把钉子钉实钉牢。钉牢一颗再钉下一颗，不断钉下去，必然大有成效。干事业何尝不是如此？这种精神与一丝不苟、精益求精的工作态度是一脉相承的，我们要做好任何一项工作，都需要发扬这种精神。

毛泽东曾说，“世界上就怕认真两字，共产党就最讲认真。”这句话看似平常，但却告诫我们做事情态度要端正，做事要认真。“钉钉子精神”的内涵之一就是做事情态度要认真。钉钉子，不能只看表面牢靠，不能只钉半截。半截钉子表面看上去无碍，实则在关键时刻却扛不住，经不住考验。

“冰冻三尺非一日之寒，滴水石穿非一日之功”，“钉钉子精神”要求我们做事情要有持之以恒的韧劲。很多时候，钉钉子不是一锤子就能钉好的，而是需要一锤接一锤、反复多次钉才能钉得实，钉得牢。没有一锤接一锤、反复多次钉的决心和耐心，不仅钉子钉不牢，而且会产生残次品，危害更大。

钉钉子需要科学地钉，既不能用蛮劲把钉子钉坏，也不能盲目钉，把钉子钉歪。“钉钉子精神”要求我们做事情的方法要正确。在现实工作中，我们要分清主次，分清轻重缓急，抓住工作重点，抓住关键环节，明确主攻方向，只有这样才能抓到“点”上，以点带面。方法得当，我们才会少走弯路，不断取得胜利。

我们每一个有志青年要树立质量为本的意识，以持之以恒、一丝不苟的工作态度，发扬“钉钉子精神”，使用科学的方法去推进各项工作，努力成长为领域内的技术骨干、高技能人才甚至大国工匠。

参 考 文 献

常慧玲，2012. 传感器与自动检测［M］. 北京：电子工业出版社.

成圣林，侯成晶，2009. 图解传感器技术及应用电路［M］. 北京：中国电力出版社.

韩裕生，乔志花，张金，2013. 传感器技术及应用［M］. 北京：电子工业出版社.

胡向东，2009. 传感器与检测技术［M］. 北京：机械工业出版社.

基里阿纳基 N V，尤里斯 S Y，西巴克 N O，等，2006. 智能传感器数据采集与信号处理［M］. 高国富，译. 北京：化学工业出版社.

蒋亚东，谢光忠，苏元捷，2016. 物联天下 传感先行：传感器导论［M］. 北京：科学出版社.

金发庆，2006. 传感器技术与应用［M］. 2 版. 北京：机械工业出版社.

李川，2016. 传感器技术与系统［M］. 北京：机械工业出版社.

李能飞，2017. 汽车传感器检测与维修［M］. 北京：机械工业出版社.

梁森，王侃夫，黄杭美，2007. 自动检测与转换技术［M］. 2 版. 北京：机械工业出版社.

刘春晖，顾雅青，2019. 图解汽车传感器结构原理与检修［M］. 北京：机械工业出版社.

刘伦富，周志文，2012. 传感器应用与技能训练［M］. 北京：机械工业出版社.

宋德杰，2016. 传感器及工程应用［M］. 北京：电子工业出版社.

宋雪臣，2012. 传感器与检测技术［M］. 北京：人民邮电出版社.

孙心若，2007. 传感器基本电路实验［M］. 北京：北京师范大学出版社.

屯肖夫 H K，稻崎，2005. 制造业传感器［M］. 杨树人，译. 北京：化学工业出版社.

王俊峰，孟令启，2007. 现代传感器应用技术［M］. 北京：机械工业出版社.

王亚峰，何晓辉，2009. 新型传感器技术及应用［M］. 北京：中国计量出版社.

魏学业，2019. 传感器技术应用［M］. 2 版. 武汉：华中科技大学出版社.

魏学业，周永华，祝天龙，2015. 传感器应用技术及其范例［M］. 北京：清华大学出版社.

吴旗，2019. 传感器与自动检测技术［M］. 3 版. 北京：高等教育出版社.

武昌俊，2005. 自动检测技术及应用［M］. 北京：机械工业出版社.

徐军，2010. 传感器技术基础与应用实训［M］. 北京：电子工业出版社.

徐科军，2011. 传感器与检测技术［M］. 北京：电子工业出版社.

杨清梅，孙建民，2005. 传感器与测试技术［M］. 哈尔滨：哈尔滨工程大学出版社.

杨少春，2011. 传感器原理及应用［M］. 北京：电子工业出版社.

俞云强，2009. 传感器与检测技术［M］. 北京：高等教育出版社.

俞志根，2010. 传感器与检测技术［M］. 2 版. 北京：科学出版社.

俞志根，2011. 导电塑料位移传感器原理与制造工艺研究［M］. 北京：电子工业出版社.

俞志根，2015. 传感器与检测技术［M］. 3 版. 北京：科学出版社.

赵学增，2010. 现代传感技术基础及应用［M］. 北京：清华大学出版社.

周润景，2009. 传感器与检测技术［M］. 北京：电子工业出版社.